U0215302

New Urbanization Planning Series 新城镇化规划丛书

# 住宅
# 规划设计资料集
# Residential Planning & Design Collection

佳图文化 编

## 综合住宅卷

# 5

中国林业出版社

**图书在版编目（CIP）数据**

住宅规划设计资料集 . 5, 综合住宅卷 / 佳图文化编 . -- 北京 : 中国林业出版社 , 2014.6

ISBN 978-7-5038-7477-2

Ⅰ . ①住… Ⅱ . ①佳… Ⅲ . ①住宅－建筑设计－世界－现代－图集 Ⅳ . ① TU241-64

中国版本图书馆 CIP 数据核字 (2014) 第 090733 号

中国林业出版社 · 建筑与家居图书出版中心

责任编辑: 李 顺 唐 杨

出版咨询: (010) 83223051

---

出 版: 中国林业出版社 (100009 北京西城区德内大街刘海胡同 7 号)

网 站: http://lycb.forestry.gov.cn/

印 刷: 广州市中天彩色印刷有限公司

发 行: 中国林业出版社发行中心

电 话: (010) 83224477

版 次: 2014 年 6 月第 1 版

印 次: 2014 年 6 月第 1 次

开 本: 889mm×1194mm 1 ／ 16

印 张: 22

字 数: 150 千字

定 价: 348 .00 元

---

# Development, Planning and Design Elements on Housing Complex
# 综合住宅开发与规划设计要素

随着中国房地产市场竞争的日益激烈，促使住宅开发向楼盘的特色定位上纷纷推陈出新，以期提升项目品质，实现产品的差异化。住宅项目开发由单一的居住功能向复合功能、多样化产品形式构成发展，从而产生了主题化住宅地产、复合型社区等综合住宅类型。

## 一、市场上主流的两大综合住宅开发模式

### 1. 主题驱动的开发模式

开发商依托（或创造）项目在自然、历史、人文、教育、医疗、运动、景观等方面的可利用资源，并将这种资源与住宅充分融合，形成特色鲜明的主题化地产，以此获得差异化的市场竞争优势。例如，公园住宅、滨水住宅、生态住宅、养老地产、旅游度假地产等主题化的综合住宅开发采用的就是这种开发设计模式。

### 2. 复合型社区开发模式

复合型的开发模式主要体现在产品结构和类型的多样化，它既包括住宅产品的混合，如高层、多层、低层、塔楼、板楼等，也包括其它建筑类型，如配套商业、娱乐、酒店、写字楼等。

## 二、实现综合住宅完美品质的三大途径

### 1. 功能复合

复合型综合社区具有开放性、功能复合、多种档次共生的特点，打破了居住社区原来的封闭型、单一的居住功能、同质化的局限。此类住宅中各种功能并非简单地并存，而是相互作用、互为价值链的。

### 2. 主题鲜明

主题化的综合住宅社区通常会结合项目当地的特性及可利用的资源，引入鲜明独特的主题。从项目规划构思、设计到细部处理，追求与众不同的个性，精心构建其鲜明的风格特色。

### 3. 体现高密度开发

综合类住宅包含多种城市功能，如商务办公、酒店、商业、休闲娱乐、会展以及纵横交叉的交通及停车系统，强调高强度开发、混合使用的土地利用模式，旨在减少对能源的消耗和资源的浪费，以求在更大的范围内保护生态环境，创造适宜的人居环境。

## 三、综合住宅规划设计的“形”与“神”

综合住宅的规划设计要体现“以人为本”的理念，重视设计细节。从城市规划、自然环境、场地条件、生态节能、未来的居住者等多个方面综合考虑，涵盖了对居住区用地规划、布局形式、建筑群体结构、道路交通系统、公共服务设施、公共绿化活动用地等各个系统的设计安排。形神兼备，才能创造流芳百世的建筑艺术品。

### 1. 因地制宜

用地规划一般包括住宅建筑用地、公共服务设施用地、道路与停车设施用地、公共绿地和其他用地的数量以及比例，它反映了一个住宅区的区位、环境、标准甚至住宅层数等重要特征。规划中，应综合考虑所在城市的性质、社会经济、气候、民族、习俗和传统风貌等地方特点和规划用地周围的环境条件，充分利用

规划用地内有保留价值的河湖水域、地形地物、植被、道路、建筑物与构筑物等，并将其纳入规划。结合住宅区的职能侧重、居住密度、土地利用方式和效益、社区生活等多个方面，综合确定其用地配置。

### 2. 规划结构

住宅区的规划结构是根据住宅区的功能要求综合地解决住宅与公共服务设施、道路、公共绿地等相互关系而采取的组织方式。规划结构应包含规划对象的全部构成要素，反应各系统在构成配置与布局形态方面的内在的和相互间的基本关系（包括基本规律与要求）。住宅区的规划设计的过程，是一个力求不断实现规划目标的过程，其间决定是否能够或有效实现规划目标的重要因素是规划的结构。在具体的住宅规划设计中，构思过程的第一步往往是对规划结构进行组建的过程。

### 3、多元空间布局形式

#### (1) 轴线式布局

轴线式布局的空间轴线或可见或不可见，可见者常由线性道路、绿化带、水体等构成，但不论轴线的虚实，都具有强烈的聚集性和导向性。一定的空间要素沿轴线布置，或对称或均衡，形成具有节奏的空间序列，起着支配全局的作用。

#### (2) 片块式布局

片块式布局是指住宅建筑在尺度、形体、朝向等方面具有较多相同的因素，并以日照间距为主要依据建立起来的紧密联系所构成的群体，它们不强调主次等级，成片成块，成组团地布置，形成片块式布局形式。

#### (3) 向心式布局

向心式布局将居住空间围绕占主导地位的要素组合排列，表现出强烈的向心性，并以自然顺畅的环形路网造就了向心的空间布局。

#### (4) 围合式布局

围合式布局将住宅沿着基地外围周边布置，形成一定数量的次要空间并共同围绕一个主导空间，构成后的空间无方向性，主入口按环境条件可设于任一方位，中央主导空间一般尺度较大，统率次要空间，也可以其形态的特异突出其主导地位。围合式布局可有宽敞的绿地和舒适的空间，日照、通风和视觉环境相对较好，但要注意控制适当的建筑层数。

#### (5) 集约式布局

集约式布局将住宅和公共配套设施集中紧凑布置，并尽力开发地下空间，使地上地下空间垂直贯通，室内、外空间渗透延伸，形成居住生活功能完善、水平——垂直空间流通的集约式整体空间。

#### (6) 隐喻式布局

隐喻式布局将原型经过概括提炼抽象成建筑与环境的形态语言，使人产生视觉心理上的某种联想和领悟，增强环境的感染力，构成了“意在象外”的境界升华。

(7) 点群式布局

点群式布局指低层独立式、多层点式和高层塔式住宅自成相对独立的群体的布局形式。一般可围绕某一公共建筑、活动场地或者绿地来布置，以利于自然通风，获得更多的日照。

## 4. 优化道路交通系统

住宅区的道路规划布局结构，应以住宅区的交通组织为基础。交通组织一般分为人车分行、人车混行两种基本方式，并以适度的人车分行为主要方式。综合住宅类型社区的道路布局结构是住宅区整体规划结构的骨架，在满足居民出行和通行需求的前提下充分考虑其对空间景观、空间层次、形象特征的建构与塑造所起的作用。应考虑城市的路网格局形式，融入城市整理的街道和空间结构中。因地制宜、保持自然环境，减少建设工程量。

道路交通系统规划，应根据地形、气候、用地规模和用地四周的环境条件，以及居民的出行方式，选择经济、便捷的道路系统和道路断面形式。住宅区内外联系应通而不畅、保证安全，避免往返迂回，并适合消防车、救护车、商店货车和清洁车等的通行;有利于居住区内各类用地的划分和有机联系，以及建筑物布置的多样化。

各类停车设施的布局，既应该从保证居民出行方便的角度进行安排，也应从保证住宅区的安静安全和生态环境的角度来考虑，合理安排机动车辆和非机动车辆的停放，控制地上、地下停放的比例。当公共交通线路引入居住区及道路时，应减少交通噪声对居民的干扰，公交站点应接近住宅区人行主要出入口。

## 5. 打造立体绿化空间

公共绿地布局应以达到环境与景观共享、自然与人工共融为目标，充分考虑住宅区生态建设方面的要求，充分考虑和利用自然的地形和地貌，发挥其最大的效益。绿地系统宜贯通整个住宅区的公共户外空间，并尽可能地通达至住宅。绿地系统不宜被车行道过多分隔或穿越，不宜与车行系统重合。

## 6. 塑造独具特色的住宅区形象

综合住宅规划设计应力求塑造出具有可识别性的住宅区空间景观与独具特色的住宅区形象。空间景观应从建筑层数的选择与分布，各层次外部空间的衔接、布局、形态、用途、尺度，街道的格局与形式，建筑的布局与风格等方面，综合考虑空间景观的组织，特别注重沿内部道路和周边道路进行时的景观变化与特征表现。注重历史与文化传统的作用。注重与城市整体的关系。利用与改造自然环境。

## 7. 注重公共服务设施的设计

各类公共服务设施宜根据其设置规模、服务对象、时间、内容等方面的服务特性在平面上或空间上组合布置。商业设施和服务设施宜相对集中布置在住宅区的出入口处，文化娱乐设施宜分散布置在住宅区内或集中布置在住宅区的中心，为老人和住宅区居民进行综合性社区活动的设施宜安排在住宅区内较为重要与近便的位置。

# 四、中国综合住宅规则设计的创新思考

综合住宅社区通常包含多种建筑形式，因其功能综合，住宅

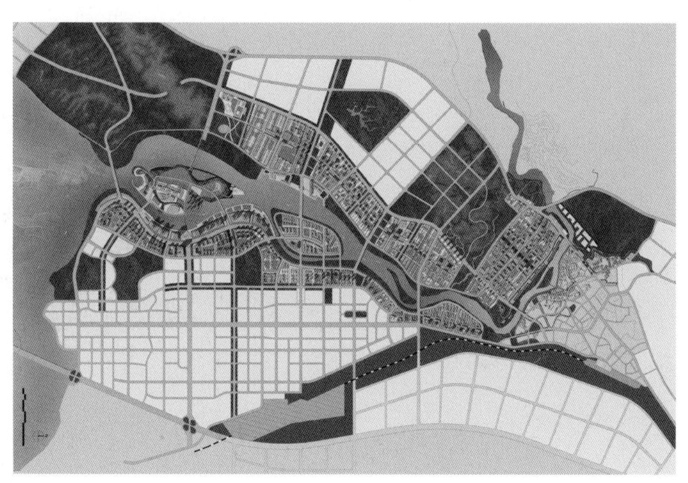

产品形式的多样，在建筑设计中应力求整体造型和谐、比例适当、色彩协调，与环境配合相宜。

### 1. 建筑外立面符合美学设计

综合住宅社区的建筑群外立面应营造出和谐统一的建筑形象，建筑立面不强求完全一致，可在整体统一的风格下，局部作适当变化，营造丰富生动的立面效果。在实际的设计过程中，建筑立面造型和色调的设计可多式多样，但应根据社区的特点和环境精心设计。应注重协调性、和谐性、耐看性。立面要防止单调沉闷，尽量做到流畅大方、简洁明朗、虚实有度、刚柔相济，有节奏韵律感和时代特征，经得起时间的考验。

立面色彩以现代、明朗、动感为主调，表现生气勃勃、积极向上，其外立面可使用红褐仿石面砖，墙体由米黄色喷涂向上过渡到顶部乳白色，轻快、简洁。以白色为墙体主色调，与大面积的绿带、树林相衬，显得醒目、明朗。以素色墙体与浅绿色小弧度玻璃窗相配，矗立在湖畔、江边，构成悦目的景观。采用暖色调外墙，烘托暖融融的住家氛围。立面采用横线条，黄色为主色配顶部白色檐线，局部红色勒线，香槟色窗框，弧形窗，显得飘逸活泼。

### 2. 感受空间，组合空间

住宅空间主要分为室外空间和室内空间。整体上，空间布局设计应突出以人为本的理念，使住宅符合人的生活活动规律，具有较好的舒适性、方便性、安全性，并满足现代性和实用性的需求。

室外空间的各功能区应布置得当，有丰富的层次，布局结构有特色。综合住宅以居住为主体，但在教育医疗、文化娱乐、体育锻炼、交通出行、园林绿化等功能区也要根据人的需要，合理布置。应科学地布置中心公园、组团绿化、屋旁和路边绿化。中心公园应大小有度，除特大型住区外，住区内一般不宜建大型公园，而应着重搞好分区中小公园或主题公园以及组团绿化。公共服务设施尤其是体育锻炼、老人休闲、儿童游戏活动场地，既要适当靠近居住区域，方便居民使用，也要防止对住户的干扰。

住宅室内空间的动静功能分区应合理、适用。起居厅是家庭聚会、娱乐和会客之处，不宜采用狭长形、异形，以方正、宽敞、明亮较佳。尤其要处理好厅内交通，防止出现交通面积过大、房门过多，影响使用功能的弊端。要使客厅具有足够的少受干扰、相对稳定的空间。餐饮空间、卫生间、储物空间等住宅次空间的功能需得到更多的重视，力求实用、舒适。阳台的设计，应尽量发挥它的绿化、休息、观景、乘凉、健身等多个功能（相邻厨房的工作阳台还有助厨工作功能）。

### 3. 多元化户型设计改善居住体验

户型设计要尽可能从住宅目标使用者的需求出发，满足其景观需要，将室内景观向室外延伸，更多地亲近自然。因此，窗户设计可采用弧形窗、落地窗、转角窗、宽角度窗等多样化的处理形式，提高住宅的舒适度。随着经济、科技的迅速发展，居住功能也日益增多。尤其是信息网络发展后，对住宅内融入办公、健身等功能的需求增加。因此，在住宅单元内除了最基本的厅、房、厨、卫等空间外，还应适当设置书房、工作间、健身房或健身阳台、露台、化妆间、衣帽间、贮藏室、门厅等新的功能空间。

# RESIDENTIAL COMPLEX

# 综合住宅

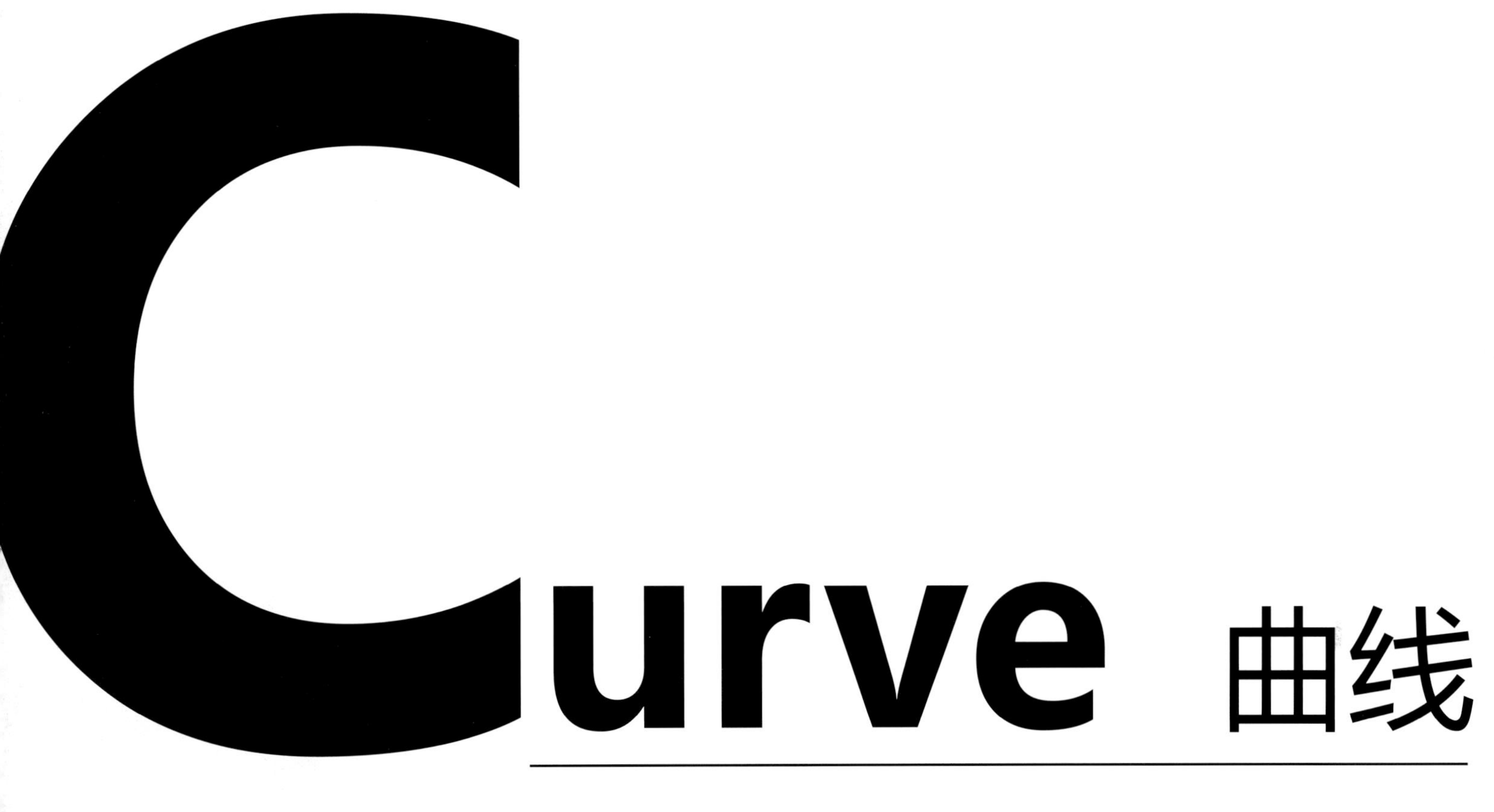


006-139

# 泉州晋江人工湖

项目地点：福建省泉州市
建筑设计：陈世民建筑师事务所有限公司
占地面积：1 804 500 m²

晋江人工湖位于九十九溪和晋江南高渠的交会处，东至世纪大道、西至沈海高速公路及西园王厝、南接双龙路、北至池店村农田，规划总占地180.45万m²。作为晋江首批启动的15个城建项目之一，人工湖定位为晋江城市北门户，建设目标是打造海西首席生态示范区。

片区的主题在于人工湖，该湖面积61.2万m²，相当于3个泉州东湖公园。根据规划，人工湖中设三座小岛。环绕人工湖的主题休闲公园，以晋江特色文化为主，由湿地公园、湖滨公园、名品公园、文化公园、风情公园五个分区公园组成。另外，片区还规划了亲水栈道、城市之眼等八个景区。

人工湖片区打造的将是类似杭州西湖的集酒店、旅游、商业、居住等多功能为一体的大型城市综合体。片区建立的是一个多功能和多用途的城市生态空间，是一个可行的生态开发地块。

据介绍，整个片区是个"一心、三轴、多廊、多节点"的空间结构。依据功能及道路系统，规划区则可划分为七个功能区，包括绿化隔离区、中央湖区、滨水休闲服务区、滨水商务办公区及三个花园居住社区。

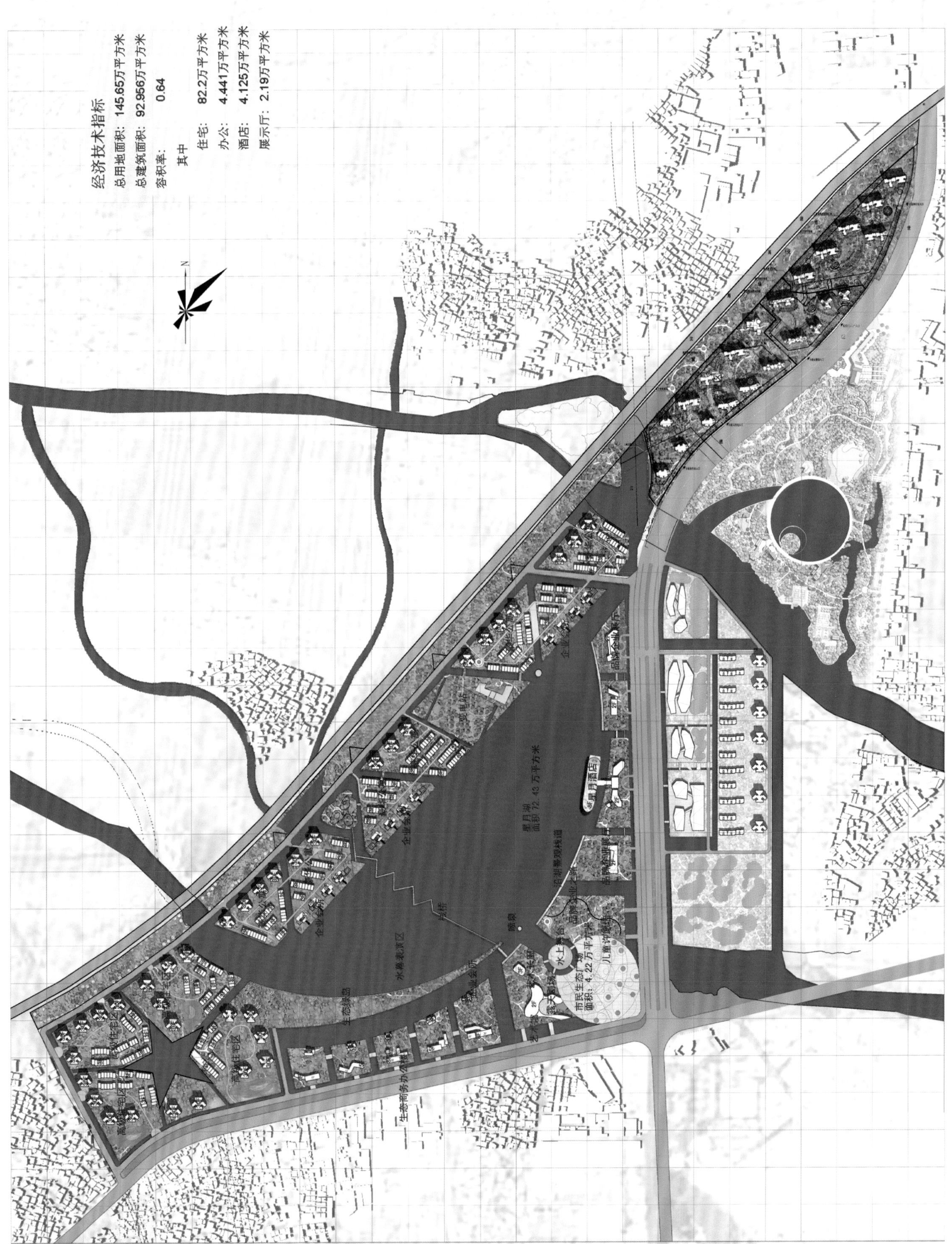
经济技术指标
总用地面积：145.65万平方米
总建筑面积：92.956万平方米
容积率： 0.64
其中
住宅： 82.2万平方米
办公： 4.441万平方米
酒店： 4.125万平方米
展示厅：2.19万平方米

# 北京万象高尔夫花园

项目地点：北京市朝阳北路
开发商：天津天鸿置业有限公司
建筑设计：美国NBBJ公司/美国HOK公司
总建筑面积：850 000 m$^2$
容积率：1.4
绿化率：31%

万象高尔夫花园坐拥850 000 m$^2$的海外生活社区，不仅拥有与奥力联手打造的，京东最大、最具国际水准的运动会所（6 500 m$^2$），更有3 800 m$^2$的双语幼儿园和风情独特的海外步行商业街，而规划中的6.8万 m$^2$的商业中心，更让这里将来的生活品质出众。

项目的弧形道路，宽阔而舒适，中心花园里各种观赏树木点缀其间。无论是北侧的高层，还是南侧的多层，无不在这葱葱绿意中倍显灵动。所有户型均朝南，通透明亮，高层建筑更设计有独特的观景北厅，使观景功能极致化。

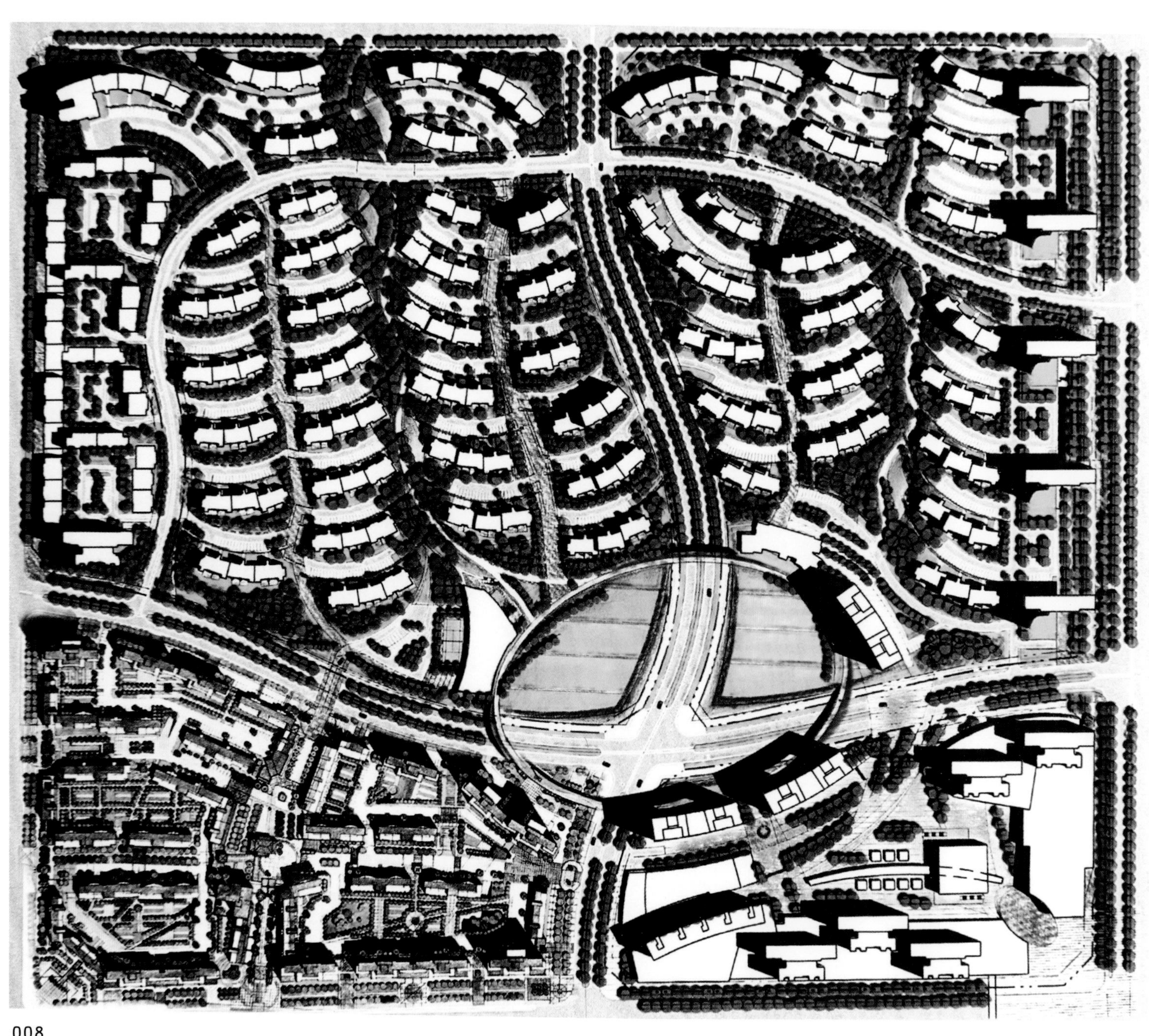

# 深圳溪山美地园

项目地点：广东省深圳市宝安区
开发商：兆科地产/金光华实业集团开发
建筑设计：城脉建筑设计（深圳）有限公司
景观设计：泛亚环境（国际）有限公司
占地面积：118 584.65 $m^2$
总建筑面积：300 000 $m^2$
容积率：2.0
绿化率：40%

溪山美地园项目位于宝安区龙华镇梅坂大道236号，是城市中心轴线延伸的核心区域。项目整体占地面积118 584.65 $m^2$，总建筑面积300 000 $m^2$，共分三期开发。

项目背依银湖山郊野公园，民治、雅宝、丰泽湖三大水库三面环绕，具有不可复制的城市核心区位、生态资源和自然景观。凭借这一资源优势，设计者致力于将项目打造成为城市中心居住区的具有良好自然景观、视线开阔、内部环境优美、配套齐全的景观舒适型的高尚人文社区，引领现代都市、依山而居、临水而憩的自然人居生活模式。

# 珠海海逸山庄

项目地点：广东省珠海市香洲银坑
开发商：中海地产（珠海）有限公司
建筑设计：城脉建筑设计（深圳）有限公司
占地面积：107 800 m$^2$
总建筑面积：360 000 m$^2$
容积率：2.5

项目地处珠海市香洲辖区中心城区东北部，背山面海，坐落于连绵无际的凤凰山脉脚下，有着独一无二的海景资源。

规划采用混合居住的模式，即高层+低层+多层的组合模式。由于居住密度的制约和节约土地的诉求，不同高度、密度、户型的住宅混合规划，是一种有效利用土地的方式，让景观、土地、配套等资源得以充分利用，优势互补，同时这种居住模式使不同成长期的中产阶层有共同的生活空间，有利于社区文化与人文气氛的形成。

规划布局通过两条贯穿小区的爬山林荫车道使低密度区与高密度区相对独立。社区主要步行道位于爬山林荫道之间，以入口商业广场为开端，沿着超高层与多层之间的空间逐级而上止于山顶会所，这一系列空间构成了小区主要的开放式景观轴线。

用地红线
建筑红线
46F
49F
47F
45F
43F
会所 2F
10F
6F
3F
商业 2F
幼儿园 2F
主入口
幼儿园人行出入口
大 道
湾
港
N
0 10 30 50

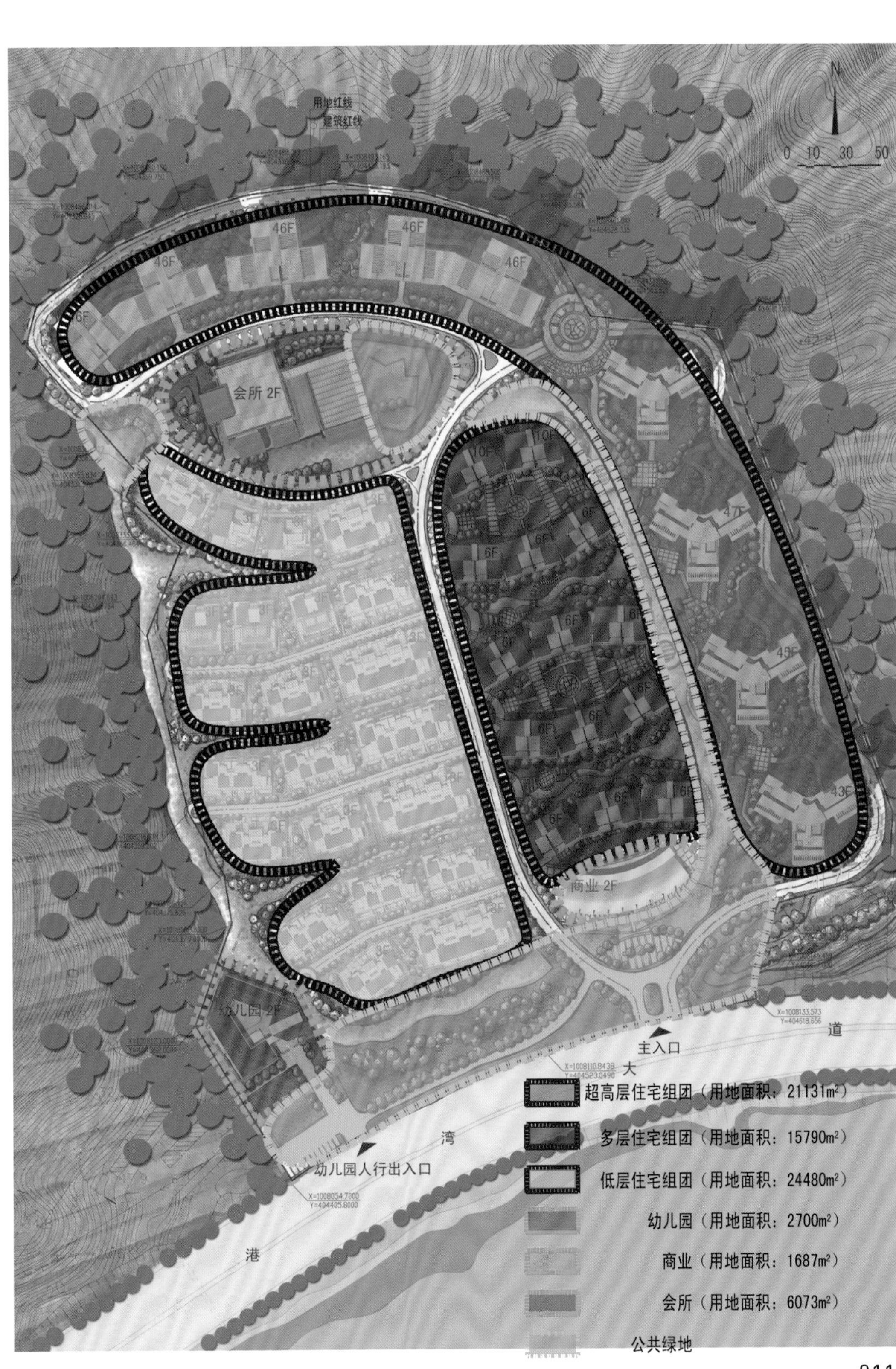


用地红线
建筑红线
0 10 30 50
会所 2F
商业 2F
幼儿园 2F
主入口
幼儿园人行出入口
大湾港道

超高层住宅组团（用地面积：21131m²）
多层住宅组团（用地面积：15790m²）
低层住宅组团（用地面积：24480m²）
幼儿园（用地面积：2700m²）
商业（用地面积：1687m²）
会所（用地面积：6073m²）
公共绿地

# 深圳紫麟山

项目地点：广东省深圳市龙岗中心区
开发商：深业集团（深圳）有限公司
建筑设计：深圳市水木清建筑设计事务所
景观设计：澳大利亚SPA公司
占地面积：145 466 $m^2$
总建筑面积：272 200 $m^2$
容积率：4.4
绿化率：>35%

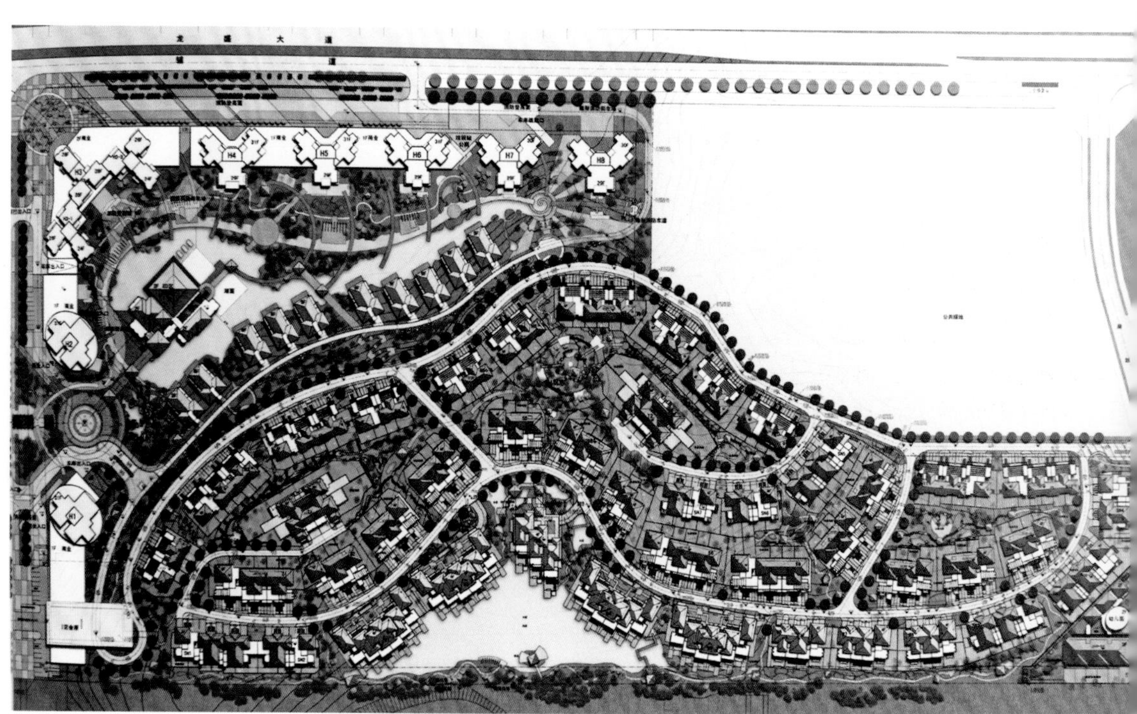

项目基地内约3/4的山地，西北部地块地势相对平坦，整个地块相对高差为43m左右，地块中南部有一块较缓的台地，北坡较陡，南坡较缓。项目整体别墅群依据原有地块的自然高差，立于山坡之上，错落有致，形成了溪山树隐的自然生态原貌。项目分两期开发，一期共规划别墅202套，面积主要在222~568 $m^2$之间，二期产品主要规划为多层洋房及小高层。

整个紫麟山的规划布局采用“依山就势，藏风聚水”的布局理念，设有山、水两大主题会所。整个建筑群依山就势，以人工湖为中心，营造5组院落式临水组团，让溪水自山顶郊野公园流入南北两区的临水空间，形成“两湖一山”的别墅景观。

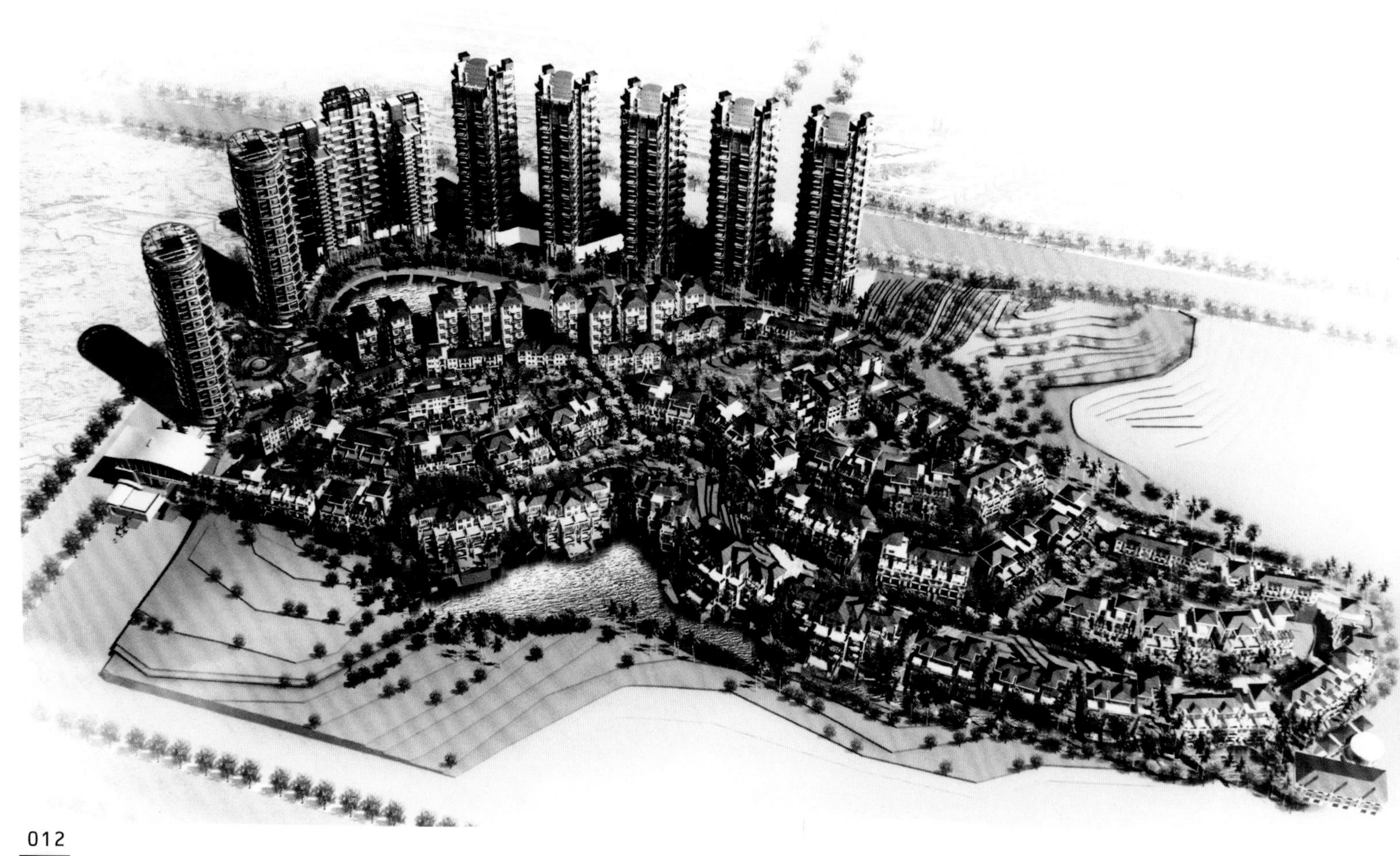

# 长沙三湘班芙小镇

项目地点：湖南省长沙市
开发商：三湘集团
建筑设计：深圳天方建筑设计有限公司
合作设计：香港兴业建筑师
主设计师：陈天大、乘风、王英
占地面积：666 661 $m^2$
总建筑面积：1 270 358.60 $m^2$

项目以高档低密度生态小区为定位，配以少量的小高层及高层住宅于东、北两区域以体现项目的规模。将住宅楼设于山腰，避开南面安置区较差的景观，将视线放远至更南的生态动物园。而高层住宅设于北面，不挡小区内部的阳光间距，亦成为小区与规划路之间的屏障。小区主入口设于西南面芙蓉路，次入口设于北面规划路。入口广场均有商业设施以增加广场气氛并方便住客购物。沿芙蓉路设集中的高档商业街，提升小区的形象。

用地主要由五个大小山丘组成，形成“五山、五水、五河谷”的天然体系。而地块的中心盆地，亦自然地成为所有山谷河道的汇集之处。因此，于该处设置中心主会所，作为凝聚整个项目的核心。其余的三个会所，分别设于各分期沿路的入口广场以确保人流支持，同时增加广场的活动功能，并对临街面作出标志性的点缀，由此展开一条蜿蜒变化、收放自如的滨水木栈道，以此将五个地块连成一整体。而各个空间节点均以山谷河道贯穿，并以不同的园林景观手法处理，从一个山谷到另一个山谷，既有山重水复的神秘，又有柳暗花明的惊喜。

# 重庆北滨路一号

项目地点：重庆市江北区北滨路
建筑设计：梁黄顾设计顾问（深圳）有限公司
占地面积：164 116 m²
总建筑面积：255 473.65 m²
容积率：1.62
绿化率：31.6%

项目规划中其现有高低起伏的地势为设计带来了机遇，建筑物排列相互交错，高低错落有致，精致多变的屋顶造型，构成了一条美妙的天际线。

建筑与园林精妙配合，建筑物以水为中心从各个方向向中央水系蔓延伸展，山、水、建筑、园林融为一体，像一幅维多利亚时期的风景画，展示了英式建筑风格的高贵、典雅。

本案的会所在项目的中心及入口位置，其半围合的平面设计，像敞开的胸怀，迎接着人们的到来，展现出它的大气。同时会所也是本案园林中央水系由高到低的会聚点、园林的中心点，从而使其形成项目的焦点。

立面设计充分展示了英式新古典主义的建筑风格，高贵而典雅，将传统的建筑风格以现代手法重新演绎，以简化的古典元素符号，如山花、门头等，但并未减少传统建筑风格的豪气，适当引入城市文脉，利用体现英式建筑风格的红砖及材料的变化使其气势更加宏大。

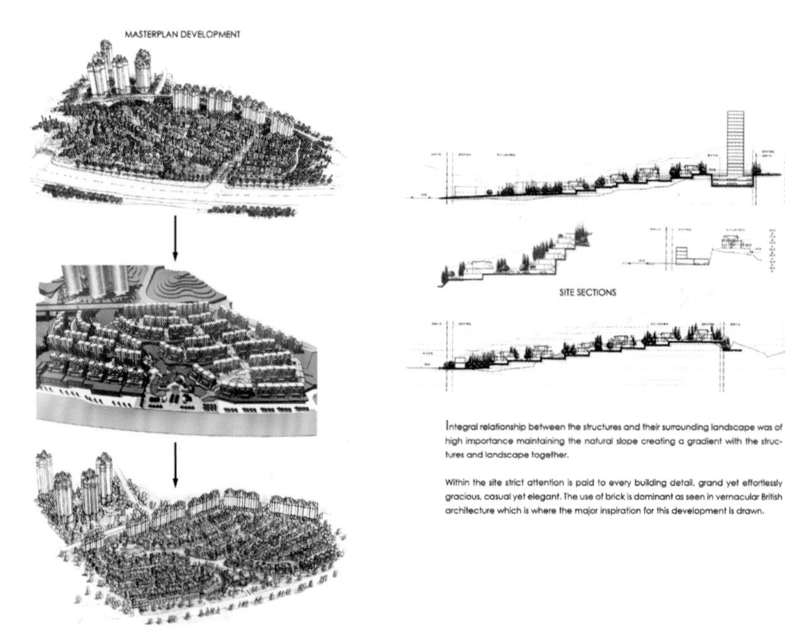

MASTERPLAN DEVELOPMENT
SITE SECTIONS
Integral relationship between the structures and their surrounding landscape was of high importance maintaining the natural slope creating a gradient with the structures and landscape together.
Within the site strict attention is paid to every building detail, grand yet effortlessly gracious, casual yet elegant. The use of brick is dominant as seen in vernacular British architecture which is where the major inspiration for this development is drawn.

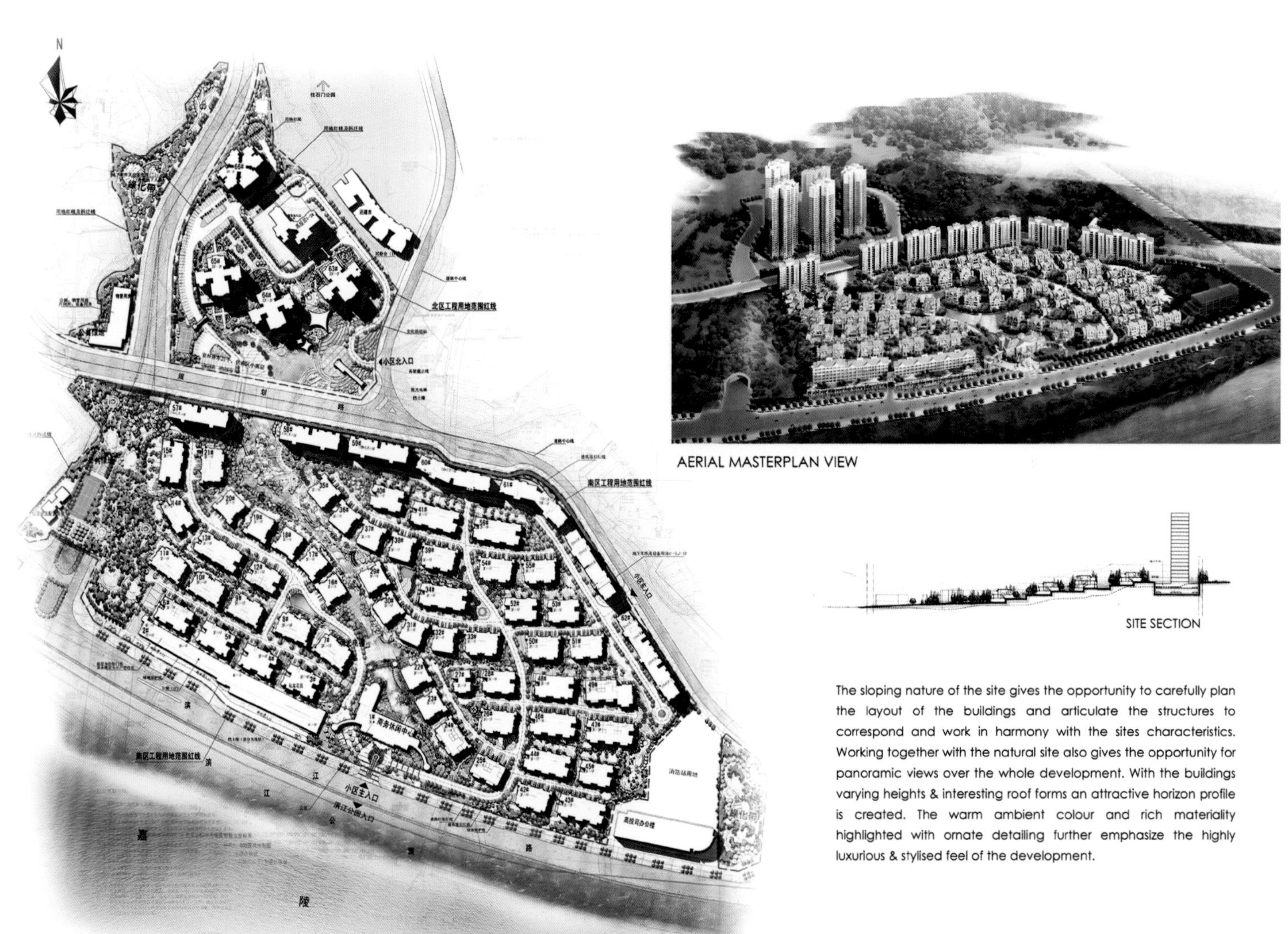

AERIAL MASTERPLAN VIEW

SITE SECTION

The sloping nature of the site gives the opportunity to carefully plan the layout of the buildings and articulate the structures to correspond and work in harmony with the sites characteristics. Working together with the natural site also gives the opportunity for panoramic views over the whole development. With the buildings varying heights & interesting roof forms an attractive horizon profile is created. The warm ambient colour and rich materiality highlighted with ornate detailing further emphasize the highly luxurious & stylised feel of the development.

# 中海金沙湾

项目地点：广东省佛山市南海大沥镇
建筑设计：华森建筑与工程设计顾问有限公司
占地面积：315 603 $m^2$
总建筑面积：943 488 $m^2$
容积率：2.66
绿化率：46%

项目总体规划以合理布局为原则，塔楼中心区为碟形。东区为板块连接户型，绝大多数户型为偏南朝向。每户均有充足的阳光及良好的景观，充分利用东边宽阔江景及地块内部景观，为住宅单位营造一个优良居住环境。

贯彻"以人为本"的设计宗旨，满足居住的舒适性、耐久性、美观性和经济性。创建合理布局、功能齐备、交通便捷、环境优美、格调优雅，同时又具有时代风格、现代化设施与功能的居住区。将现代建筑语言与古典风格完美地结合，同时又达到功能和形式的和谐统一。

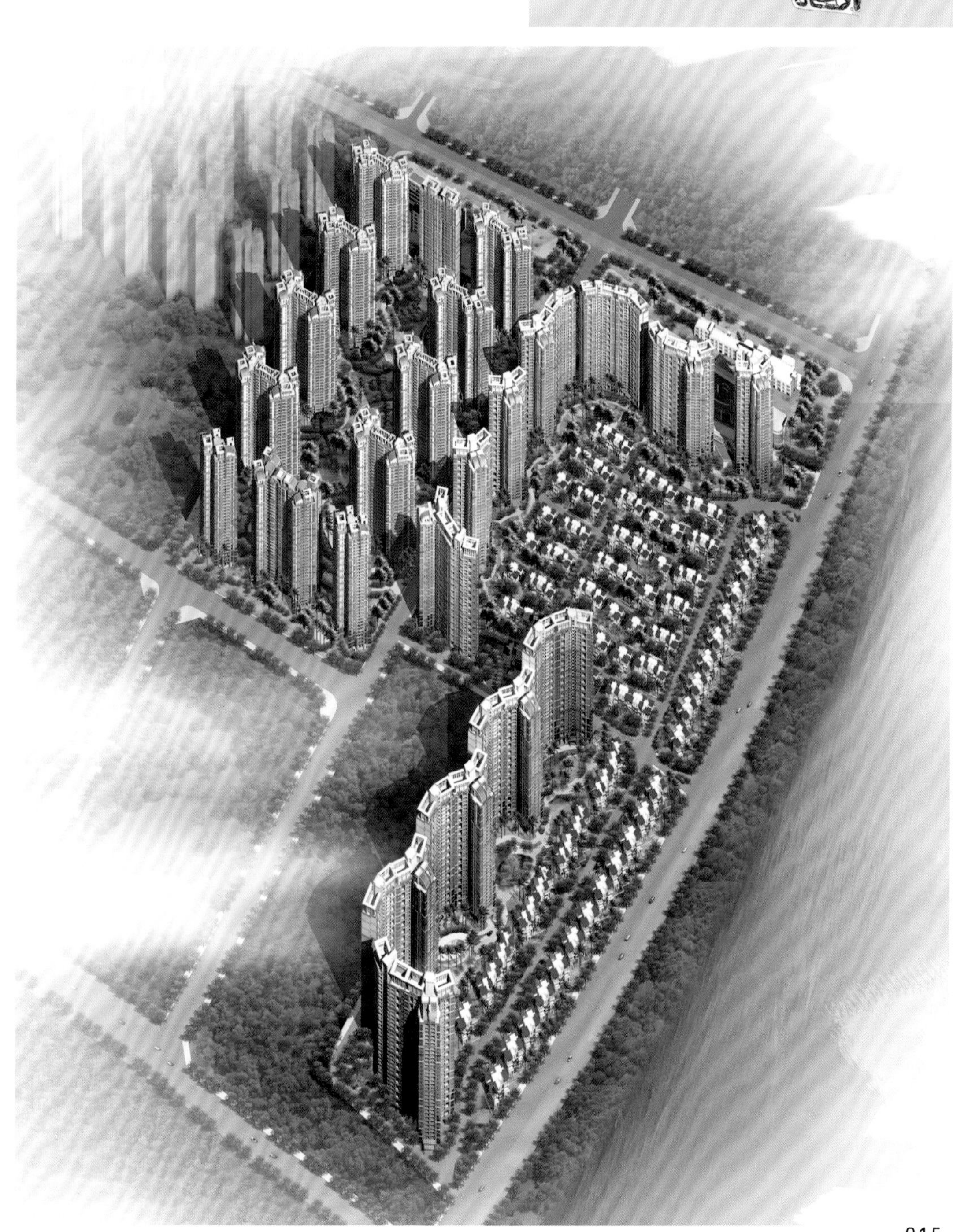

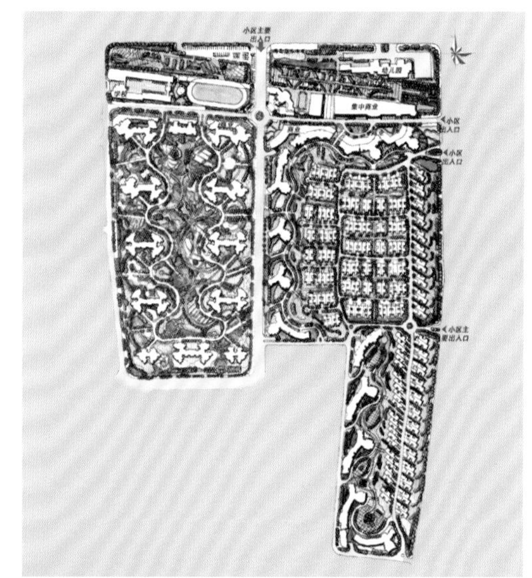

# 成都万华

项目地点：四川省成都市
建筑设计：广州筑设计有限公司
占地面积：118 650 m²
总建筑面积：423 000 m²

本项目地处成都南部风景优美的龙泉山脉以西，麓湖湖畔。总平面规划充分尊重和利用原生态环境，建筑结合山地地形沿麓湖水系沿岸规划设计，采用灵活的半圆弧围合式布局，在每个组团间围合出原生树木群落。楼宇间户户有景，清雅幽静。楼宇均依山势沿水设计，高低错落，富有韵律感。楼距宽敞，保证每户都有良好的景观和朝向。

住宅户型引入"空中阁楼"概念，通过设计以空中客厅、景观花园为核心的户内各功能空间，使公共空间呈半开放性，带动其他使用空间的流通性，整体户型采光及景观优异。立面尝试用现代构成手法来进行设计，宜人的尺度和错落有致的立面配以干净简单的建筑材料，使建筑成为优美自然环境中一道亮丽的风景。

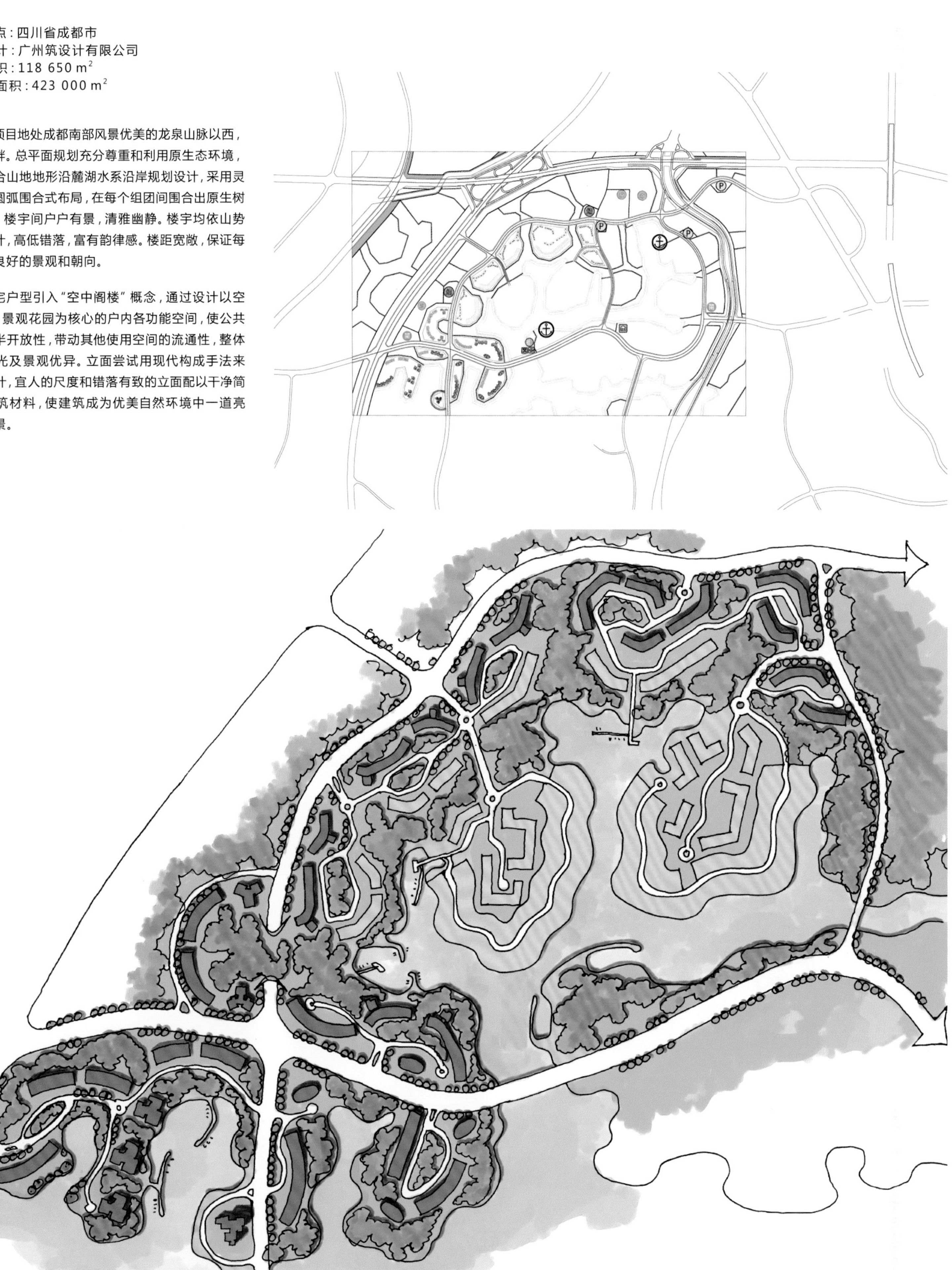

# 宁波南都花园

项目地点：浙江宁波上虞
景观设计：GN国际
占地面积：92 300 $m^2$
总建筑面积：19 859 $m^2$

本项目位于浙江上虞市梁湖镇，北距市区约2 km。项目基地近乎梯形，北边长约333 m，南边长约500 m，进深约229 m。基地内偏西有规划道路贯通外环南路及北侧规划道路。

园林设计讲究诗情画意，营造出浓厚人文情怀的诗意的居住环境；突出"绿色生态"的设计理念，完善区域生态支持系统，注重设计元素的生态效应，在有条件的场地增加绿化率，创造自然、休闲、现代、精致、和谐的人性化绿色健康园区。景观设计与建筑围合的空间相吻合，通过对各种不同性格特点空间的塑造，提出"三院一轴"的景观格局。

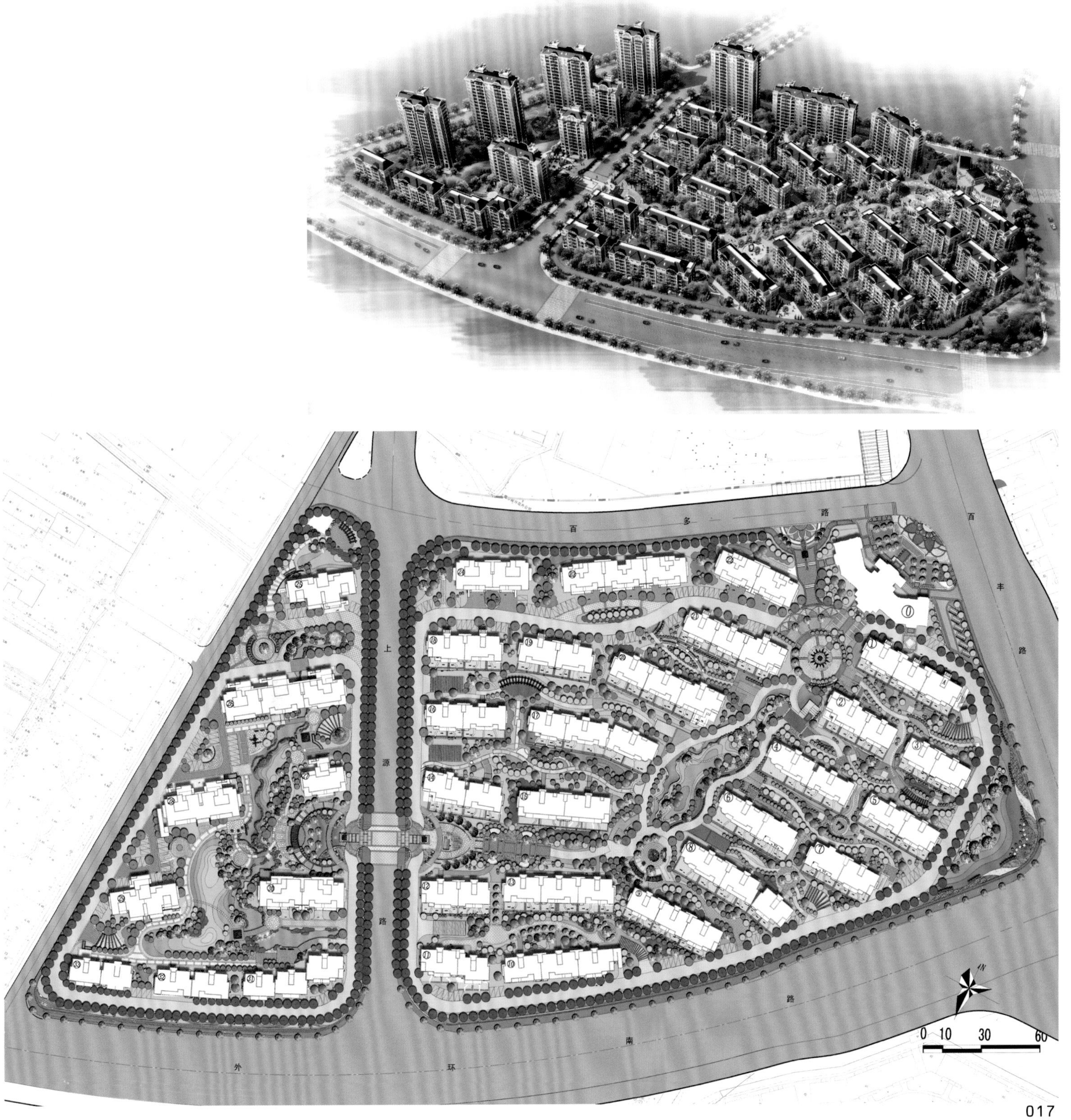

# 鞍山万科鞍山惠斯勒小镇

项目地点：辽宁省鞍山市
规划设计：CDG国际设计机构
设计师：林世彤、苗飞虎、陈建守、韩凯、陈晨
占地面积：214 293 m²
总建筑面积：426 826 m²
容积率：1.99
绿化率：26%

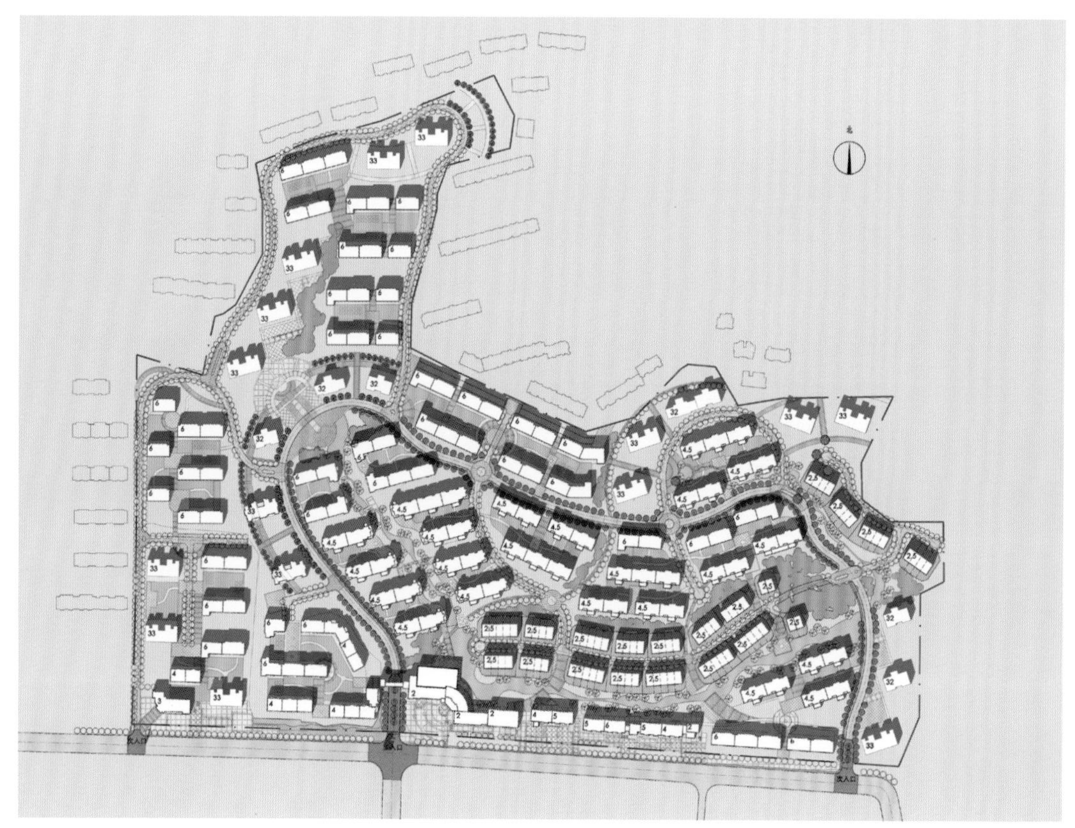

小区位于鞍山东山山麓，地形为起伏较大的山地。规划依照加拿大惠斯勒小镇为蓝本，引用了国外"自然生长"小镇的规划设计理念和实践经验，充分尊重原地貌依山就势梳理道路及景观系统，尽最大可能地保留其原生树木，保持东山自然的原生态地形特色。区内以一条景观丰富优美的主干环路串联各居住组团；利用原山体雨水冲汇形成的冲沟水潭为原型，打造一条水景主题，形成以潭、溪、谷为形式的中心景观带，串联各社区活动广场。

南侧沿市政道路结合小区主入口，设置社区中心及商业，形成集小区主入口广场、会所、商业景观于一体的商业街。利用场地西段台地近10 m的高差、东段距市政路20 m的退线，形成开放公共空间与自然坡地、景观台地相结合的城市界面，打破传统小区围墙封闭的形象，与城市构成积极的对话。

规划力求避免常规居住区整齐划一的形态，融合了联排别墅、情景洋房、多层、高层等各种居住形式，在规划中穿插布局。多样的建筑形式形成楼宇间巨大的高度落差，强化了天际线的起伏。借鉴世界上著名的山地城市（如旧金山）的规划理念，将高楼布置在山顶，将矮建筑布置在山腰和山底，更加突出了山体的自然轮廓线。

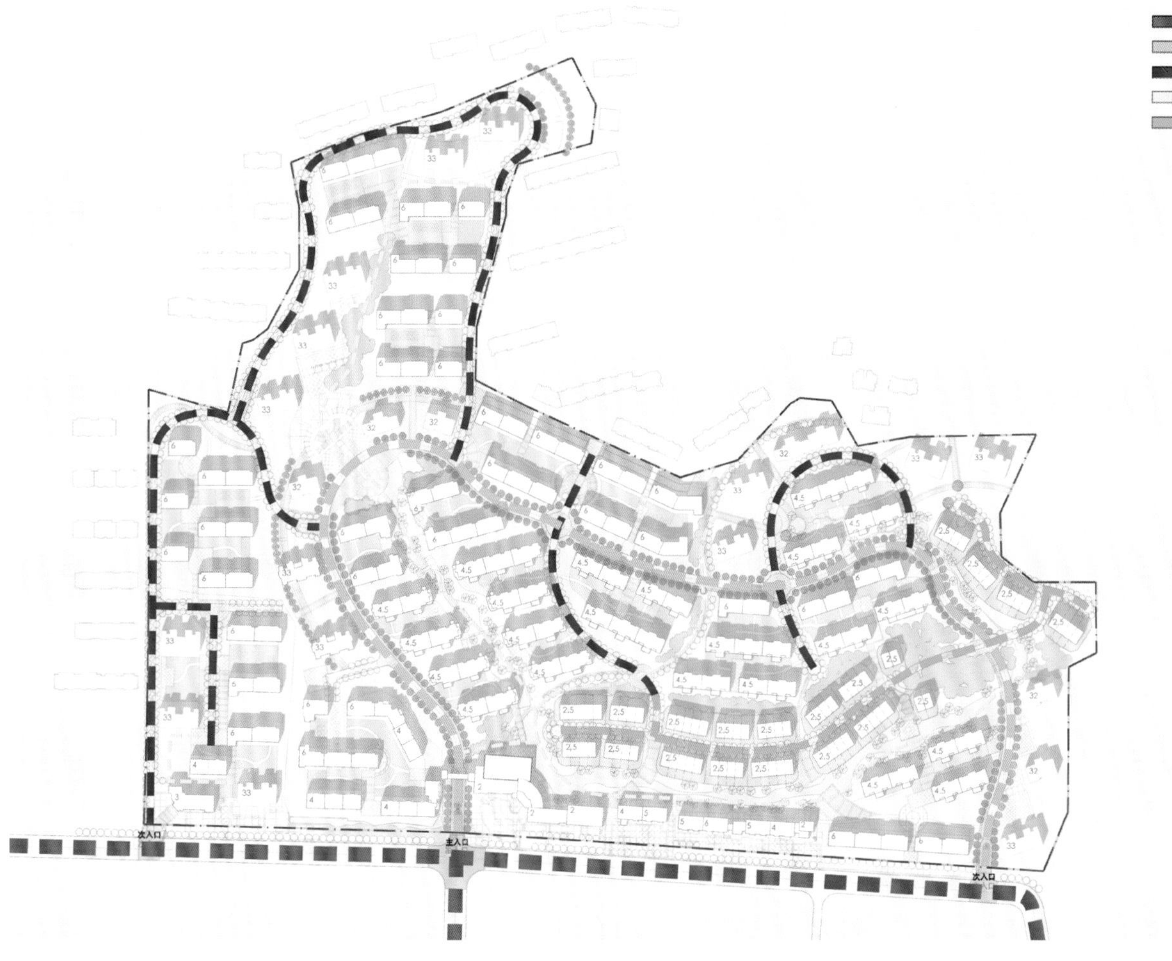


交通分析

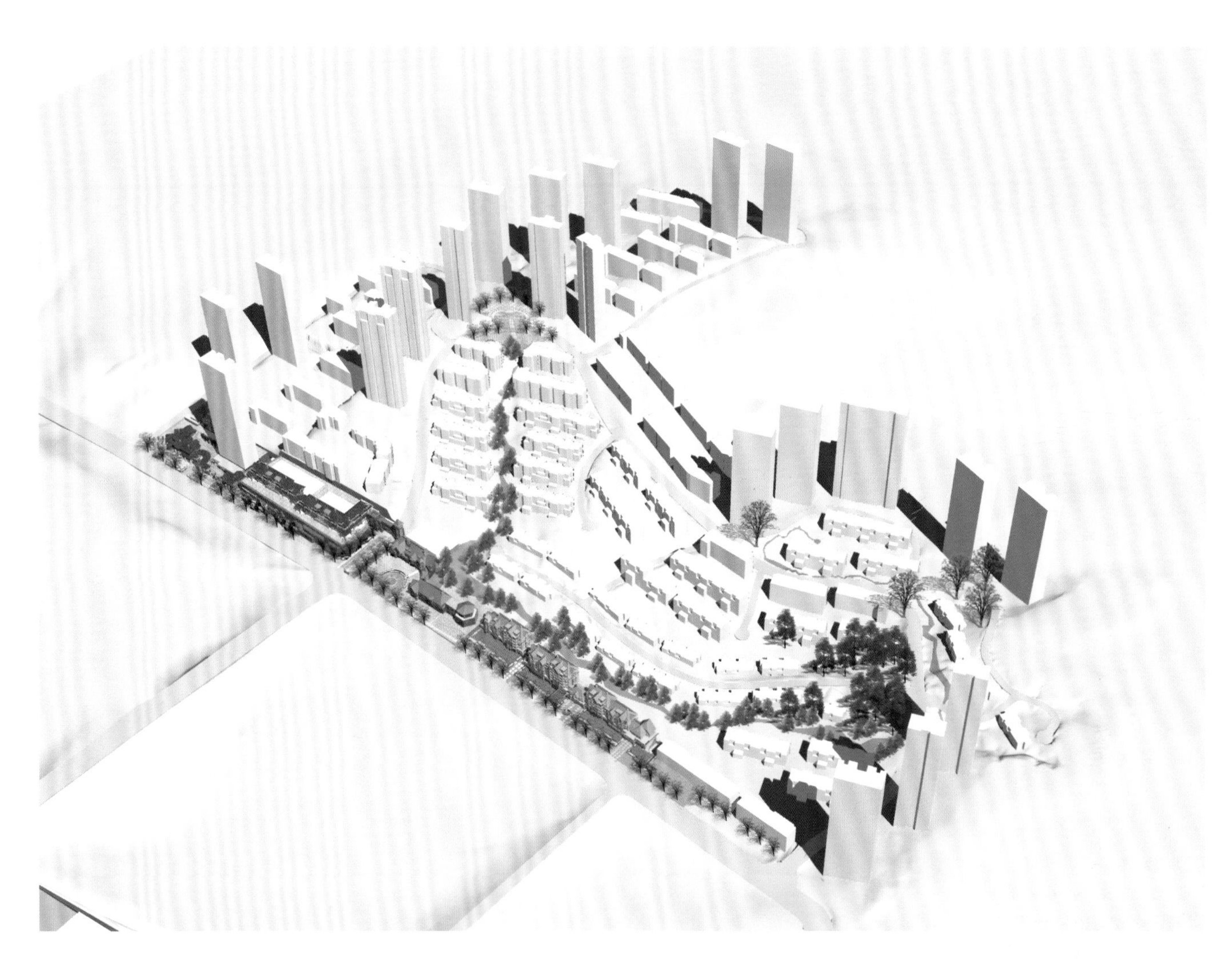

Centre Square
文化主题(社区图书馆)

Spring Square
泉水主题(主题公园)

Canyon Square
运动主题(运动会所)

Forest Square
休闲主题(茶室)

Moutain Square
商业主题

Market Plaza
商业主题

Uillage Square
小镇风情主题

公共开放空间分析

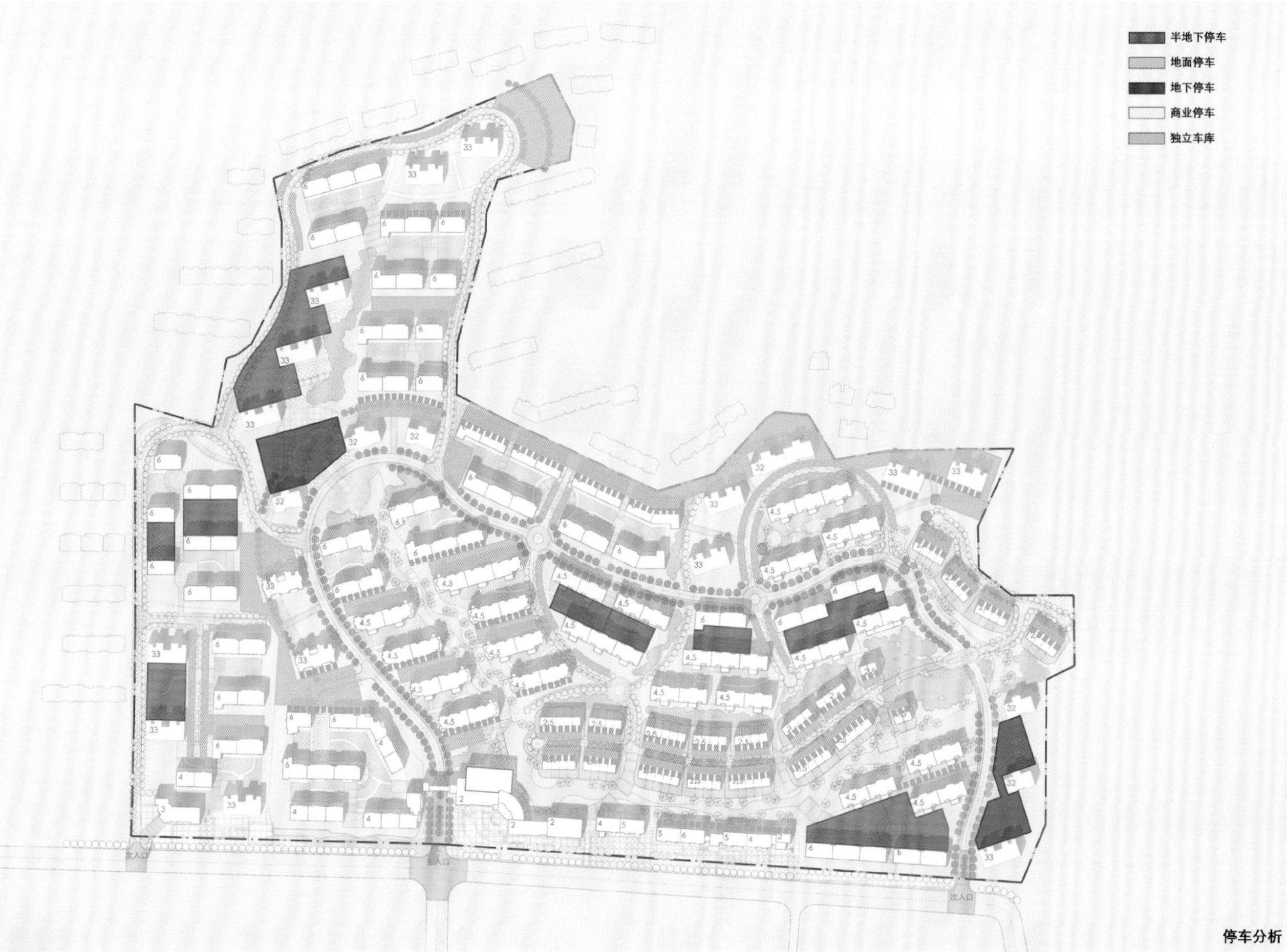


停车分析

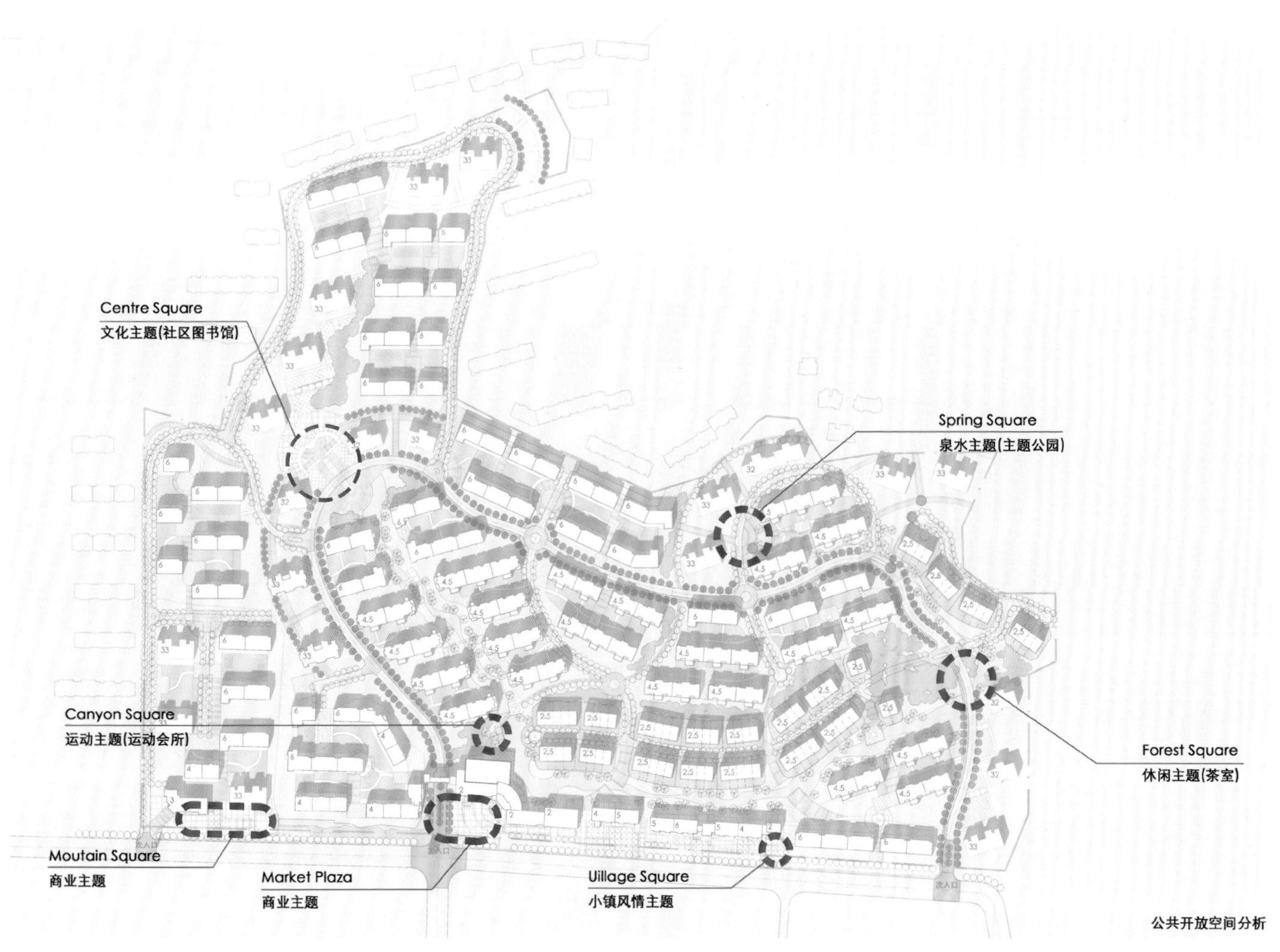

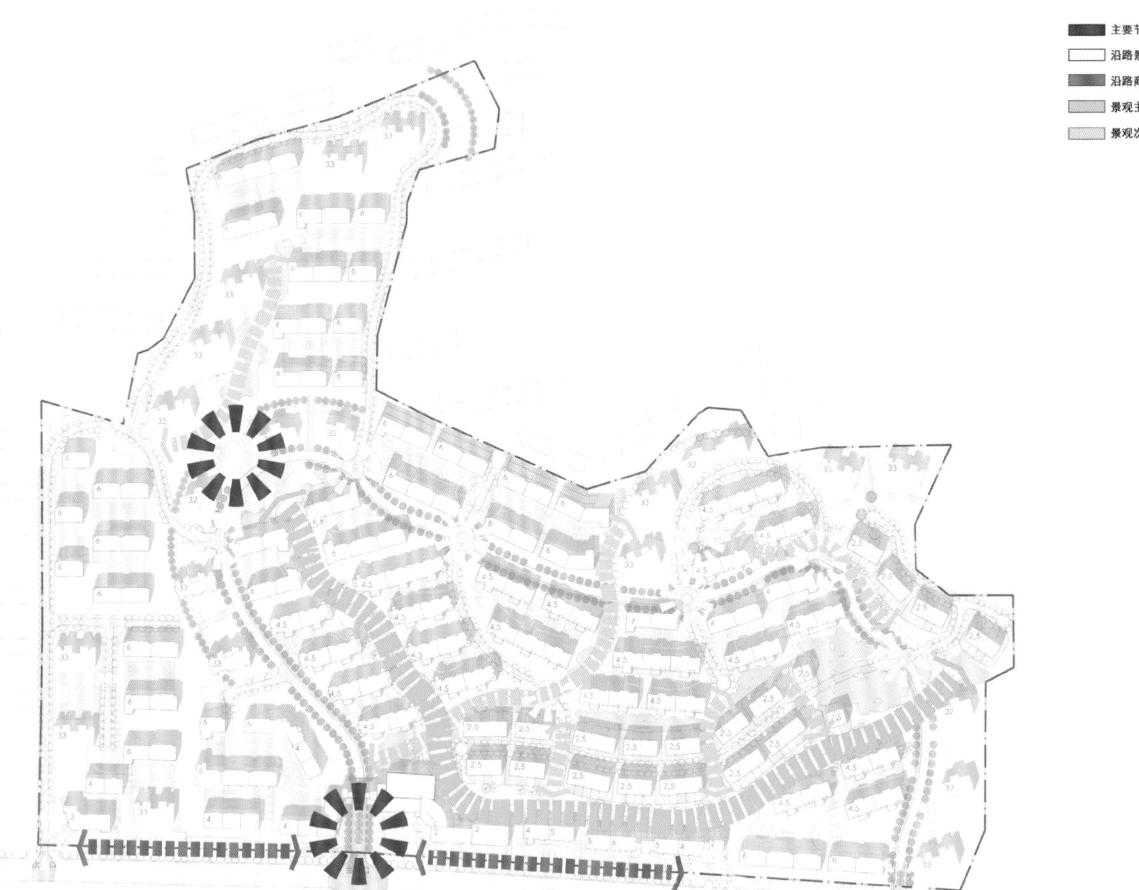

主要节点
沿路景观节点
沿路商业景观
景观主轴线
景观次轴线

景观分析

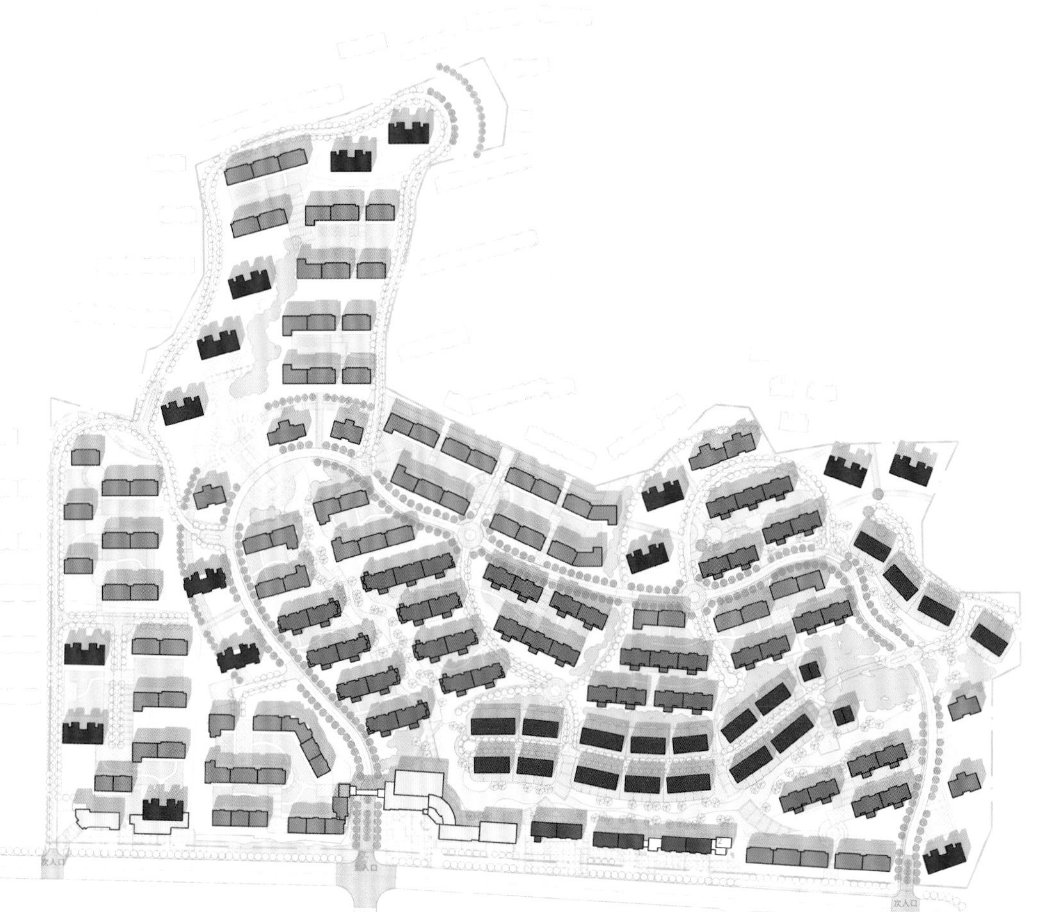

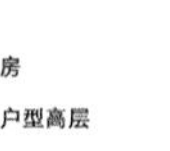

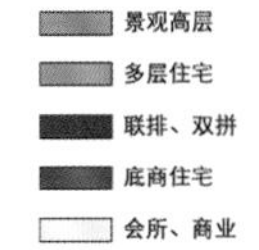

洋房
小户型高层
景观高层
多层住宅
联排、双拼
底商住宅
会所、商业

功能分析

# 文昌中南·森海湾

项目地点：海南省文昌高隆湾旅游大道
开发商：中南控股集团·文昌中南房地产开发有限公司
建筑设计：澳大利亚五合国际
景观设计：加拿大格雷斯兰
占地面积：400 000 $m^2$
总建筑面积：620 000 $m^2$
容积率：1.6
绿化率：50%

中南·森海湾各种配套齐全，是一个低密度，具有西班牙建筑风情、地中海海景特色、澳洲黄金海岸度假方式的生态滨海社区。建筑类别包括高层、小高层、多层、别墅等现代化综合小区。每户建筑面积从51.62~129.5 $m^2$ 不等，跨度较大，适合不同的需求。

沿着高隆湾低缓的海岸线，各种建筑形式以阶梯状依次排开，社区内水影灵动，真正做到观海亲水最大化，与大海气脉融为一体。项目在充分融合了海南的历史、文化、气候等特点的同时，更映衬出地中海海域独有的魅力风情。

鸟瞰 Birdview

# 海南龙沐湾国际养生社区

项目地点：海南省乐东县
规划设计：北京中联环建文建筑设计有限公司
占地面积：2 170 000 $m^2$

龙沐湾位于海南岛西南部，依山面海，地势平坦，拥有中国唯一的"落日海滩"、尖峰岭热带雨林、黎苗地域文化等独特资源，是一个极具潜力、尚待开发的海滨地区。

规划结合场地条件，提出了"1个极核+3个组团"的生长结构模式。在这个统一框架下，各功能区和组团以"内湖"为核心，围绕"内河"水系展开，形成"外海+内河"的滨水空间和纵横构成的"十"字结构轴，使每个组团和片区可单独开发，也可联动开发；既便于分期实施规划建设，又组成一个统一的有机整体，形成南北呼应、带状发展的空间结构体系。

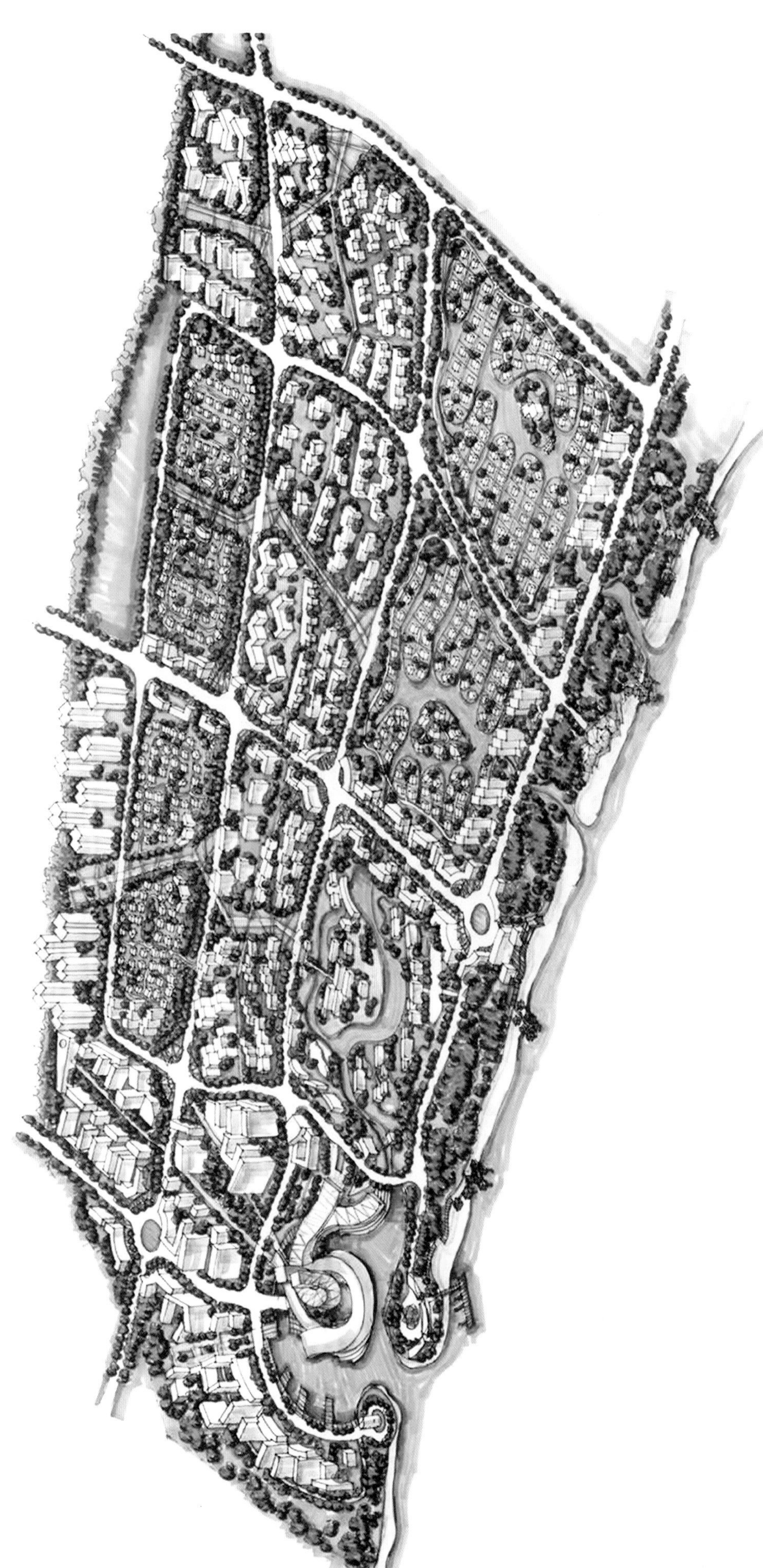

# 常州东渡国际青年城

项目地点：江苏省常州市
建筑设计：GN栖城

东渡国际青年城项目坐落于江宁区天元中路68号，南临天元中路，东靠兴宁路，北面为规划道路，西侧是秦淮河。建成后的地铁1号南延线将从小区门前经过。东渡国际青年城由13幢建筑组成，其中11幢23~25层的高层建筑、1幢3层幼儿园、1幢2层会所。预计总入住人口将达到1万人。项目将分三期建设。

# 成都蓝光和骏·香碧歌庄园

项目地点：四川省成都市温江区
开发商：四川省蓝光和骏实业股份有限公司
建筑设计：上海港普泰建筑设计咨询有限公司
主设计师：方华、高德强、陆煜、黄伟
总建筑面积：228 000 $m^2$

成都蓝光和骏·香碧歌庄园是现代与古典结合、神秘崇高的法兰西风情高端住宅，分为纯联排别墅区和高层电梯洋房区。两大区域以自然绿篱相隔，在独立生活圈中共享天地造化的自然风光。其中，联排别墅区由27栋联排别墅组成，户户南北朝向。外形大气尊贵的香碧歌庄园引用了大量的法兰西建筑元素，如蓝玻尖顶屋面、法式凸窗、法式门斗等，外形细腻，体现了其经典的韵味。每户地上3层，地下1层，建筑面积区间是282~352 $m^2$。

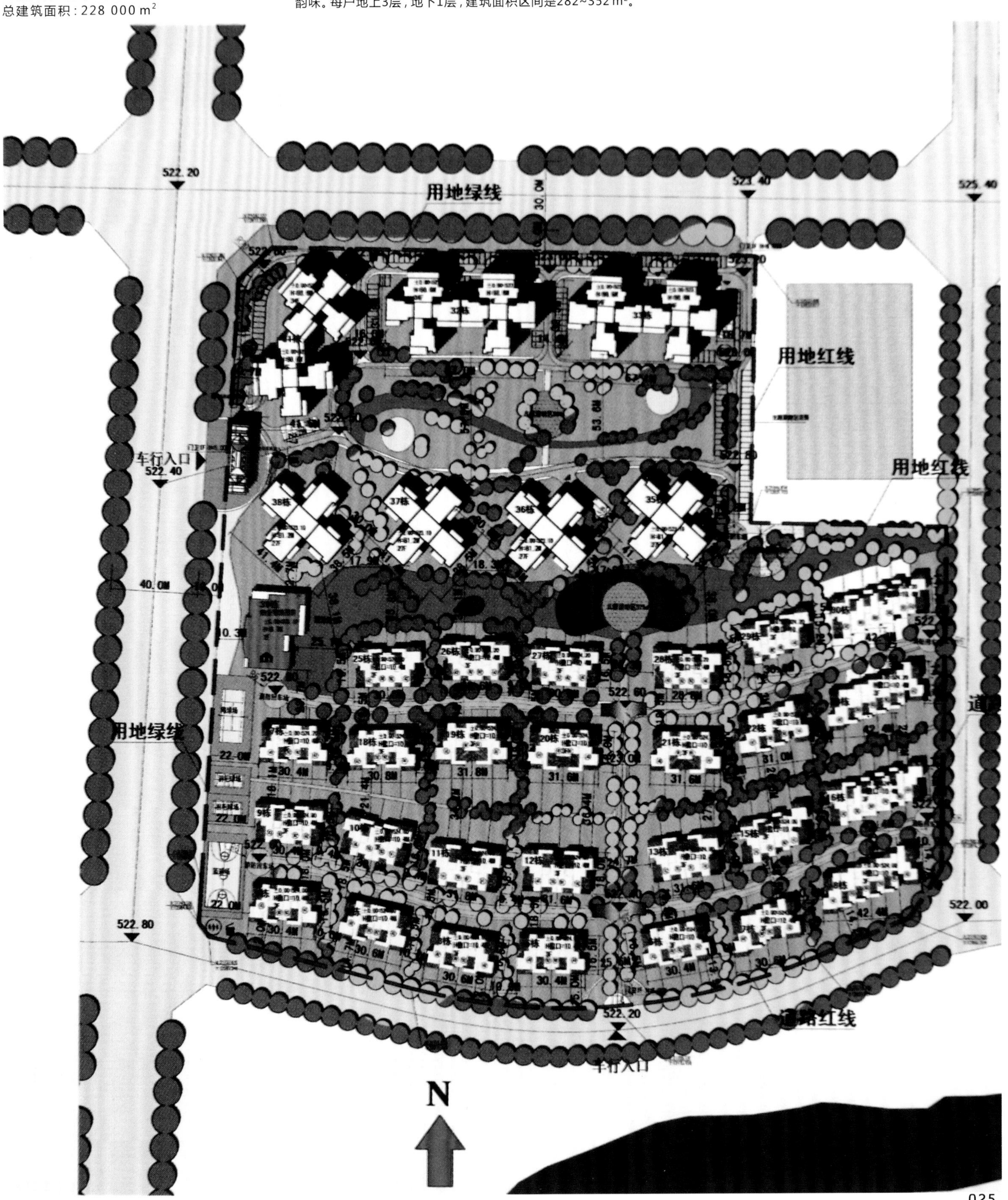

# 惠州巽寮旅游度假区

项目地点：广东省惠州巽寮湾
开发商：金融街惠州置业有限公司
规划/建筑设计：万城建筑设计国际有限公司（新加坡）
上海筑博建筑规划设计有限公司
景观设计：东莞市华林景观建设有限公司
占地面积：138 800 m²
总建筑面积：11 535.3 m²

项目沿滨水区域扩延开发，营造一个令人回味的场所。以游客为导向的商业功能同日常的行为活动相互叠加，丰富了场所精神，增强了识别性。作为整体城镇肌理不可分割的一部分，居住区的设计在地面层采用更加开放的手法，以尊重内陆景观并利于公众通达。

在公共性和私密性开发并重的区域，设计占地面积少的点式高层建筑，使居民和步行者最大化地利用景观资源。水域保持开放的空间并成为各种活动的展示舞台。精心设计的滨水区域的空间结构能够吸引举办特殊的节庆活动，并充分预留发展空间，考虑容纳各种随时间推移不断变化发展的活动。

总平面图
MASTER PLAN

N 10 30 50m

# 嘉兴南湖区东栅地块

项目地点：浙江省嘉兴市
建筑设计：上海众鑫建筑设计研究院
主设计师：徐海祥、王文君、翟潇
总建筑面积：426 190 m$^2$

项目位于嘉兴市南湖区，规划设计通过引入天然水系，将小区划分为高层区和别墅区两部分。别墅区由两个小院别墅组团、九组合院别墅、一个联排别墅组团构成，各组团均有良好的绿化景观。高层区布置了17栋板式高层，总体形态南低北高，楼距较大，景观视野好。

规划中以自由的曲线作为小区主干道，连接高层区与别墅区，与引入的天然水系形成两个交通节点，等未来整个小区建成后，在此进行内部封闭，可使高层区与别墅区的交通各成系统，互不干扰。别具一格的英伦岛式会所，独立成区，结合别墅区的入口，由两座拱桥带业主进入这富有英伦风情的社区，休闲型会所与售楼处遥相辉映，围合成具有文化特色的入口广场。

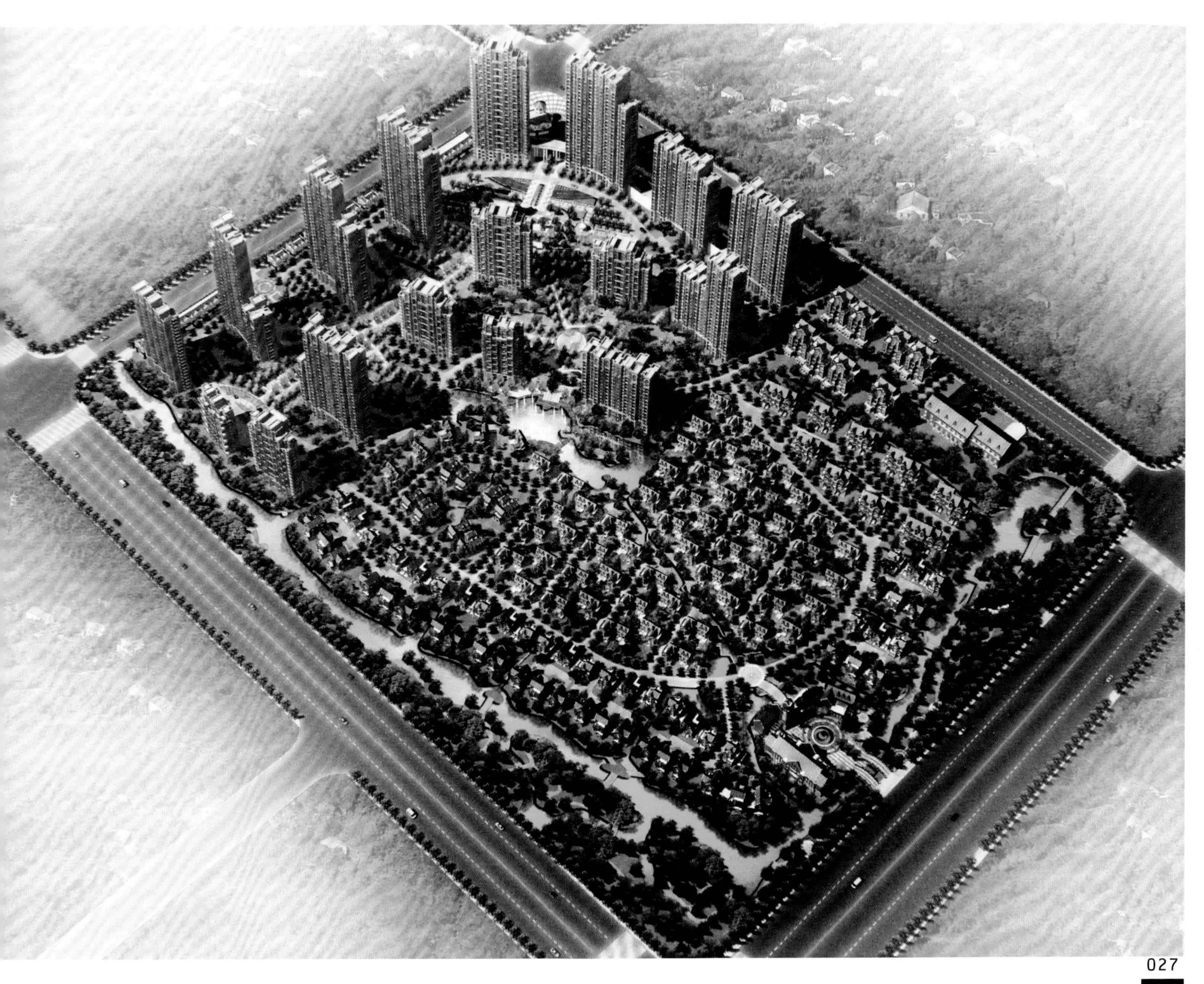

# 西安电子科技大学南校区教工住宅

项目地点：陕西省西安市
建筑设计：中联西北工程设计研究院
主设计师：唐振宇、梁鹏辉、陈琰
占地面积：331 000 m$^2$
总建筑面积：783 000 m$^2$
容积率：2.0
绿化率：62.4%

项目位于西安电子科技大学新校区南侧，基地西侧为后勤基地，西北为体育运动区，北面是学生公寓和教学区，东面是体育运动中心。

南北向的生态景观轴将基地分割为大致相当的三个区域，可设置为东、中、西三个绿岛组团，又通过人文景观轴将三个绿岛有机串联，从而形成分合有度的整体空间形象。东岛环水而立，追求小桥流水人家的诗情画意；中岛大开大阖，体现阳光健康的生活方式；西岛楼体呈正南正北方向布置，争取最好朝向的同时也打破了空间的狭长感，并通过草坡林地、特色植栽，反映出坡林山居的悠远意境。

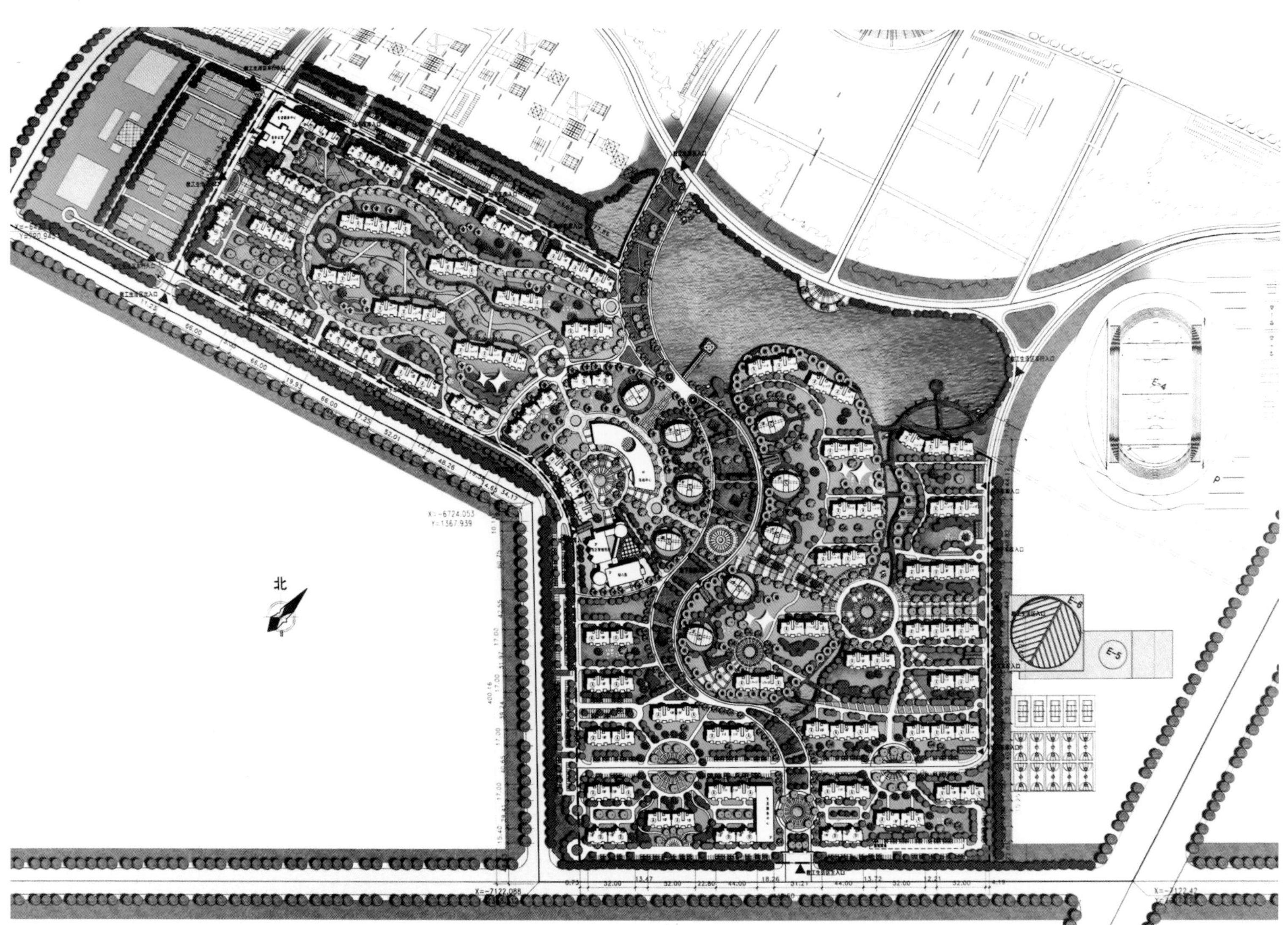

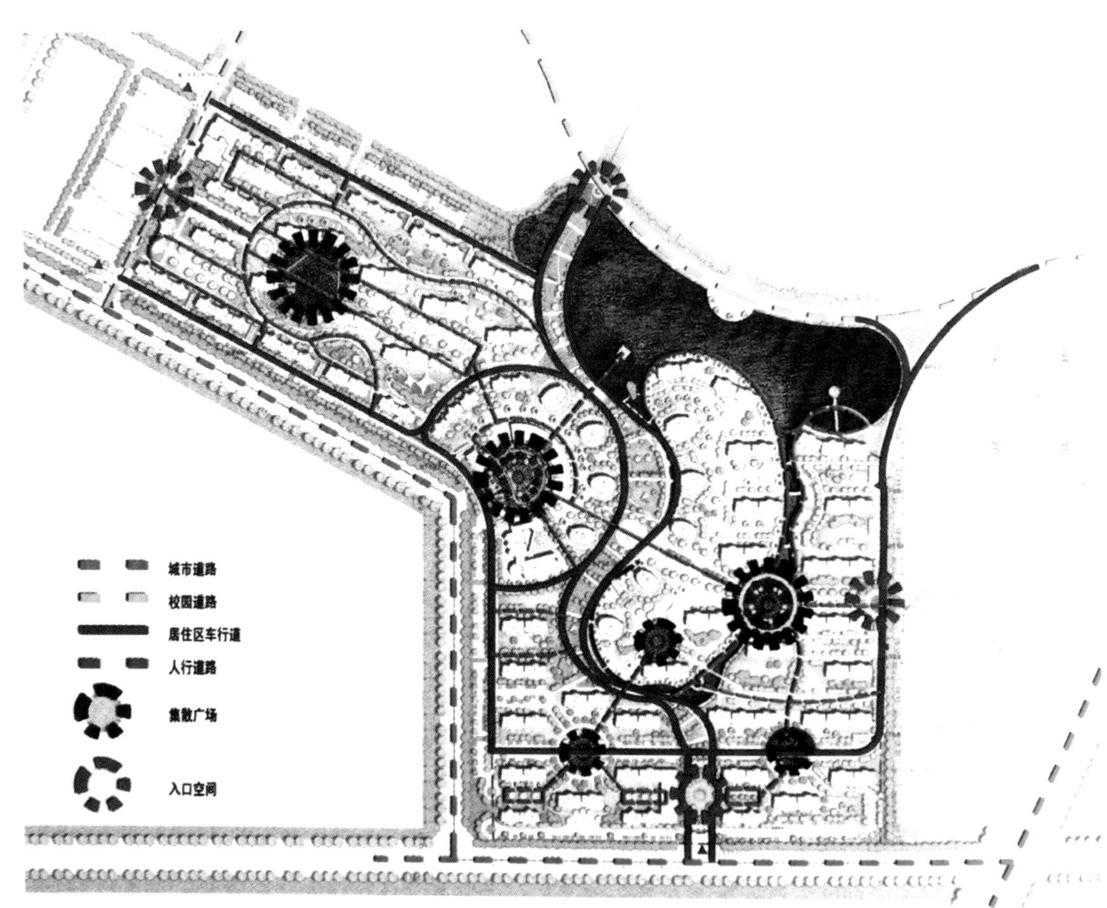


道路交通分析图

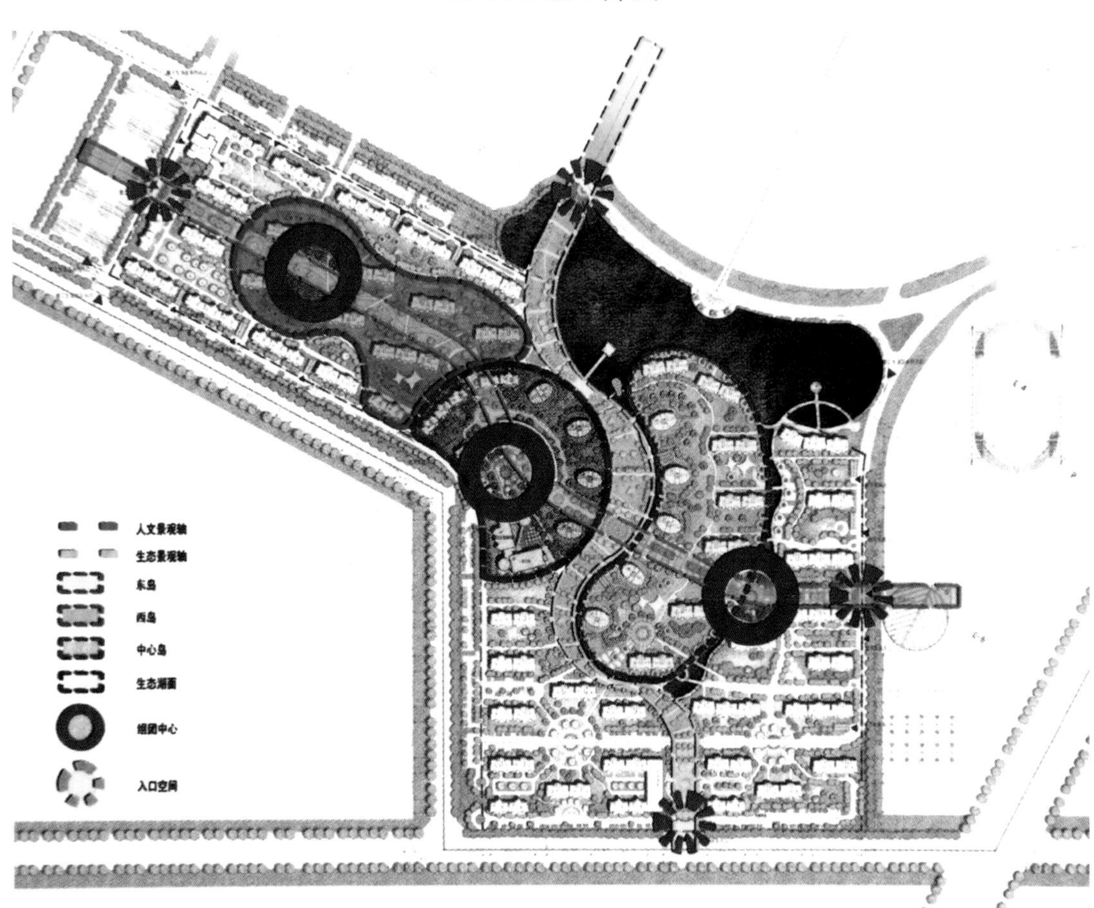


规划结构分析图

# 连云港尚城国际

项目地点：江苏省连云港市
建筑设计：GN栖城
主设计师：卢晓仪、高曙光
占地面积：94 249 $m^2$
总建筑面积：269 063 $m^2$

本规划项目位于东部滨海地区西侧，东西长290~430m，南北长289m，根据控规要求，共分为两个地块，总占地面积94 249$m^2$。地块南临连云港市滨海地区山湖景观主轴，东临规划中的商务核心区，西临北崮山。

小区主要规划了高层住宅、双拼别墅和叠加别墅三种住宅产品。另外，小区根据规划要求布置了一些配套公建，在西侧高层较少的区域布置小区的八班幼儿园，保证室内外的有效日照时数。在小区南面的步行入口，结合广场布置会所，会所的功能主要有社区服务、文化活动、物业管理、休闲、健身等。在小区的南部和东部布置商业配套，这些配套公建均沿道路布置，以利于这些配套公建对外服务，拓展业务。

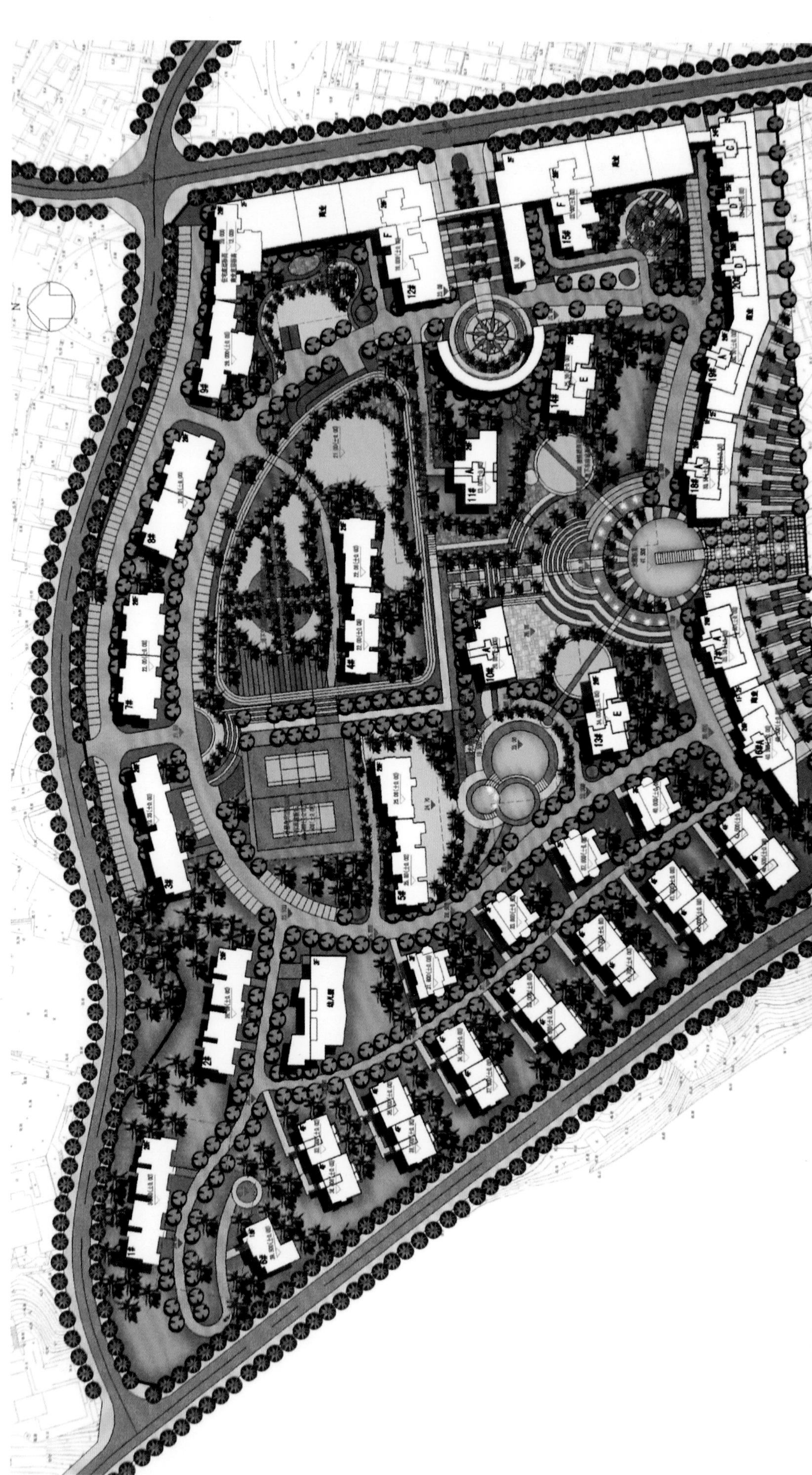

# 南宁天昌东盟中央城

项目地点：广西壮族自治区南宁市
开发商：广西天昌投资有限公司
建筑设计：深圳天方建筑设计有限公司
主设计师：陈天大、乘风、刘进
占地面积：191 929.17 $m^2$
总建筑面积：426 030.70 $m^2$

项目位于南宁市东盟商务区三环与四环之间，总占地面积191 929.17 $m^2$；整个项目地块与四环路高差约6 m，中部及北面地块地势平坦。由西北-东南向的五条城市道路（一条主干大道，四条规划道路）和东北—西南向四条城市道路（两条主干道即三环和四环，两条规划道路）划分为四块；其中，北部为较规整的A、B两块方形地块，中部为东向箭头状极不规则的异形地块C，南部分别为东阔西窄长条状地块D。交通便捷，周边条件日趋成熟，具有良好的开发条件及升值潜力。自然环境优越，空气质量优良，适于营造一流的高档社区。项目拟建成一个低密度的生态社区，以绿色生态、节能环保、休闲生活、科技文化等复合元素，打造成南宁市标志性的高档楼盘。

# 武汉海昌极地海洋世界

项目地点：湖北省武汉市
开发商：武汉极地海洋世界投资有限公司（旅游商业）
　　　　武汉创富房地产开发有限公司（住宅）
规划设计：美国RPVA设计师事务所（旅游商业）
　　　　　加拿大CPC建筑设计顾问有限公司
建筑设计：武汉市建筑设计院（旅游商业）
　　　　　武汉市民用建筑设计院
景观设计：美国RPVA设计师事务所（旅游商业）

海昌极地海洋世界位于武汉市东西湖区金银潭经济开发区内，黄潭湖以东，金银潭大道以南，宏图大道以西，三环线以北，紧邻武汉市中心城区。周边交通路网丰富，四通八达，十分便利。

项目为集海洋公园、商业、公寓、住宅、幼儿园、小学等于一体的旅游复合型海洋生态文化社区。住宅部分占地面积28万 $m^2$，总建筑面积58万 $m^2$，是武汉目前少有的超大型高尚生态居住社区。该项目自然景观资源丰富，三面环水。为了充分展现生态人居的理念，项目规划将周边自然水域引入地块，从而自然地将其划分为三期开发，犹如三个小岛矗立湖中，与周边优美的自然环境融为一体。超过38%的绿化率更为原本丰富的水景资源锦上添花，小桥流水的生态社区跃然眼前。

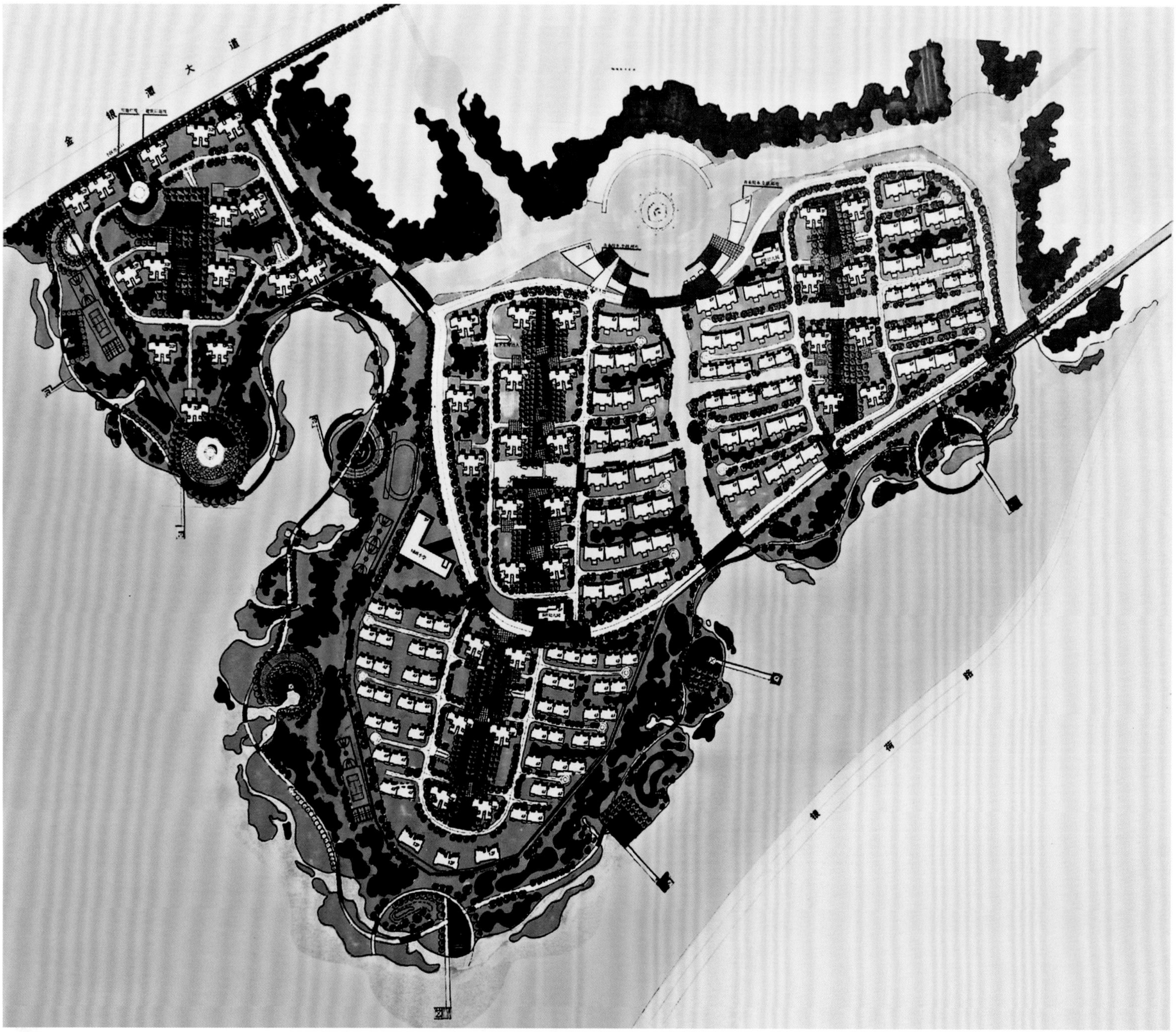

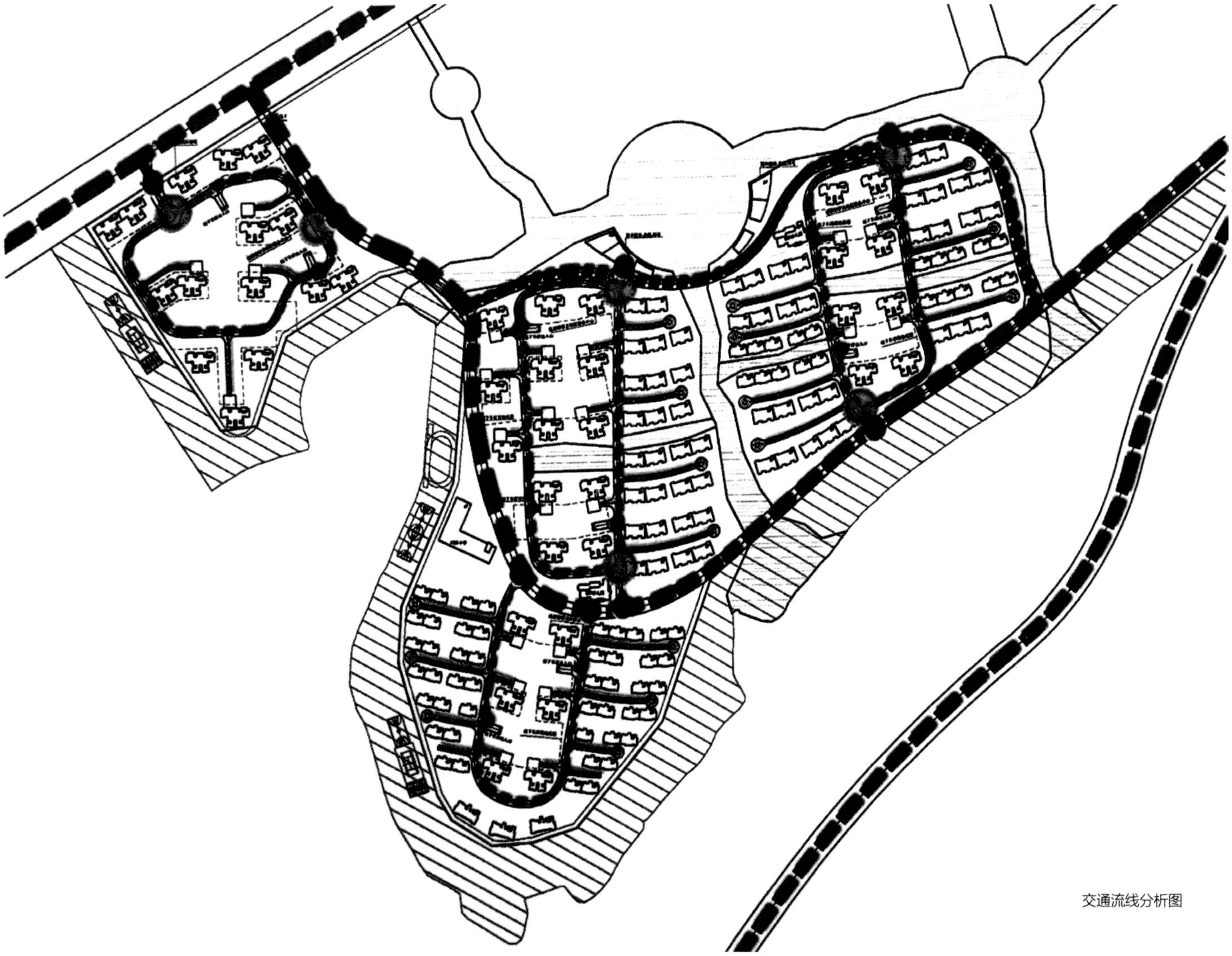

交通流线分析图

# 重庆复地上城（二期）

项目地点：重庆市渝北区
开发商：重庆润江置业有限公司
占地面积：57 576 $m^2$
总建筑面积：57 000 $m^2$
容积率：0.99
绿化率：58.37%

复地上城（二期）是纯别墅洋房组团，由12栋叠加别墅、4栋联排别墅、8栋原创六合情景院落别墅和16栋原创溪谷全跃花园洋房组成。

根据地势的原生地貌和自然起伏，复地上城（二期）打造了恢弘震撼的一线两轴景观体系。一线：沿保利高尔夫边界顺势而筑，160万 $m^2$球场风光无极的临崖瞭望风景线。两轴：田园溪谷动步主题景观轴和维也纳皇家林荫主题景观轴。

复地上城（二期）的花园洋房通过空间原创，实现4+1洋房前所未有的空间情趣，首次演绎了全跃洋房尺度。通过空间原创，实现了3.6 m、4.5 m、5.7 m三种不同客厅空高，尤其是一改传统洋房2、3层的平淡无奇，每户都有空间上的突破。面积控制合理，即使全跃，套内建筑面积也在140~180 $m^2$的主流区间。

N
总平面图

# 南昌众森·红谷一品

项目地点：江西省南昌市
开发商：江西众森实业集团有限公司
建筑设计：澳大利亚柏涛（墨尔本）建筑设计公司
景观设计：加拿大奥雅景观规划设计事务所
占地面积：333 333 $m^2$
总建筑面积：500 000 $m^2$
容积率：1.65

众森·红谷一品建筑规划均为南北朝向，采光通风绝佳，充分体现人居理念，在舒适性与实用性方面完美结合。产品由双拼别墅、联排别墅、花园洋房、小高层、高层等多种物业形态组成。

别墅为西班牙别墅风格，镶嵌于自然水系之中，与近67万$m^2$的天然水系完美融合；超低密度的物业形态，极力打造成最适宜人居的城市CBD湖畔别墅，为居住者提供最高境界的墅居生活。

# 中山尚城

项目地点：广东省中山市孙文东路
开发商：中山市鄂尔多斯房地产开发有限公司
建筑设计：（加拿大）毕露德国际建筑顾问有限公司
主设计师：杜昀、Ken Nilsen
景观设计：广州土人景观顾问有限公司
占地面积：213 120 m$^2$
总建筑面积：366 000 m$^2$
绿化率：42.6%

中山尚城位于孙文东路，即金记酒楼与濠头中学之间。项目规划兴建多层、小高层及部分Town House，总居住人口在8 000人左右。规划有30 000 m$^2$的原生态山体景观，中山尚城吸取已根植中山的南洋建筑文化，采用简约欧式建筑风格，项目定位为“新岭南街坊和谐生活”。

全区总体规划以一条贯穿南北的景观绿化长廊为主轴，并向东西方向辐射横向绿化，自然地形成较为完整的街区邻里。沿景观步道设置水面、绿化、小型运动场地，强调绿色健康的生活模式及家庭式运动的连贯性，使景观步道不仅仅是步行系统的中心，也是小区居民活动、交流的中心轴，将各期加以连贯、交融。

小区沿地块由南至北依次为商业预留地、一期、二期、三期。一期主入口处设置会所及幼儿园，方便使用，同时成为小区标志性建筑；二期、三期通过共用会所紧密结合，与一期相对独立，便于分区开发。沿孙文路布置商业，既发挥了临街地段的商业价值，满足小区居民需求，又避免了公路噪声干扰。

# 长沙纳爱斯秀山丽水

项目地点：湖南省长沙市
建筑设计：GN栖城
占地面积：360 870 m²

项目分为东西两区，东区占地面积107 349 m²，其中住宅用地85 292 m²，商业用地22 057 m²。住宅区总建筑面积约为213 600 m²，商业区总建筑面积约为44 600 m²。西区占地面积147 270 m²，总建筑面积约为366 700 m²，属高层加部分联排别墅和花园洋房的住宅小区。

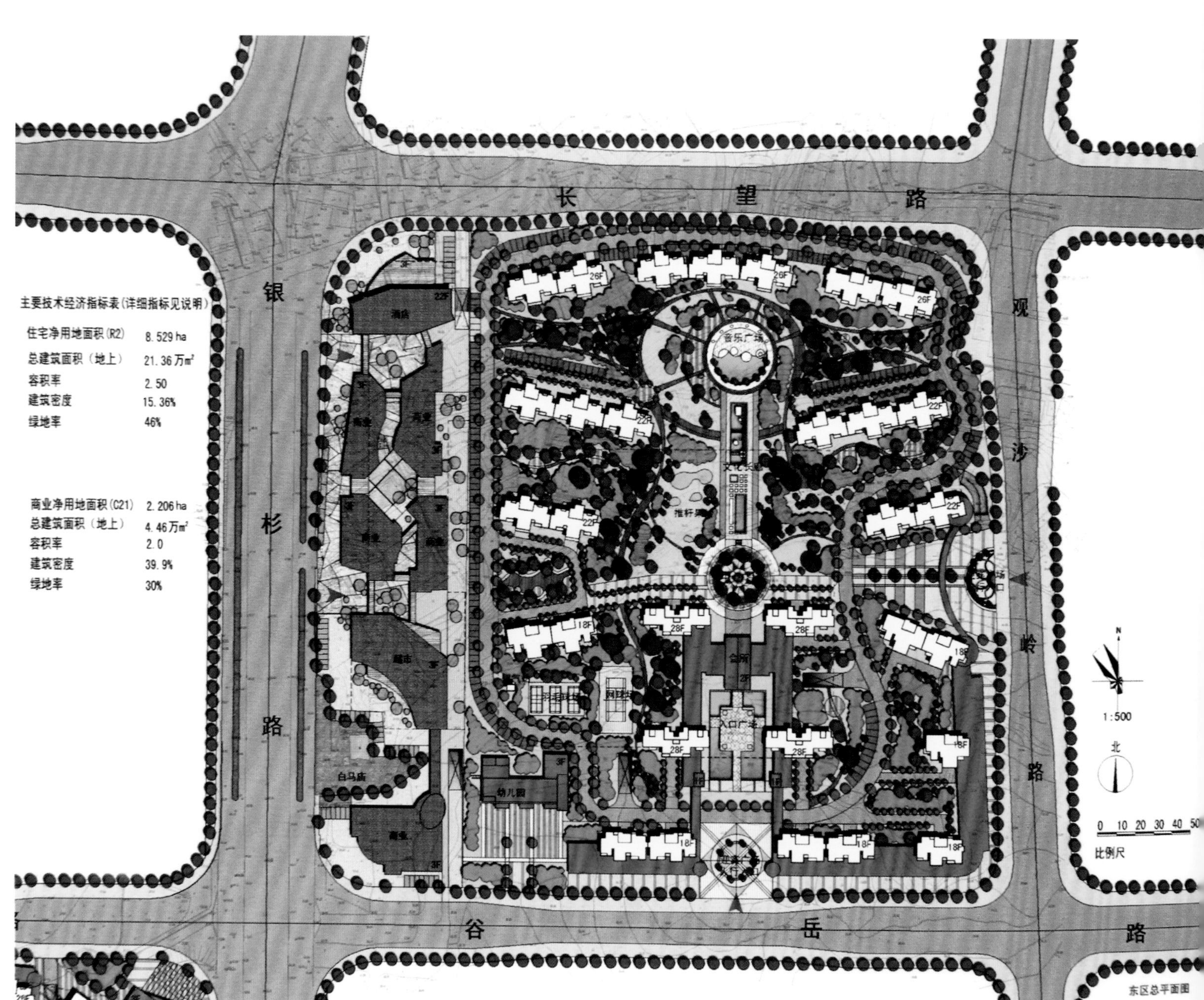

东区总平面图

# 东莞壹号庄园

项目地点：广东省东莞厚街镇
开发商：东莞市盈丰房地产开发有限公司
占地面积：250 000 $m^2$
总建筑面积：360 000 $m^2$
容积率：0.58
绿化率：42%

壹号庄园是东莞规模极大的别墅社区，位于经济繁华的厚街镇，据守广深高速厚街出入口，距厚街镇中心5分钟车程，距深圳福田中心区40分钟车程；毗邻27洞海逸高尔夫球会；据守横岗湖最佳地段，为天然坡地，整个地势沿湖呈扇面展开，湖岸线长达1 800 m，户户拥有南向湖景。

壹号庄园由独栋别墅和高层洋房、小高层洋房组成。项目依据原有的地势建设，最高落差达到20 m，并保留了大量原生百年荔枝林。户户“大别墅、大花园”，花园面积为建筑基底面积的3～7倍。别墅一般为两层半建筑，加上地下室，形成了丰富的空间。

园林融合东南亚风情和日式园林的优点，既体现了景观的明媚多姿，又强调人的参与性，除了600 m的景观大道、6万$m^2$的湖滨公园、1万$m^2$湖心岛形成主轴园林外，另外每6～7栋别墅组成一个岛状组团，形成别致的组团园林。社区中以“水”为灵魂，不仅入口处有1万$m^2$人工湖，湖畔有3 500 $m^2$沙滩泳池，社区内部还有数条溪流，形成了“三湖九溪绕庄园”的景观。

# 银川华雁·香溪美地

项目地点：宁夏回族自治区银川市金凤区
开发商：宁夏亘元房地产开发有限公司
规划/建筑/景观：都市元素（北京）国际建筑设计有限公司
占地面积：623 336 $m^2$
总建筑面积：1 358 800 $m^2$
容积率：1.67
绿化率：36%

项目用地位于银川市金凤区南部，处于新兴的华雁湖居住板块中，属于银川市重点发展区域。地块南至规划纬十路，西临亲水大街，北接宝湖西路，项目用地北距银川市人民政府行政中心1.5 km，南距规划中的七十二连湖公园约1 km。

用地南北宽540 m、东西总长1 810 m，由两个地块组成，其中东地块呈梯形，西地块呈长方形。地块北面临近华雁湖，华雁湖景观水系贯穿东部地块。

项目东地块规划为高端住宅区，以别墅、花园洋房和360度景观豪宅为主。而最高端的别墅产品放在东地块水系北部的中心位置，并且在这块别墅区域周围挖出一条水系，让它成为一个独立小岛，保证最好的景观和私密的小区环境。别墅区的北部和东地块水系的南部这两个区域，同样也在地块周边挖出水系让它们形成独立的小岛，保证良好的小区环境。别墅区的北部区域设计成花园洋房，充分利用北部预留的市政绿地和南面的自然水系。

西地块在设计中引入了一条人工水系，在原东地块的水系的基础上延展开来。同时把西地块分成7个组团，按照湿地肌理的特点布置组团形式，每个组团像是漂浮在水面上的绿城。这7个组团再根据邻里规模的需要分成若干个小单元，也按照湿地肌理布置，形成更细一级的城中绿岛。

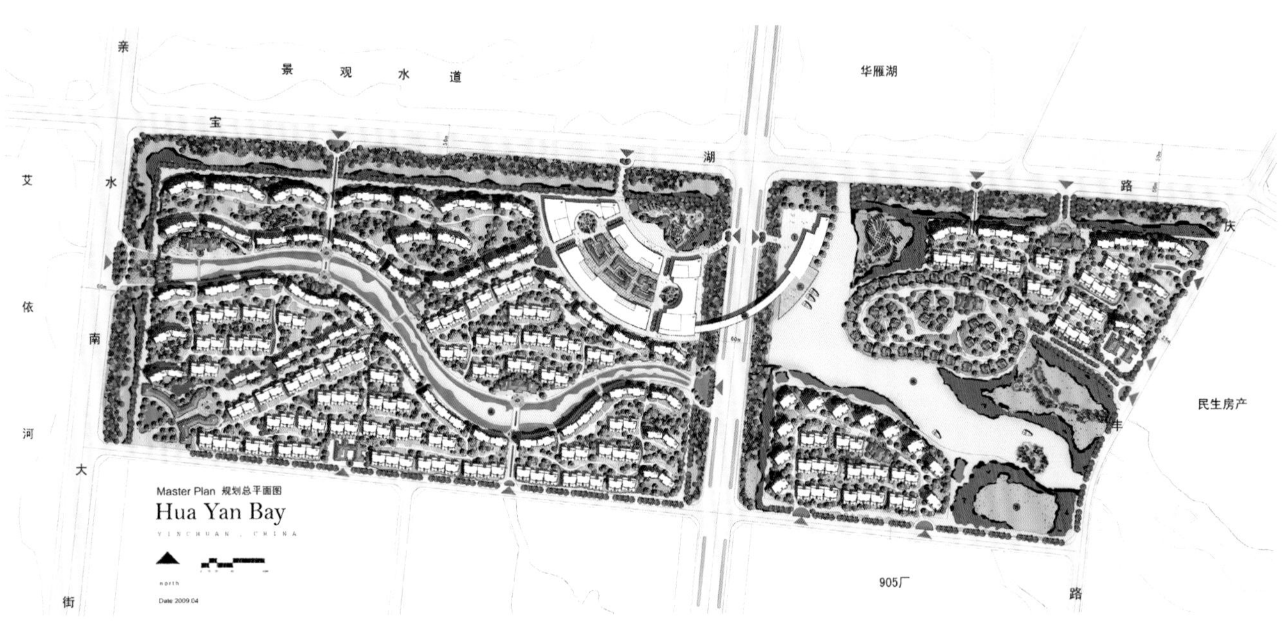
景观水道
华雁湖
宝湖路
亲水南大街
艾依河
民生房产
905厂
路
Master Plan 规划总平面图
Hua Yan Bay
north
Date 2009.04

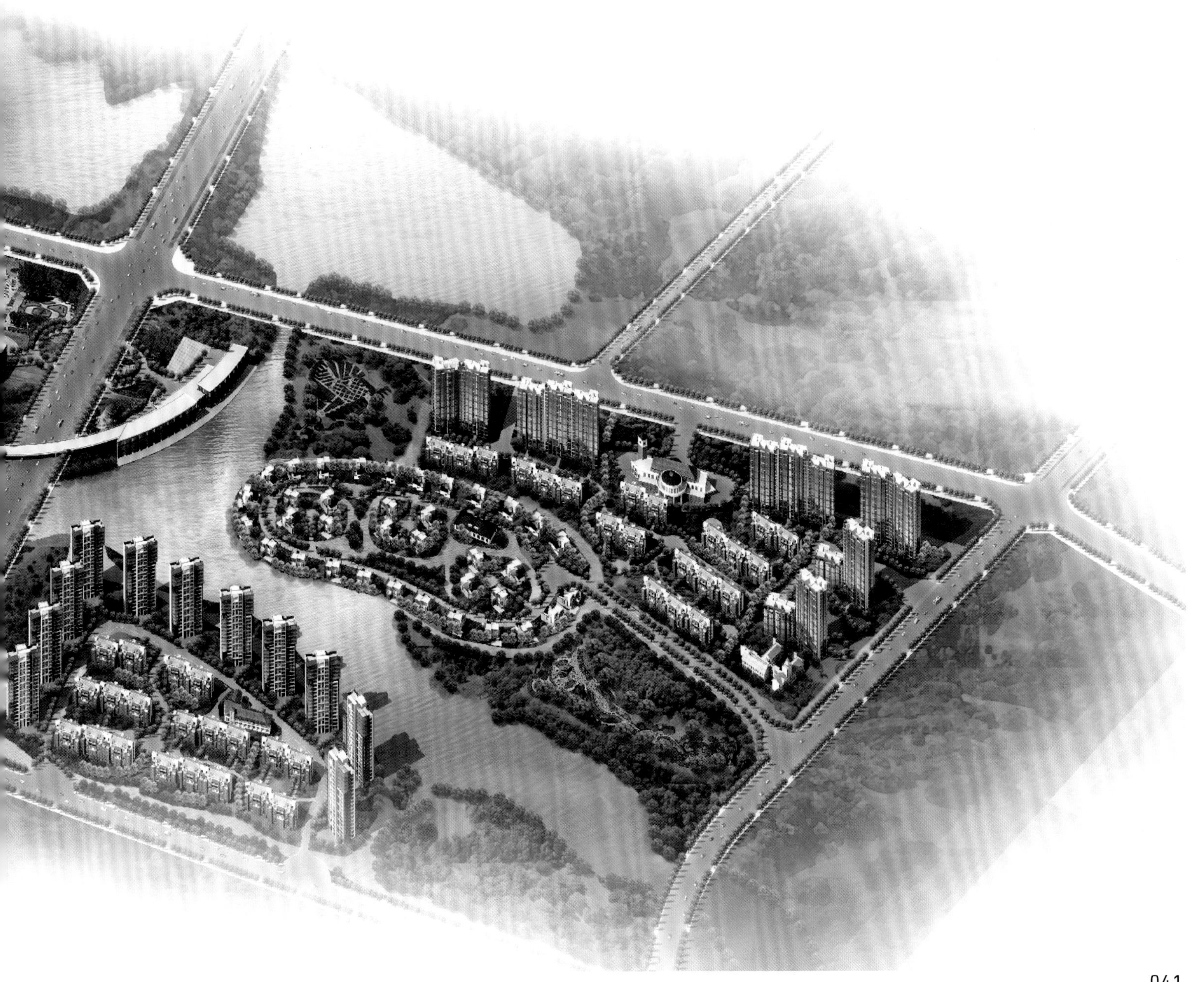

# 深圳泰华阳光海

项目地点：广东省深圳市宝安区
建筑设计：梁黄顾建筑设计顾问（深圳）有限公司
占地面积：111 000 $m^2$
总建筑面积：330 000 $m^2$

泰华阳光海地处宝安碧海中心区，地理位置优越。海港、机场、高速公路环绕，位于广州-东莞-深圳-香港这一战略发展轴线的核心位置宝安中心区，作为深圳市西部的城市次中心，是宝安区的行政、经济、文化、体育和信息中心。

泰华阳光海包括高层住宅和多层洋房。在小区内部，多层洋房呈群岛分布，家家门前水系环绕，配合西班牙风格的建筑立面和层层退台的建筑布局，形成了别墅区般的生活氛围。区内有2万 $m^2$的商业街、3 600 $m^2$的幼儿园，以及文化活动站、社区居委会和老年人活动站等。

项目一期住宅总建筑面积134 131.03 $m^2$，商业总建筑面积16 333.02 $m^2$。“环岛水系”自然地将小区分为两大组团。中部塑造阳光岛墅的度假休闲洋房区——白色罗娜群岛，由21栋5层的花园情景洋房和1栋10层的复式组成；外围阔景HOUSE营造蓝色海湾的休闲区——浮蓝明域，由18～36层高的高层组成，多以2栋或3栋相连。高层300 m楼间距，围而不合，多以2栋或3栋相连，既保证了朝向，又给城市提供了一个完整、通透变化的都市建筑形象。

# 深圳龙园意境华府

项目地点：广东省深圳市
开发商：深圳市龙园山庄实业发展有限公司
占地面积：87 693.54 $m^2$
总建筑面积：198 473.42 $m^2$
容积率：1.69
绿化率：42.5%

龙园意境华府位于布吉规划中的唯一的纯居住生态新区——石芽岭生态片区。距离CBD约5 km，多条公路和高速路与项目一脉贯通，交通便利。

小区由南至北分别布置多层、小高层和高层，布局清晰、层次丰富并且强调出户户南向、户户看山的布局优势，高层、多层、学校、幼儿园甚至石芽岭生态公园互相依存、互为景观、和谐相处。

学校占地面积1.5万 $m^2$，对规划布局影响最大，经过综合比较之后，将学校布置在用地的东北侧位置。住宅多层部分布置在项目南面临近石芽岭生态公园的位置。高层部分放置于用地北侧，得到了开敞的景观视线，与多层联排住宅保持适当距离的同时，也借用了学校操场的景观。充分利用小区进深大的特点，高层不会对多层建筑产生压迫感，同时高层也保留了科技园路最方便快捷的出入口，高层的进退关系也形成了小区丰富的背景天际线。

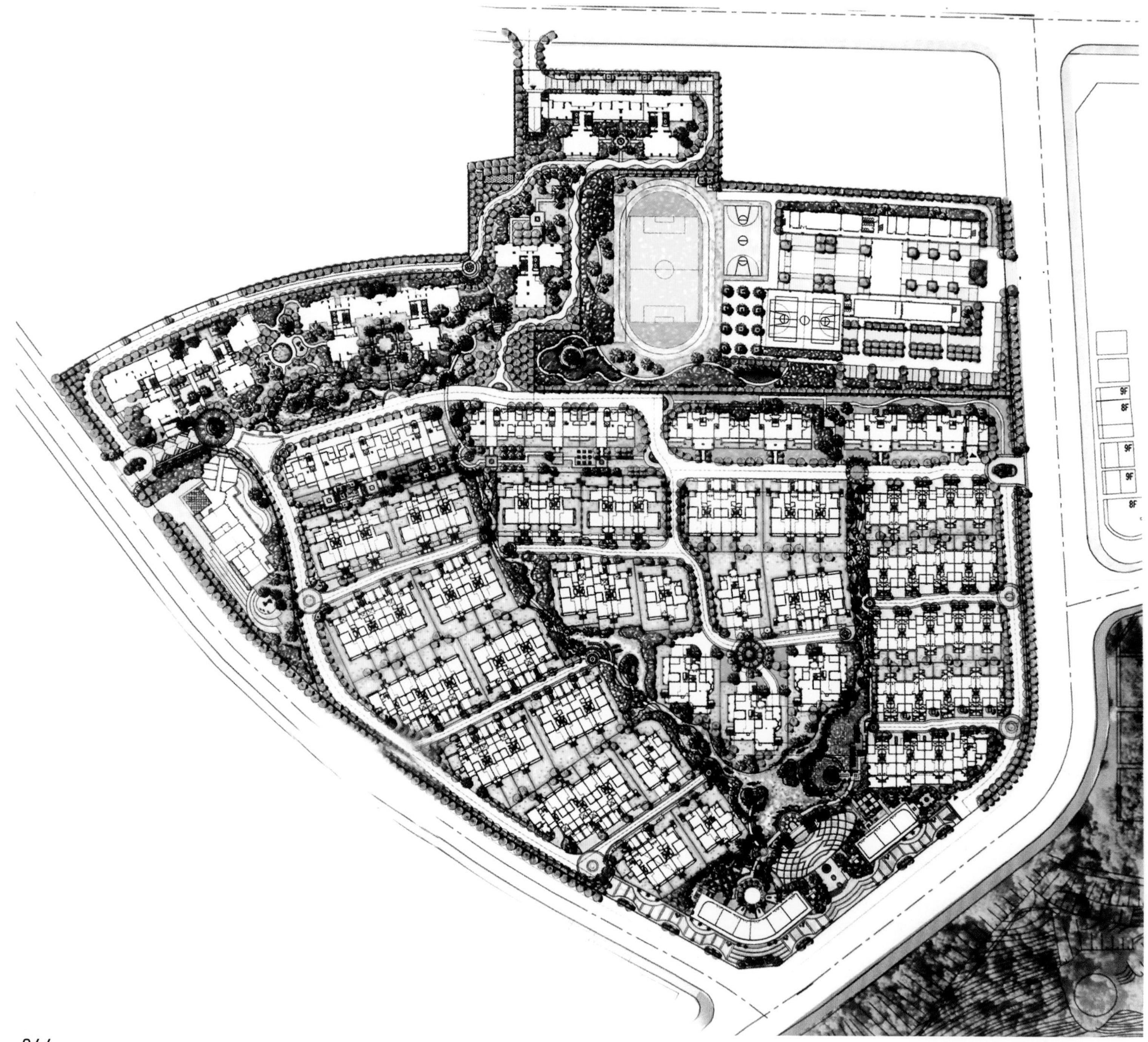

# 无锡太湖国际社区

项目地点：江苏省无锡市太湖新城
开发商：华润新鸿基房地产（无锡）有限公司
规划设计：深圳市城脉建筑设计有限公司
建筑设计：中建国际（深圳）设计顾问有限公司
景观设计：豪斯泰勒张思图德建筑设计咨询（上海）有限公司
占地面积：1 100 000 $m^2$
总建筑面积：1 450 000 $m^2$
容积率：1.2
绿化率：50%

项目位于无锡太湖新城和蠡湖新城的交会点，紧临东蠡湖之滨，拥有完善的配套规划。项目总建筑面积1 450 000 $m^2$，社区内拥有无锡唯一的文化艺术中心——无锡大剧院，以及超五星级酒店、宋庆龄幼儿园、港湾壹号国际会所、社区睦邻中心、2座规划中的社区轻轨站、2 000 m珍稀湖岸线和城市级港湾综合商业配套，将成为无锡的"维多利亚港"。

# 安庆香水百合

项目地点：安徽省安庆市
开发商：安徽雨润地华置业发展有限公司
占地面积：141 990 m²
绿化率：35.6%

项目位于安庆市东城区，基地位置西临山城花园、东至文苑路、南达皖江大道、北接新河路。北面与长枫港规划风景区隔新河相望，西边有安庆大湖风景区，基地周边环境可谓得天独厚。规划总用地面积为141 990 m²，整个地块北面窄，南面宽，且东西方向有一条南北向港华路将其分为一大一小两个地块。

项目规划将按照“以人为本”的思想，致力于创造崭新的居住理念，建设成内部环境优美，外观形象突出的健康生态住宅小区。在追求整体、群体形象的同时把握小区氛围的塑造，以建成安庆市最具代表性和影响力的住宅小区。

整个地块分三期开发，由低到高，由南向北，由低容积率住宅类型向高容积率住宅类型层层递进。建筑布局由低至高，空间层次呈梯度上升，内外空间较为通透，景观连贯性强。将高层（最大面积群）分布于北面沿河最佳景观处，达到景观经济效益最大化；多层住宅呈向外发散状，既增强小区对外通透性，又减轻建筑本身对道路沿线所造成的压力。高层与多层的连贯合理分区，高度变化错落有致，使其塑造出丰富天际线，舒展大气的整体形象。

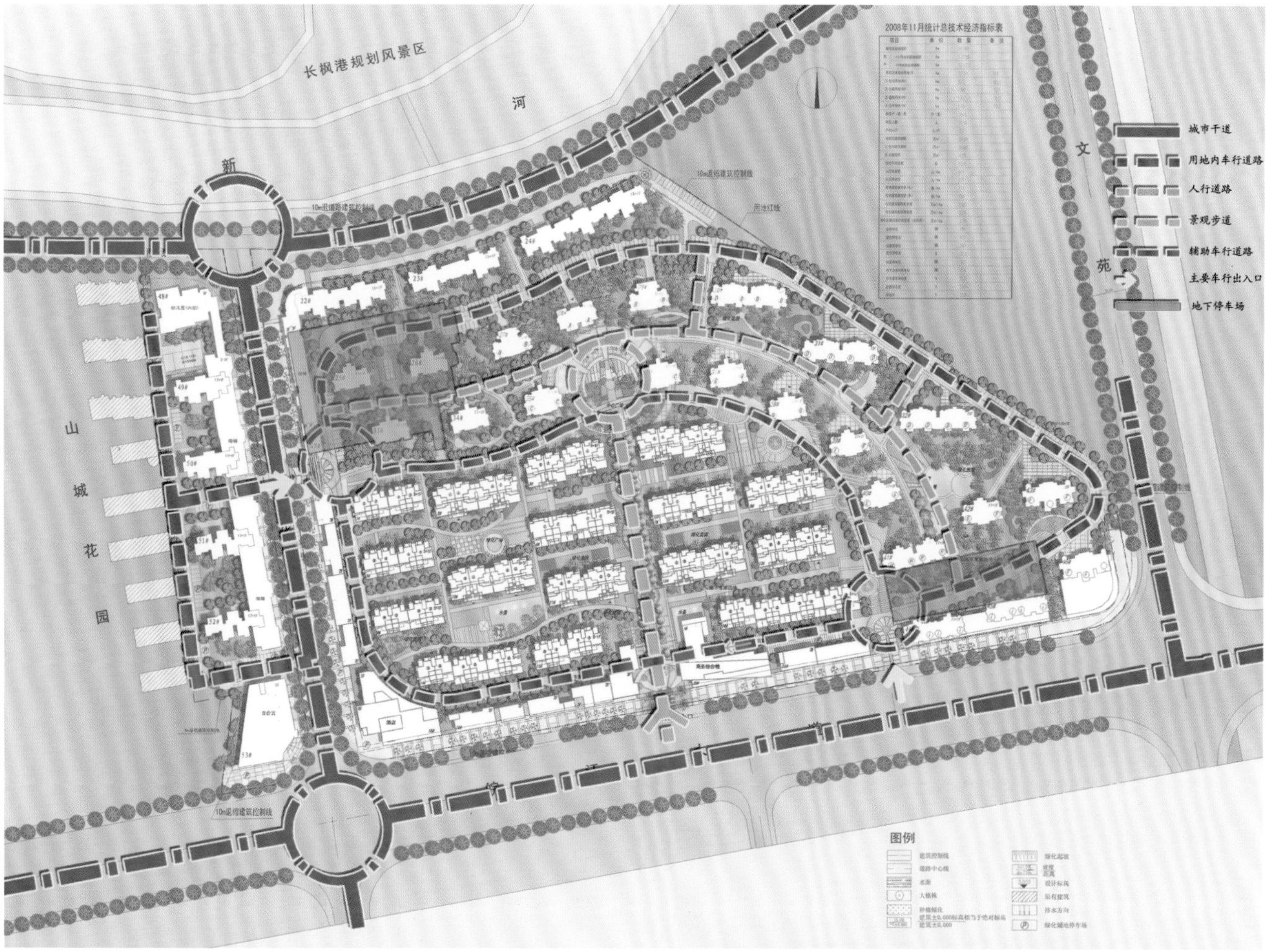

长枫港规划风景区
河
新
文
苑
山
城
花
园
2008年11月统计总技术经济指标表
城市干道
用地内车行道路
人行道路
景观步道
辅助车行道路
主要车行出入口
地下停车场
图例

长枫港规划风景区
河
新
港
华
路
文
苑
路
山
城
花
园
皖
江
大
道
2008年11月统计总技术经济指标表
公共景观带
景观节点
中央景观轴
景观水轴
图例

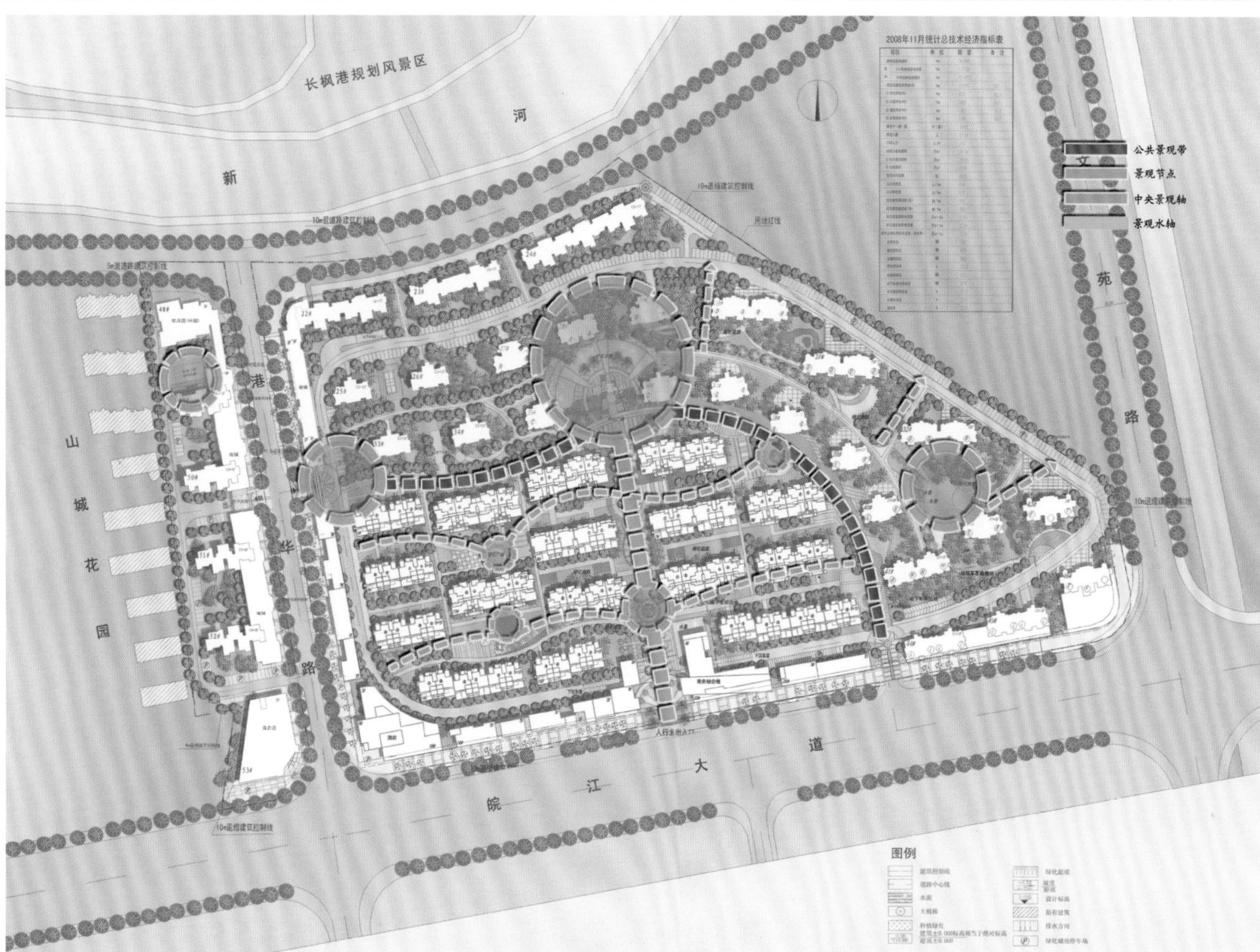

# 西安中海国际社区·熙岸

项目地点：陕西省西安市曲江新区
开发商：中海地产（西安）有限公司
建筑设计：深圳市欧普建筑设计有限公司
　　　　　欧普建筑设计（亚洲）有限公司
主设计师：许大鹏、张定帅、赵磊、贺楠岚
景观设计：贝尔高林国际（香港）有限公司
占地面积：102 379 m$^2$
总建筑面积：267 969 m$^2$
容积率：2.36
绿化率：35%

中海国际社区·熙岸项目位于西安中海国际社区中1~3#地块，由一大二小相连的三个地块构成，整个地块东、北、南三面临路，北面的曲江大道是主要的噪声源。西侧紧接海洋世界，视线也最为开阔，可以俯瞰整个大唐芙蓉园。

规划以一条景观大道贯穿基地，将东部一期开发的小高层区与西部二期开发的高层区分开。在高层区西侧、小高层区中部规划两条景观主轴，将各楼间邻里花园串联起来，达到户户均好的景观品质。小高层将在第一期开发并拥有连续开阔的中心景观；而高层将在第二期开发，其大多数户型均可以将大唐芙蓉园的美景一览无遗。

住宅设计结合西安特殊的地质条件进行设计，尽量保障结构轴线的齐整，提高楼体的整体刚性和抗震能力。不同面积的户型均拥有不同的房间尺度及储藏休闲空间。

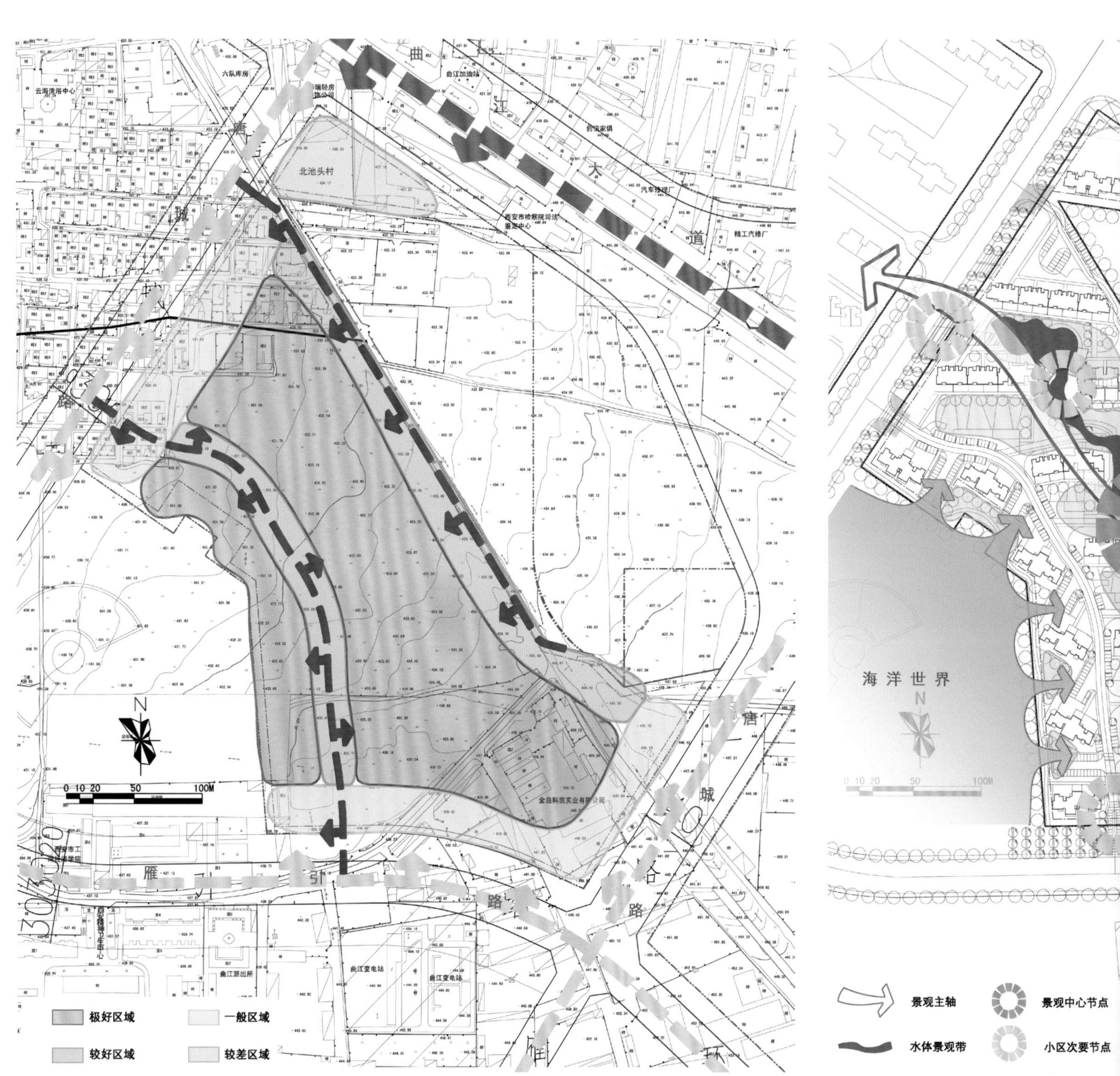

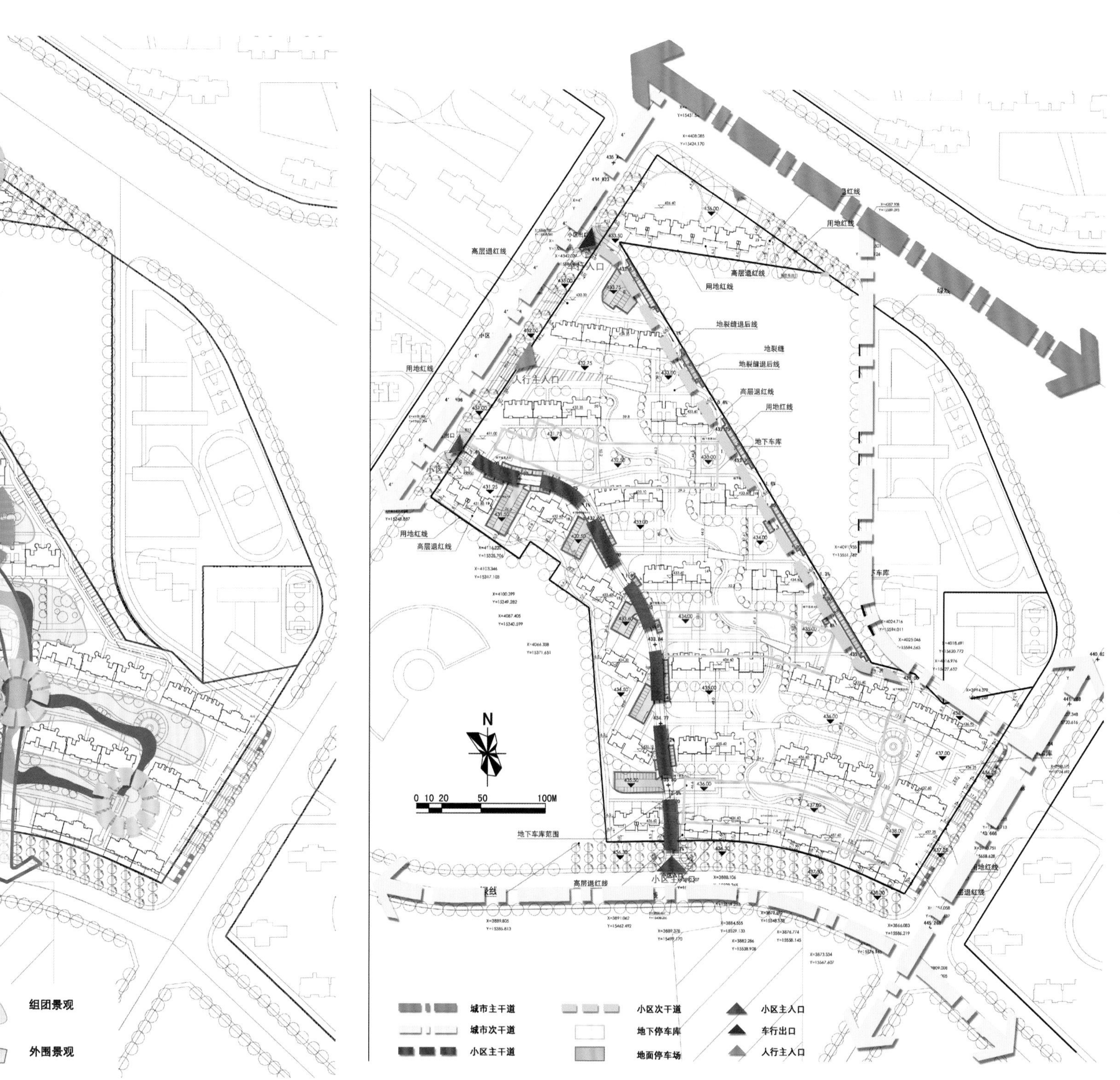
组团景观
外围景观
城市主干道
城市次干道
小区主干道
小区次干道
地下停车库
地面停车场
小区主入口
车行出口
人行主入口
用地红线
高层退红线
地裂缝退后线
地裂缝
地下车库
地下车库范围
人行主入口
小区主入口
N
0 10 20 50 100M

# 西安灞桥小镇

项目地点：陕西省西安市
规划设计：北京中联环建文建筑设计有限公司
占地面积：147 333 m²

项目地块北面临水，为北侧高层提供了良好的景观。地块中部高层和小高层围合成环形的布局，并且保留原有的绿化地。低层建筑分别在地块内的其他地方，错落有致，且一定数量的建筑形成一个组团。社区内合理分布有运动场等设施，为居民提供健身、休闲的场所。

# 武汉水岸星城（四期）

项目地点：湖北省武汉市
开发商：湖北福星惠誉置业有限公司
占地面积：350 000 m²
总建筑面积：680 000 m²
容积率：1.7
绿化率：50%

水岸星城项目地处武昌区徐东二路2号，位于武汉市内环线上最大的自然湖泊——沙湖边上。项目地块呈三角形分布，被市政道路分为A、B、C三块。西北临湖北大学，武青四干道；东北临秦园路、沙湖花园别墅小区；西南临约334万 m²的沙湖。占地7.8万 m²的福星公园隔环湖路（福星路）与该小区相望。

水岸星城项目共有建筑80栋，由南向北，由低向高依次分布，分别是联排别墅、叠加别墅、花园洋房和高层住宅。户型面积有高层95～210 m²，花园洋房140～195 m²，别墅195～275 m²，另有少量高层顶楼复式达到300～600 m²。建筑借助区内的五纵两横共七条景观轴，能将沙湖美景最大限度地展现在人们面前。

水岸星城四期则位于整个社区的东南端，秦园路和福星东路的交界处，由两栋53层超高层住宅、两栋32层高层住宅构成，户型以93～96 m²的两室、101～133 m²的三室为主。

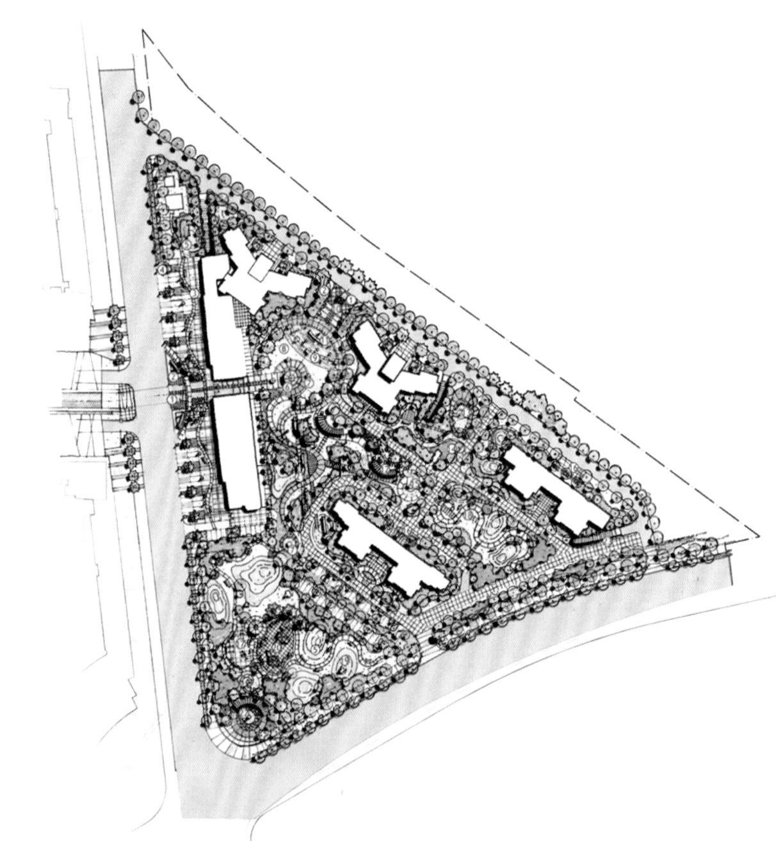

# 广州万科科学城KXC-H3项目

项目地点：广东省广州经济技术开发区
开发商：广州市万科穗东房地产有限公司
建筑设计：华森建筑与工程设计顾问有限公司
占地面积：88 105 m²
总建筑面积：233 422.43 m²

该项目所在的广州科学城位于广州经济技术开发区内，拥有便利的交通条件、优越的地理位置和优良的发展前景。项目占地88 105 m²，规划有14栋高层住宅。户型包括建筑面积75 m²左右的精品两室和90 m²左右的紧凑小三室，户型方正实用，附带入户花园。

规划总平面图

# 文登香水海西区

项目地点：山东省文登市
规划设计：加拿大宝佳国际建筑师有限公司
占地面积：8 795 500 $m^2$
总建筑面积：5 352 007 $m^2$
容积率：1.15

规划在符合环境保护的情况下，采用集中布局的方式，将居住、公建、道路、绿地等主要用地集中连片布置，并为其创造安全便捷的交通联系，使其用地紧凑，便于行政领导和管理，也便于设置较完善的公共设施，方便居民生活，也可节省道路及各种工程管线的投资。

考虑以高尔夫体育公园为界，形成南北两大部分，北部以居住用地、商业用地、学校用地为主；南部以居住用地、旅馆业用地、商住混合用地为主；大块成片系统的公共绿地和防护绿地结合城市用地功能组织布置，各用地之间有机联系、协调发展，使整个西区组成一个有机的综合体。

# 北京通州区砖厂村综合项目

项目地点：北京市通州区
规划设计：上海新外建工程设计与顾问有限公司
占地面积：187 176 m²
总建筑面积：425 013 m²

项目从整体上形成了“三区、三心、一带、多轴”的规划结构。其中，“三区”指的是通过城市道路划分以及用地功能的不同，将规划区划分为三个功能区域—— 大型商业中心、居住小区和主题公园。“三心”指的是在商业地块内部、下沉广场结合部形成三处景观和结构核心，三处核心同时也是地块内主要的开放空间。“一带”指的是围绕各地块的城市景观带，与地块内景观、沿街建筑景观共同形成城市景观界面。而“多轴”指的是各个区块内部自身的，并与其周边地块和城市肌理形成呼应关系的结构轴线。

交通的规划整体依据环状的主干道路组织功能组团之间的车行交通。结合绿化环境与空间布局，形成良好的道路对景效果，并使中心景观步行系统相对独立。同时，道路设计与广场空间、绿地空间、建筑空间相结合，共同塑造户外空间景观，实现功能与形式的完美结合。考虑到今后商业区车流人流的主要方向，在规划商业区出入口处时，在商业区东侧沿规划道路设置主入口。商业区步行系统“由点到线，由线汇轴，由轴至面”，即由每个商铺的院落到组团绿化步行轴线，再汇集到核心水体、绿地广场，共同形成一个整体，完善商业区的道路体系构架。

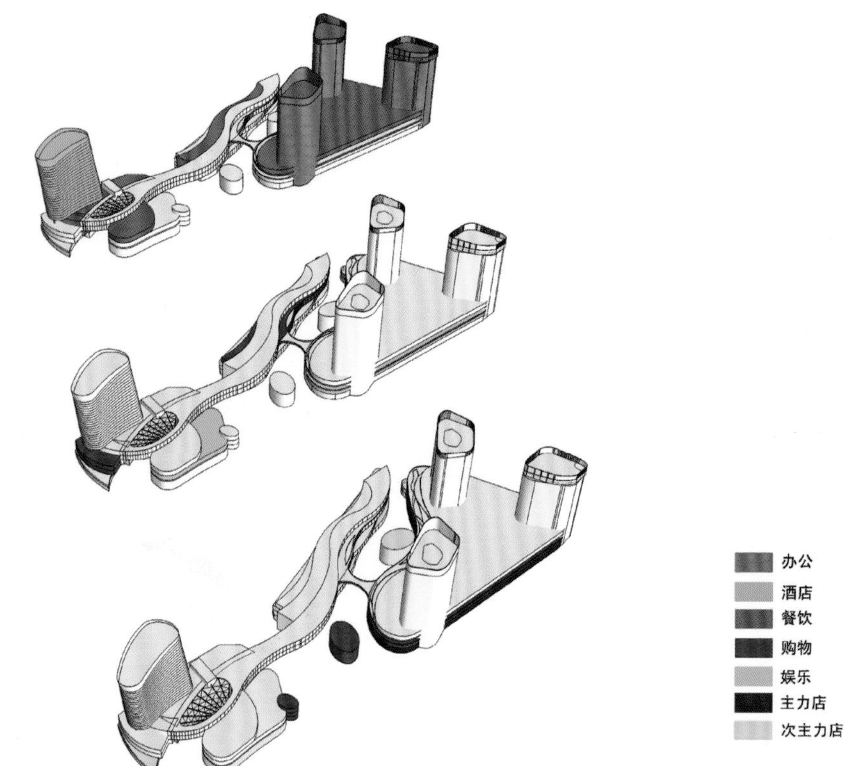


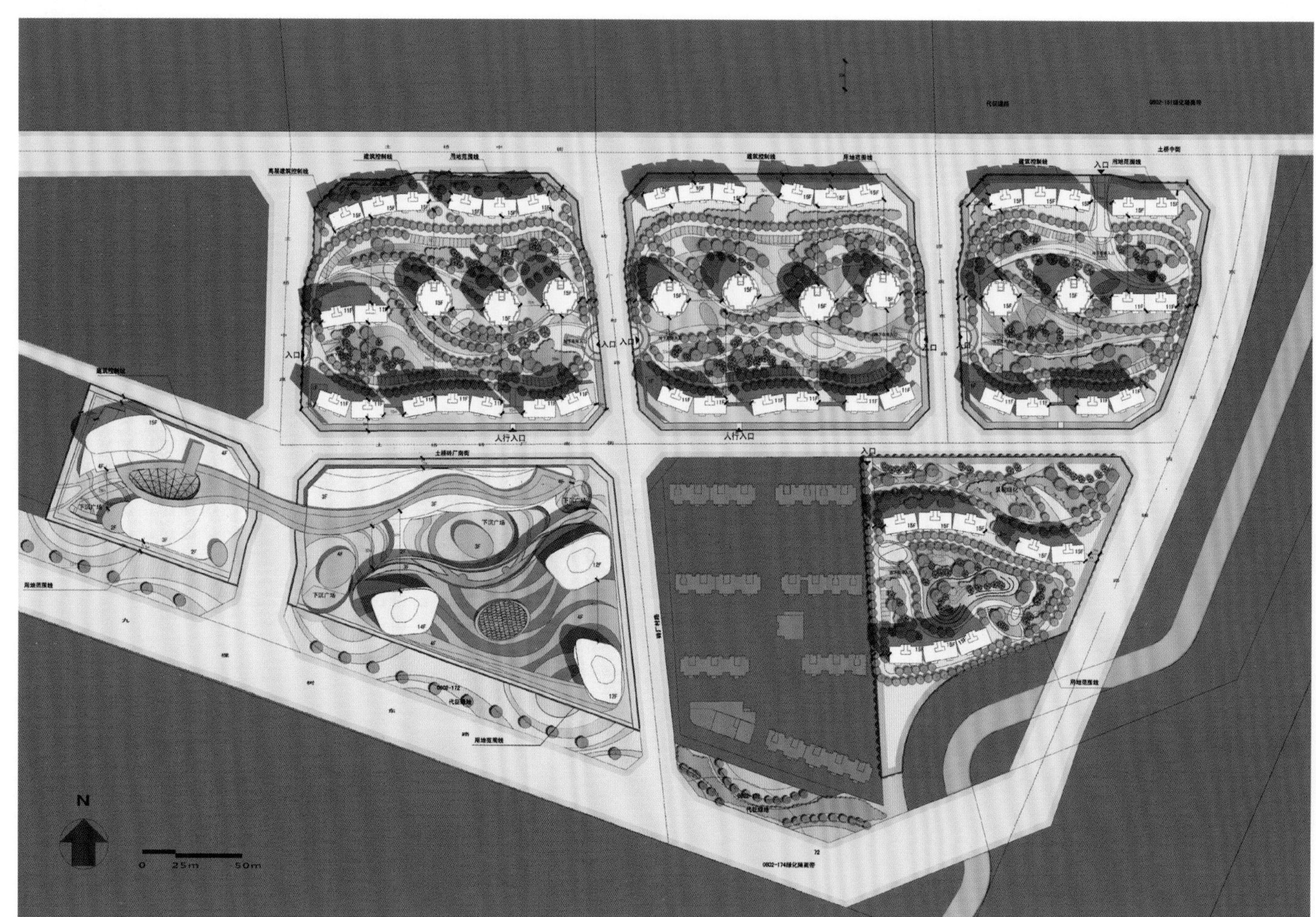

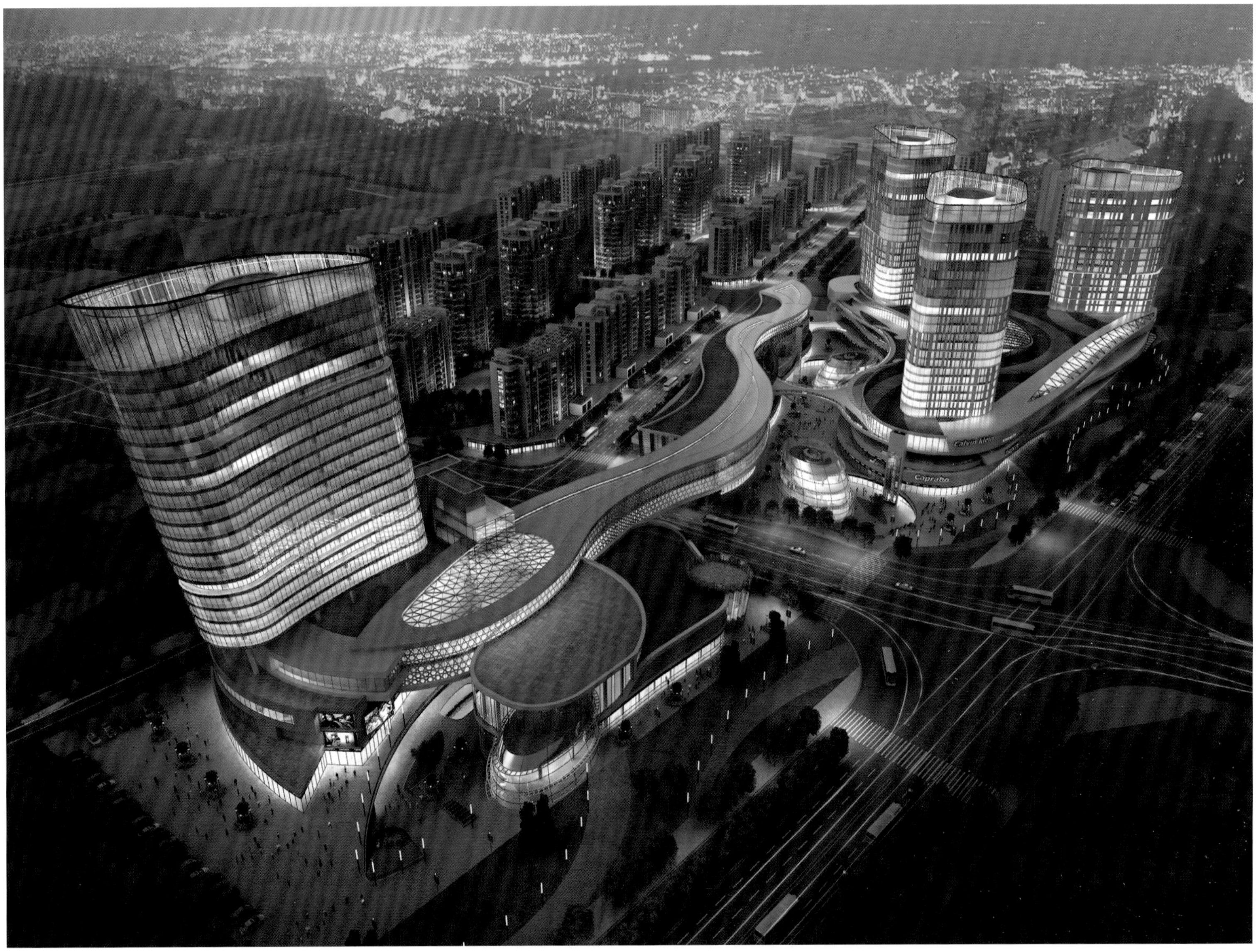

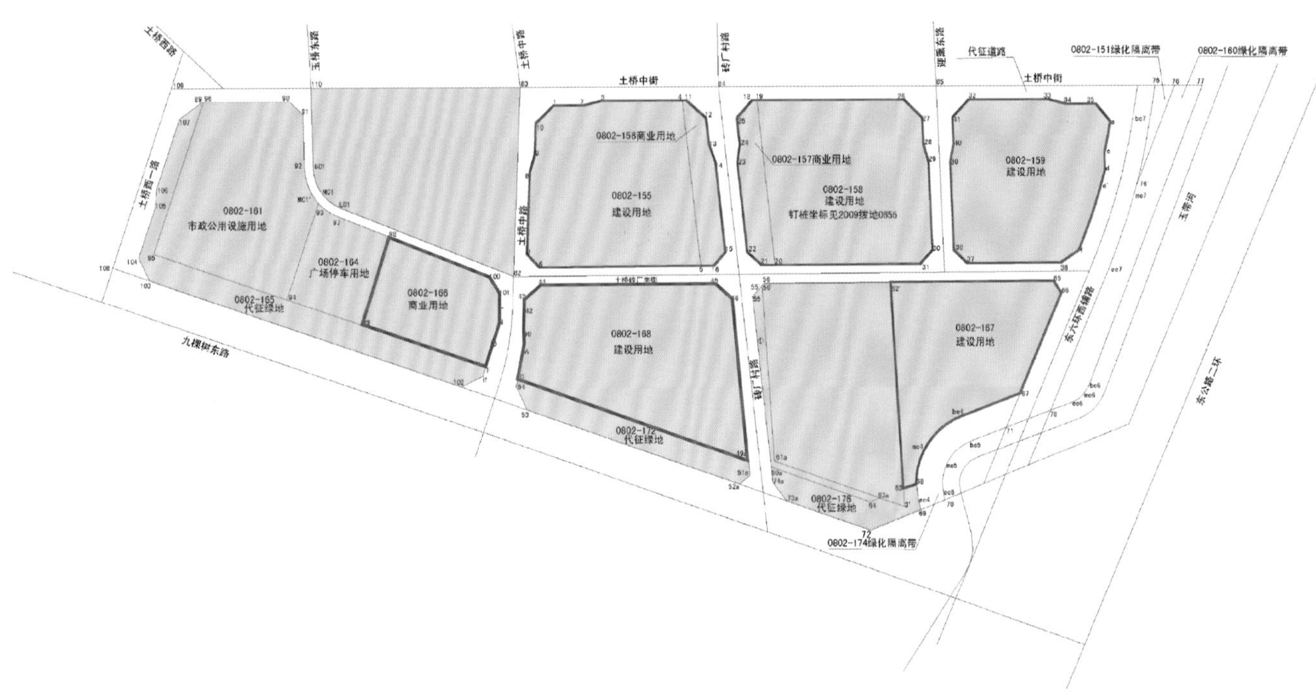

土桥西路
玉桥东路
土桥中路
砖厂村路
迎豪东路
代征道路
0802-151绿化隔离带
0802-160绿化隔离带
土桥中街
土桥西一路
0802-161
市政公用设施用地
0802-164
广场停车用地
0802-165
代征绿地
0802-166
商业用地
九棵树东路
0802-156商业用地
0802-155
建设用地
0802-157商业用地
0802-158
建设用地
钉桩坐标见2009拨地0856
0802-159
建设用地
玉带河
0802-168
建设用地
0802-172
代征绿地
0802-167
建设用地
东六环西辅路
东公路二环
0802-176
代征绿地
0802-174绿化隔离带

N

0 25m 50m

地下车库范围

地面停车范围

出入口

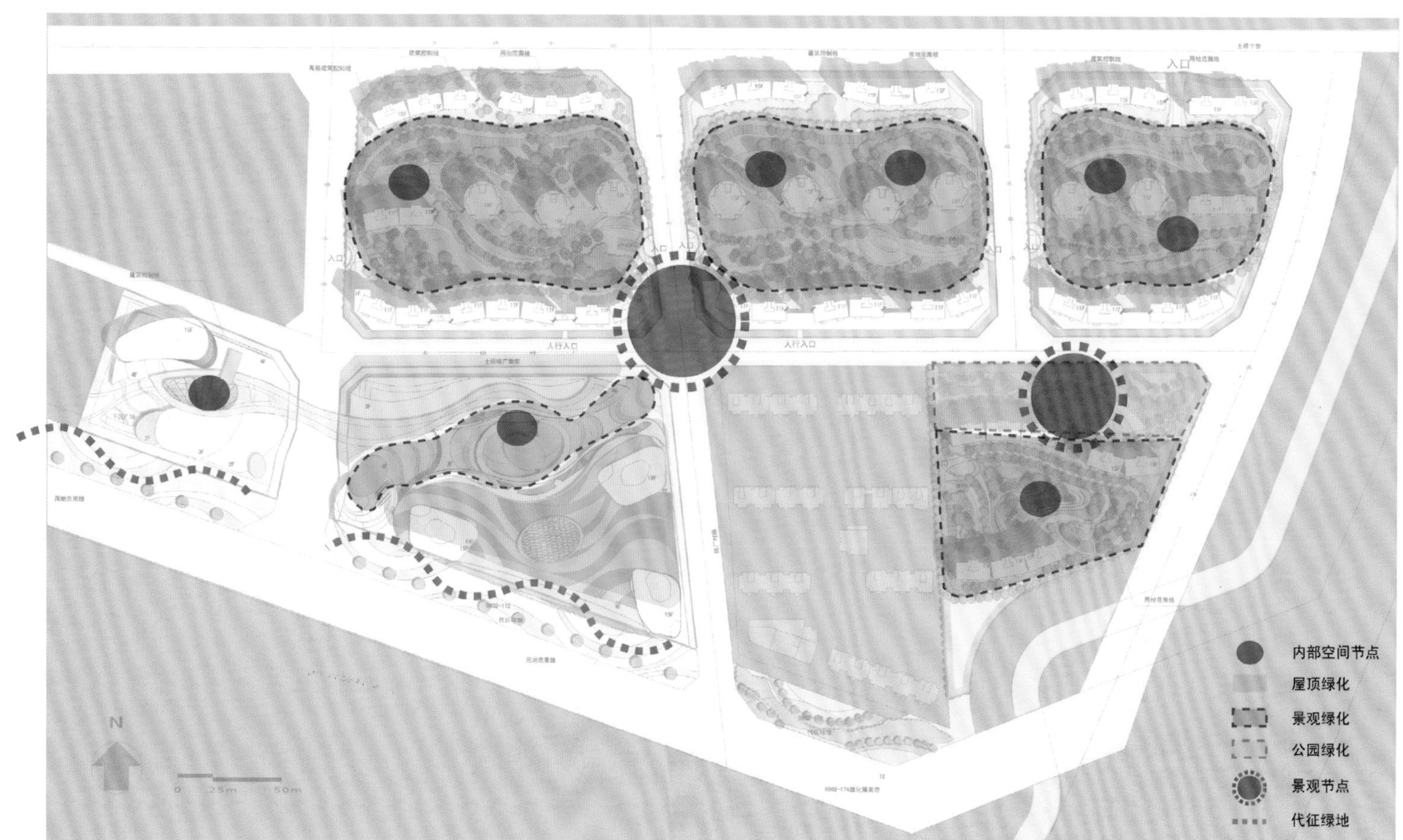

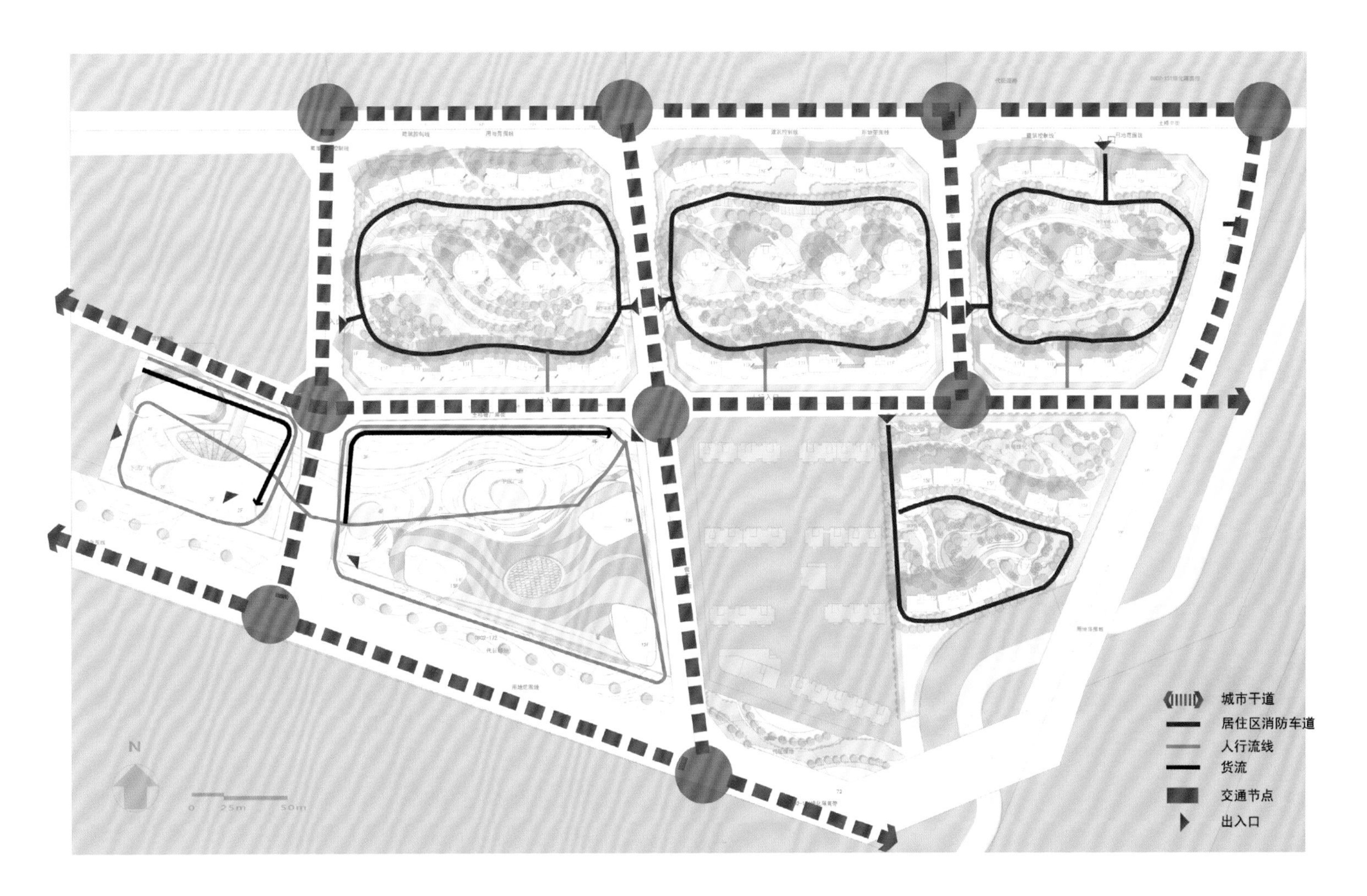

城市干道
居住区消防车道
人行流线
货流
交通节点
出入口

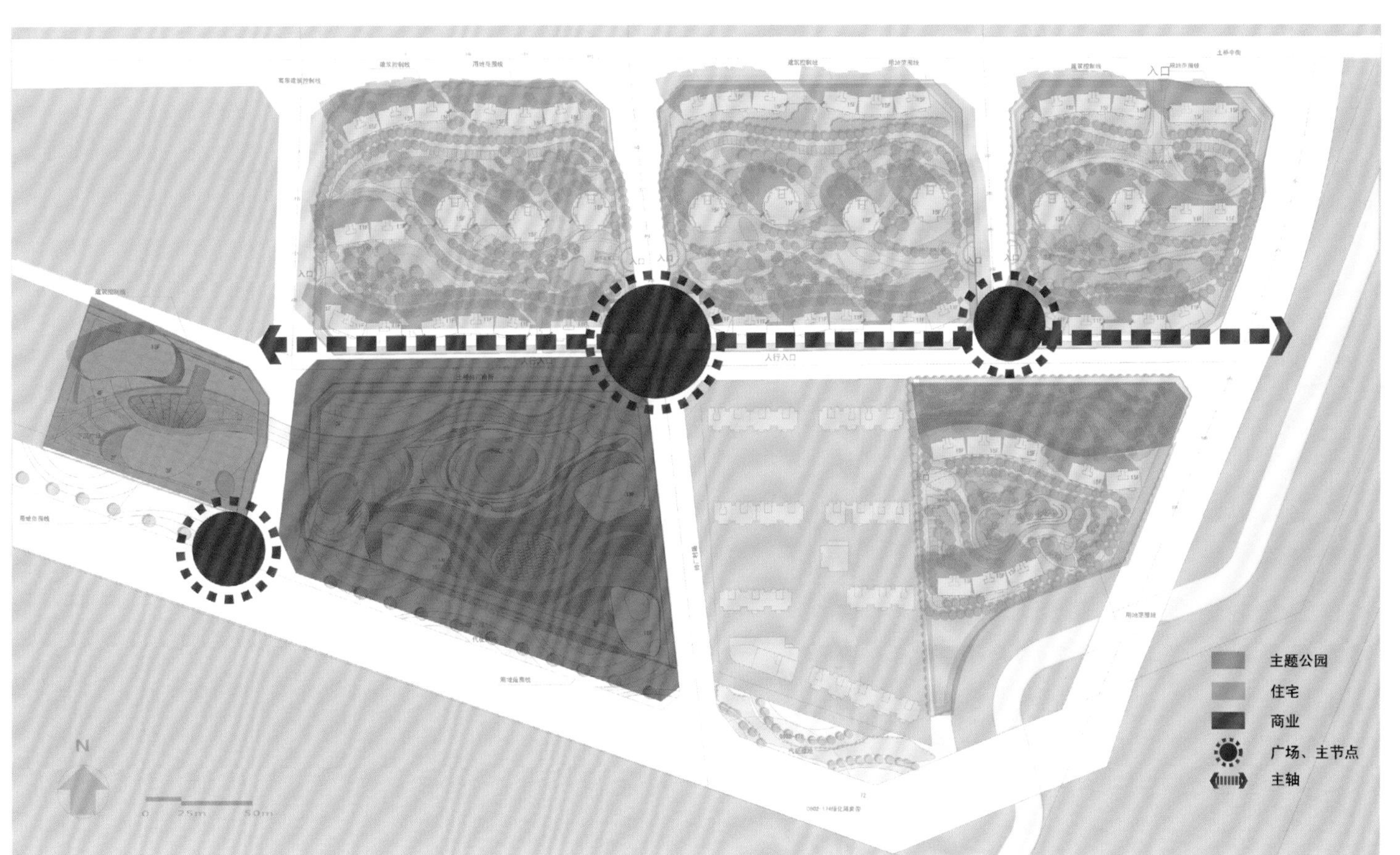

# 海口天上人间

项目地点：海南省海口市琼山区
开发商：海南佳元房地产开发有限公司
建筑/景观设计：安道（香港）景观与建筑有限公司

项目位于海口市琼山区凤翔东路与滨江路交叉处，是海口市滨江路建设的重要组成部分。规划范围东至滨江路，西至40 m城市规划道路，北至凤翔东路，南至规划路，地域交通便捷，地理位置与自然条件优越。

设计中准确地把握用地的环境特征，立足长远，努力把天上人间规划成为"景观与文化的融合，人居与自然的和谐"的最佳人居生态环境的居住小区。

整个平面布局由三横一纵四个轴线组成。主轴线由南往北一气呵成，与横向轴线成为整个小区的骨架，位于小区北面连接凤翔东路和沿江路两个入口。近50 m的景观轴形成了凤翔东路到南渡江的视觉通廊，位于小区中间的水系景观轴更增加了中心景观的通透性和可达性，使东西组团更加具有连贯性，同时对南渡江又有通透和联系之意。位于小区南部的轴线既有效地分割组团又呼应北面的景观轴线。

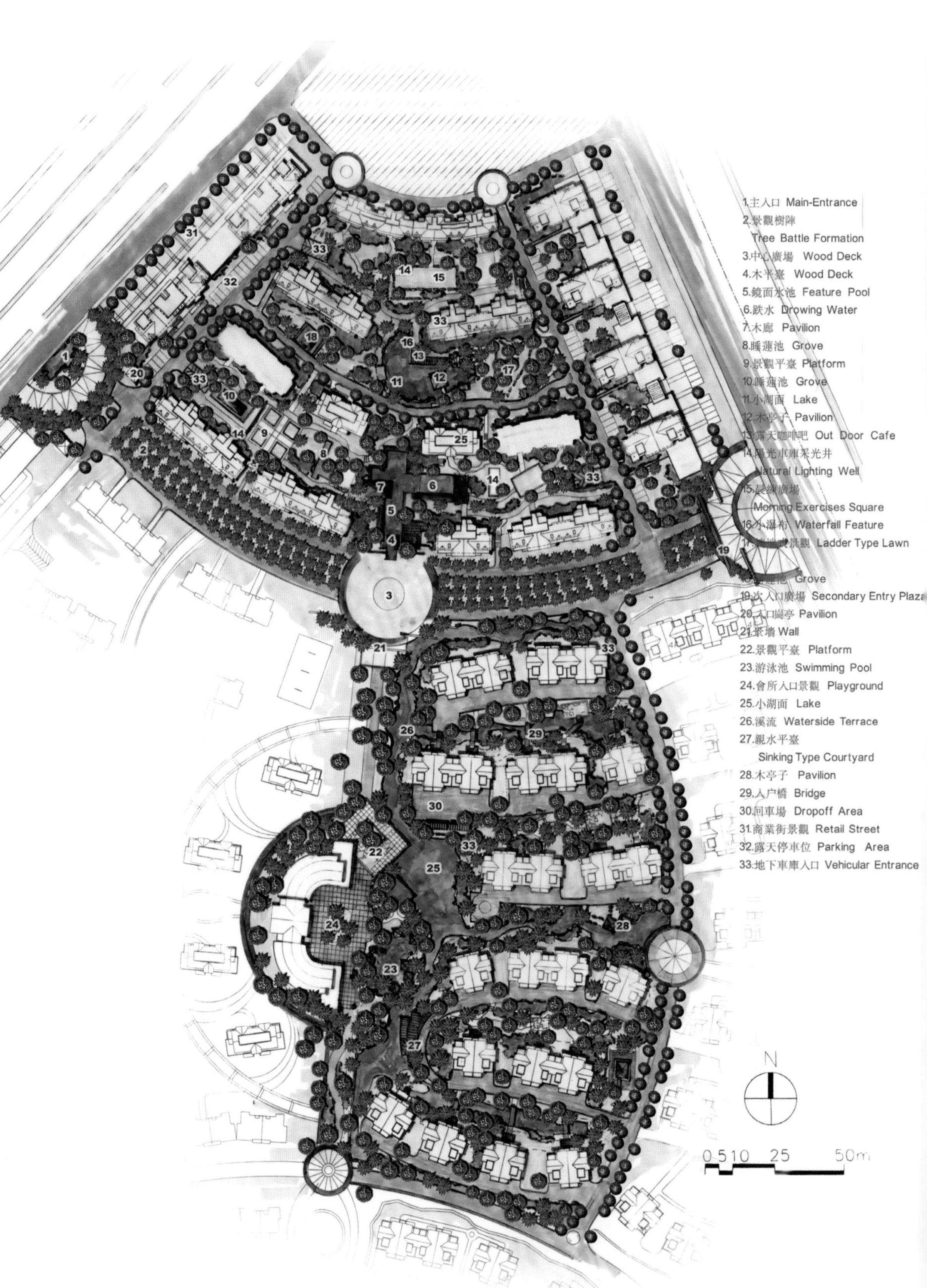

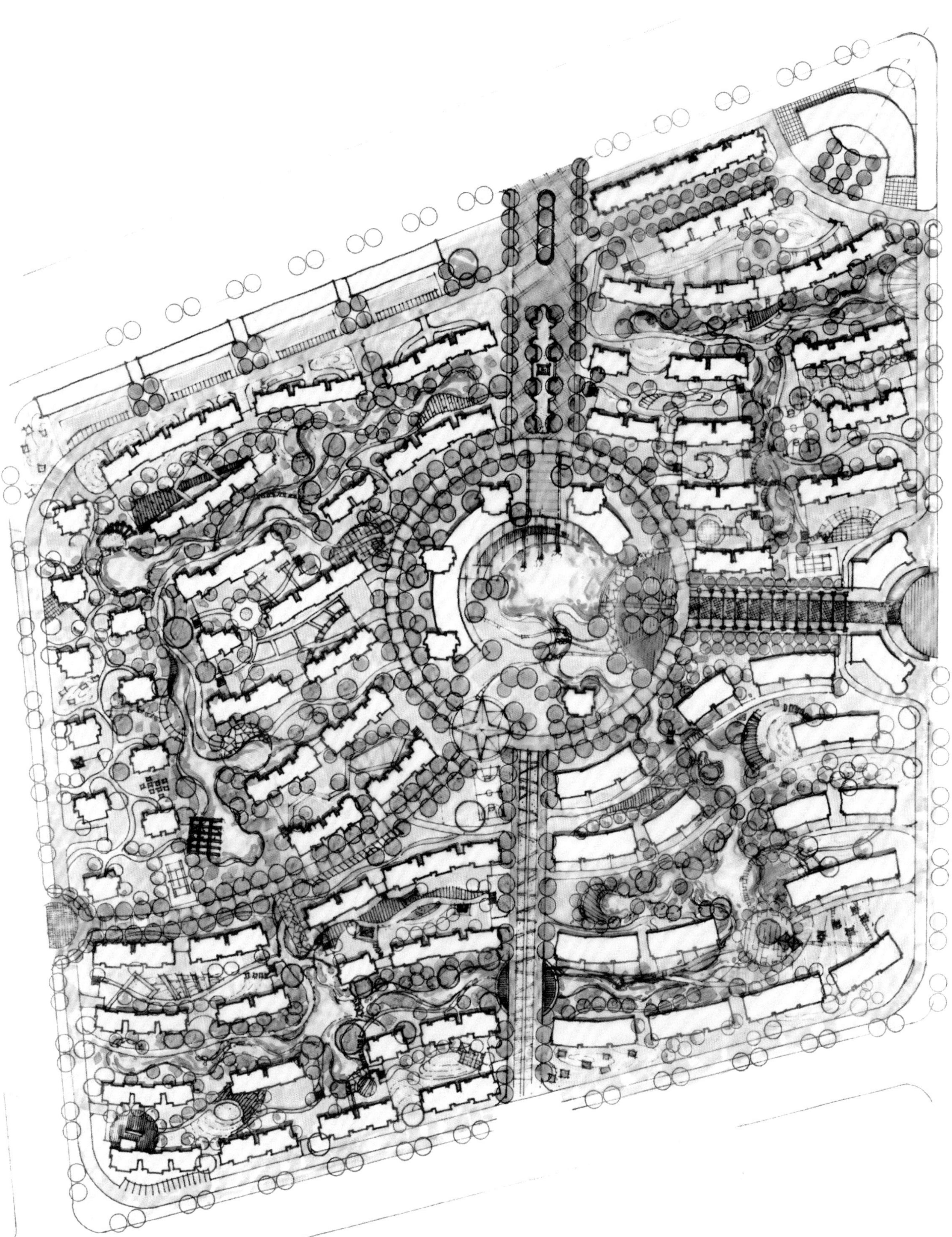

# 天津梅江南·水岸公馆

项目地点：天津市梅江南中心湖区
开发商：天津松江集团有限公司
建筑设计：AAI国际建筑师事务所
占地面积：214 000 m²
总建筑面积：154 000 m²

水岸公馆位于梅江南中心湖区5、6#岛屿，属于整个梅江南的东部，东与规划次干道和卫津河相邻，西临梅江南水岸线，拥有三面环水的观景视野，并与梅江南大岛酒楼隔湖相望。南北侧分别与规划用地4#岛屿和卡梅尔项目隔水相邻。临近城市交通干道的一侧设置塔式并联公寓住宅。别墅组团布局，采用半地下停车与立体人车分流的方式。

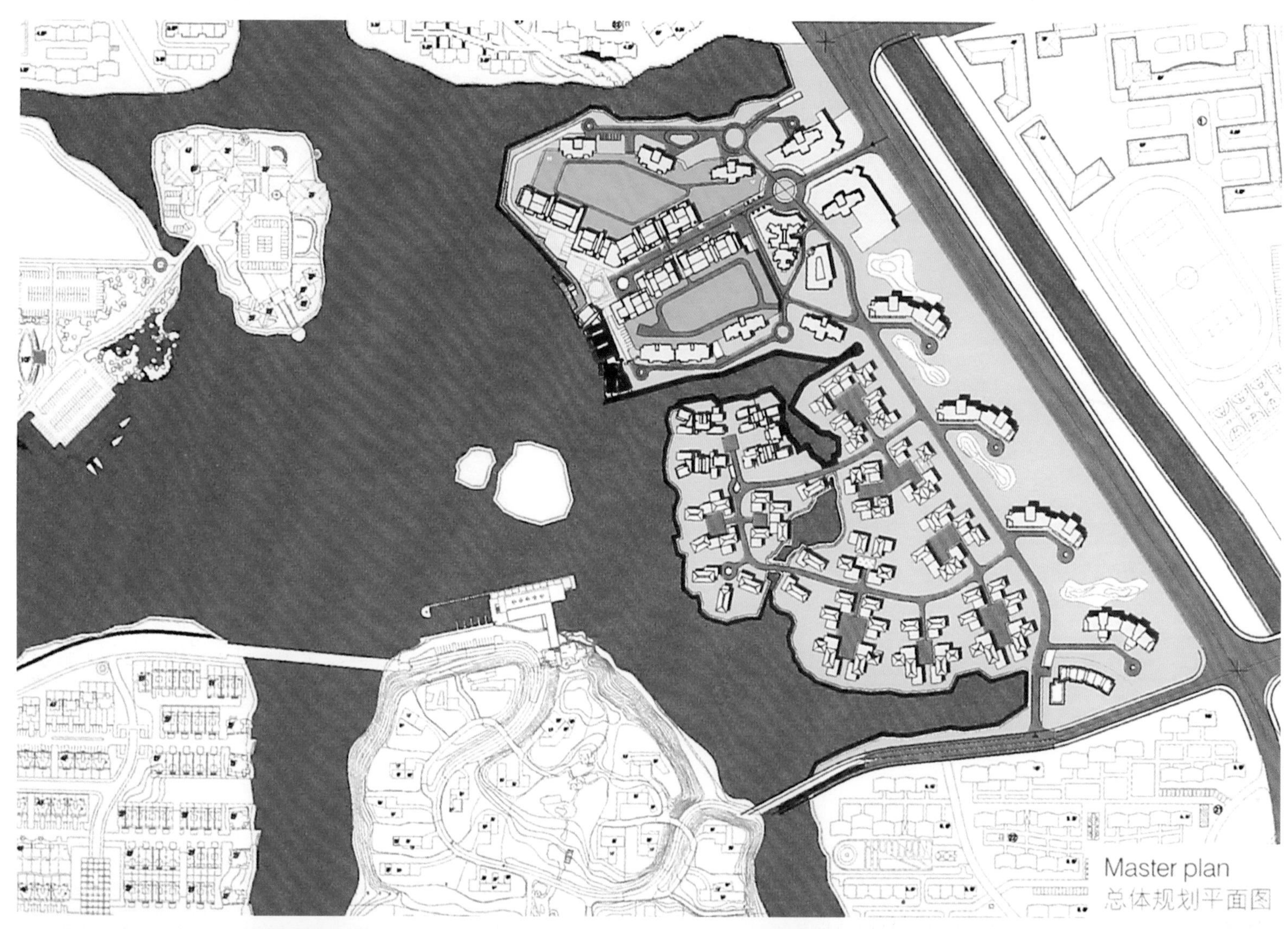

Master plan
总体规划平面图

# 苏州中茵皇冠国际

项目地点：江苏省苏州工业园
开发商：中茵集团
景观设计：广州市太合景观设计有限公司

苏州中茵国际社区位于苏州工业园内，东南面临金鸡湖，南接香樟公园，四周环水，自然环境优越，开发定位为苏州及世界级高贵精品社区，同时也是与一个五星级酒店相结合的社区。规划布局上，按照功能把小区分为居住区和酒店区。居住区又分为外围与内部两部分。

外围区是小区的外部视觉点，目的是营造生态的自然式，吸引人的视线，把人的注意力吸引到小区内，使人共鸣、驻足。

内部分为中轴区、四个组团区和架空层。从主入口一直到会所入口，是一规则的轴线景观，强调中心线景观，包括水池、涌泉等。四个组团区以景观式立体阳光车库为主景，小区整个地下全是车库，设计中用叠布、水景观景廊营造竖向景观，人进入车库一样能看到地上的景观。为了小区景观的整体性，楼一层架空处理。架空层景观采用室内装饰的手法，使之成为室内装饰的延伸。

# 苏州塘北居住区

项目地点：江苏省苏州市
开发商：南京益来实业有限公司
建筑设计：华森建筑与工程设计顾问有限公司
占地面积：530 000 m²
总建筑面积：485 000 m²

塘北居住区位于莫干山路以西，余杭塘河以北，光明路以东，留祥路以南。项目坐落于浙江大学紫金港校区、三墩住宅区、文新住宅区及莫干山路汽车北站之间，人流密集，开发商业有天然优势。

规划塘北居住区的空间结构为“两心、三轴、两大功能片区”。“两心”指沿古墩路、萍水路交叉口的居住服务中心和古墩路、育英路交叉口的科技、商贸中心。“三轴”指沿萍水路的居住生活发展轴，沿育英路的科研、商贸发展轴，沿古墩路的交通景观发展轴。“两大功能片区”分别是申花路、余杭塘路之间的居住组团和留祥路、申花路之间的科研商贸组团。

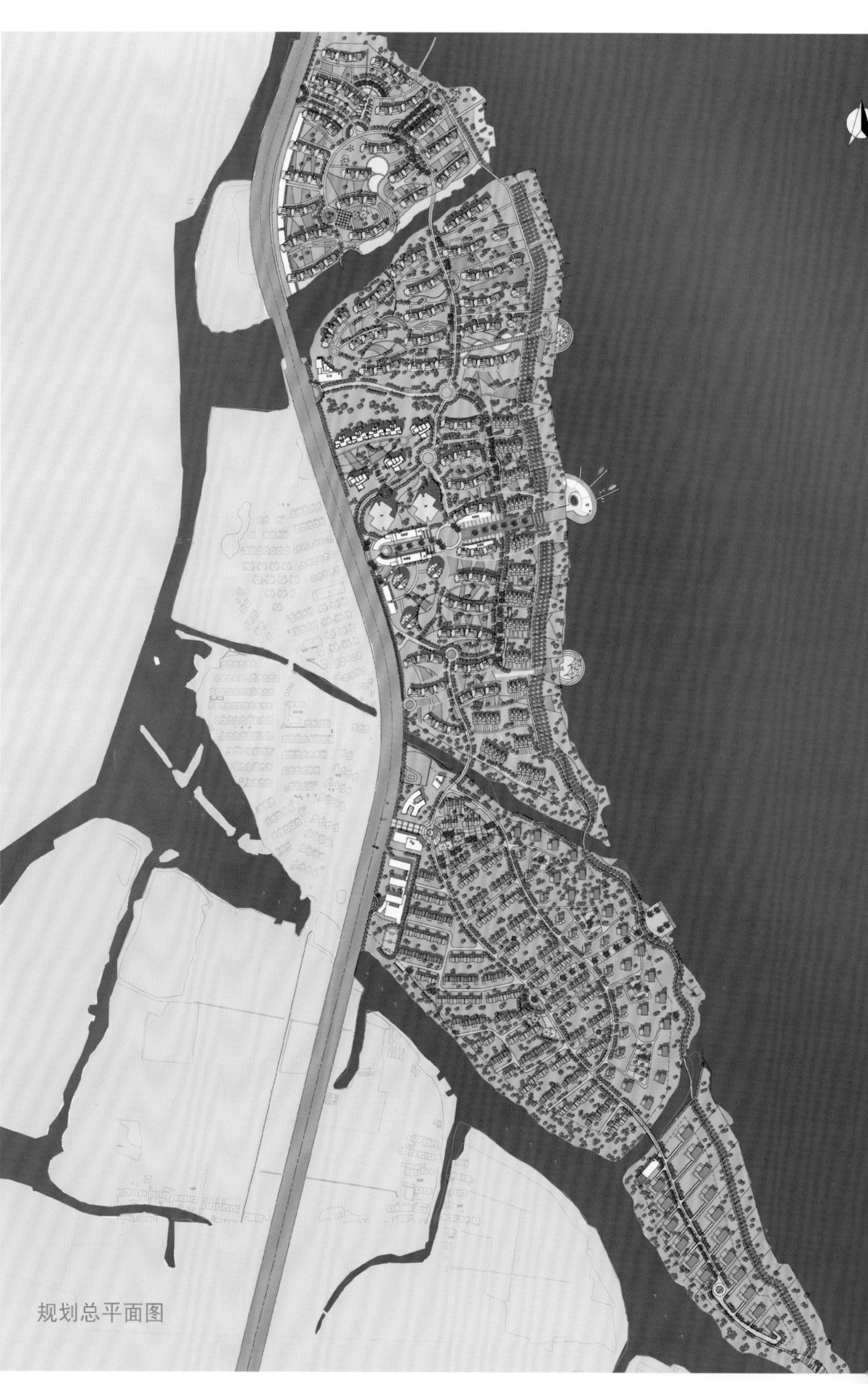

规划总平面图

# 松原住宅

项目地点：吉林省
建筑设计：北京中联环建文建筑设计有限公司
总建筑面积：700 000 $m^2$

项目用地临江，拥有极佳的景观视野。小区内根据道路系统分成六个组团，小高层与联排别墅错落分布在地块内，其中临江一侧全部为小高层。由南至北的轴线上，全部布置小高层，形成整齐的建筑群。

# 佛山顺德海骏达·康格斯

项目地点：广东省佛山市顺德区
开发商：广东海骏达集团
占地面积：320 000 m²
总建筑面积：700 000 m²

顺德海骏达·康格斯花园具有优越的地理位置，设计以营造“法式浪漫生活”为基本思路，以法式园林为本园的造园手法，结合建筑规划，沿袭古代欧洲城堡和顺德水乡文化的浪漫主义精髓，合理布局规划，营造一方美景，优雅、浪漫属于现代人理想生活的国际化全新居住小区。

景观设计配合建筑规划布局与建设，分区营造主体景观，每个组团都有其景观特色，再造异域风情。别墅区以法国莱茵河畔艺术社区旁的房子为意境蓝本，设计以水道环绕其中，各种艺术小品、雕塑等贯穿其中，使法式浪漫与人文居住地高度融合。洋房以法国“爱丽舍宫”为蓝本，以精致的细节设计、华贵富丽的地面铺装来显示小区环境的高贵品质。

顺德康格斯景观规划总平面图
CONCEPT MASTER PLAN

# 沈阳皇帝龙邸

项目地点：辽宁省沈阳市沈北新区
设计公司：加拿大宝佳国际建筑师有限公司
占地面积：623 213.5 m²
总建筑面积：934 820 m²
容积率：1.5
绿化率：34%

本项目东区规划为高端产品 —— Town House联排花园住宅、独体花园住宅；西区规划为中高端产品 —— 多层洋房（不超过5层）、高层。两个项目有不同档次的会所等公建配套。

由于本项目位于两条狭长的山谷里，且分别定向为两个不同的档次，所以方案设计采用了不同的建筑风格来诠释不同的建筑档次。中档项目以现代风格为主轴线，高档区域则以欧式为基调，在花园住宅、联排花园洋房等不同的档次上风格又略有区别。入口的商业街、内部的会所和体育馆，仍以现代风格为主。略有不同的建筑风格，给狭长的山谷以愉悦，避免了单一风格的沉闷。建筑群高低错落、井然有序，体现园区多元素的建筑特点。

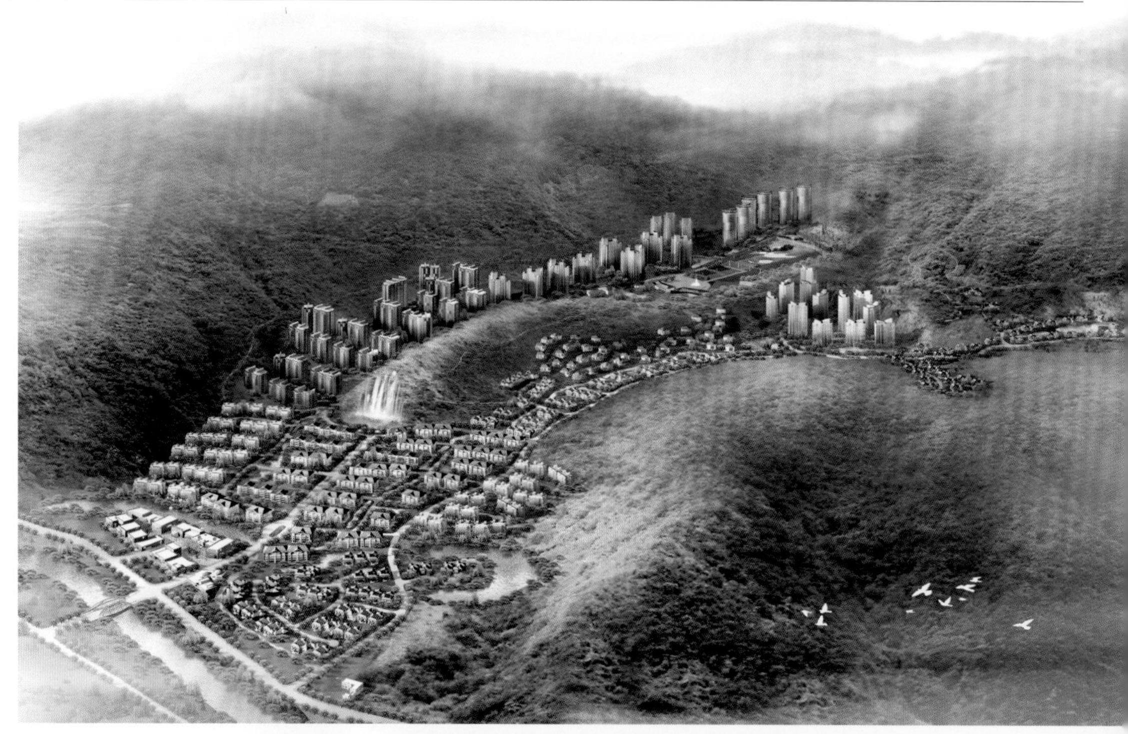

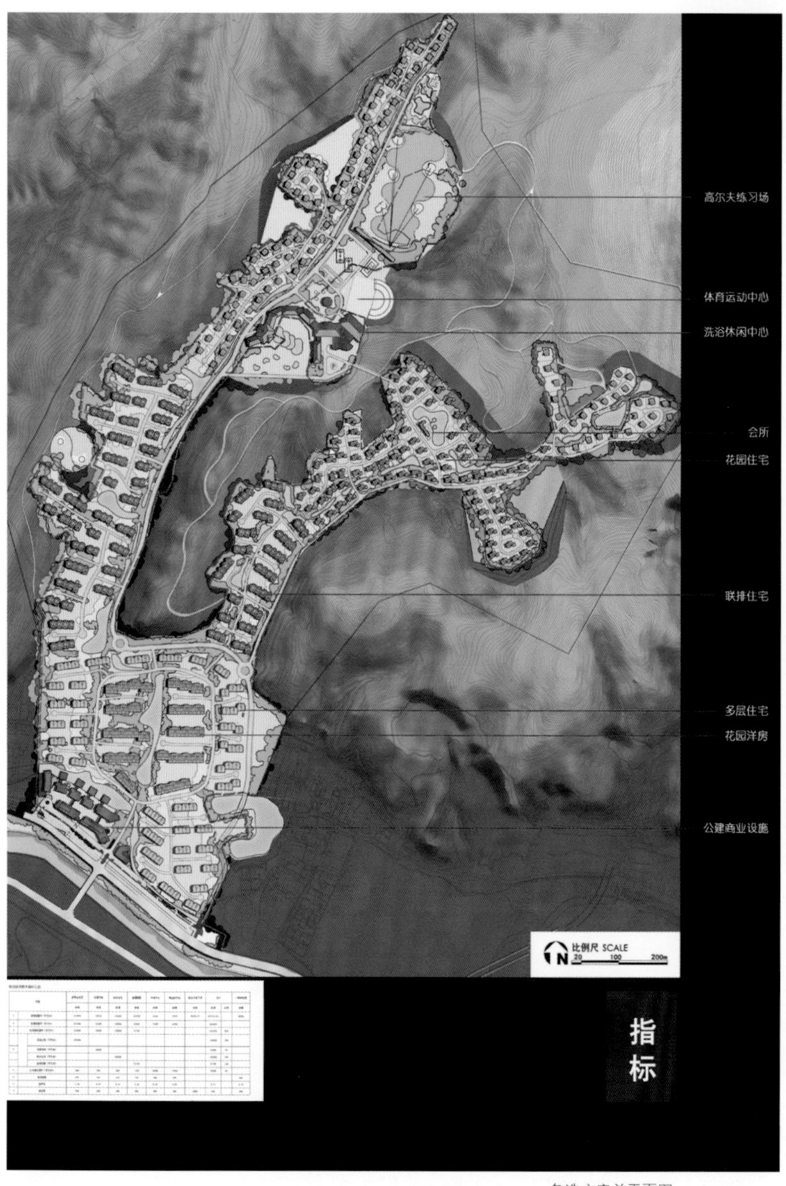


备选方案总平面图

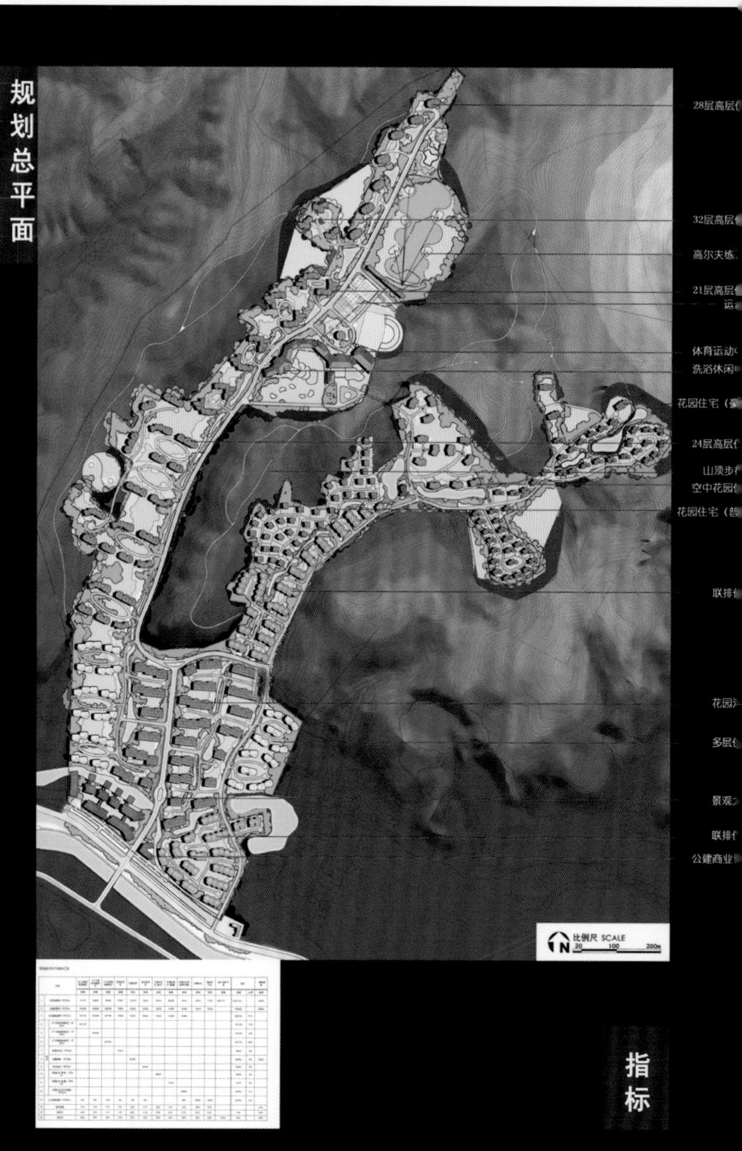


规划总平面图

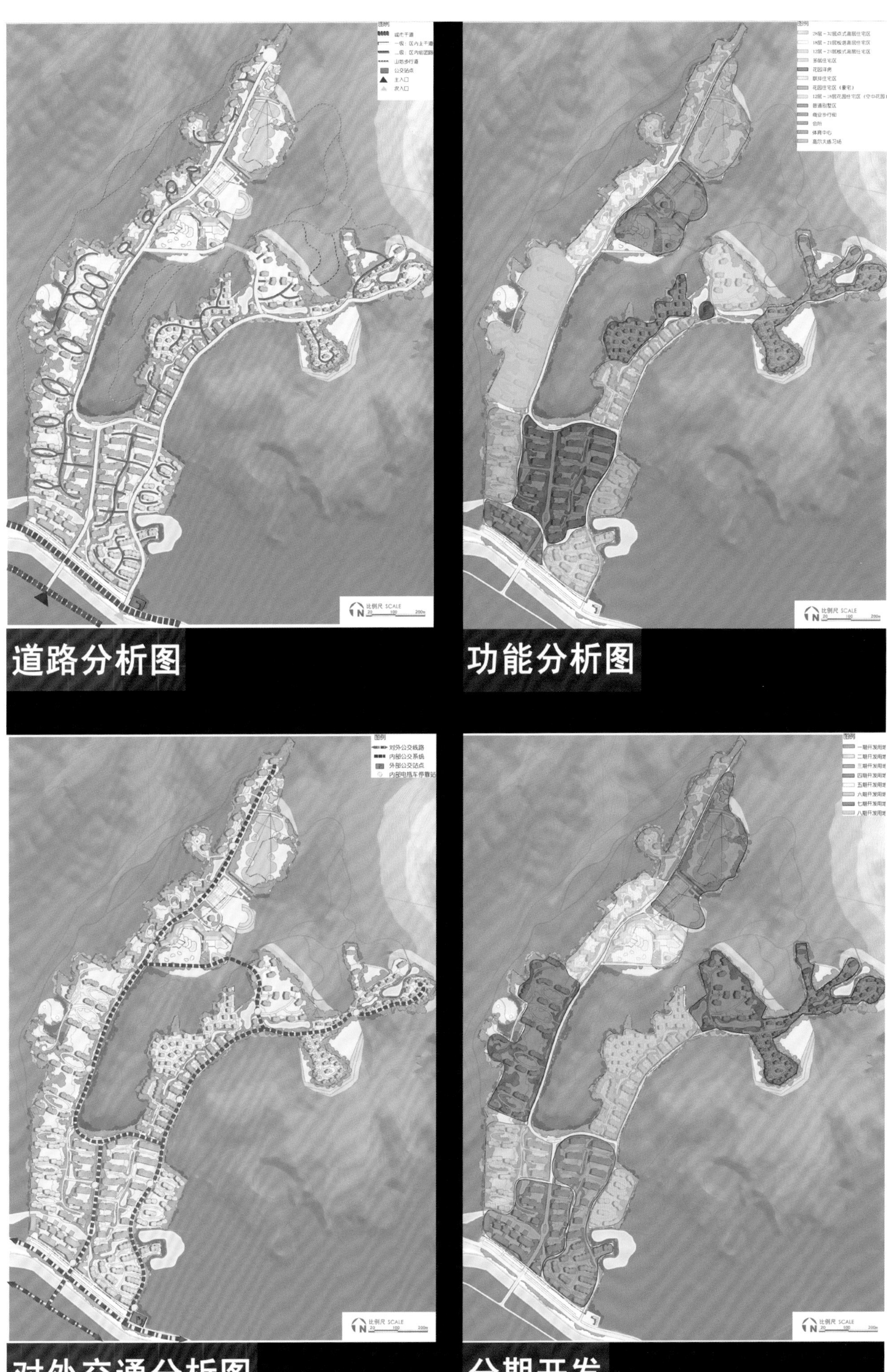
图例
城市干道
一级：区内主干道
二级：区内组团路
山地步行道
公交站点
主入口
次入口
比例尺 SCALE
图例
28层－32层点式高层住宅区
18层－21层板塔高层住宅区
12层－24层板式高层住宅区
多层住宅区
花园洋房
联排住宅区
花园住宅区（豪宅）
12层－18层花园住宅区（空中花园）
普通别墅区
商业步行街
会所
体育中心
高尔夫练习场
比例尺 SCALE
图例
对外公交线路
内部公交系统
外部公交站点
内部电瓶车停靠站
比例尺 SCALE
图例
一期开发用
二期开发用
三期开发用
四期开发用
五期开发用
六期开发用
七期开发用
八期开发用
比例尺 SCALE

道路分析图

功能分析图

对外交通分析图

分期开发

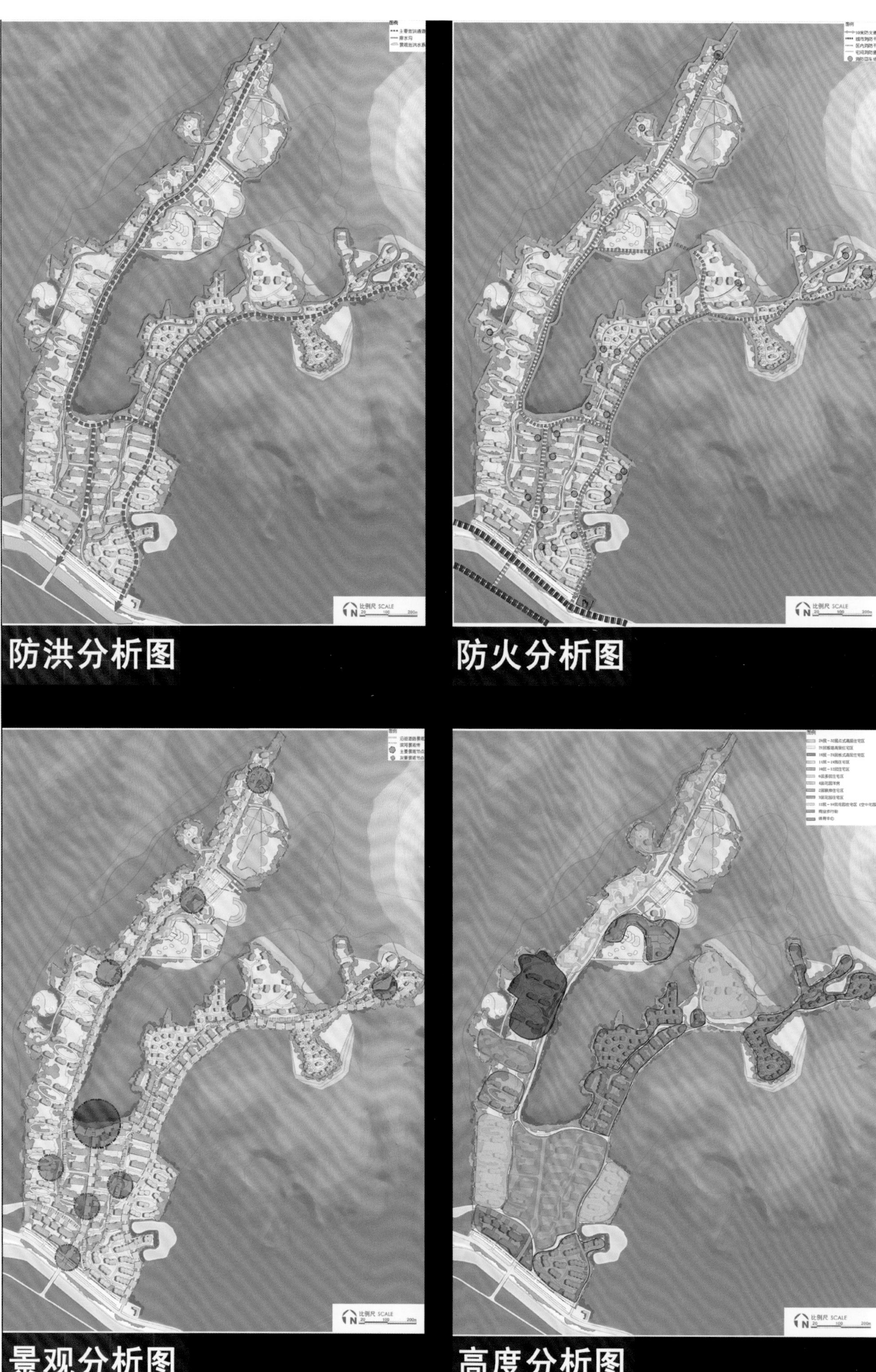
防洪分析图
防火分析图
景观分析图
高度分析图

# 深圳星河·丹堤

项目地点：广东省深圳市彩田路北银湖西
开发商：深圳市星河房地产开发有限公司
建筑设计：深圳市城脉建筑设计有限公司
占地面积：200 000 m²
总建筑面积：360 000 m²
容积率：1.8
绿化率：38%

项目用地毗邻深圳市梅林关口，距深圳市中心10分钟车程，为原楼盘"山湖林海"的后期用地，属特区内用地，也是特区内罕有的大面积住宅用地。用地北侧为丰泽湖水库；东面和南面为起伏的青山，为小区提供了良好的景观；南侧为正在建设的南坪快速干道，虽有大部分是隧道，仍有不少噪声会影响到未来小区的安静；小区内北侧有一处农民房村落，影响到小区的社区档次。

项目顺应地形和充分发掘内在蕴涵的场所意义来营造9个具有各自主题的组团空间。在充分利用和改造环境的前提下，每个组团都有自己的公共空间和场所。高层组团在社区整个空间关系中起着界定社区边界的作用，具有强烈的围合感。高层豪宅处于山地和水的交界处，是整个社区的地标性建筑。同时也避免了附近农民房对高层住宅的影响，并将东面的山峦运用景框手法纳入社区的视野之中。点式高层坐落在小岛上，"户户门前有流水"，创造一种小桥流水的意境。高层底部架空，形成空间的流动感，B、C处高层中心绿地为地中海风格岛屿意向设计。

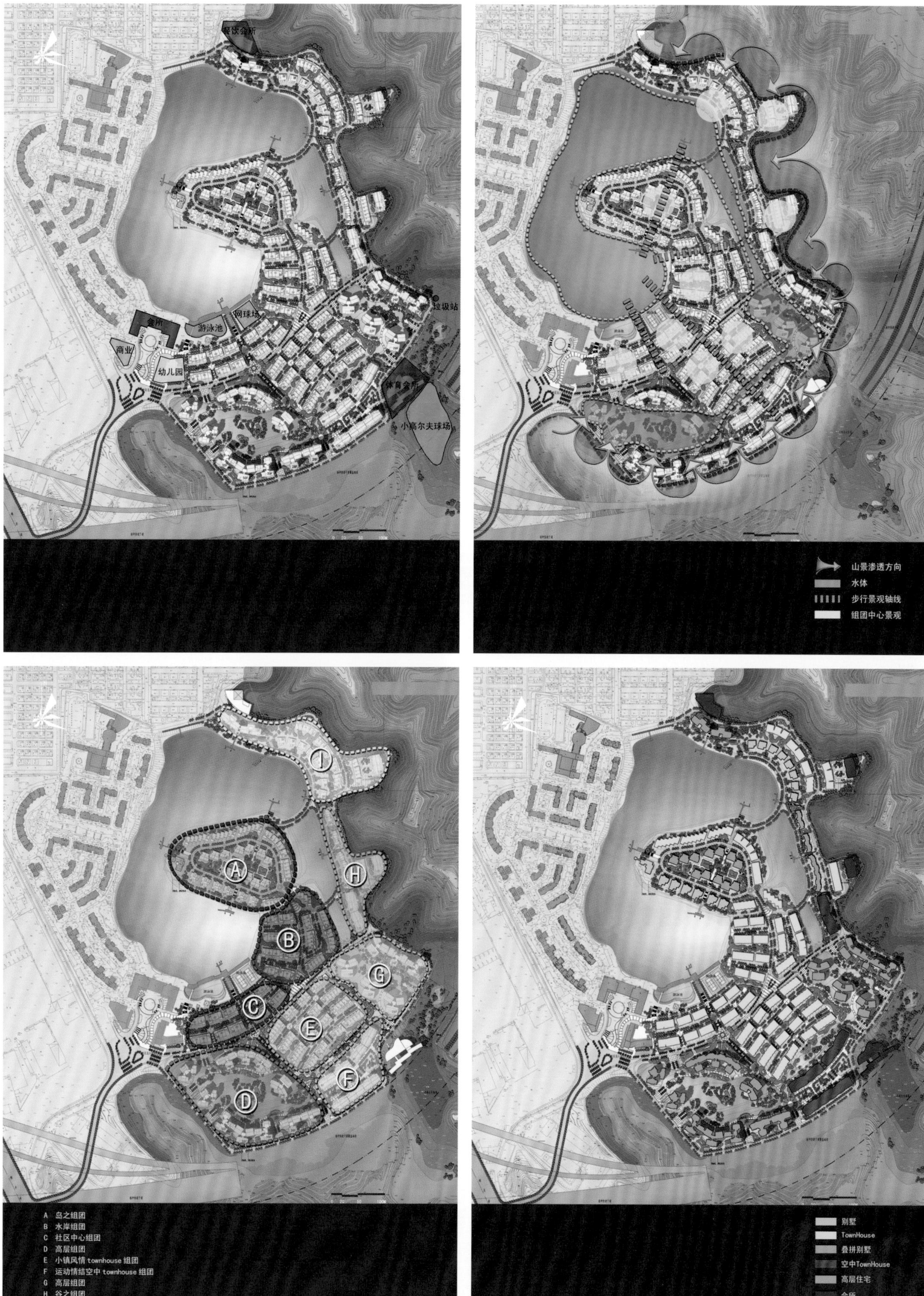
餐饮会所
会所
游泳池
网球场
垃圾站
商业
幼儿园
体育会所
小高尔夫球场
山景渗透方向
水体
步行景观轴线
组团中心景观
A 岛之组团
B 水岸组团
C 社区中心组团
D 高层组团
E 小镇风情 townhouse 组团
F 运动情结空中 townhouse 组团
G 高层组团
H 谷之组团
I 港湾组团
别墅
TownHouse
叠拼别墅
空中TownHouse
高层住宅
会所

主　干　道
次　干　道
支　　　路
步　行　道
小区主入口
地下车库出入口
地　下　车　库

A
B
C

# 绍兴山水人家

项目地点：浙江省绍兴市
开发商：坤和建设（绍兴）有限公司
建筑设计：华森建筑与工程设计顾问有限公司
占地面积：59 900 m²
总建筑面积：141 000 m²

山水人家位于绍兴市大滩区块，沿解放路往南仅1.5 km便达城市广场，距离北侧镜湖国家城市湿地公园仅3.5 km，拥享66.7万 m²大滩水域，交通便捷、环境优美。

整体景观设计采用现代北美园林风格，同时融合江南庭院式景观，户均绿化面积达100 m²。大面积的绿植和大滩特有的水质，为住户提供了一个养眼、养生、养气的理想居所。

作为项目的重要组成部分，位于2#地块的“大滩壹号”设计了精英会所、室内恒温游泳池、室外网球场、商务中心、中高档餐饮、超市、健身俱乐部等高端时尚、休闲配套服务设施。

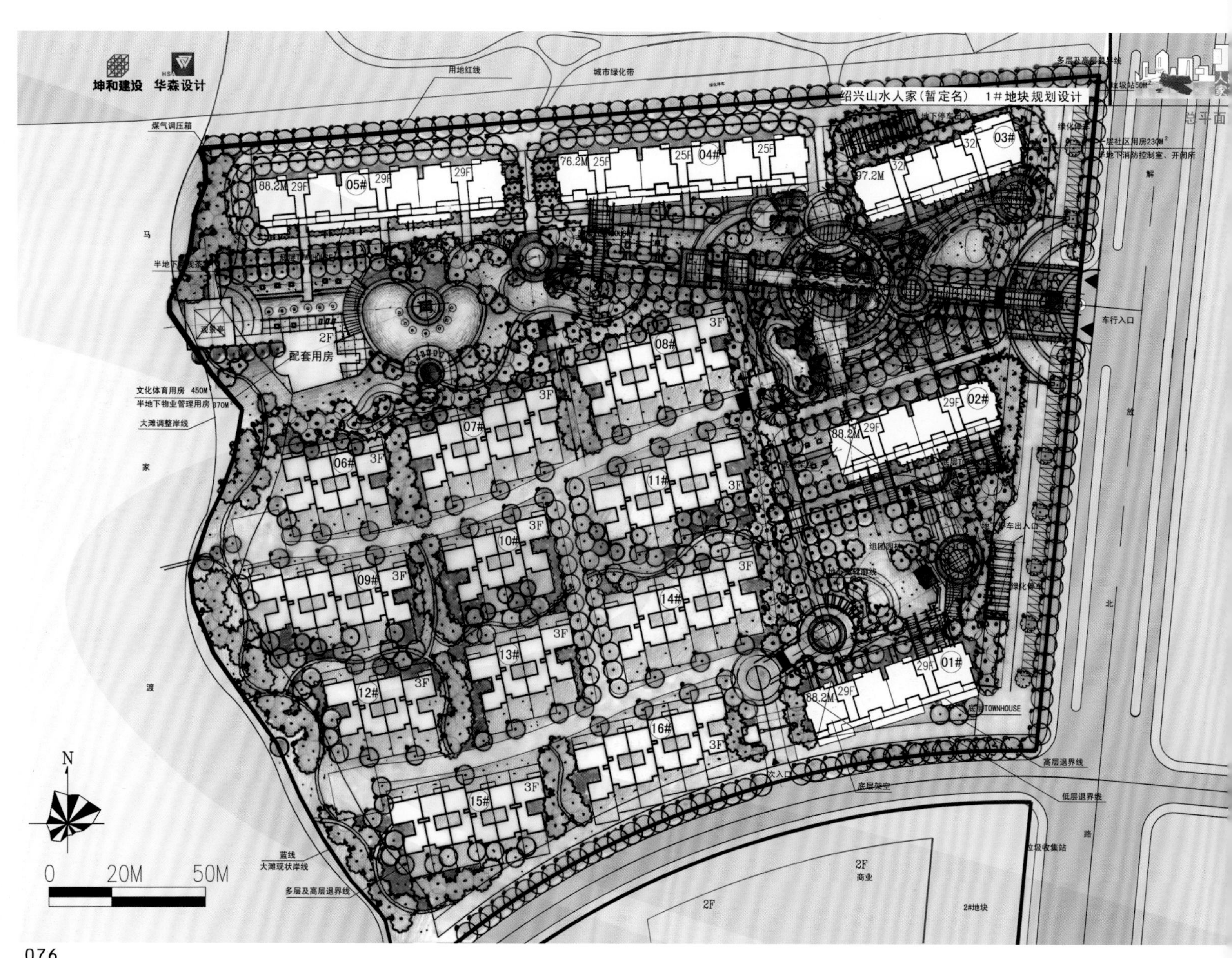

# 上海大华云庭(三期)

项目地点：上海市青浦区
建筑设计：日本M.A.O.一级建筑士事务所
艾麦欧(上海)建筑设计咨询有限公司
占地面积：58 106 m$^2$

大华云庭项目位于上海市青浦区，是徐泾别墅区的一部分，不仅作为离市中心最近的别墅板块之一，而且也作为老牌高档居住区域——老虹桥区域的延伸，占据天时地利人和的特点。基地北与徐泾公园(规划中)相隔徐泾中路对望；东、南侧分别与徐泾镇民居及部分乡办企业隔河相视。整个地块平均长约640 m，宽约280 m，呈矩形、南北向，并因内部T字形天然河道而分成东、西、北三块。

本案为大华云庭项目三期，位于基地南部，南依徐泾港，东临西向阳河，西靠振华路，南北宽约220 m，东西长为280 m。小区以独栋别墅为主，结合少量双拼及联排别墅，以组团形式分布，宅间空间相对较小，结合规划及建筑的特色，在竖向上意图营造"山地别墅"的概念。

设计充分利用区内台地高差在挡土形式上作处理和变化，以体现山地别墅的概念。在挡土墙处理上以绿化为主，结合不同高差作不同变化，以丰富立面效果；利用T型河道使水景渗透，以打破原有河道的单一，丰富了河岸线，同时结合一期的优缺点，在水景部分作不同的处理，让跌水与旱溪并存。

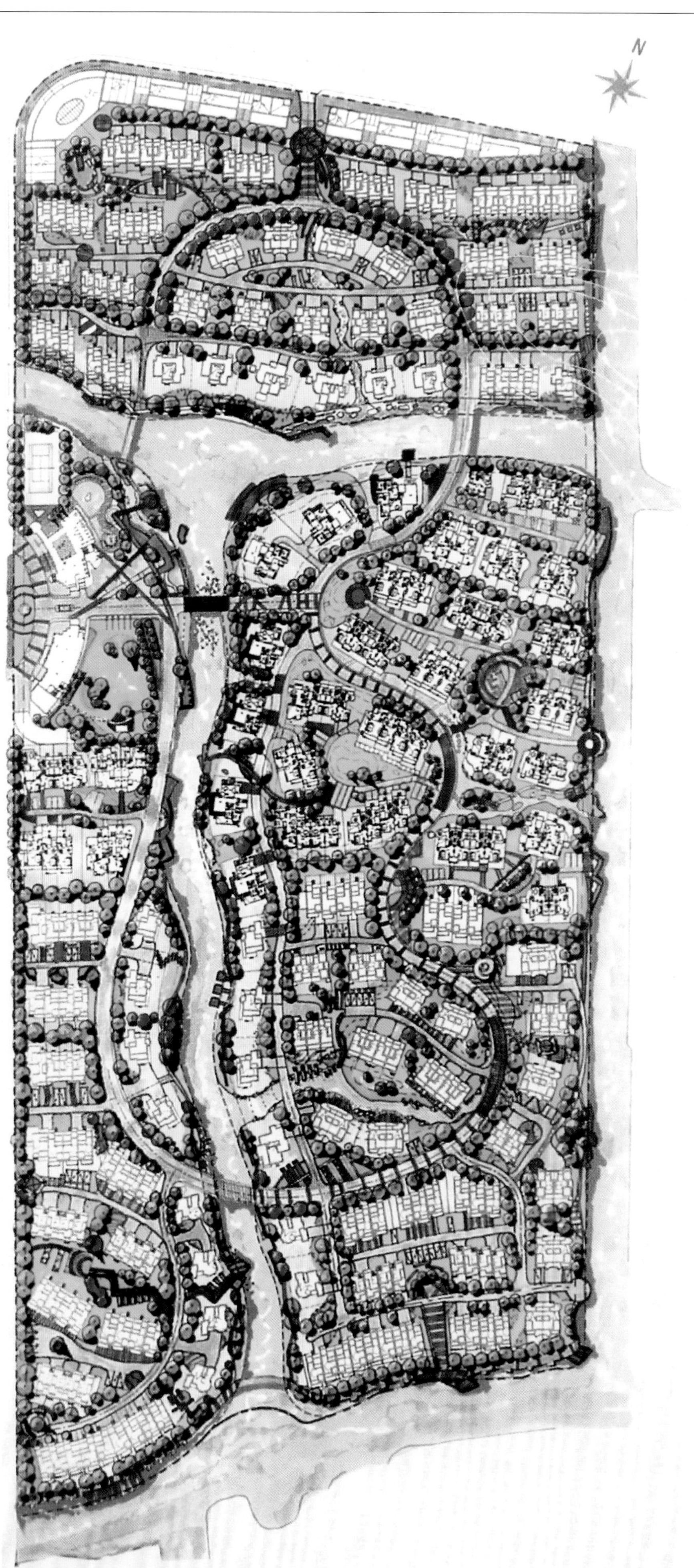

# 清远北部万科城

项目地点：广东省清远市
开发商：清远市宏美投资有限公司
建筑设计：广东建筑艺术设计院有限公司
深圳市普梵斯洛景观设计有限公司
广州市泛澳景观设计有限公司参与设计
占地面积：116 361 m²
建筑面积：436 666 m²

北部万科城位于清远市清城区石角镇大坑水库西侧，规划总面积占地达66.7万 m²，总建筑面积约为130万 m²，未来将形成约4万~6万居住人口规模的大型生态型城市社区。

北部万科城一期为高层住宅小区，根据小区的定位，设计师以尊重项目自身地形特征为出发点，根据地形西高东低、中间高南北低的特点，将基地划分成合理的台地，形成相对独立的组团空间，尽量让住户见到开阔湖景、生态园景或远眺山景。其"十字形"高层建筑形态，突现小空间内的高品质生活感。充分采光，自然通风。建筑户型设计紧凑经济、方正实用。立面设计强调现代感，利用十字形将两个地块进行穿插，并将正立面窗户进行韵律错动，形成立面动感的自身特点。充分考虑外立面暖色调搭配，在远离都市的大自然怀抱中营造一片温馨安逸的居住环境。

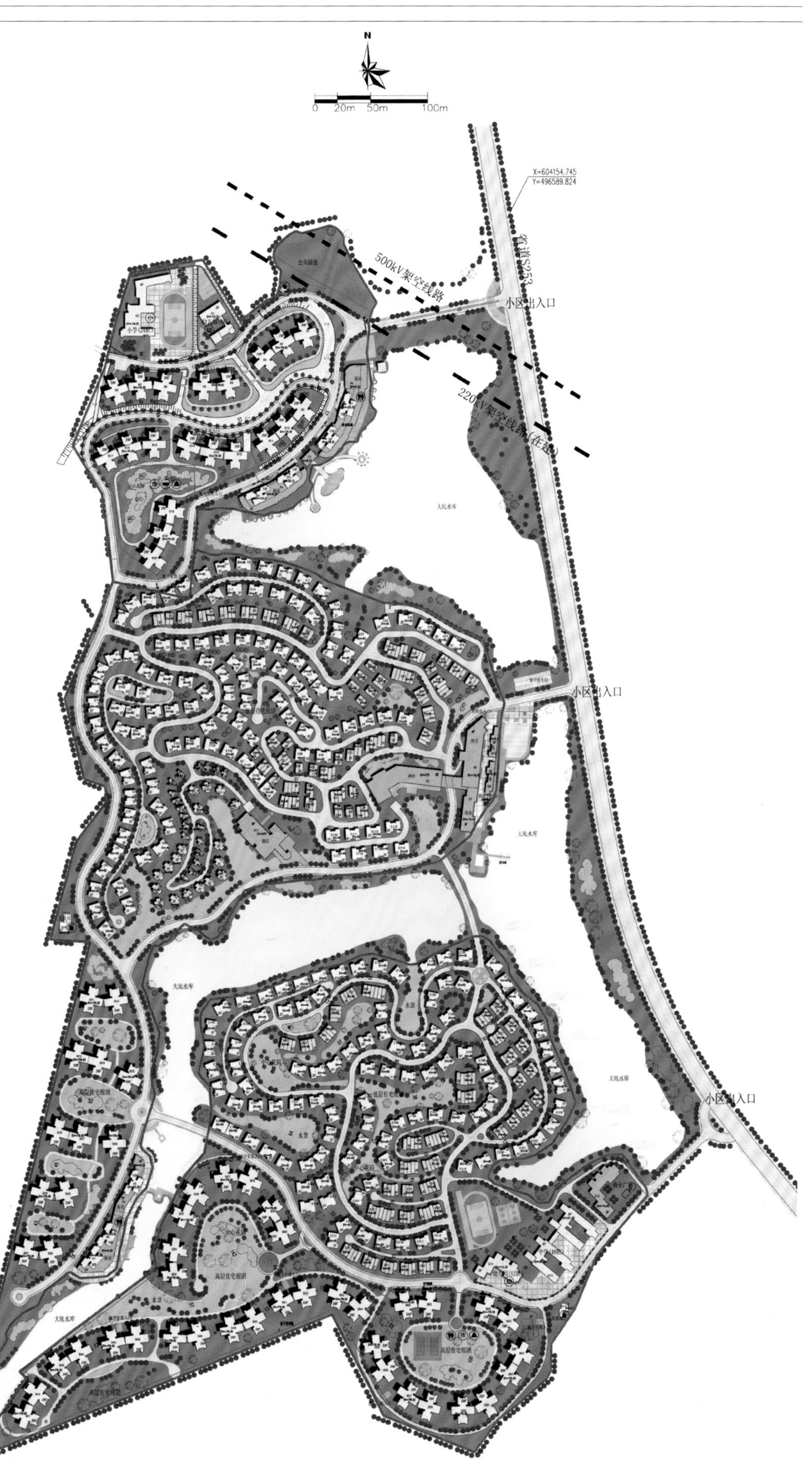


规划总平面图 1:1500

# 清远联泰伴山城

项目地点：广东省清远市
开发商：联泰地产集团
景观设计：广州山水比德景观设计有限公司
占地面积：184 000 $m^2$
景观面积：118 000 $m^2$

项目位于清远市中心城区南面，107国道及省道银英公路交会处，属于清远市高新开发区中心。景观设计完美地整合了地块内的山水格局，将中国造园布局中的最高境界"一池三山"和西班牙小镇异域风情有机地融合在一起，同时又极好地尊重本土文化特色和地块内的自然生态景观，形成"一河三山原生墅，两湖四水九郡图"的园林景致，使居者尽享山水之乐。

地块内107国道和银盏河由中间穿过，每个地块中均有自然山水分布，与周边的大山水格局形成天然的呼应。设计在梳理地块自然山水格局的基础上，将景观分为"一河"、"三山"、"原生墅"三大区块，每个区块各成体系，自成景观，有其不同的景观特色，同时又相互呼应，变化中蕴涵统一。

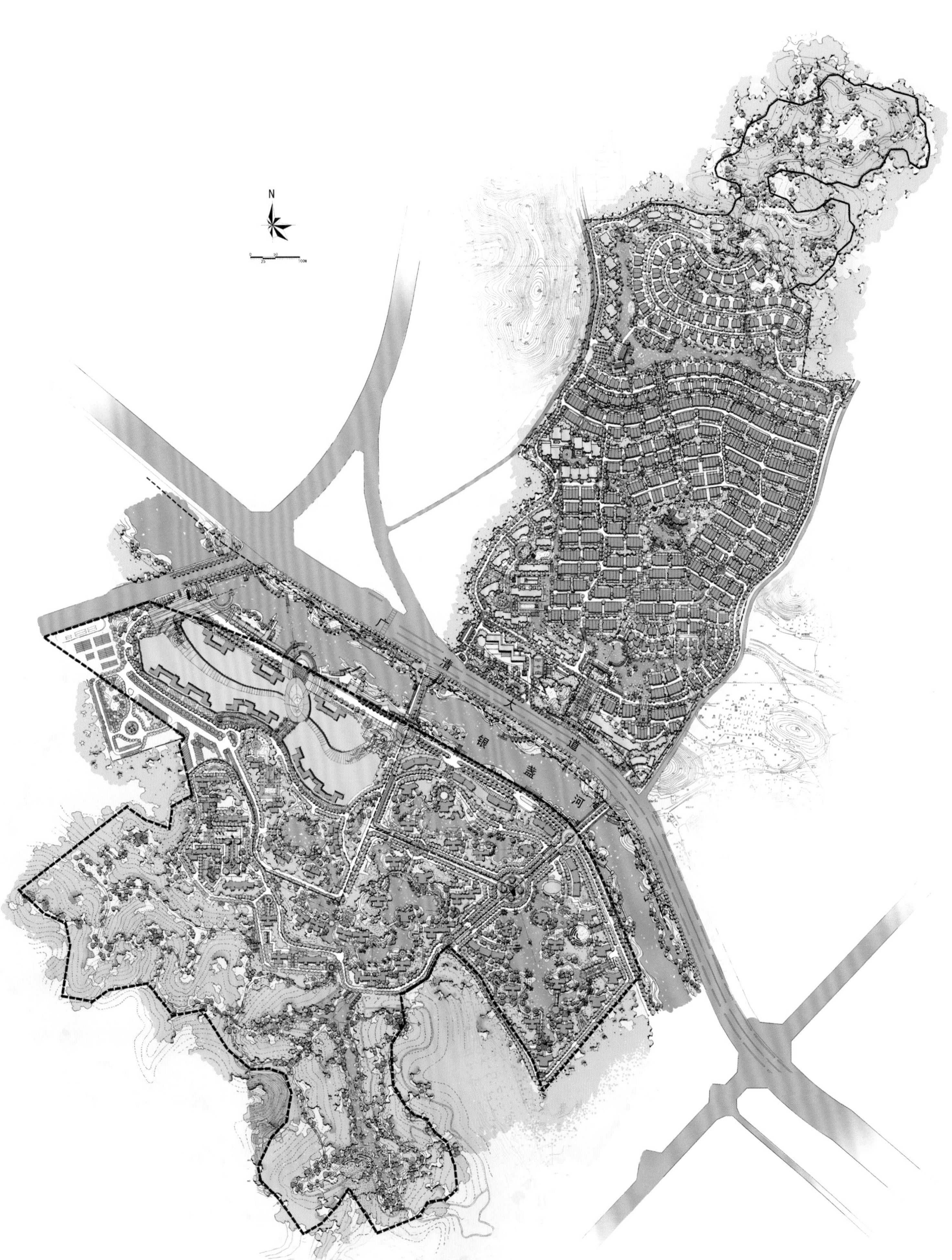
N
广 清 大 道
银 盏 河

# 青岛卓越蔚蓝群岛

项目地点：山东省青岛市
开发商：卓越置业集团（青岛）有限公司
占地面积：900 000 $m^2$
总建筑面积：1 600 000 $m^2$

卓越蔚蓝群岛地处青岛大胶州湾生态居住岸线核心，总占地面积900 000 $m^2$，总建筑面积1 600 000 $m^2$，规划包括1 286 200 $m^2$的住宅，60 000 $m^2$的蔚蓝国际商街、16 000 $m^2$的群岛会所、43 000 $m^2$的多语种精英教育区及其他社区综合配套。

项目共分五期。一期秉承西班牙式建筑及规划理念，根据水系、道路的有序围合，划分为五大岛屿组团；二期利用建筑围合优势，4~6栋楼为一个围合，每个组团设立2~3处单独门禁系统。二期共15栋院景小高层及2栋湖岸联排别墅，面积区间为85~280 $m^2$。

# 杭州中海·钱塘山水

项目地点：浙江省杭州市滨江区
建筑设计：梁黄顾设计顾问（深圳）有限公司
占地面积：47 735 $m^2$
总建筑面积：149 000 $m^2$
容积率：2.5
绿化率：30%

项目园林设计轴线采用人车分流，将园林景观效果最大化，充分考虑现代人的生活习性和活动习惯，间接引导其生活方式向健康科学的方向发展。在配置植物时，充分考虑植物的季节变化，使住区环境一年四季形成不同的植物景观特色。

中海·钱塘山水直面钱塘江，江堤标高9 m，Town House相对区域标高3 m，最大限度地摄取江景资源。通过规划的错排，在视觉上达到独栋别墅的效果。

中海•钱塘山水的空中别墅及大平层，具有独树一帜的270度全景观生活空间，以及120 m的超宽楼间距，视野无限开阔。空中回廊，扩大客厅的视野极限；6 m挑高，是垂直空间的极致享受。

效果图

# 南京麒麟山庄

项目地点：江苏省南京市
规划设计：南京华科建筑设计顾问有限公司
占地面积：334 000 m$^2$
总建筑面积：400 972 m$^2$

麒麟山庄位于中山门外麒麟镇，占地面积334 000 m$^2$，由设计别致的花园别墅和高级公寓组成。项目一期由小高层和多层组成，二期则将全为双拼、联排别墅产品。社区内配套完整，设有两个俱乐部，为住户提供完善的运动、健身以及娱乐设施。项目内设有幼儿园和购物中心。项目整体定位为欧式园林，规划绿地面积高达50.1%，并计划在社区中央引地下泉水营造2万 m$^2$水域，景观投入较大。

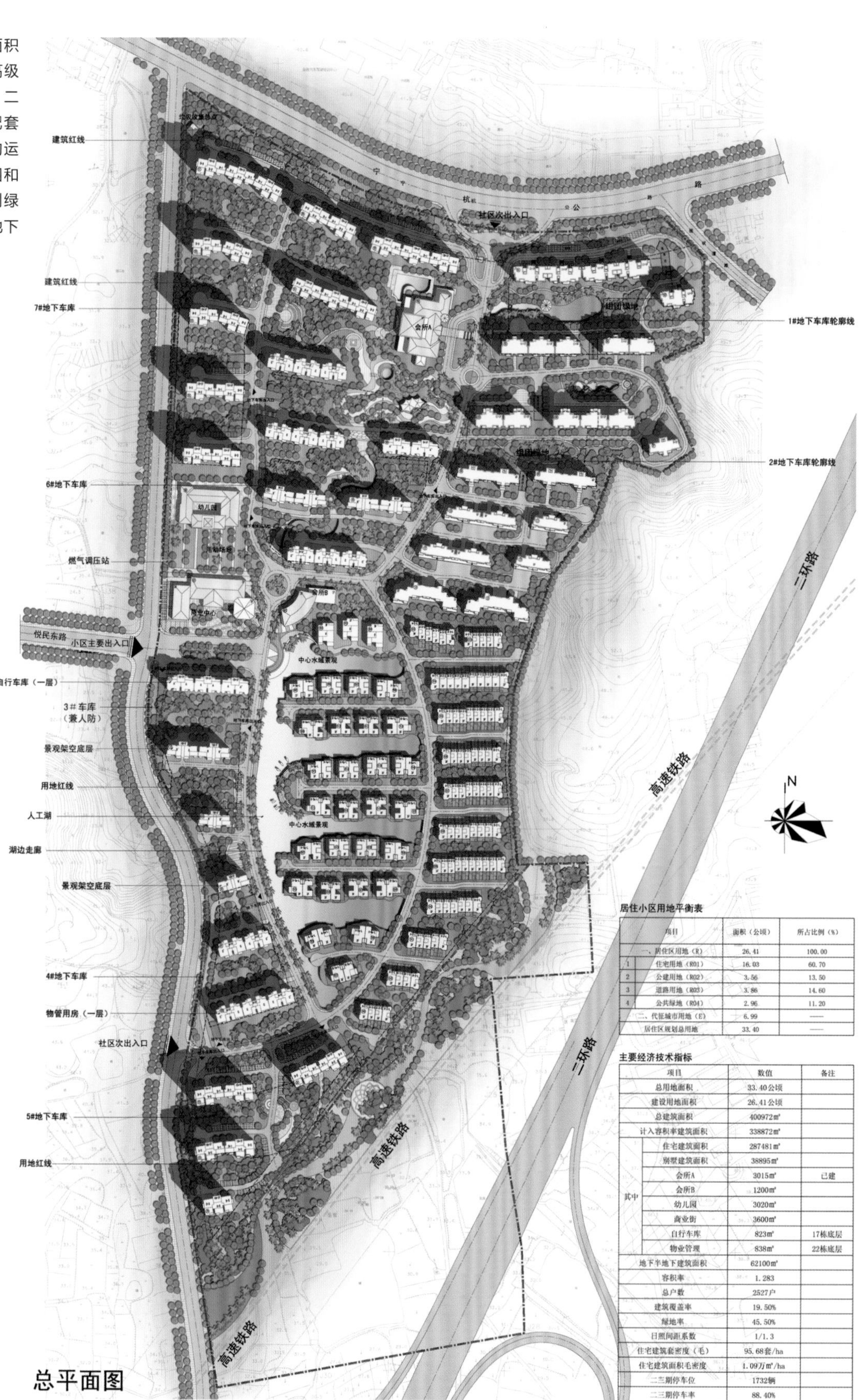


居住小区用地平衡表

| 项目 | | 面积（公顷） | 所占比例（%） |
|---|---|---|---|
| 一、居住区用地（R） | | 26.41 | 100.00 |
| 1 | 住宅用地（R01） | 16.03 | 60.70 |
| 2 | 公建用地（R02） | 3.56 | 13.50 |
| 3 | 道路用地（R03） | 3.86 | 14.60 |
| 4 | 公共绿地（R04） | 2.96 | 11.20 |
| 二、代征城市用地（E） | | 6.99 | —— |
| 居住区规划总用地 | | 33.40 | —— |

主要经济技术指标

| 项目 | | 数值 | 备注 |
|---|---|---|---|
| 总用地面积 | | 33.40公顷 | |
| 建设用地面积 | | 26.41公顷 | |
| 总建筑面积 | | 400972m² | |
| 计入容积率建筑面积 | | 338872m² | |
| 其中 | 住宅建筑面积 | 287481m² | |
| | 别墅建筑面积 | 38895m² | |
| | 会所A | 3015m² | 已建 |
| | 会所B | 1200m² | |
| | 幼儿园 | 3020m² | |
| | 商业街 | 3600m² | |
| | 自行车库 | 823m² | 17栋底层 |
| | 物业管理 | 838m² | 22栋底层 |
| 地下半地下建筑面积 | | 62100m² | |
| 容积率 | | 1.283 | |
| 总户数 | | 2527户 | |
| 建筑覆盖率 | | 19.50% | |
| 绿地率 | | 45.50% | |
| 日照间距系数 | | 1/1.3 | |
| 住宅建筑套密度（毛） | | 95.68套/ha | |
| 住宅建筑面积毛密度 | | 1.09万m²/ha | |
| 二三期停车位 | | 1732辆 | |
| 二三期停车率 | | 88.40% | |

总平面图

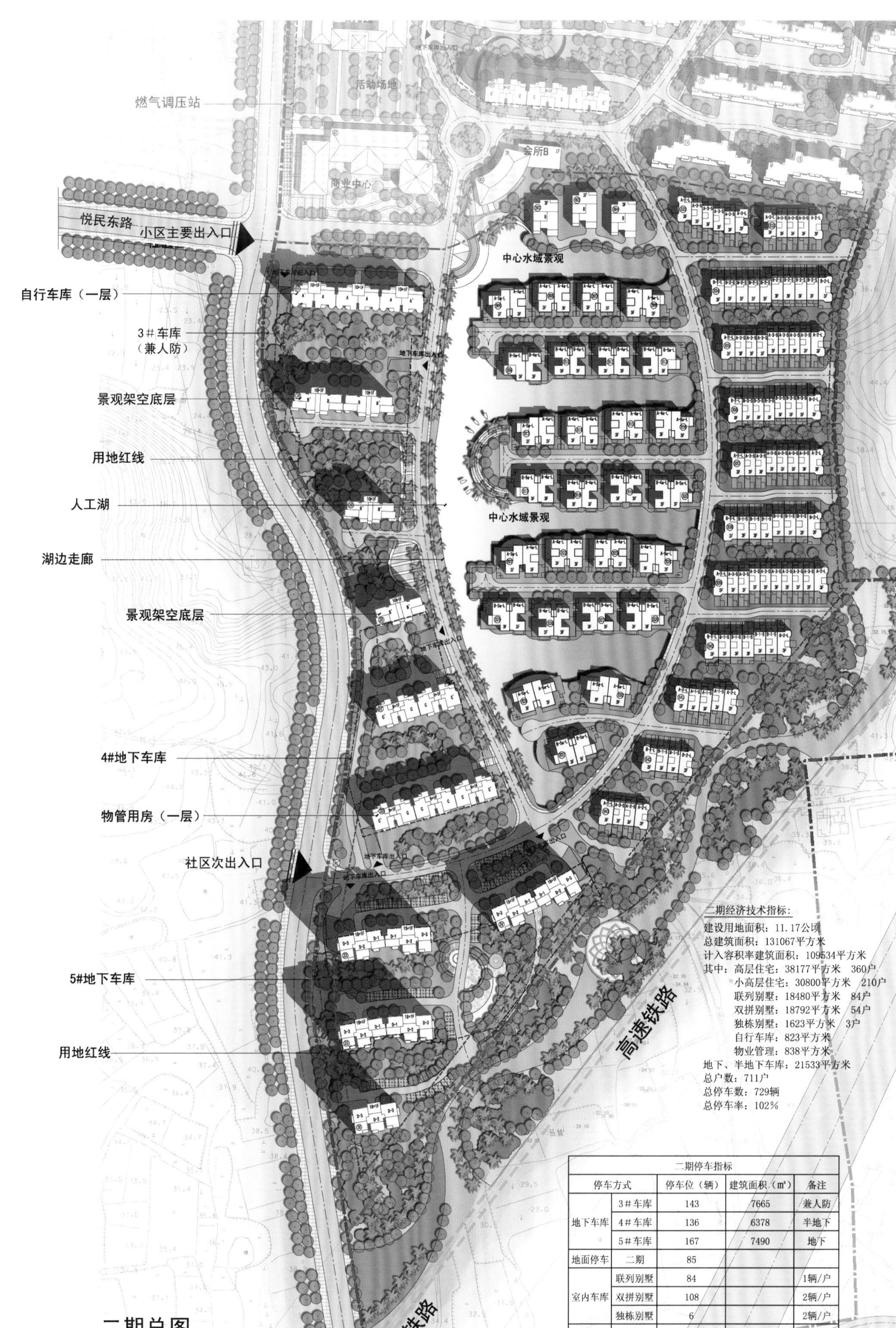


二期经济技术指标：

建设用地面积：11.17公顷
总建筑面积：131067平方米
计入容积率建筑面积：109534平方米
其中：高层住宅：38177平方米　360户
小高层住宅：30800平方米　210户
联列别墅：18480平方米　84户
双拼别墅：18792平方米　54户
独栋别墅：1623平方米　3户
自行车库：823平方米
物业管理：838平方米
地下、半地下车库：21533平方米
总户数：711户
总停车数：729辆
总停车率：102%

| 二期停车指标 | | | | |
|---|---|---|---|---|
| 停车方式 | | 停车位（辆） | 建筑面积（m²） | 备注 |
| 地下车库 | 3＃车库 | 143 | 7665 | 兼人防 |
| | 4＃车库 | 136 | 6378 | 半地下 |
| | 5＃车库 | 167 | 7490 | 地下 |
| 地面停车 | 二期 | 85 | | |
| 室内车库 | 联列别墅 | 84 | | 1辆/户 |
| | 双拼别墅 | 108 | | 2辆/户 |
| | 独栋别墅 | 6 | | 2辆/户 |
| 合计 | | 729 | 21533 | |

二期总图

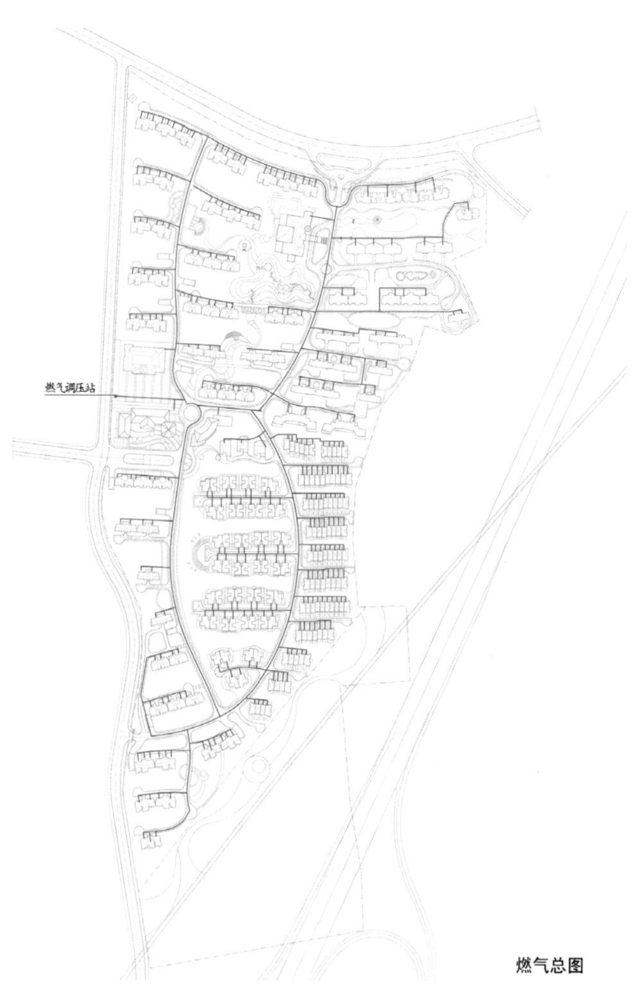


燃气总图

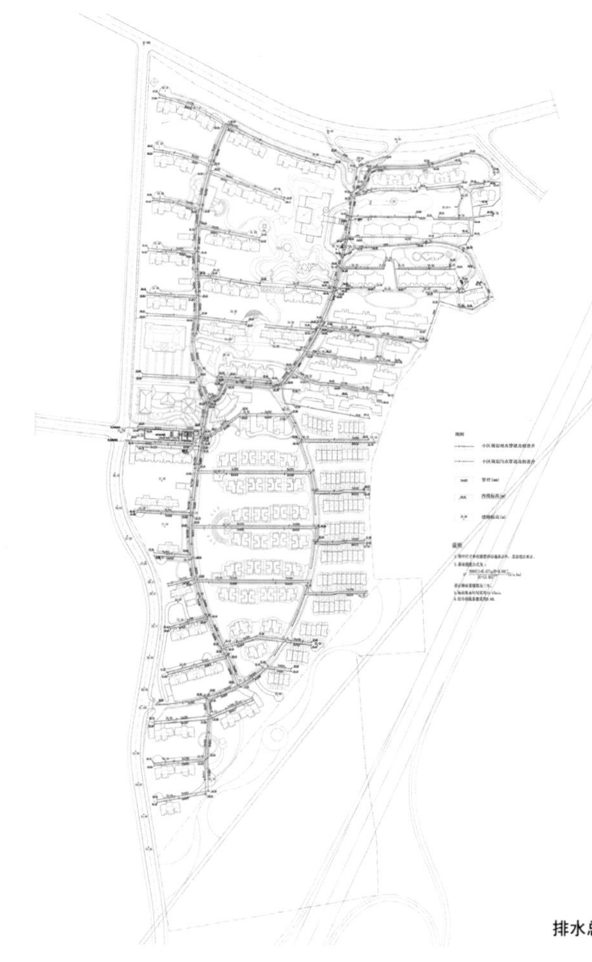

排水总图

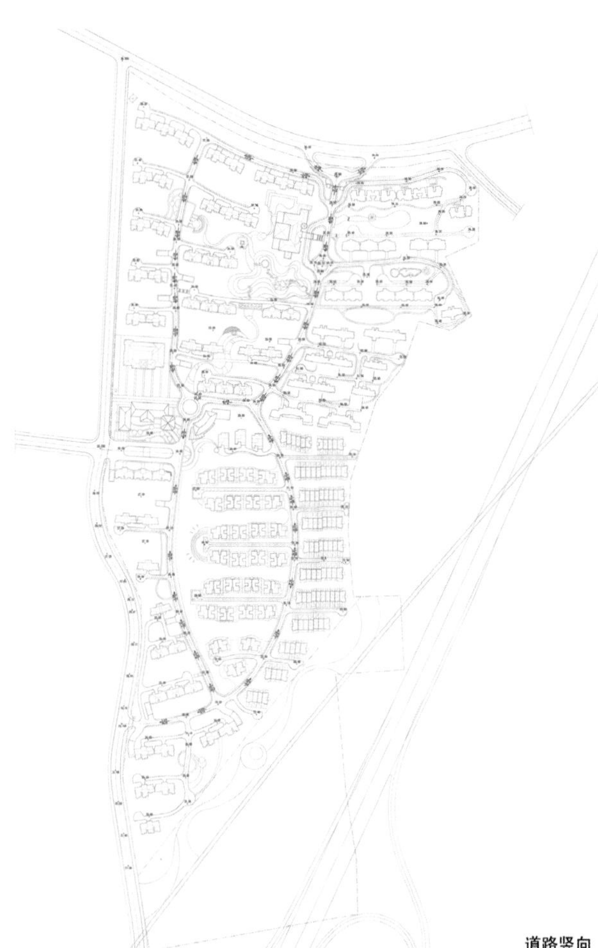

道路竖向

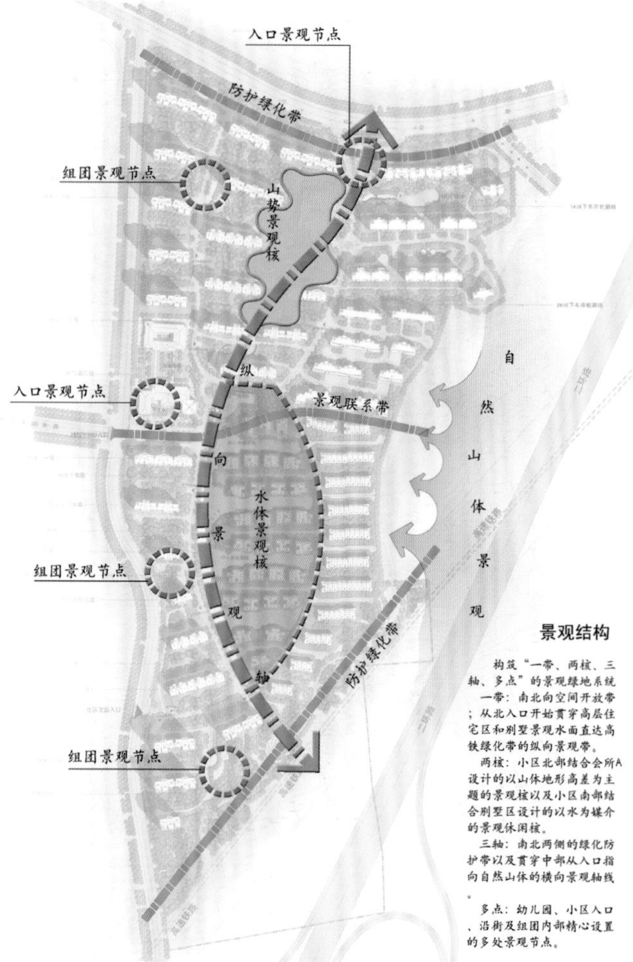


## 景观结构

构筑“一带、两核、三轴、多点”的景观绿地系统

一带：南北向空间开放带；从北入口开始贯穿高层住宅区和别墅景观水面直达高铁绿化带的纵向景观带。

两核：小区北部结合会所A设计的以山体地形高差为主题的景观核以及小区南部结合别墅区设计的以水为媒介的景观休闲核。

三轴：南北两侧的绿化防护带以及贯穿中部从入口指向自然山体的横向景观轴线。

多点：幼儿园、小区入口、沿街及组团内部精心设置的多处景观节点。

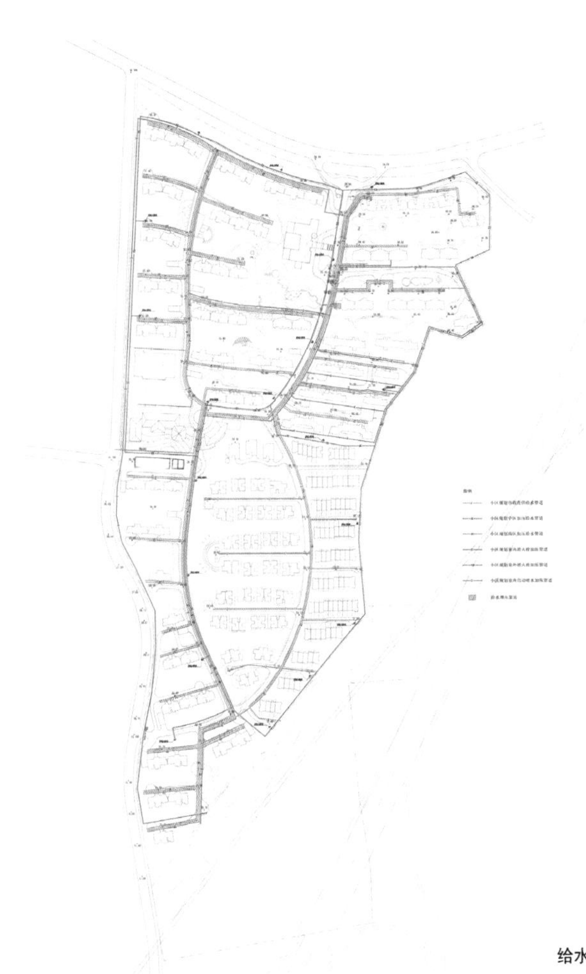

给水总图

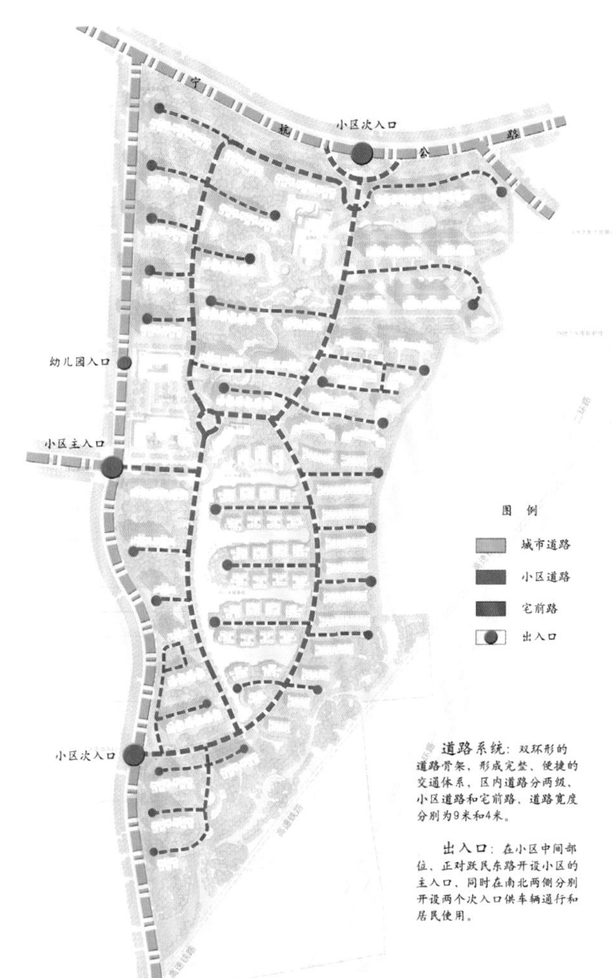


交通分析

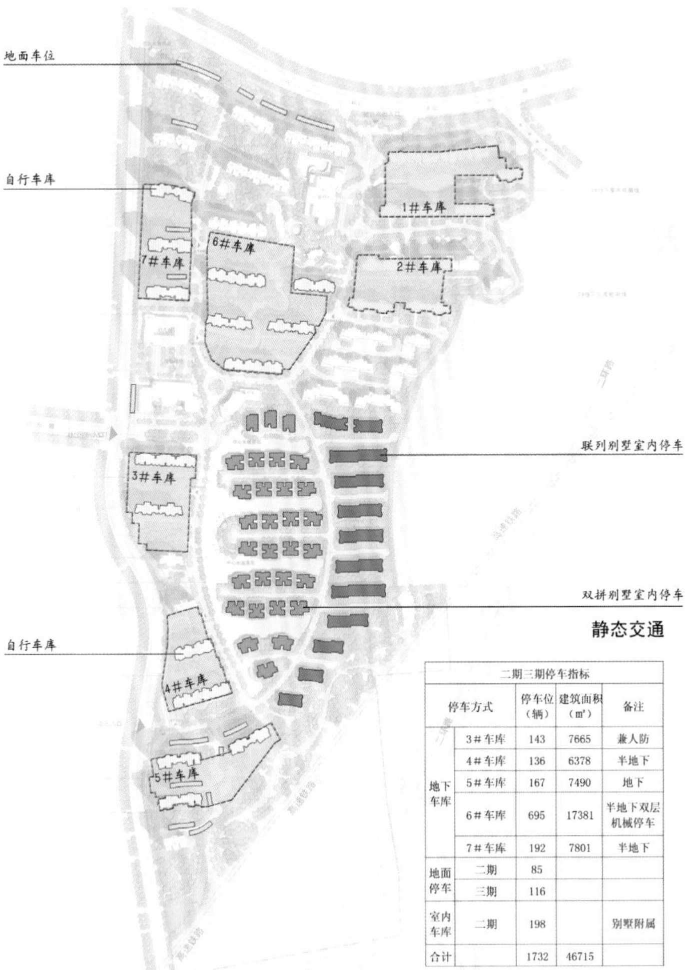


静态交通

| 二期三期停车指标 | | | | |
|---|---|---|---|---|
| 停车方式 | | 停车位（辆） | 建筑面积（m²） | 备注 |
| 地下车库 | 3#车库 | 143 | 7665 | 兼人防 |
| | 4#车库 | 136 | 6378 | 半地下 |
| | 5#车库 | 167 | 7490 | 地下 |
| | 6#车库 | 695 | 17381 | 半地下双层机械停车 |
| | 7#车库 | 192 | 7801 | 半地下 |
| 地面停车 | 二期 | 85 | | |
| | 三期 | 116 | | |
| 室内车库 | 二期 | 198 | | 别墅附属 |
| 合计 | | 1732 | 46715 | |

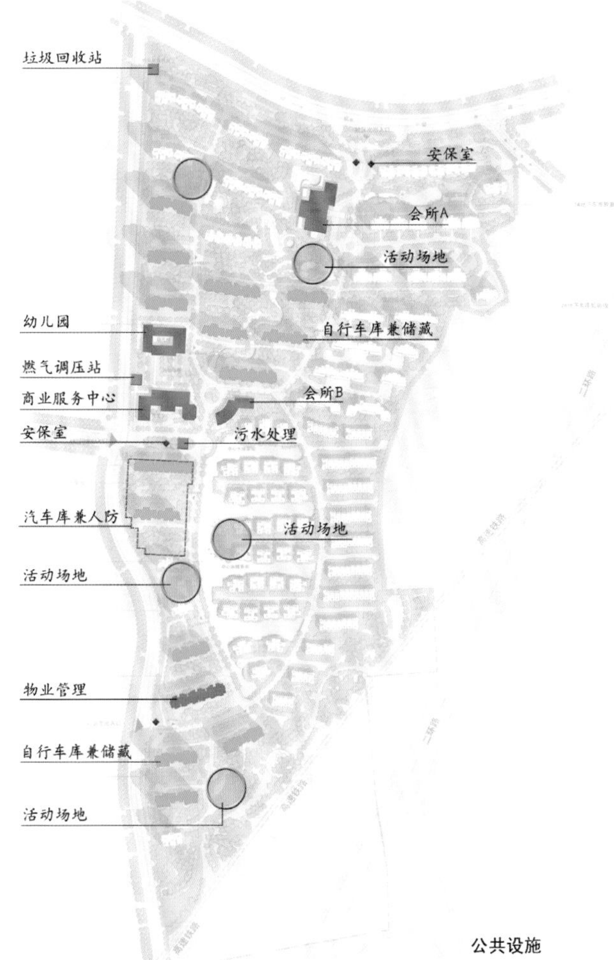


公共设施

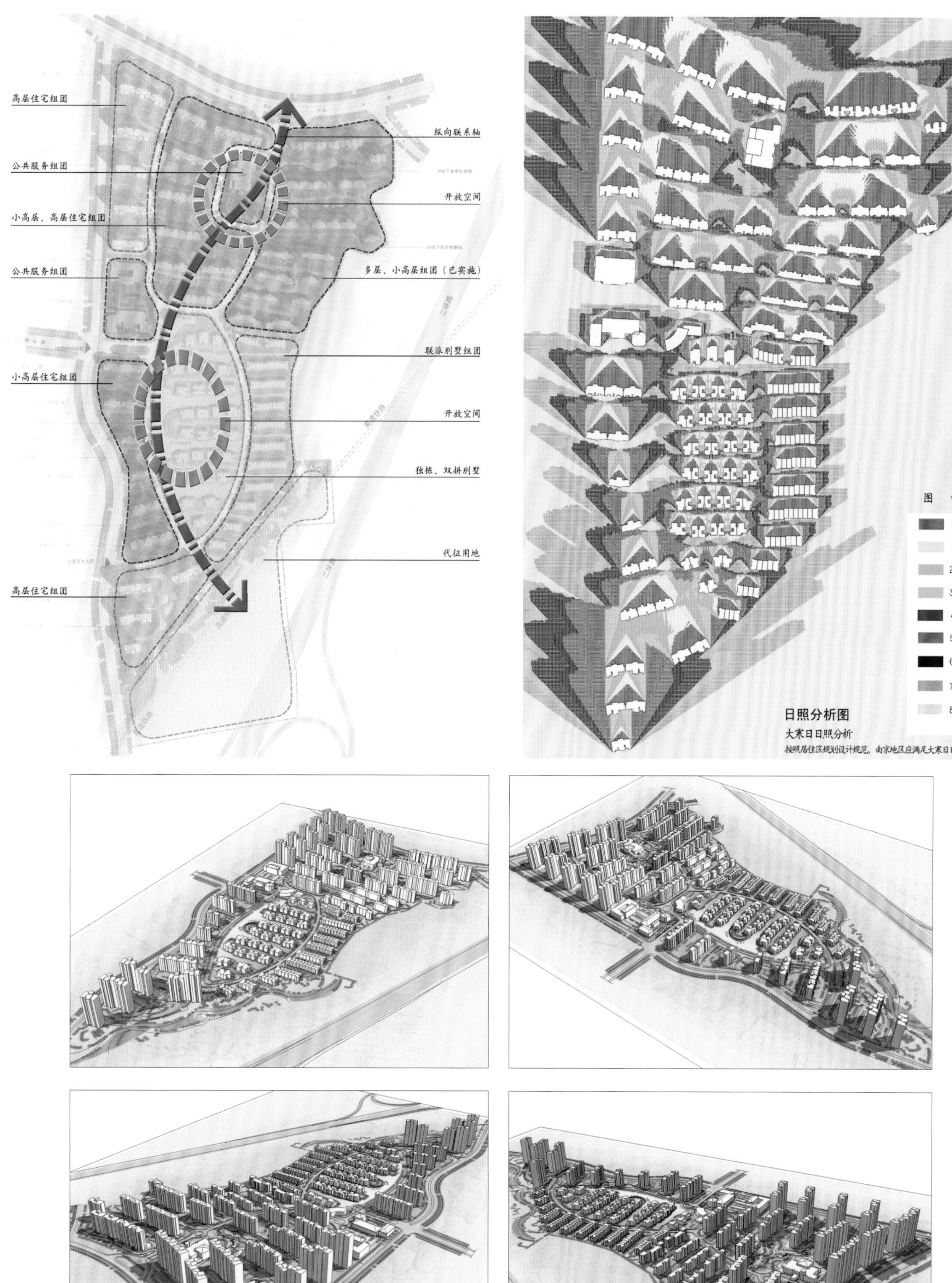
高层住宅组团
公共服务组团
小高层、高层住宅组团
公共服务组团
小高层住宅组团
高层住宅组团
纵向联系轴
开放空间
多层、小高层组团（已实施）
联派别墅组团
开放空间
独栋、双拼别墅
代征用地
图例
0小时
1小时
2小时
3小时
4小时
5小时
6小时
7小时
8小时
日照分析图
大寒日日照分析
按照居住区规划设计规范，南京地区应满足大寒日日照两小时

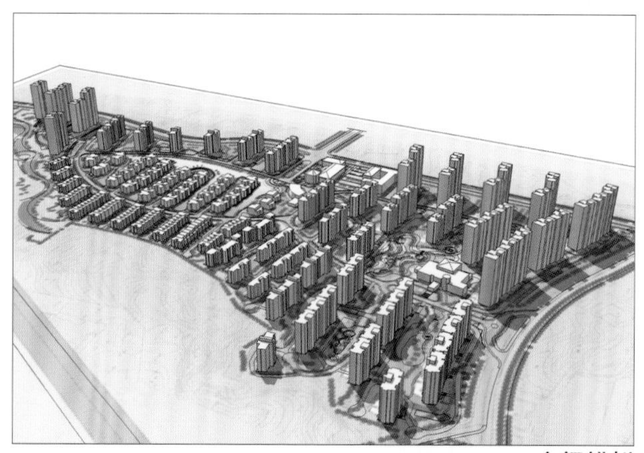

空间模拟

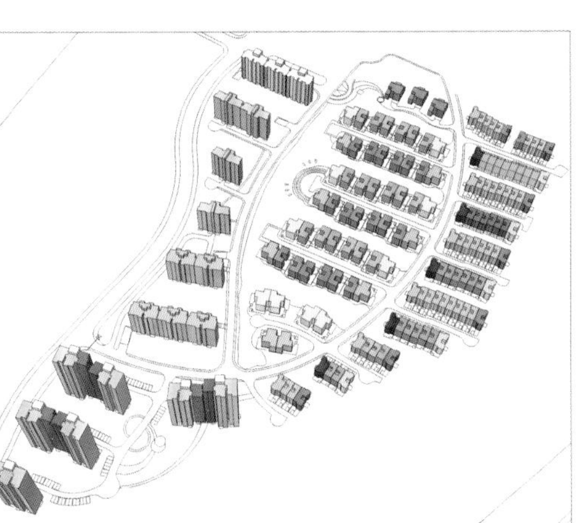

## 户型分布

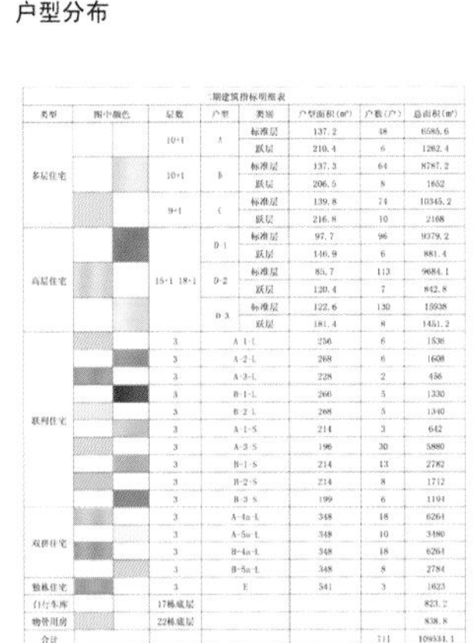

二期建筑指标明细表

| 类型 | 图中颜色 | 层数 | 户型 | 类别 | 户型面积(m²) | 户数(户) | 总面积(m²) |
|---|---|---|---|---|---|---|---|
| 多层住宅 | | 10+1 | A | 标准层 | 137.2 | 48 | 6585.6 |
| | | | | 跃层 | 210.4 | 6 | 1262.4 |
| | | 10+1 | B | 标准层 | 137.3 | 64 | 8787.2 |
| | | | | 跃层 | 206.5 | 8 | 1652 |
| | | 9+1 | C | 标准层 | 139.8 | 74 | 10345.2 |
| | | | | 跃层 | 216.8 | 10 | 2168 |
| 高层住宅 | | 15+1 18+1 | D-1 | 标准层 | 97.7 | 96 | 9379.2 |
| | | | | 跃层 | 146.9 | 6 | 881.4 |
| | | | D-2 | 标准层 | 85.7 | 113 | 9684.1 |
| | | | | 跃层 | 120.4 | 7 | 842.8 |
| | | | D-3 | 标准层 | 122.6 | 130 | 15938 |
| | | | | 跃层 | 181.4 | 8 | 1451.2 |
| 联列住宅 | | 3 | A-1-L | | 256 | 6 | 1536 |
| | | 3 | A-2-L | | 268 | 6 | 1608 |
| | | 3 | A-3-L | | 228 | 2 | 456 |
| | | 3 | B-1-L | | 266 | 5 | 1330 |
| | | 3 | B-2-L | | 268 | 5 | 1340 |
| | | 3 | A-1-S | | 214 | 3 | 642 |
| | | 3 | A-3-S | | 196 | 30 | 5880 |
| | | 3 | B-1-S | | 214 | 13 | 2782 |
| | | 3 | B-2-S | | 214 | 8 | 1712 |
| | | 3 | B-3-S | | 199 | 6 | 1194 |
| 双拼住宅 | | 3 | A-4a-L | | 348 | 18 | 6264 |
| | | 3 | A-5a-L | | 348 | 10 | 3480 |
| | | 3 | B-4a-L | | 348 | 18 | 6264 |
| | | 3 | B-5a-L | | 348 | 8 | 2784 |
| 独栋住宅 | | 3 | E | | 541 | 3 | 1623 |
| 自行车库 | | 17栋底层 | | | | | 823.2 |
| 物管用房 | | 22栋底层 | | | | | 838.8 |
| 合计 | | | | | | 711 | 109934.1 |

## 分期建筑图

一期（已实施）经济指标

建设用地面积：83165.36 m²
总建筑面积：98325.22 m²
计入容积率建筑面积：79939.62 m²
其中：住宅建筑面积：76925.94 m²
会所建筑面积：3014.38 m²
总户数：567户
地下室及车库面积：18308.8 m²
1#地下室：9668.5 m²
2#地下室：6717.1 m²

二期经济技术指标

建设用地面积：11.17公顷
总建筑面积：151067平方米
计入容积率建筑面积：109534平方米
其中：高层住宅：38177平方米 360户
小高层住宅：30900平方米 210户
联列别墅：18480平方米 84户
双拼别墅：18792平方米 54户
独栋别墅：1623平方米 3户
自行车库：823平方米
物业管理：839平方米
地下、半地下车库：21533平方米
总户数：711户
总停车数：727辆
总停车率：102%

三期经济技术指标

建设用地面积：8.9232公顷
总建筑面积：173023平方米
计入容积率建筑面积：149399平方米
其中：高层住宅：108688平方米 962户
小高层住宅：41941平方米 296户
幼儿园：3020平方米
会所：1200
商业街：3000
地下、半地下车库：25182平方米
总户数：1249户
总停车数：1003
总停车率：80.3%

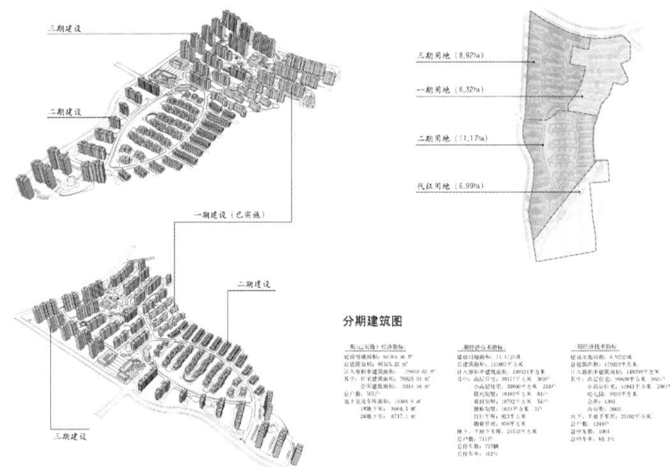

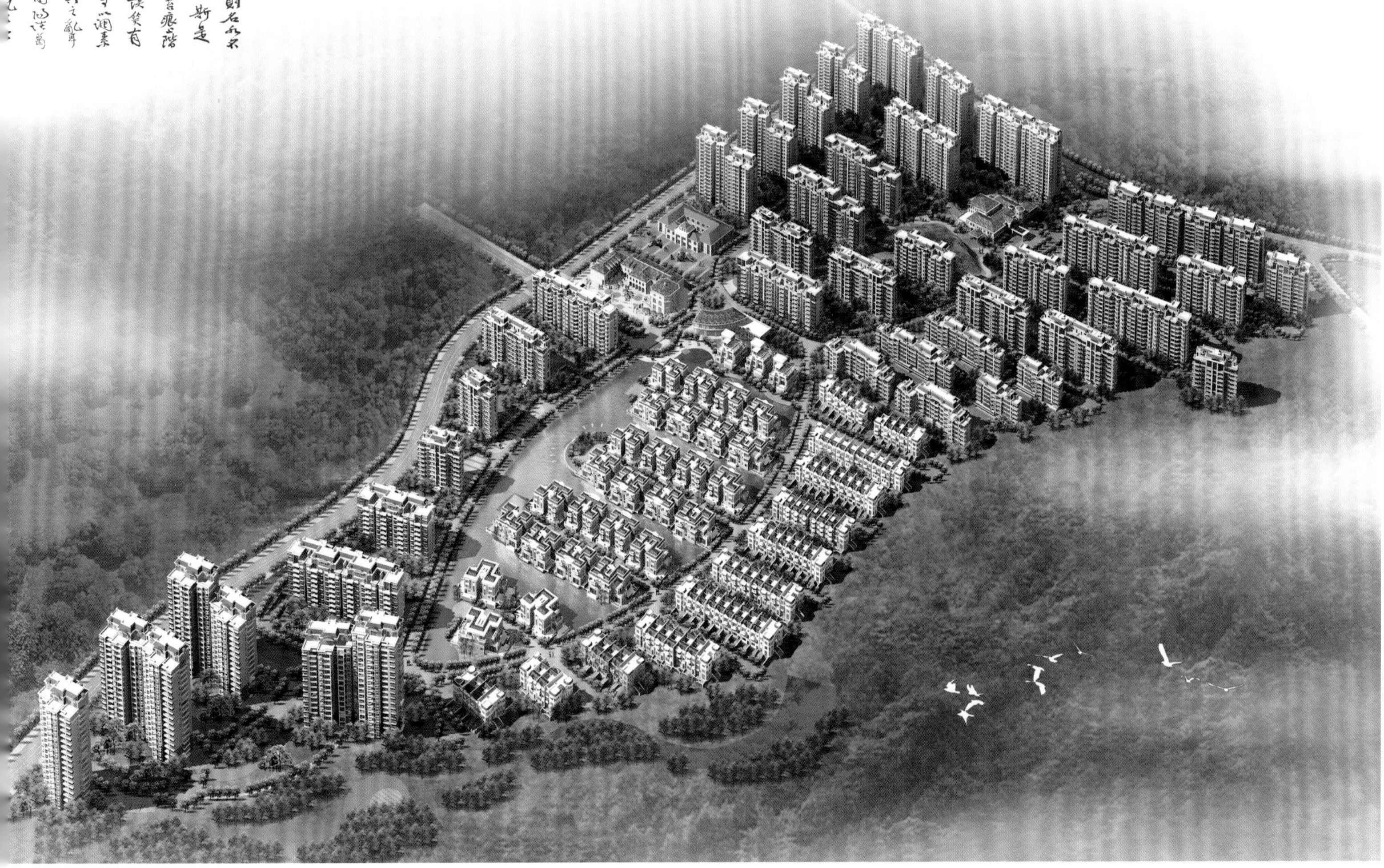

# 南京阳光聚宝山庄

项目地点：江苏省南京市
开发商：南京建辉房地产开发有限公司
占地面积：666 666 m$^2$
总建筑面积：520 000 m$^2$

阳光聚宝山庄位于南京城东规划中的聚宝山森林公园以南，坐北望南，风水极佳，东靠二桥高速，南迎312国道，交通十分便利。阳光聚宝山庄周边有帝豪别墅区，上下五旗别墅区，国际高尔夫球场以及仙林大学城，该区块被誉为"南京最富有人群的住宅区"。

整个山庄南北窄，东西长，总用地面积666 666 m$^2$，其中居住用地面积约500 000 m$^2$。由别墅区和多层、小高层住宅区两大部分构成，总建筑面积520 000 m$^2$，分两期实施。整个基地北高南低、东高西低，最大高差接近15 m。山庄配套有幼儿园、学校、超市、商业街等。

项目坚持以人为本的原则，师法自然，突出人与环境的互通共存。营造亲水、亲绿、近山的人群居住活动空间。扩大植被量，减少人工造景并用植被在城市交通和居住区之间形成绿色缓冲区，强调林脉的最大化；紧紧围绕山、水、林、泉、湖做文章，创造个性十足的景观空间，在表现上使西方现代园林的手法与中国园林的精髓相结合，简洁、大方。

1 嘉庆街
2 嘉和街
3 西湖
4 东湖
5 阳光广场
6 杉林翠风
7 翠岛迎归
8 新古典广场
9 迎宾广场
10 疏林缓坡
11 阳光大道
12 会所
13 小学
14 生态过水溪
15 生态岩壁

16 聚宝清泉
17 枫林秋涛
18 翠屏雅径
19 紫荆康桥
20 颐和康桥
21 现代广场
22 热带雨林广场
23 绿荫广场
24 西班牙广场
25 形象主入口
26 机动车主入口
27 次入口
28 运动场
29 停车场
30 聚宝山森林公园

# 东莞景湖湾畔

项目地点：广东省东莞市南城区
开发商：广东光大企业集团
规划/建筑设计：广东华方工程设计有限公司
景观设计：东莞市华林景观建设有限公司
占地面积：182 505 m²
总建筑面积：352 247.76 m²
容积率：1.68
绿化率：45%

景湖湾畔一期园林总面积45 000 m²左右，其中水景面积逾3 100 m²，小区景观一期采用东南亚热带芭提雅风情园林，植物品种丰富多样。

项目景观设计构想是营造一个舒适、悠闲、高品位的居家环境，能体现浓郁的人文文化氛围的芭提雅热带风情景观。依据上述设计原则，紧扣主题，将景观空间协调有序地布局，合理划分、安排景点。有的空旷明朗，有的曲径通幽。植物配置高低错落，层次丰富，并满足人们对休闲生活、自然环境的渴求，形成融合自然、贴近生活的景象；在植物搭配、小品摆设等方面具有较强的观赏性、参与性，形成良好的交流空间，在主题营造上通过亭、台、铺地、植物等元素的搭配，使整个园林设计蕴涵一种芭提雅文化气息，形成一个崇尚人与自然和谐共存的优美生态空间。

在每个住宅入口设置悠闲别致的景观空间，入口摆设花钵、雕塑、休息座椅等，让业主们从生活形态到心态真正享受高雅的文化气息，品味生活乐趣，从而产生亲切感和归属感。

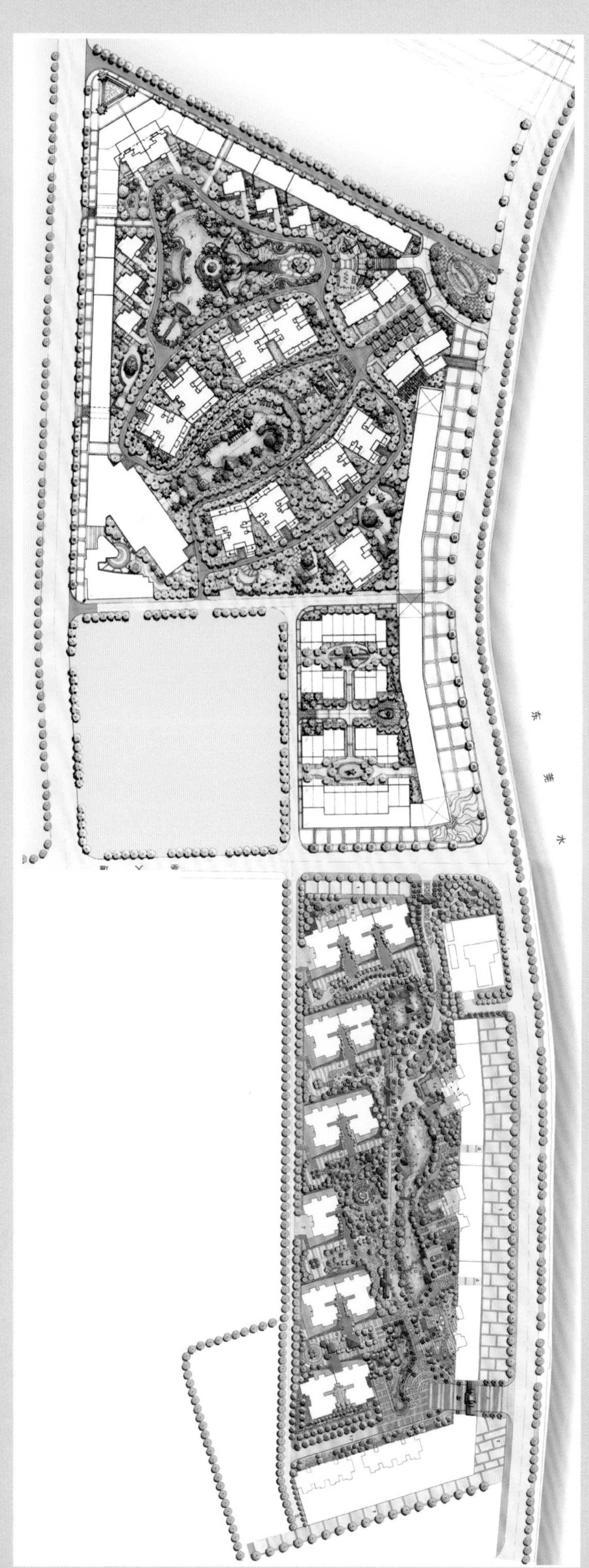

# 南昌九里象湖城

项目地点：江西省南昌市
开发商：江西平海房地产开发有限公司
占地面积：450 000 m²
总建筑面积：600 000 m²
容积率：1.36
绿化率：50%

九里象湖城占地面积450 000 m²，总建筑面积600 000 m²，主要产品有联排别墅、多层公寓、小高层公寓、高层公寓、酒店式公寓及商铺。由“象湖里”、“静安里”、“嘉和里”、“翰领里”、“平海观澜”、“象湖公馆”、“九里坊”、“康健里”、“水晶岛”九大组团组成。

基地中部是由八幢18～33层高层建筑包围的中心公园 —— 平海公园。高层住宅与周边多层住宅之间的景观环，与交通主环重叠，是中心公园的延伸；外绿环是每个组团集中绿地的集合，构建了小区步行系统的框架，每一个节点代表每个组团的主题。

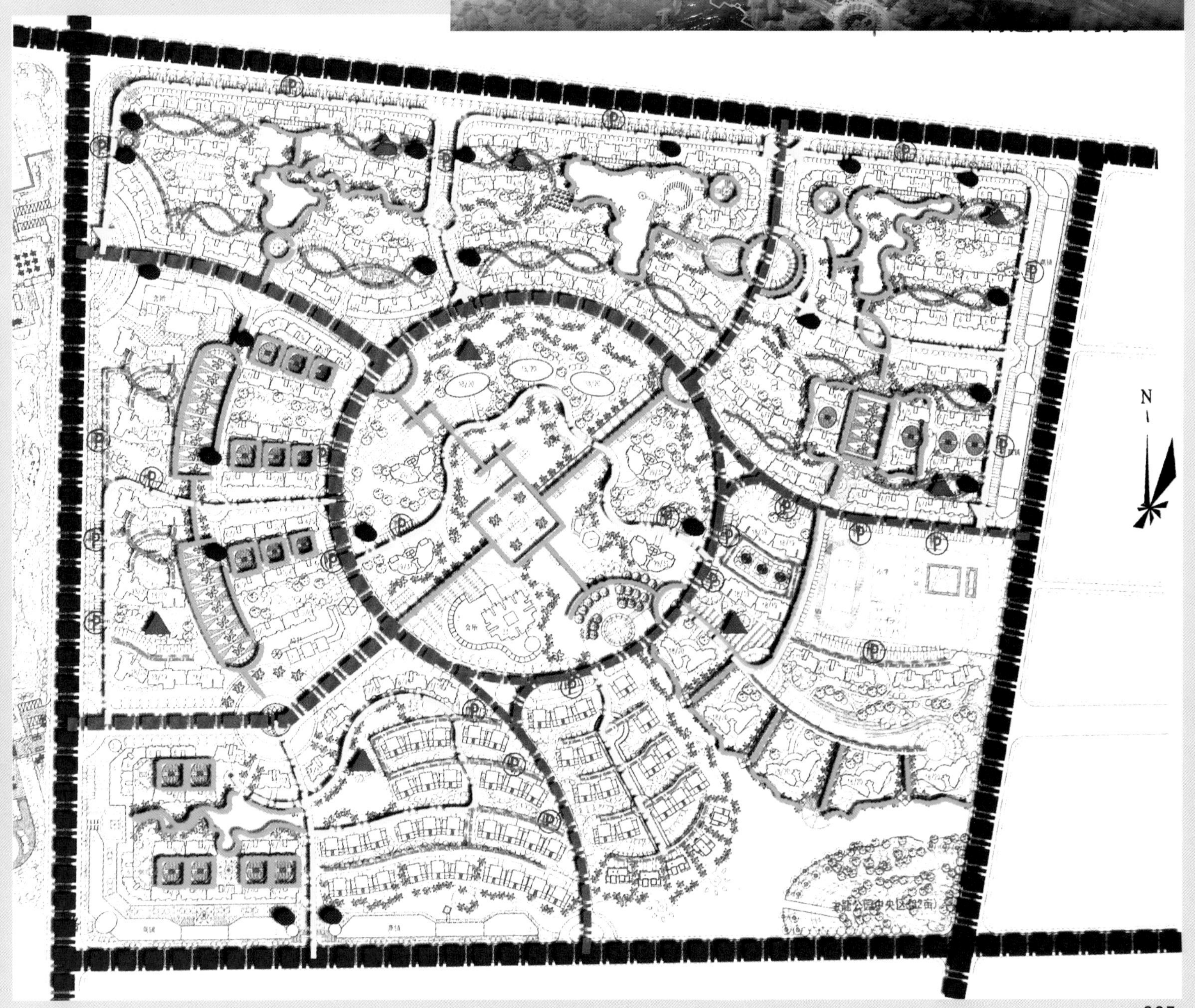

# 广州金地·荔湖城

项目地点：广东省广州市增城区
开发商：金地集团
建筑设计：BDCL国际建筑设计有限公司
占地面积：230 000 m²
总建筑面积：120 000 m²

设计者依据地形地貌、各种植被与水体构筑的微妙关系，最大化地尊重地域文脉特色而构思与设计。简而言之，就是尽量减轻人为对地块的影响，并将这种指导手法运用到每个建筑元素的设计中。这两种设计手法相得益彰的运用，巧妙协调了景观与建筑的关系，使得人们在项目中能够更深入理解设计者的心思，这种和谐统一的设计手法为项目带来了巨大的价值。

规划设计中，使更多的建筑单体与水体产生更近的融合联系，特别是160多座Town House的设计。水被拉进建筑用地，延长了水岸线，从而获得了更多的"面水"单元。除了观水房屋能为居者带来寂静而舒缓的感受之外，水体使得社区各个分期更为活跃。

建筑产品的停车方式很具特色，情景公寓和高层公寓利用山体的坡地，将半地下停车场隐于建筑之下，而在其上面形成一个60~70户的半私密性的邻里广场。规划中湖面北岸是住宅区，为了保持一定的私密性需求，将住宅南向设计成亲水平台，以便于居住者安静而惬意地欣赏水景。水系南岸却呈现出繁荣的商业景象，娱乐场所、咖啡茶座、零售商店鳞次栉比，从中心商业广场一直延伸到湖滨的酒店。商业广场下依然采用了地下停车场的设计，用于商业服务和宾客来访。

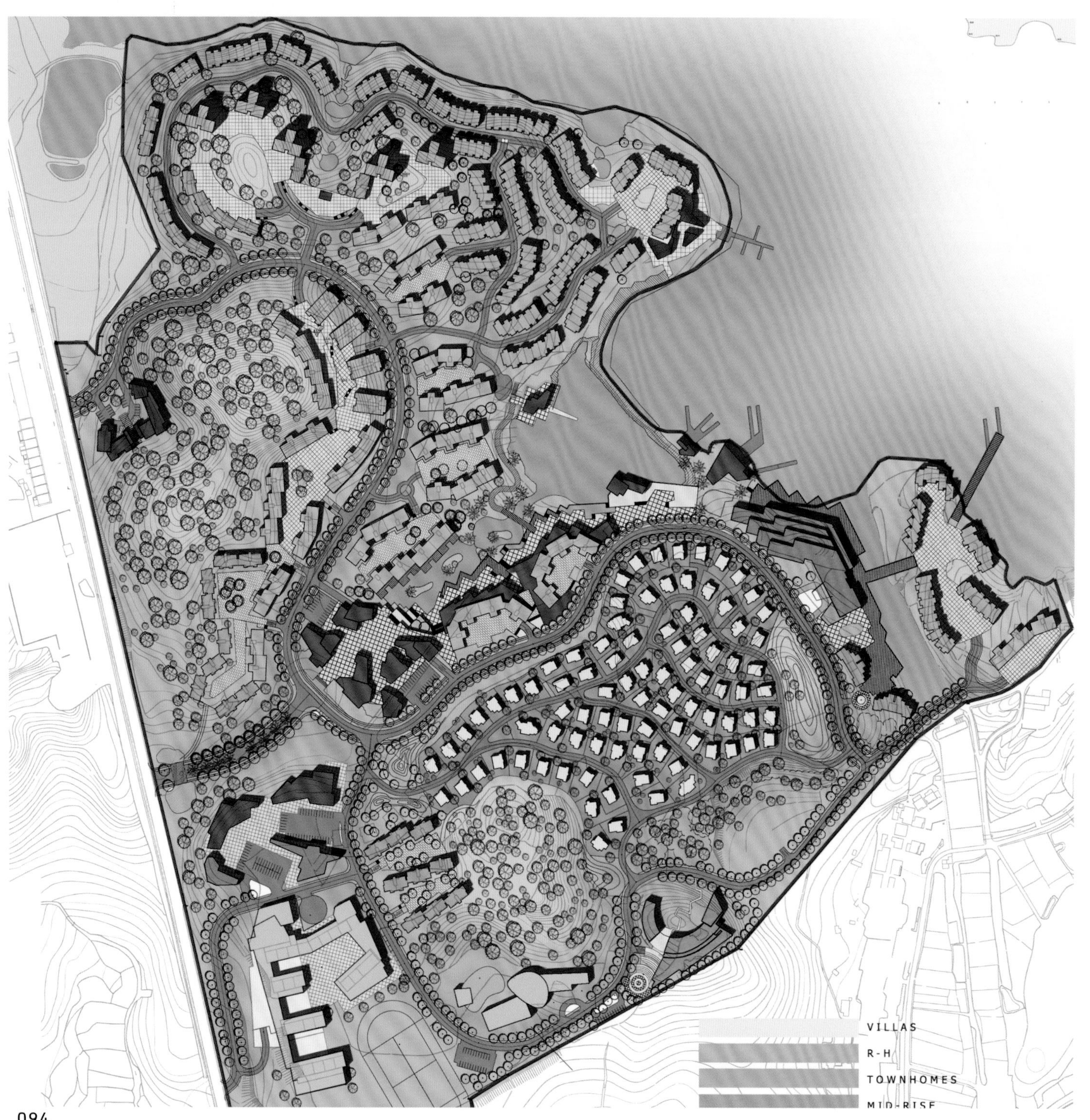

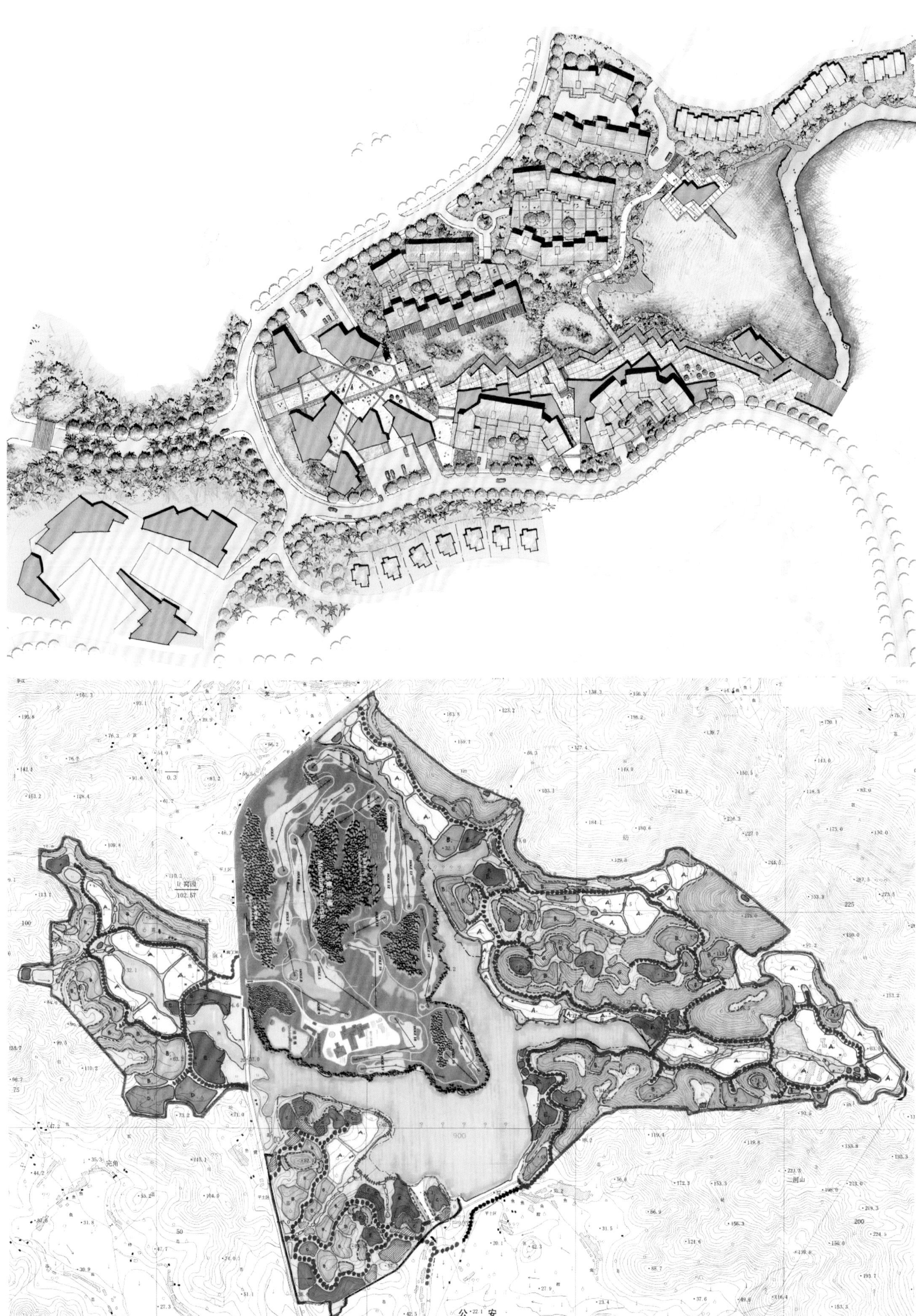

# 杭州坤和·和家园

项目地点：浙江省杭州市西溪路以南
开发商：杭州振兴置业投资有限公司
建筑设计：上海中房建筑设计有限公司
景观设计：新加坡AEP（柏景园林景观设计有限公司）
占地面积：580 000 $m^2$
总建筑面积：1 000 000 $m^2$
容积率：1.2
绿化率：40%

坤和·和家园位于杭州市西湖区，背倚西湖，对望西溪，与西溪国家湿地公园隔天目山路相望，与西湖风景名胜区隔群山相连，距黄龙商务圈行车仅10余分钟，经天目山路景观大道和西溪路均可到达，且规划有梅西隧道直接将项目与梅家坞连通，与西湖风景区无间相连。

坤和·和家园项目由10大组团组成，分别为紫园、景园、翰园、御园、琉园、雍园、臻园、鼎园、懿园、玺园。每个住宅组团根据其资源和产品特性针对不同的客户群，从富贵享受型到康居舒适型，从创意风尚型到健康养老型等，都能找到其合适的居所。

坤和·和家园充分利用周边丰富的山体资源，建设直通西湖景区的登山游步道，真正实现与西湖的无缝对接，业主可直接从坤和·和家园徒步至灵隐寺景区。同时坤和·和家园的翰园和御园组团之北规划有屏基山公园以及山地运动区。项目还积极投入历史街区的保留建设，以及对周边交通、教育、医疗、生活基础设施的改造和完善，极力为业主营造健康自然的生活氛围。

# 天津津门湖

项目地点：天津市紫金山路
开发商：富力地产
规划设计：天津华汇工程建筑设计有限公司
景观设计：广州市普邦园林配套工程有限公司
占地面积：1 650 000 m²
总建筑面积：4 270 000 m²

津门湖位于天津市紫金山路起始点，外环线以里，是卫南洼地带中距离市中心最近的一个项目。津门湖规划总占地面积为1 650 000 m²，其中规划居住用地930 000 m²，商业金融用地570 000 m²。津门湖建筑形式从别墅、高档公寓到高层、酒店式公寓，应有尽有。

项目规划有6 km水岸线，将纯自然生态景观融入人居生活，并引入了港湾、码头、半岛、岛屿的构成形式。居住区位于由公园、岛屿、绿色缓冲带组成的绿色空间中，一条运河穿梭围绕且与湖泊相连接。河道和两岸的各种树木组成宽阔的绿化带，增加了休闲区域，而且起到了进一步改善空气质量和局部小气候的功效。

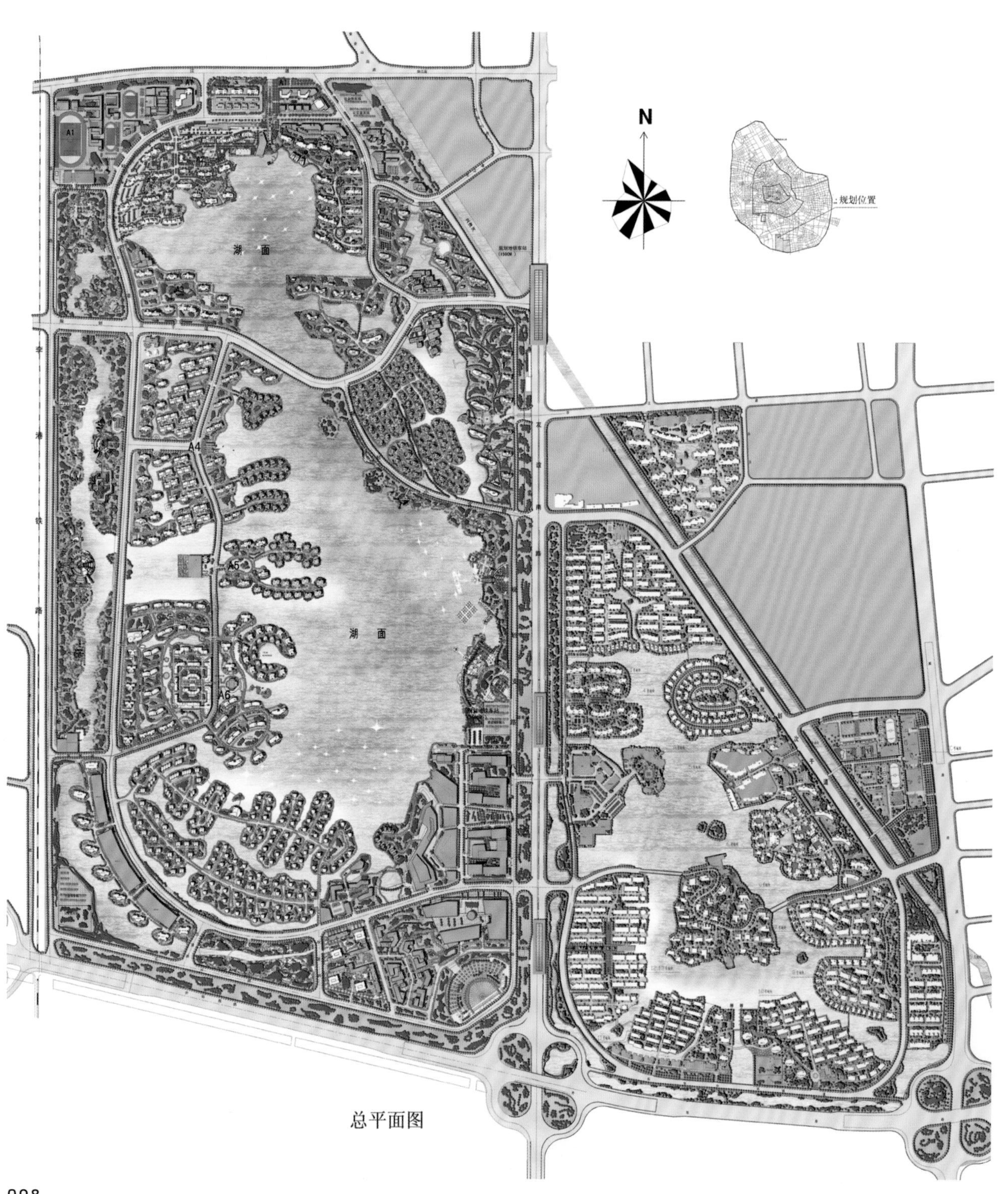

总平面图

丽江道
南路
小学2
小学1
中学
A1
幼儿园
体育中心
观鹭花园
柏溪花园
棕榈花园
红树花园
鸣泉花园
社会停车场
公交首末站
湖面
规划次干道
规划三

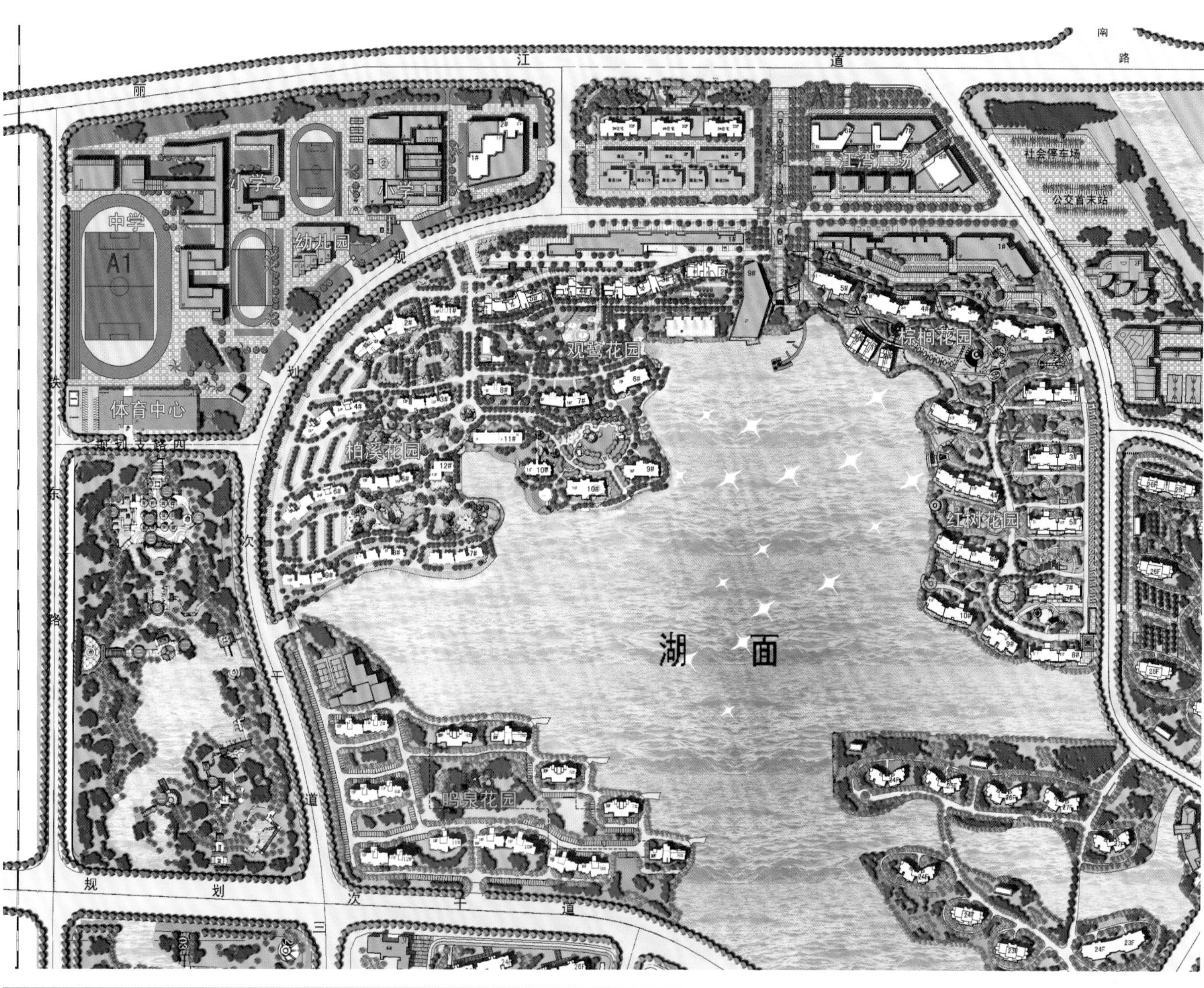

# 杭州金隅·观澜时代

项目地点：浙江省杭州市东部经济技术开发区
开发商：金隅（杭州）房地产开发有限公司
建筑设计：香港刘荣广伍振民建筑师事务所
占地面积：77 212 m$^2$
总建筑面积：189 280 m$^2$
容积率：1.80
绿化率：30%

金隅·观澜时代位于杭州市东部经济技术开发区沿江2号地块，南邻沿江大道，是杭州东部沿江板块核心区一座集酒店、商贸、居住、休闲于一体的大型城市综合体。项目由13幢沿江高层景观公寓、4大排屋组团、星级酒店及高尚商业区组成，恢弘的建筑规模、现代精致的建筑风格及丰富完善的配套，浓缩都市生活精粹，利用资源优势的互补与共享，构筑钱塘江畔一处跨时代的城市天际线。

金隅·观澜时代充分考量人性化合理尺度，采用国际化的设计手笔和细节诠释人与自然的和谐。通过对整体的规划和把握，将高层景观公寓布置于北侧，尽瞰江园美景。排屋、高层江景公寓沿江由南至北有序排开，以50~130 m变化等高线，通过高度及疏密变化的组织，形成富有韵律和活力的建筑界面，宽阔的江面与百米恢弘建筑相互辉映，形成极具震憾的视觉张力与尊贵气度。为使园区内的滨水区域最大化，金隅·观澜时代将外部湿地景观引入基地，使社区中央水系与钱塘江、湿地公园形成出一个有机的结合，打造与水域共生呼吸的一线沿江高端、高品质住宅。

# 南京江雁依山郡

项目地点：江苏省南京市
开发商：南京市下关城市建设开发（集团）有限公司
占地面积：118 785 m²
总建筑面积：180 000 m²
容积率：1.5
绿化率：35%

江雁依山郡位于下关区幕府西路北侧，毛竹山东南侧，幕府嘉园的西南侧。基地用地比较复杂，场地北高南低。项目由南面单身公寓、西面幼稚园和花园洋房、中部小高层组团以及三幢中低价商品房组团组成。整个基地分为三级台地，并形成四处地下车库。

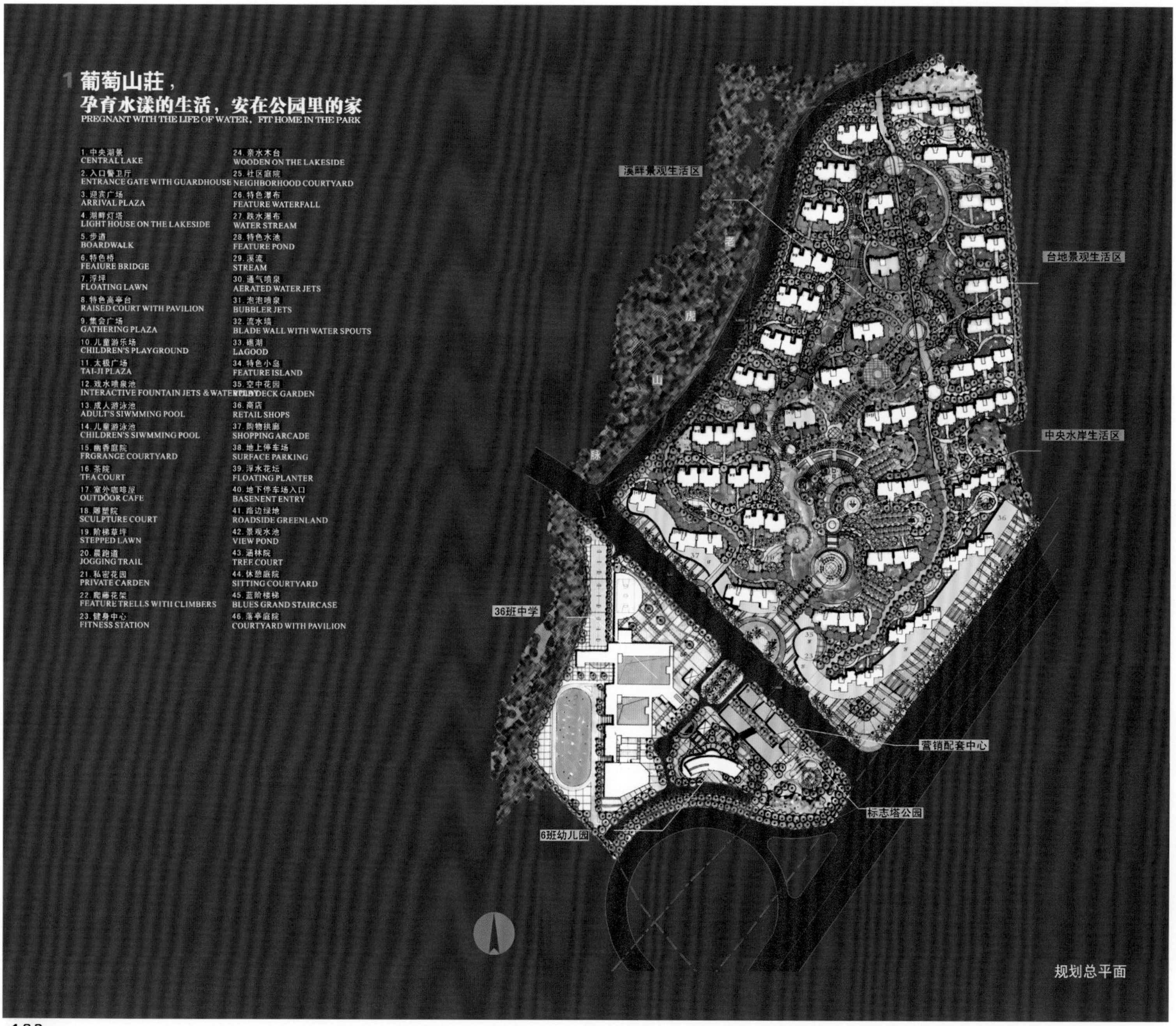

1 葡萄山莊，
孕育水漾的生活，安在公园里的家
PREGNANT WITH THE LIFE OF WATER，FIT HOME IN THE PARK

1. 中央湖景 CENTRAL LAKE
2. 入口警卫厅 ENTRANCE GATE WITH GUARDHOUSE
3. 迎宾广场 ARRIVAL PLAZA
4. 湖畔灯塔 LIGHT HOUSE ON THE LAKESIDE
5. 步道 BOARDWALK
6. 特色桥 FEAIURE BRIDGE
7. 浮坪 FLOATING LAWN
8. 特色高亭台 RAISED COURT WITH PAVILION
9. 集会广场 GATHERING PLAZA
10. 儿童游乐场 CHILDREN'S PLAYGROUND
11. 太极广场 TAI-JI PLAZA
12. 戏水喷泉池 INTERACTIVE FOUNTAIN JETS & WATE[illegible]
13. 成人游泳池 ADULT'S SIWMMING POOL
14. 儿童游泳池 CHILDREN'S SIWMMING POOL
15. 幽香庭院 FRGRANGE COURTYARD
16. 茶院 TEA COURT
17. 室外咖啡屋 OUTDOOR CAFE
18. 雕塑院 SCULPTURE COURT
19. 阶梯草坪 STEPPED LAWN
20. 晨跑道 JOGGING TRAIL
21. 私密花园 PRIVATE CARDEN
22. 爬藤花架 FEATURE TRELLS WITH CLIMBERS
23. 健身中心 FITNESS STATION
24. 亲水木台 WOODEN ON THE LAKESIDE
25. 社区庭院 NEIGHBORHOOD COURTYARD
26. 特色瀑布 FEATURE WATERFALL
27. 跌水瀑布 WATER STREAM
28. 特色水池 FEATURE POND
29. 溪流 STREAM
30. 通气喷泉 AERATED WATER JETS
31. 泡泡喷泉 BUBBLER JETS
32. 流水墙 BLADE WALL WITH WATER SPOUTS
33. 礁湖 LAGOOD
34. 特色小岛 FEATURE ISLAND
35. 空中花园 [illegible]DECK GARDEN
36. 商店 RETAIL SHOPS
37. 购物拱廊 SHOPPING ARCADE
38. 地上停车场 SURFACE PARKING
39. 浮水花坛 FLOATING PLANTER
40. 地下停车场入口 BASENENT ENTRY
41. 路边绿地 ROADSIDE GREENLAND
42. 景观水池 VIEW POND
43. 涵林院 TREE COURT
44. 休憩庭院 SITTING COURTYARD
45. 蓝阶楼梯 BLUES GRAND STAIRCASE
46. 落亭庭院 COURTYARD WITH PAVILION

溪畔景观生活区
台地景观生活区
中央水岸生活区
36班中学
营销配套中心
标志塔公园
6班幼儿园

规划总平面

# 兴化金港·公元国际

项目地点：江苏省兴化市
开发商：兴化市金港房地产开发有限公司
占地面积：466 666 $m^2$
总建筑面积：800 000 $m^2$

金港·公元国际地块位于兴化市中心，北起牌楼路、南至昭阳路、长安路以西、丰收路以东，地块内有贯穿水系与公园相连，并于城区水网，贯通城市南北的交通主干道英武中路正居项目之中，项目总占地面积466 666 $m^2$，总建筑面积800 000 $m^2$。拥有兴化最优越的地理位置，又有俯瞰全城的地势制高点。

项目以城市核心景观带和绿化带为依托；以高层公寓和别墅的形式，建设高端生态生活区的金港公寓板块；以优质配套和物业服务提升生活品质。

# 大连华润星海湾一号

项目地点：辽宁省大连市沙河口区
开发商：华润置地（大连）有限公司
占地面积：126 000 $m^2$
总建筑面积：240 000 $m^2$
容积率：2
绿化率：40%

华润星海湾一号项目占地面积126 000 $m^2$，总建筑面积240 000 $m^2$，是以超五星级君悦酒店为核心，集海景别墅、平层官邸、海景高层公寓、商业为一体的大型地标性都市综合体项目，是大连市目前地理位置最好、景观资源最佳的重点建设项目。

# 荆门凯旋城

项目地点：湖北省荆门市
建筑设计：杭州禾泽都林设计机构
主设计师：何培峰、李帆、林豪、裘颖
占地面积：342 743 m$^2$
总建筑面积：672 524 m$^2$

项目位于荆门市掇刀区深圳大道南，东临龙井大道，北临白石坡大道，西临培公大道，地块东西长约605 m，南北长约712 m，总用地面积342 743 m$^2$。区内水系丰富，自然景观优越。项目设计强调原生态，注重原地形，旨在打造最气派、最独特、最尊贵的皇家住宅。

鸟瞰图

# 湘潭金侨城

项目地点：湖南省湘潭市
景观设计：IDU（埃迪优）世界设计联盟联合业务中心
占地面积：125 000 $m^2$
景观面积：85 000 $m^2$

金侨城由花园洋房、独栋别墅和小高层住宅组成，庭院和商业街在西班牙统一风格的统领下，被赋予四种不同的内涵，分别源自西班牙不同地区的风土民情：伊莎贝拉女王风格庭院—— 橘郡；银匠风格庭院—— 兰郡卡斯提尔；圆形风格庭院—— 紫郡；安达露西亚海滨风情—— 商业街。

整个规划设计围绕山势、绿轴、水系展开，依山造势，随形而动。在群体布局上，采用南低北高的跌落式手法，使每户都能领略到"开窗望翠屏，浩浩云天碧"的诗情画意。

在景观设计上，呈现先进的人居文化，立体地诠释人们对绿地、自然、阳光的理解，倡导"根达沃土，呼吸自然"的思想，以得天独厚的环境优势，直达自然天成的境界。景观轴分布在每个大庭院的内部节点处，分别形成次级小庭院。社区景观共享大庭院是绿化庭院。大庭院最大程度地实现社区景观的统一性、均好性。小庭院则是邻里交往庭院。

# 贵阳金阳新世界（1A区）

项目地点：贵州省贵阳市金阳区
开发商：新世界地产
规划/建筑设计：华森建筑与工程设计顾问有限公司
占地面积：138 000 m²
总建筑面积：400 000 m²

项目位于贵阳市未来规划的新城市中心区—— 金阳新区一期的西北面，被四条市政道路所环抱，东靠金阳大道，南邻金朱路，西毗金西路，北依龙潭路。金阳新世界将成为集居住、商贸、娱乐于一体的大型文化生活社区，拥有大型购物广场、商业风情步行街、五星级酒店、公寓及办公楼等配套设施。

# 佛山万科·四季花城

项目地点：广东省佛山市南海区
开发商：广州万科房地产有限公司
占地面积：600 000 $m^2$
建筑面积：400 000 $m^2$
容积率：1.00
绿化率：31.4%

万科·四季花城地处广佛都市圈核心，匿身于1 090 000 $m^2$的生态公园。六山三湖浑然一体，伴城湖、天雨湖、提香山、影月山相映成辉，自然山水景观得天独厚。项目包括小高层、高层、双拼别墅、联排别墅、叠拼别墅、情景洋房等，均为山地建筑。

总体布局采用组团式设计，通过人车分流、空间贯通的设计手法创造丰富的景观步行街。户型则采用入户花园、阳光室、情景洋房等新设计。整个小区的交通流线以“湖畔花街”为主线，它不仅是主要的交通流线，也是由一系列小广场连接而成的活动带，如同南加州的“威尼斯海岸”。

为了解决地形高差的问题，在高层、小高层底部巧妙地安排了大量半架空、大架空的停车空间，不同朝向的首二层住宅出入口也作了相应调整，旨在让住户直接从不同标高的户外经花园回家。情景洋房的设计中更引入了地下花园和下凹内庭院的概念。沿山而建的别墅类产品均采用上山、下山类型，巧妙地通过建筑平面本身的高低空间抵消山地高差变化。

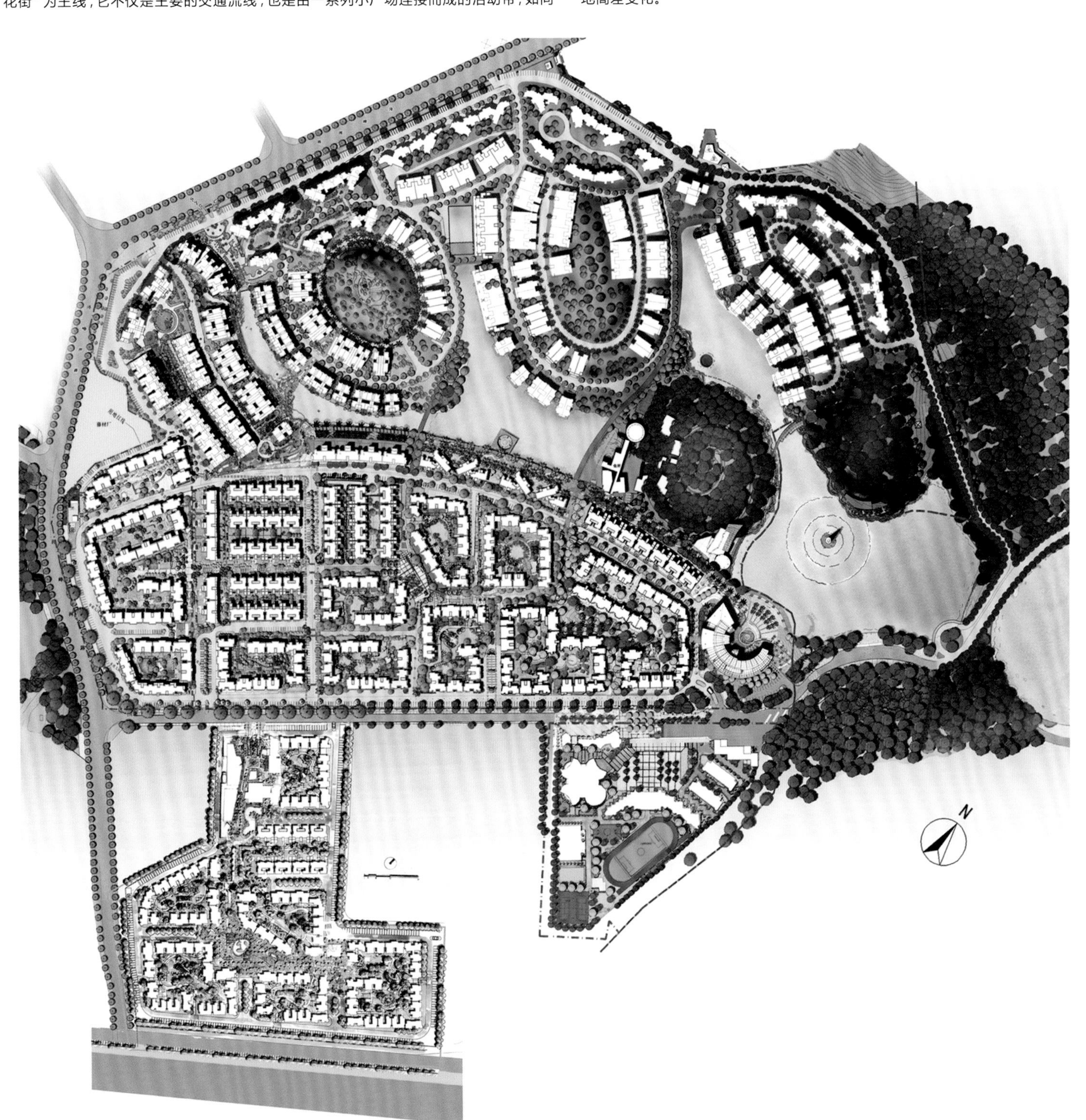

# 深圳公园大地

项目地点：广东省深圳市龙岗龙城29区
建筑设计：深圳立方建筑设计顾问有限公司
占地面积：360 000 $m^2$
总建筑面积：820 000 $m^2$
容积率：1.66
绿化率：33.49%

公园大地项目位于龙岗中心城龙翔大道与吉祥中路交会处，三面环山，背靠面积为1 890 000 $m^2$的龙城公园，项目占地360 000 $m^2$，总建筑面积820 000 $m^2$，物业形态包括Town House、洋房复式、小高层、高层等。

整个小区规划布局采用建筑形体高、中、低相结合，并根据地形、地势组织各功能块位置，形成中间以低层为主，南侧以11~18层小高层为主，北侧则为11~32层高层，越往地势高处，建筑越高的空间形式。此布局有利于形成更加丰富的天际线，在小区内部创造最大的中心花园，同时，保证高层间视线距离的最大化。

# 重庆复地上城二期

项目地点：重庆市渝北区
开发商：重庆润江置业有限公司
占地面积：57 576 m$^2$
总建筑面积：57 000 m$^2$
容积率：0.99
绿化率：58.37%

复地上城二期是纯别墅洋房组团，由12栋叠加别墅、4栋联排别墅、8栋原创六合情景院落别墅和16栋原创溪谷全跃花园洋房组成。

根据地势的原生地貌和自然起伏，复地上城二期打造了恢弘震撼的一线两轴景观体系。一线：沿保利高尔夫边界顺势而筑，160万 m$^2$球场风光无极视野的临崖瞭望风景线。两轴：田园溪谷动步主题景观轴和维也纳皇家林荫主题景观轴。

复地上城二期的花园洋房通过空间原创，实现4+1洋房前所未有的空间情趣，首次演绎了全跃洋房尺度。通过空间原创，实现了3.6 m、4.5 m、5.7 m三种不同客厅空高，尤其是一改传统洋房2、3层的平淡无奇，每户都有空间上的突破。面积控制合理，即使全跃，套内面积也在140～180 m$^2$的主流区间。

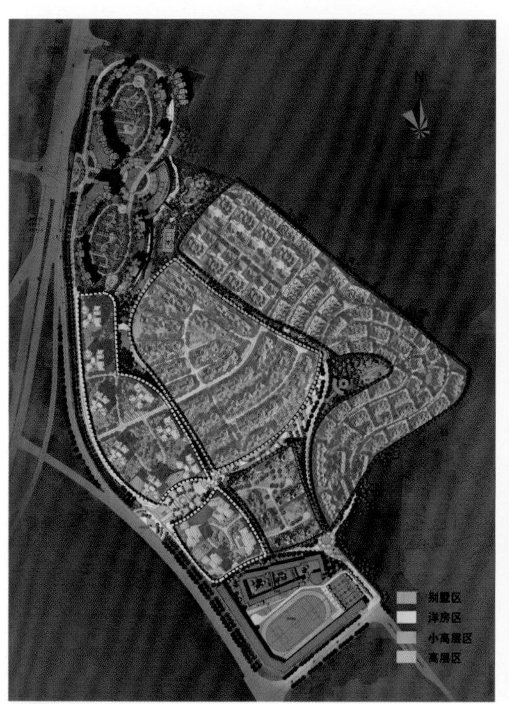


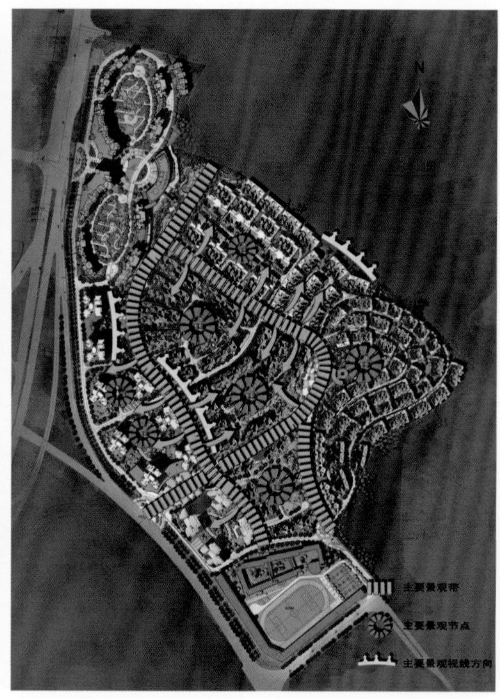

# 大连长春路城市设计

项目地点：辽宁省大连市西港区
景观设计：美国上奥建筑规划设计公司
占地面积：2 600 000 $m^2$

项目位于大连市西港区，北面与城市中心胜利广场、商业中心相连，内部多为丘陵地形。此城市设计将用地分为南、中、北三块地，其中南北面多为高层住宅、高层大型商业综合体，中部为低密度别墅区以及少量水景公寓区。整个项目努力突出新城市主义理念，强调交通发展对于城市新区的引导作用。

# 成都仁和·春天大道

项目地点：四川省成都市温江区
开发商：成都市江安春置业投资有限公司
占地面积：200 000 m²

项目位于成都市温江区涌泉镇光华大道一侧，与青羊区一水相隔，临市政公园及奥林匹克花园，项目规划净用地面积200 000 m²，小区三面临水（江安河），整个地形呈半岛状，小区北、东、南三面规划有50 m的沿河绿化带走廊，南临已建成的成都至温江的快速通道——光华大道。

项目用地三边为清澈的江安河所包围，河边拥有50 m宽的绿化带。这是该项目最大的自然资源所在，所以在规划过程中将对水的规划放在了规划结构的首要位置，以期将该社区规划成为一个彻底的水社区。

在用地内部规划了一条内部的水系，并将水系与江安河相连通，让内河与江安河在此地分流、合流，自然流淌，保证社区拥有优良的水质。内部水系的建立，将用地自然分割成为不同的岛屿、半岛，岛与半岛间用各式的桥相连，极大地强调了社区对水的感受。

在光华大道及用地西边的市政规划道路上各放置了一个社区入口，社区采用了一个自然的环形主路网。通过对水系、建筑的合理布置，由入口进入社区的第一时间，迎接人们的是一条开阔平静的水面，水社区的感受扑面而来；行于社区主路时，各种异质的水面便在眼前依次展开，使水社区的感受不断加强。

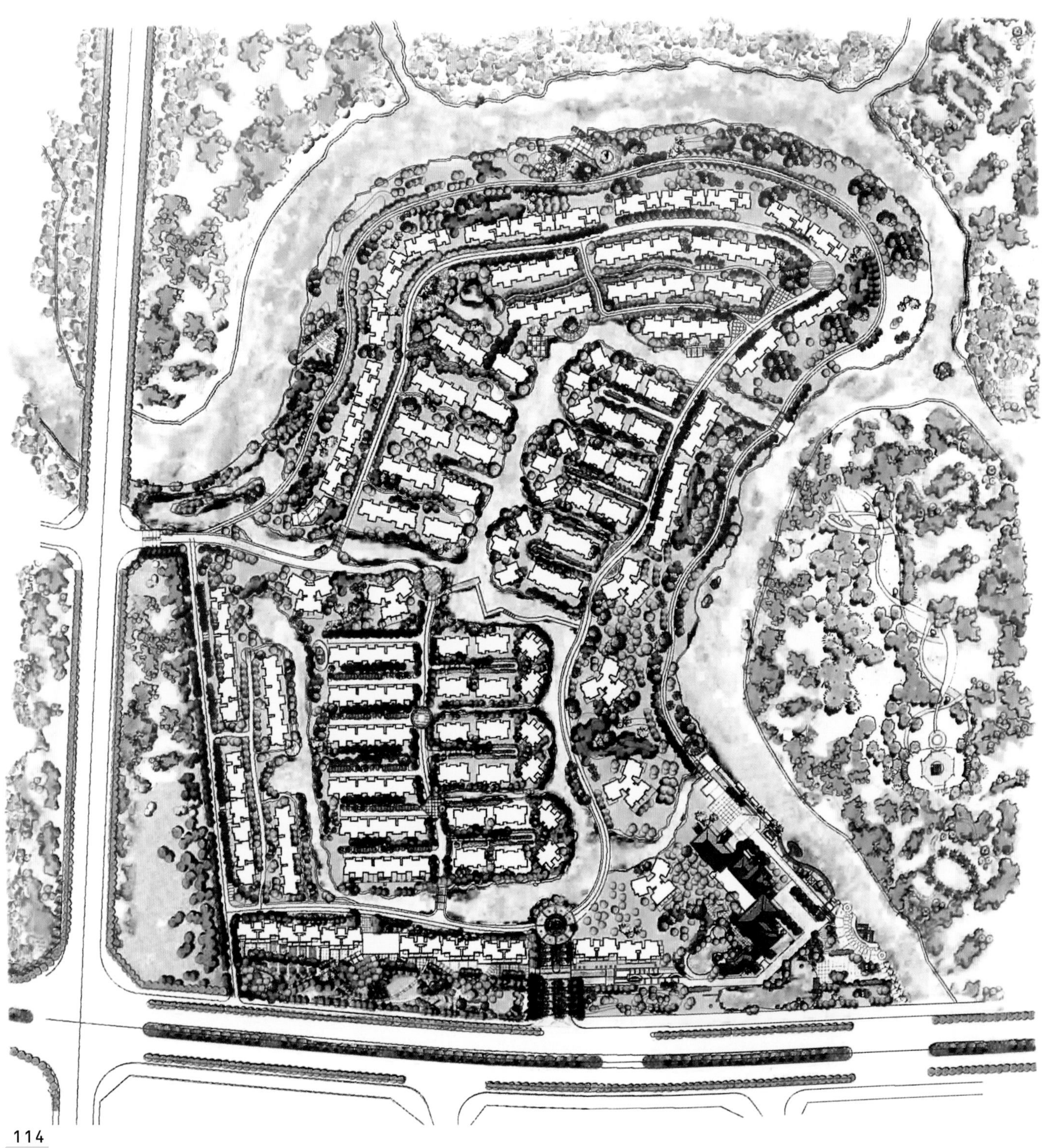

# 杭州东海闲湖城

项目地点：浙江省杭州市余杭区
开发商：杭州东海春房地产开发有限公司
建筑设计：美国WHA / 中国美术学院风景建筑设计研究院东南设计
景观设计：美国Campbell & Campbell
占地面积：800 000 $m^2$
总建筑面积：1 000 000 $m^2$

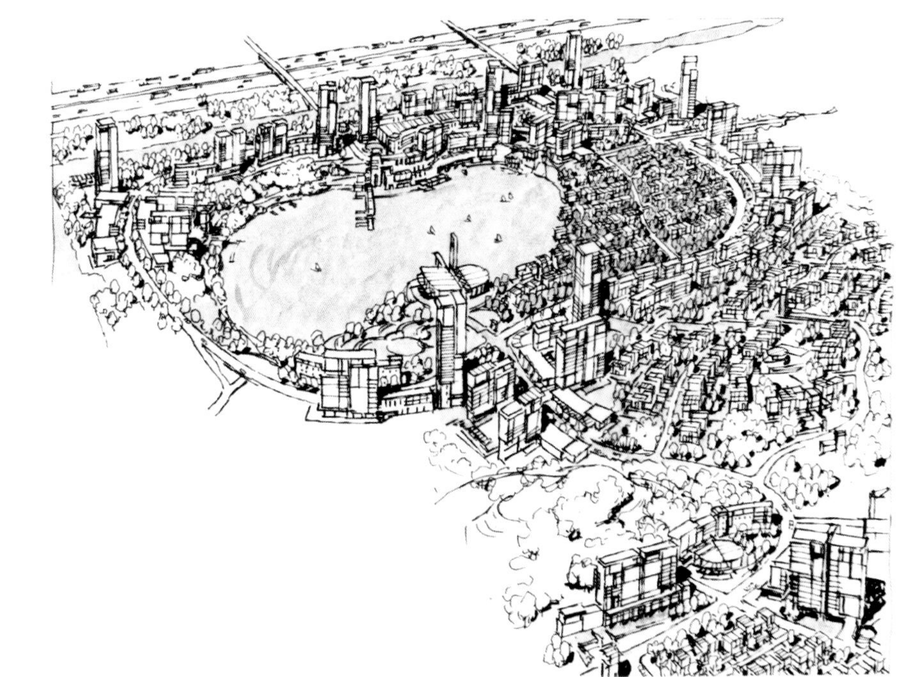

东海闲湖城组团位于杭州市天目山西路闲林镇东侧，项目地块位于闲湖西南侧，属于整个闲湖城项目的核心位置。项目总占地面积80万 $m^2$，360度全景美式加州环湖小镇风情，诠释湖居生活的精粹与灵秀，筑出不可复制的环湖生活。

东海闲湖城以加州的环湖小镇为蓝本，三叠湖景别墅、院落叠墅、高庭宽景大宅、多层洋房、高层公寓、小高层公寓、商业配套等综合型商住建筑圈围绕14.7万 $m^2$人工湖泊——闲湖而建，配以至尊级物业服务，尊贵的私家会所，成就东海闲湖城100 $m^2$加州格调的环湖生活小镇，独享15万 $m^2$私家湖面的优质生活情调。

东海闲湖城户型建筑面积为85～160 $m^2$之间，组团紧邻全美式生态万泉广场，是观湖的最佳区域之一，尽享湖光山色。坐在家中，放眼望去，15万 $m^2$湖泊尽收眼底，观赏闲湖四季美景；项目紧邻"红树湾"的万泉广场商业配套，独有的小镇私人俱乐部，提供实时的非凡体验；同时把加州小镇的规划设计理念融入杭州本身特殊的地理性质中来，营造了杭州主城边上的经典小镇风格。

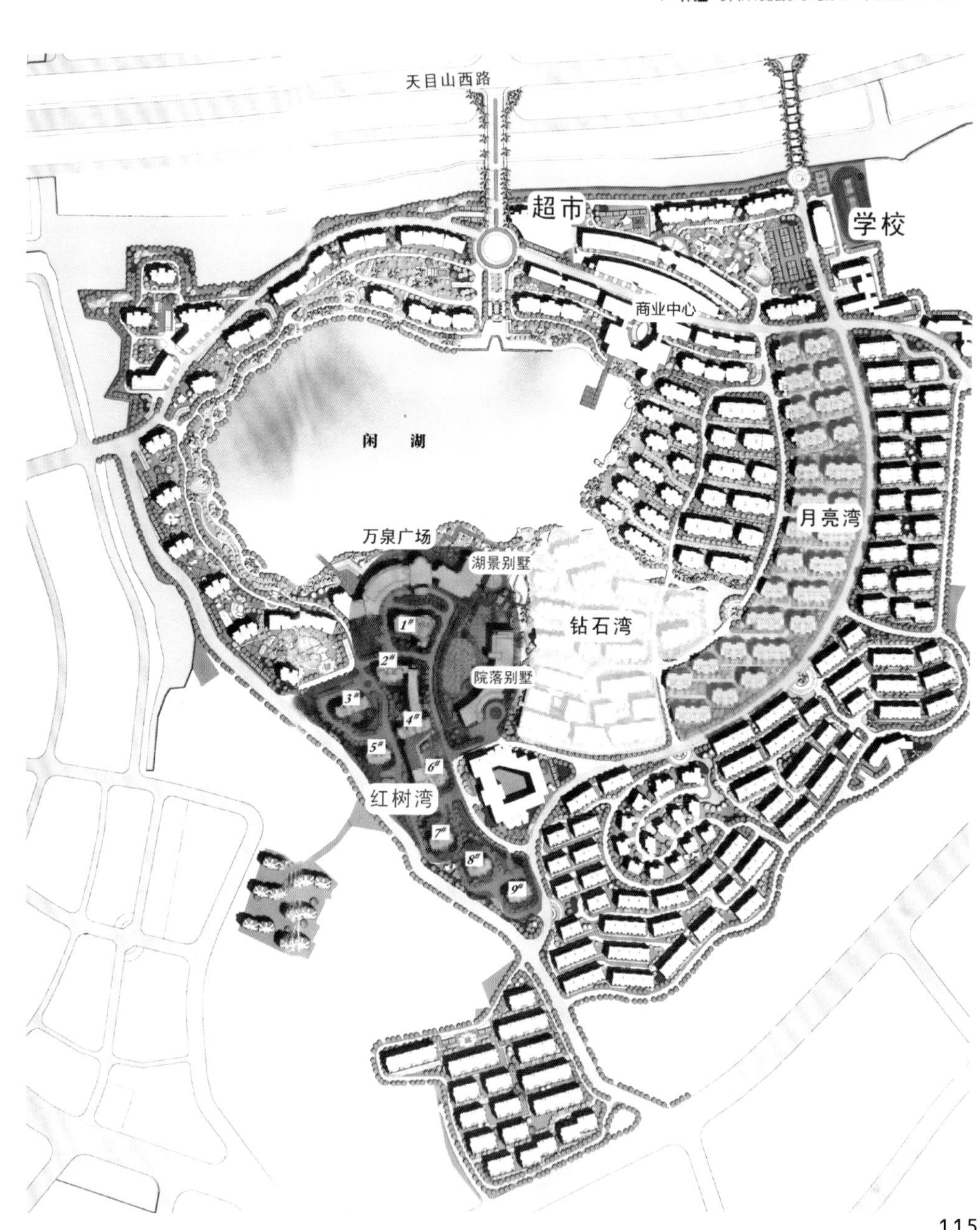

天目山西路
超市
学校
商业中心
闲　湖
万泉广场
湖景别墅
月亮湾
钻石湾
院落别墅
红树湾

# 保定府河片区改造

项目地点：河北省保定市府河片区
规划设计：UDG联创国际
占地面积：498 500 m²
总建筑面积：23 200 m²
容积率：0.047

保定市将通过对府河片区的改造，并配合"大水系"建设，复兴原有的府河文化，再现两岸绿树成荫、河中清水绕流、渔舟唱晚的景观。新中国面粉厂将在原址上得到保护，成为绿地游园中的一处人文景观。而刘守庙所在的地方，将被建成刘守庙文化公园，现存的建筑物等，将成为文化公园的一部分，与府河下游将建成的府河湿地公园（东湖）连成一片。届时，市民将可以乘船顺府河而下，欣赏到这两处风景。

府河是保定的重要河道，承载着护城河的使命，通过前期对基地的实地考察和优劣势分析，突出"文化"、"生态"这一贯穿始末的元素，将项目划分为"两轴、三地块、十景点"的设计格局。横向的府河文化轴和纵向的保定历史文化轴支撑起府河景观带的基础构架，依据功能区域划分为商业府河、运动府河、生态府河三地块。

1 滨水地下商业街
2 鸡水还清
3 生态文化廊
4 文化中心
5 体育公园
6 市中医院
7 刘守庙景区
8 市脑血管病医院
9 金丰花园住宅小区
10 市舫头小学
11 新中国面粉厂
12 市一中
13 九年一贯制学校

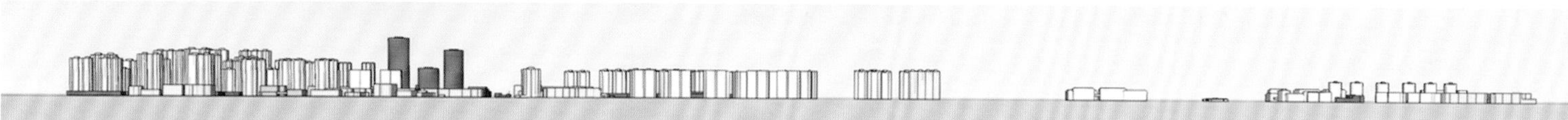

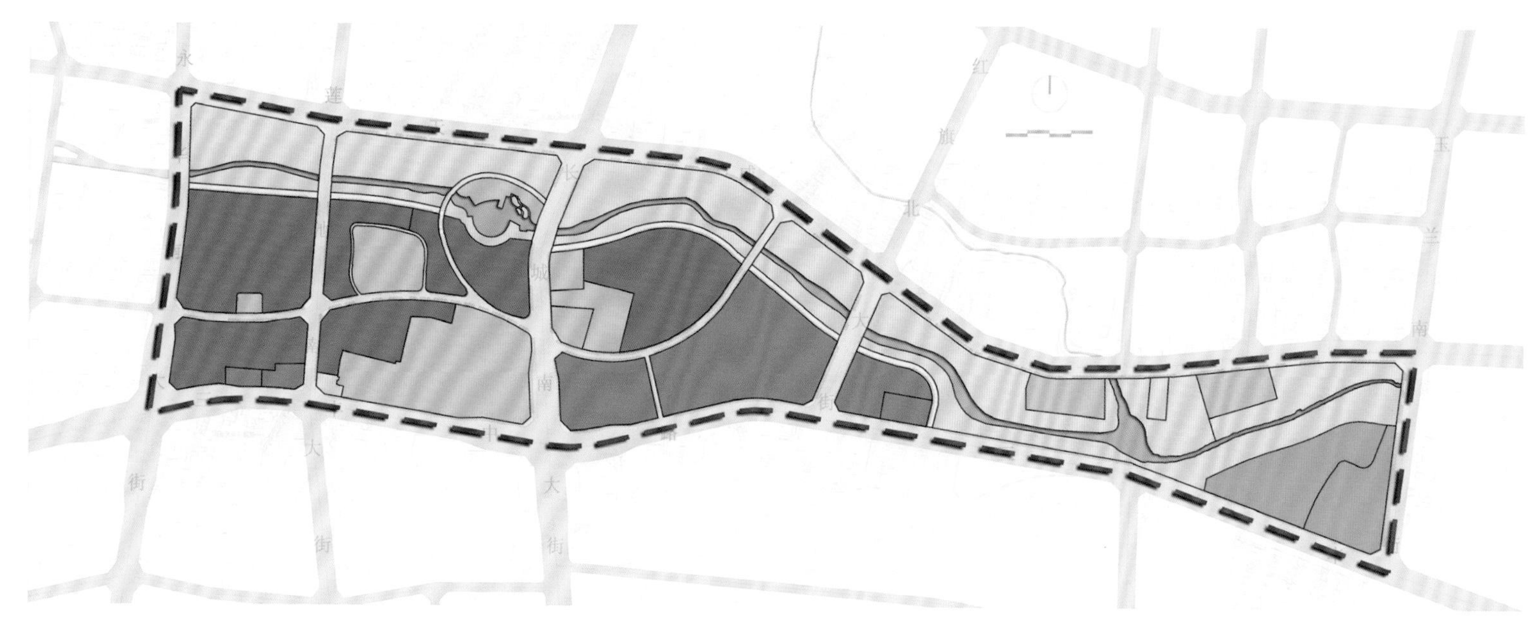

图例:

容积率0-0.5　容积率0.5-1.5　容积率1.5-2

容积率2-2.5　容积率>2.5

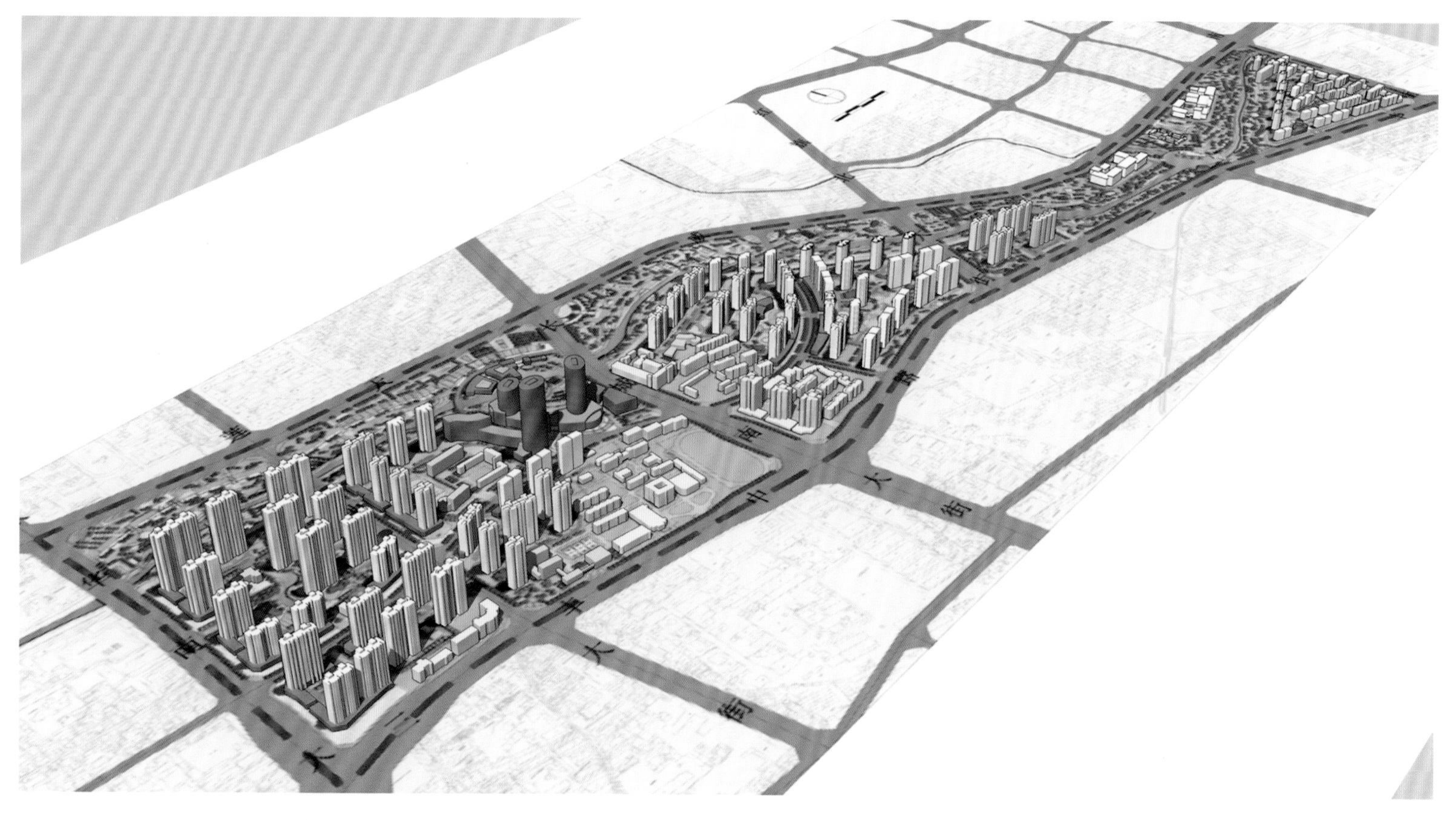

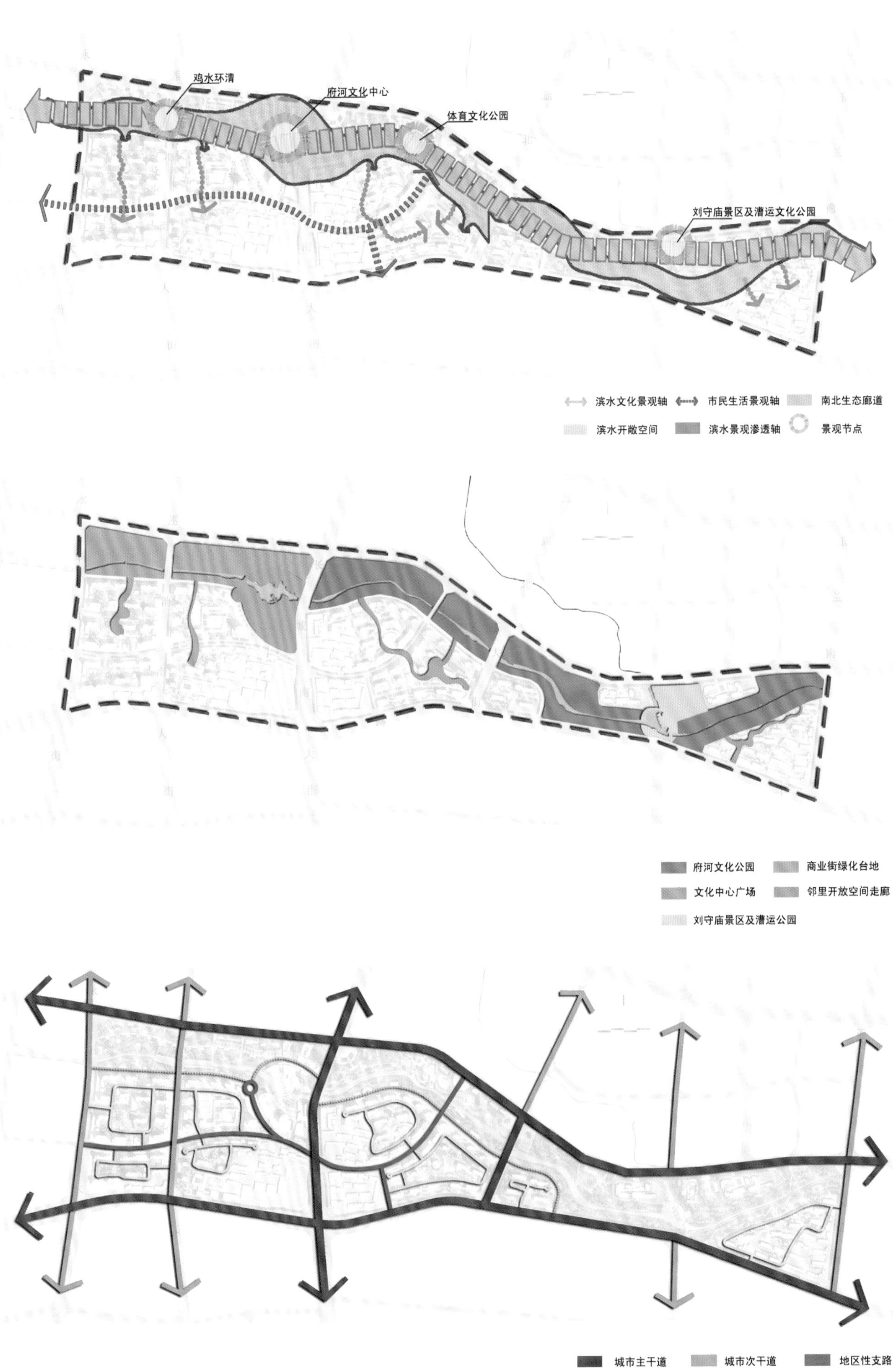
鸡水环清
府河文化中心
体育文化公园
刘守庙景区及漕运文化公园
滨水文化景观轴
市民生活景观轴
南北生态廊道
滨水开敞空间
滨水景观渗透轴
景观节点
府河文化公园
商业街绿化台地
文化中心广场
邻里开放空间走廊
刘守庙景区及漕运公园
城市主干道
城市次干道
地区性支路
小区道路
非机动车道

# 珠海世茂商务中心

项目地点：广东省珠海唐家湾高新产业开发区
开发商：世茂集团
规划/建筑/景观/设计：澳洲澳欣亚国际设计公司
占地面积：322 113 m²
总建筑面积：264 944 m²
容积率：0.83
绿化率：55.6%

项目利用商务成本洼地，营造高附加值高税收，推动珠海城市功能优化和城市产业升级成为港澳向珠三角西岸辐射的桥头堡，并在此过程中利用商务成本洼地优势，推动珠海高新产业和高端第三产业的发展。引导高端消费市场，聚集人气，成为推动唐家湾发展的强大引擎。结合生态优势发展高端服务业、文化休闲产业、房地产业，使其成为珠三角最重要的休闲消费中心。

本建设项目位于珠海唐家湾高新产业弄好区大浪湾地块，紧邻港湾大道（情侣大道），与用地南侧的珠海渔女遥相呼应，可以说这两大建筑物一南一北形成了从港珠大道穿越珠海城区联系澳门的门户标志。

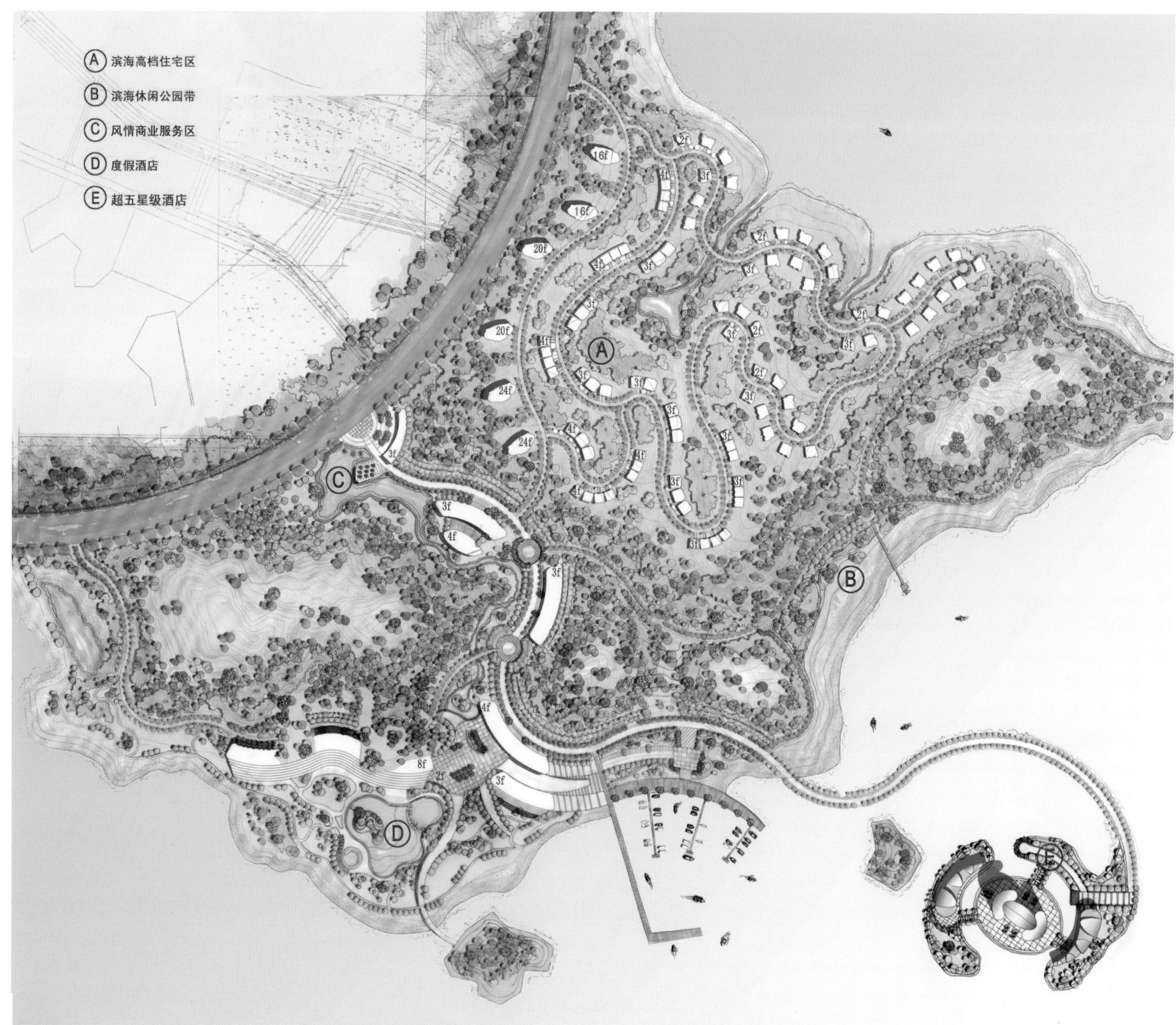

## 景点标注

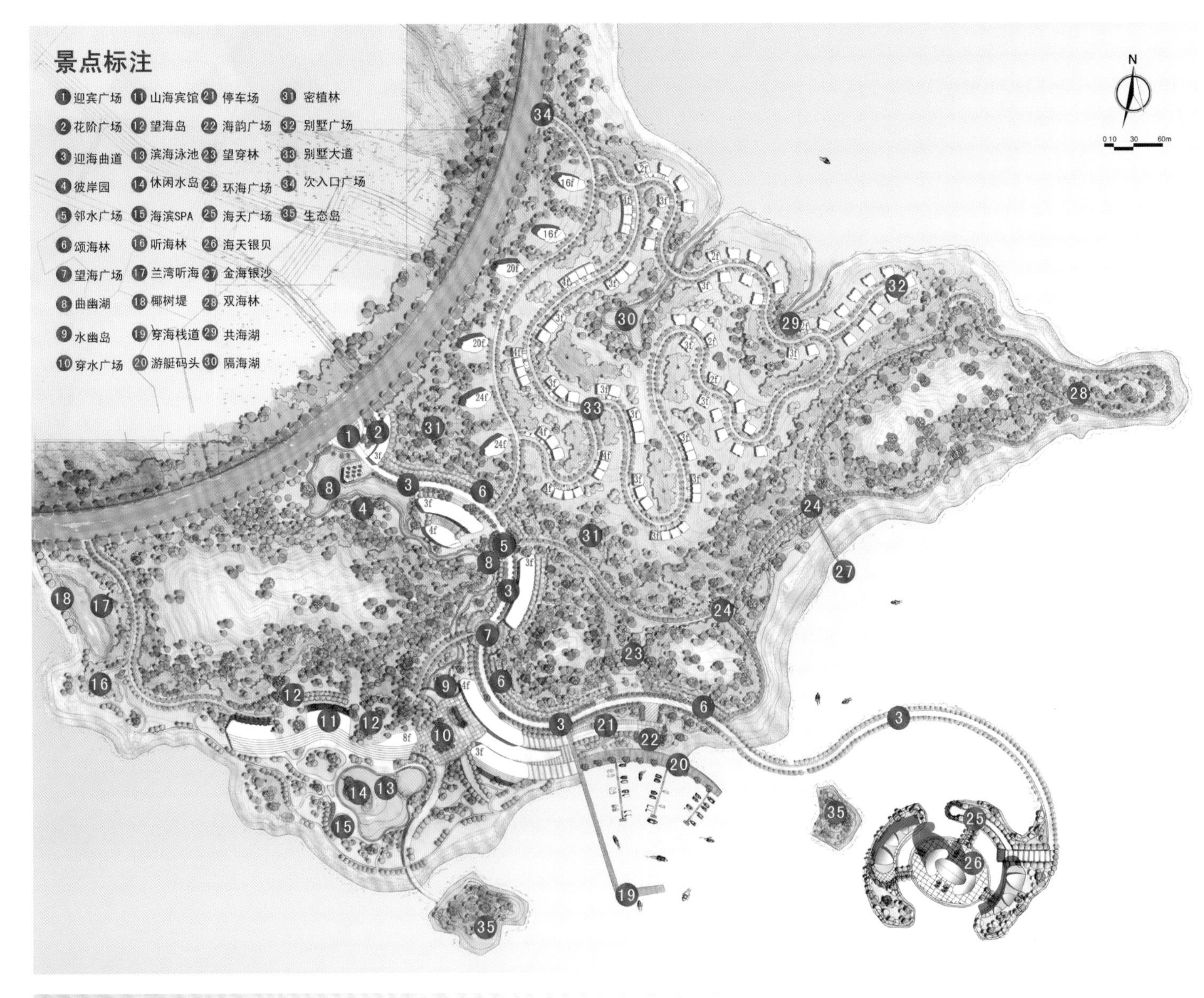

1 迎宾广场
2 花阶广场
3 迎海曲道
4 彼岸园
5 邻水广场
6 颂海林
7 望海广场
8 曲幽湖
9 水幽岛
10 穿水广场
11 山海宾馆
12 望海岛
13 滨海泳池
14 休闲水岛
15 海滨SPA
16 听海林
17 兰湾听海
18 椰树堤
19 穿海栈道
20 游艇码头
21 停车场
22 海韵广场
23 望穿林
24 环海广场
25 海天广场
26 海天银贝
27 金海银沙
28 双海林
29 共海湖
30 隔海湖
31 密植林
32 别墅广场
33 别墅大道
34 次入口广场
35 生态岛

N

0 10 30 60m

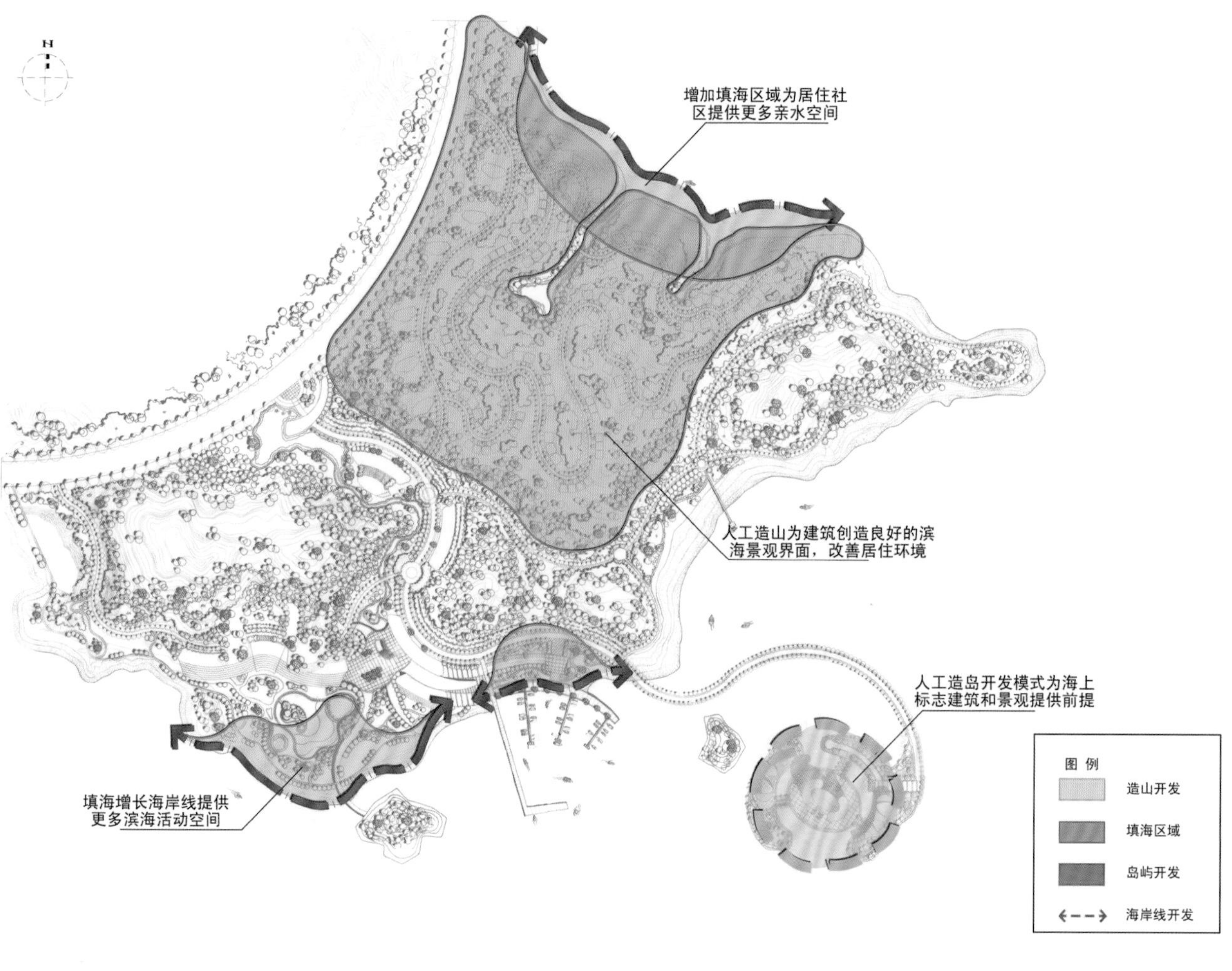
增加填海区域为居住社
区提供更多亲水空间
人工造山为建筑创造良好的滨
海景观界面，改善居住环境
人工造岛开发模式为海上
标志建筑和景观提供前提
填海增长海岸线提供
更多滨海活动空间
图 例
造山开发
填海区域
岛屿开发
海岸线开发

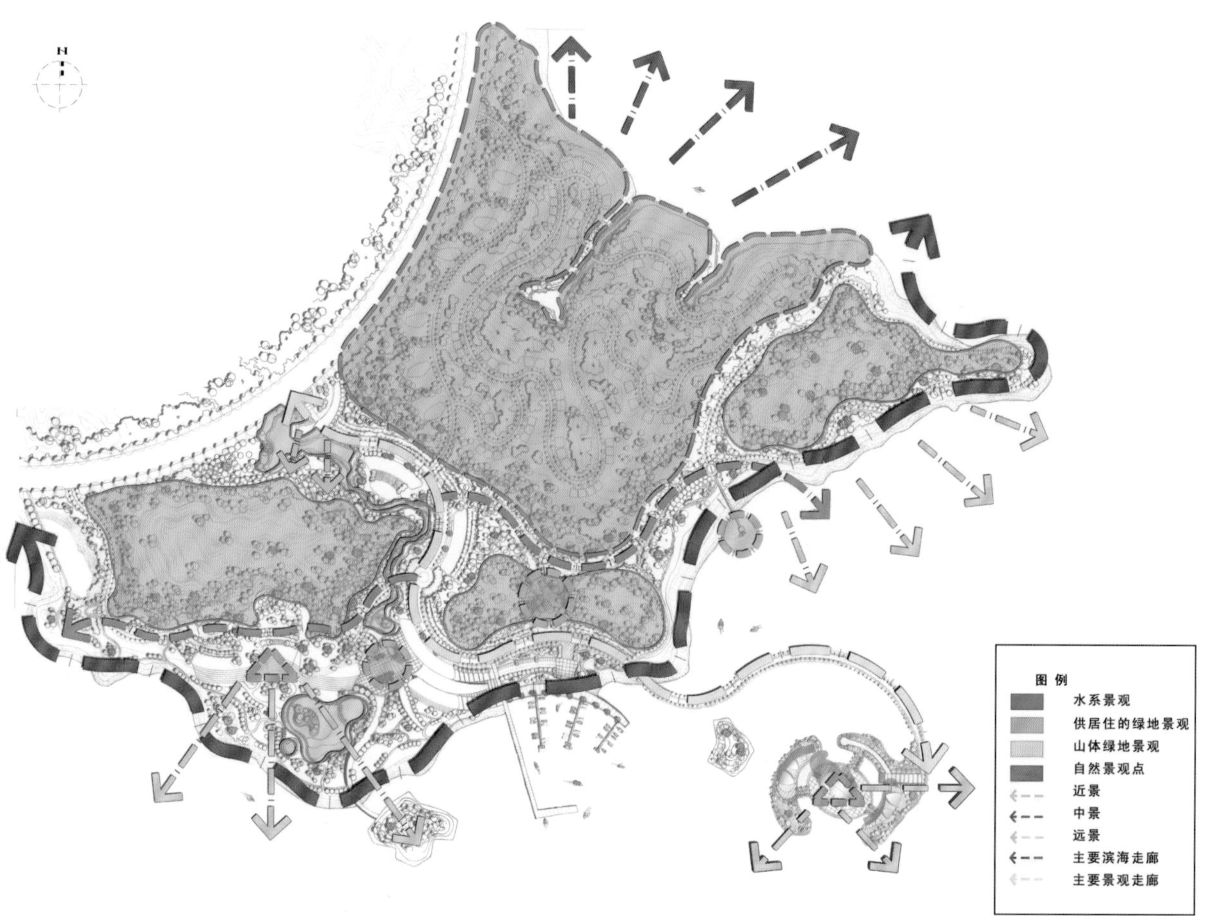
图 例
水系景观
供居住的绿地景观
山体绿地景观
自然景观点
近景
中景
远景
主要滨海走廊
主要景观走廊

# 杭州金都夏宫荷院

项目地点：浙江省杭州市余杭区
开发商：金都房产集团有限公司
建筑设计：道林建筑规划公司
占地面积：298 048 m²
建筑面积：600 000 m²

金都夏宫荷院地块毗邻杭州临平经济开发区中心商贸区，距临平主城约4 km，直通临平山隧道与沃尔玛城，和余杭区政府相连；紧接杭州地铁1号线的荷花塘站点，周边有余杭实验中学、临平中心学校、杭州二中、树兰中学等院校；临平商贸城、临平山公园、京杭大运河等名山、名河环绕，医院及长途客运站近在咫尺。

本地块依地势分为丘陵、平地两块，由住宅地块及商业、公共基础设施用地组成，地块整体较为方正，总用地面积298 048 m²，总建筑面积约60万 m²。金都夏宫整体规划形成了坐北朝南的半围合布局，气势宏大；中轴线与水系形成一字形布局，工整对称，充满庄严感与仪式感；建筑山势层层而进，形成优雅天际线，保证了景观均好性以及日照、通风、出行便利、居住私密度等问题。

金都夏宫荷院高层组团遵循法式园林造园理念，融入法式大空间的视觉冲击力，利用建筑的合理布局，形成围合式的南北两大景观组团；同时凭借南北开阔景观间距，充分运用缓坡、树阵、水系、雕塑、桥廊等景观元素，形成错落有致的多重视觉效果，构筑美妙惬意的园林景致，创造步移景异、魅力非凡的多重景观空间，让您每一次回家都是视觉的灵动享受。

# 南昌鼎迅·山城国际

项目地点：江西省南昌市昌北经济技术开发区
建筑设计：广州筑设计有限公司
占地面积：768 210 m²
总建筑面积：1 034 538 m²

地块属低丘溪谷地貌，设计时以保护原生态为最大宗旨。本方案在中部构建了一个贯穿基地的中央水系，利用现有湿地形成鱼骨式绿地系统，并设置山顶标志塔，山水相依，形成标志性景观区域。道路随地势而变化，建筑因山形而俯仰，表达了"天、地、宅、人合一"的居住理想。

水系将建筑群落分割成一个个"绿岛"，各"绿岛"之间通过人行步道以及水系相互联系。建筑类型多样，低层、多层、中高层与高层住宅由内向外层层展开，并适当交错布局，构成灵活多变的天际线。立面风格生动，清新宜人。

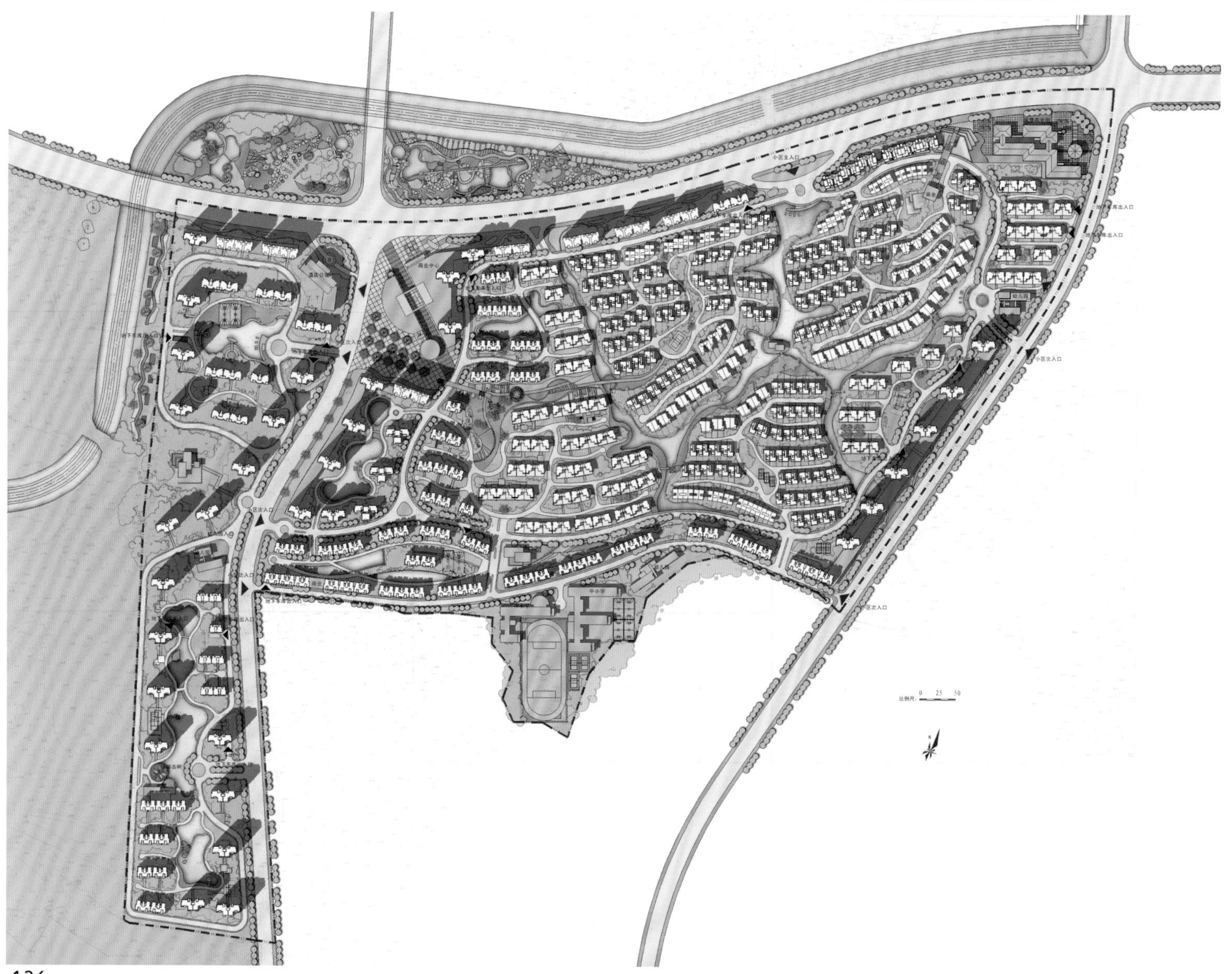

# 佛山水韵尚都

项目地点：广东省佛山市南海区桂城区南六路
建筑设计：广州瀚华筑设计有限公司
占地面积：64 400 $m^2$
总建筑面积：239 365 $m^2$

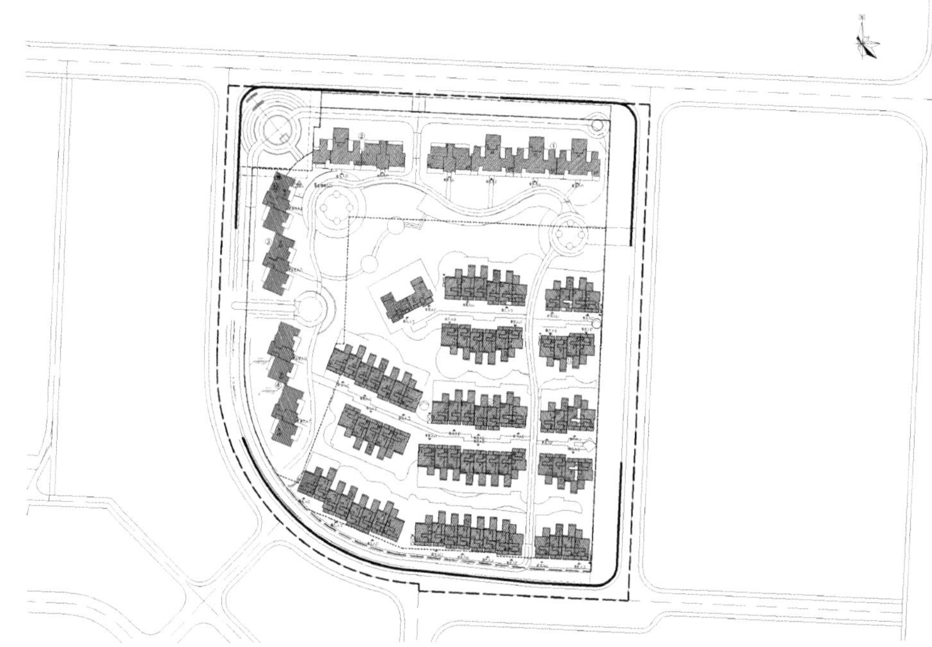

项目用地主要景观为东南面的千灯湖公园，故规划时将高层住宅集中布置于地块西北部，低层住宅布置于地块东南部，形成开放式的居住空间，并充分利用园景资源。建筑地面以上层数最高为42层，形态上尽量避免刻板的兵营式布局，通过不同的组织方式，令空间形体丰富多样、自然合理。

主要车行道与小区建筑相对独立，住宅入户的小路结合园林灵活布置。地下室顺应台地标高设计不同的底板标高，局部高出小区路面，可自然通风，采光并方便行车。

# 广州星汇金沙

项目地点：广东省广州市白云区金沙洲
建筑设计：广州瀚华筑设计有限公司
占地面积：89 800 m²
总建筑面积：199 880 m²

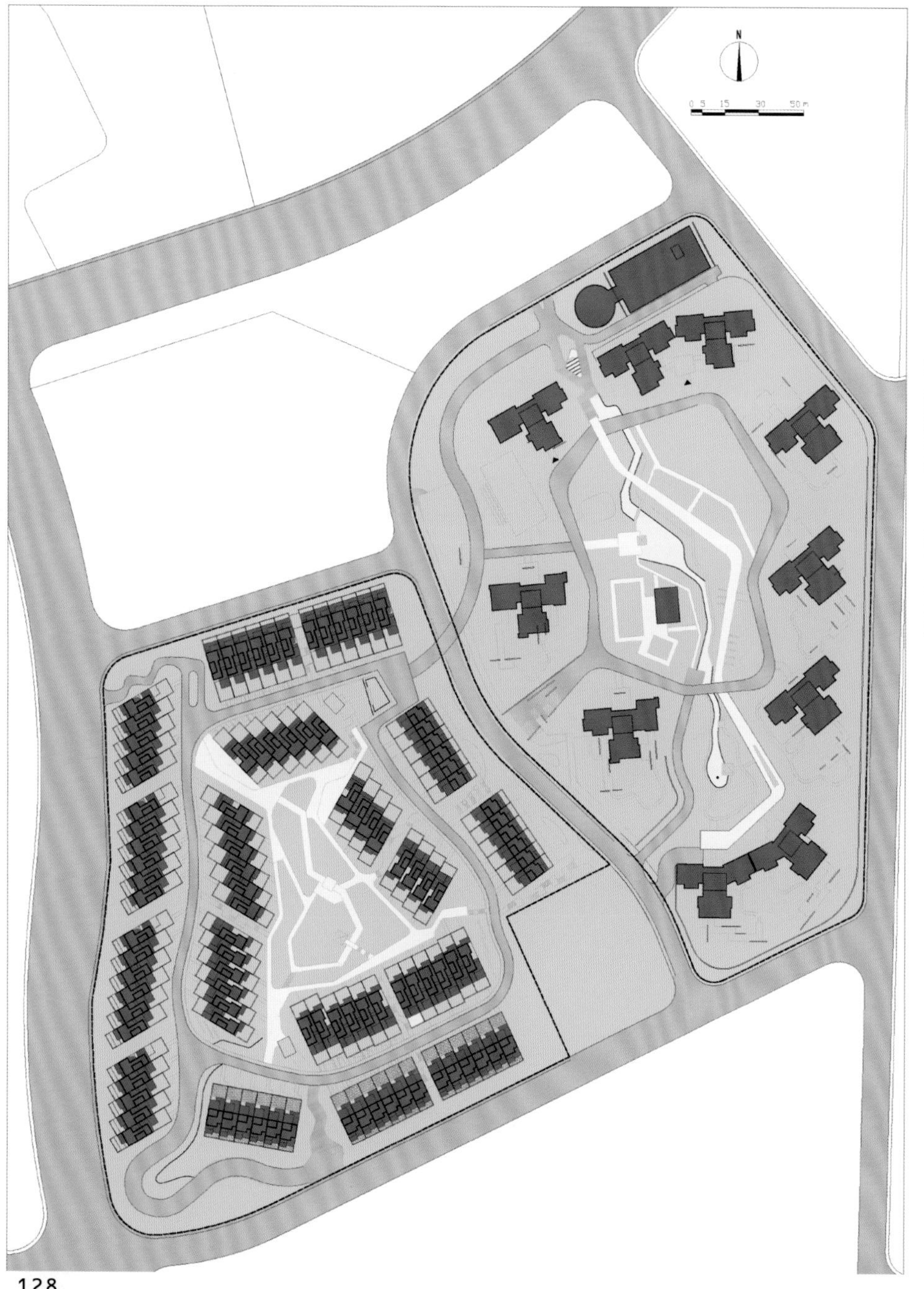

项目为带商业配套的优质住宅区，对环境质量、基础设施和文化氛围均要求较高。用地为较倾斜的山地，规划时利用基地周边的山体、水塘、规划路等自然形成围合的独立社区，并依地势设计了环形的小区道路，各种联排住宅围绕着小区道路沿山而布，高层公寓住宅楼亦顺应地势灵活布置，建筑群体呈蜿蜒起伏之姿，空间变化丰富。

集中绿地布置在楼与楼之间的广场处，并在两处山体的顶部设计中心绿化带，与楼体之间的广场绿化形成呼应。公共绿地同时作为休闲活动中心，为住户提供邻里交流的空间。

# 杭州华元-云溪竹境

项目地点：浙江省杭州市
开发商：杭州华元房地产集团有限公司
占地面积：102 451 m²
建筑面积：144 696 m²

云溪竹境位于杭州临安市东北部西径山麓、集贤村旁，距离轻轨站点约2 000 m，直线距离浙江农林大学约1 500 m。所在的西径山自古就是风景秀丽、环境清幽的名胜之地，诸如谢安、李白、苏东坡等名家墨客都曾游历至此，书写下众多传世诗篇。

华元·云溪竹境是杭州市精装养生度假佳品，虽然不是商业项目，但周边房源的特性也让云溪竹境跻身为"不受限"的行列。项目总占地面积10 2451 m²，总建筑面积144 696 m²，总规划1 650户45~88 m²的养生精装修度假公寓，其以多层和小高层的建筑形式，打造极富田园情趣、适宜居家养生的高尚社区。

# 重庆二塘

项目地点：重庆市南岸区
开 发 商：重庆市南岸区对外贸易经济委员会
建筑设计：陈世民建筑设计事务所
占地面积：600 000 $m^2$

该地块东邻重庆学府大道、渝黔公路，西邻长江，南邻巴南行政区，北邻武警部队驻地，交通便利，其道路类别为城市快速通道，片区属城乡接合部，土地面积共计59.4万 $m^2$。地块规划的二塘片区位于重庆市经济技术开发区（南部）以南，是规划的居住区，交通便捷，基础设施齐备，而且紧邻长江，区位优势明显。

整个项目呈现一个狭长形的地块，主要由高层和小高层住宅组合而成，靠近江边的部分住宅采用了退台式的建筑设计理念，由低到高依次沿长江而上，形成了一种错落有致的建筑感官体验，其他的地块则以小的花园组团相互交错，宛如一条优美的弧线飘落在江岸旁边，使得整个建筑形态相互分散却又通过绿地、规划道路有机地联系了起来。

# 西安浐灞半岛

项目地点：陕西省西安市
开发商：浐灞建设开发有限公司
占地面积：249 817 $m^2$
总建筑面积：3 100 000 $m^2$

浐灞半岛位于西安东北部浐灞生态核心区，东湖路与浐河交界处向东200 m，西临浐河，东接灞河，浐河桃花岛近在咫尺，1 333.4万 $m^2$国家级湿地公园广运潭毗邻而居，距2011年世界园艺博览会会址10分钟车程，周边生活配套暂不完善，但风景秀丽，空气清新。距市中心仅9 km，北二环延伸线和三环穿越而过，绕城高速、西潼高速、西禹高速三条高速公路环伺左右，城市级立体交通四通八达。

浐灞半岛整体规划占地面积约260万 $m^2$，规划建筑总面积约310万 $m^2$，共分五期开发。一期32栋，层数有9层、11层、18层，顶层带复式，4 060套，面积37~200 $m^2$的一居到复式。二期34栋，高层、小高层，面积68~220 $m^2$；三期50栋，高层、小高层，面积51~220 $m^2$；四期32栋楼，高层、小高层，多层、花园洋房，面积70~160 $m^2$。

# 香港星堤

项目地点：香港特别行政区
开发商：新鸿基地产

星堤项目位处香港青山公路优越地段，邻近深圳，往返港九商业区极为方便畅顺，适合经常穿梭深港两地的人士。星堤位于香港中心地区，从星堤到西部通道、机场和ICC都只有20分钟车程，方便快捷。哈罗香港国际学校位于屯门黄金海岸旁，与星堤位置相近。

星堤设有不同特色的住宅，供买家选择。星堤共有10幢10层高层住宅，间隔由1房至4房不等。而物业63伙为复式单位，分布于各楼层之中，而27伙特色单位中21伙连按摩池、6伙连游泳池，部分为连天台顶层户。发展商特别仿效"印象派之父"莫奈(Monet Claude)所居住的"莫奈花园"，打造出如诗似画的独特私家园林，整体绿化地带的覆盖率高达八成，让星堤足以媲美现代城市中的迷人绿洲。

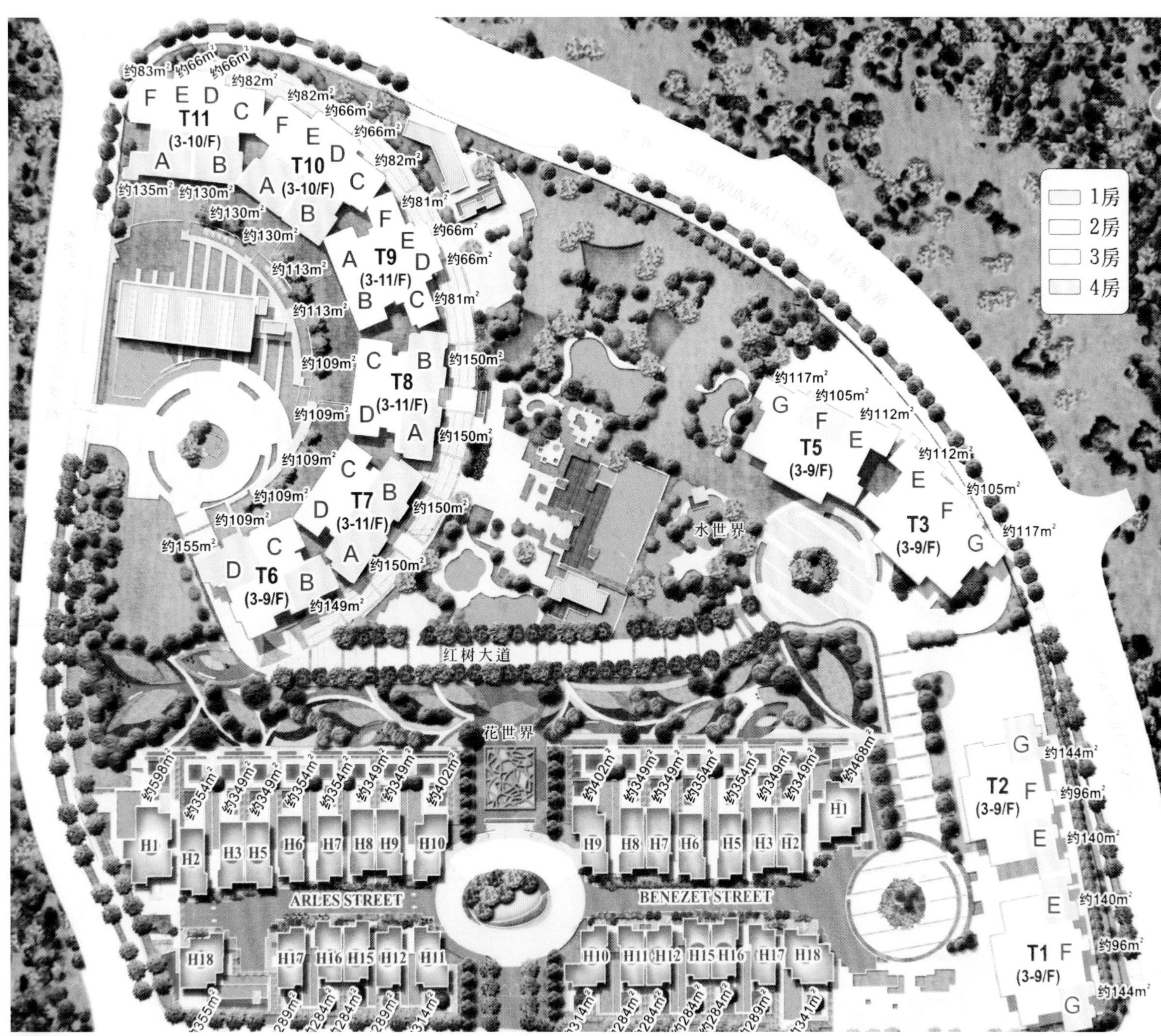

# 厦门天琴湾

项目地点：福建省厦门市
开发商：厦门国贸金海湾投资有限公司
建筑设计：澳大利亚柏涛（墨尔本）建筑设计有限公司
园林设计：柏景（广州）园林景观设计有限公司
占地面积：91 647.581 $m^2$
总建筑面积：266 082.19 $m^2$

天琴湾位于厦门五缘湾中心区内，北侧为特色商业街，西临钟宅民俗旅游区和环湖里大道，东面和南面紧邻内湾，规划中一线临湾独栋别墅45栋，高层住宅12座。天琴湾由G28和G29两个地块组成，项目南面为仅供行人通过的地圆桥。基地整体呈斜四边形，内部平整，西北侧略高。东南侧面临五缘湾内湾，对面有一个湿地公园，拥有非常大的绿化面积，海景资源和绿地资源都极其丰富。在基地与湾区之间有一条市政的绿化景观带，基地与景观带之间有4 m左右的高差，有足够的高度来保持住宅区的私密性。

天琴湾所在的五缘湾交通网络系统已成熟，高崎国际机场、翔安海底隧道、集美大桥、环岛路、环岛干道等环环相扣，高速便利。以覆盖海陆空立体交通之势，提速五缘湾。立面设计借鉴了乔治式的建筑风格，采用经典的立面三段式，有着简洁的形体、对称的布局、精美的雕饰。立面材料采用石材，高贵而典雅，赋予建筑古色古香的风格和一种难以言传的品质。乔治式建筑风格秉承古典主义对称与和谐的原则，有严格的对称、均衡的比例以及沿袭自古罗马的古典特征，匀称而庄严，具有非常优美的线条。

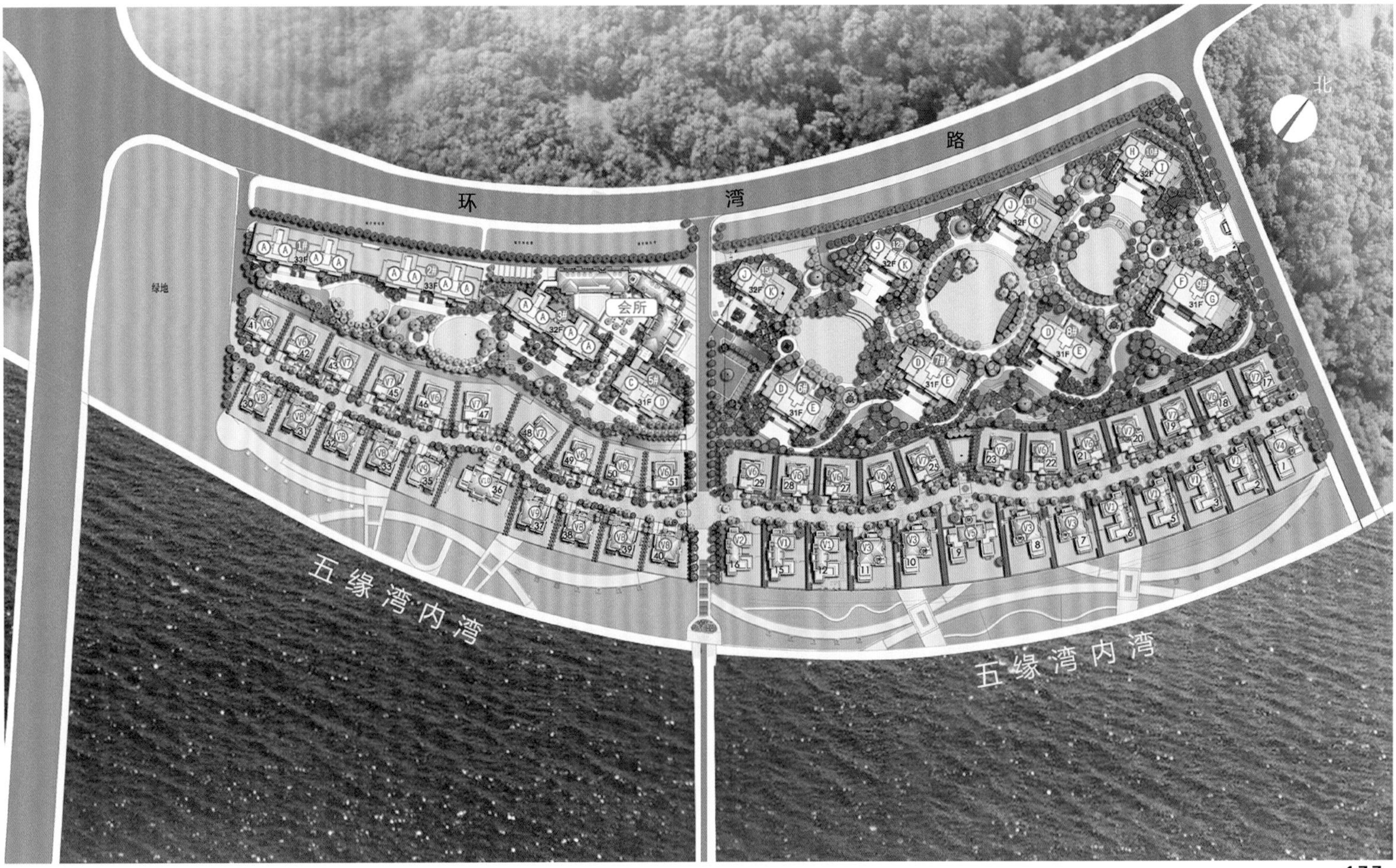

北
环湾路
绿地
会所
五缘湾内湾
五缘湾内湾

# 武汉保利圆梦城

项目地点：浙江省武汉市新洲区
开发商：武汉保利博高华房地产开发有限公司
建筑设计：广州市天作建筑设计咨询公司
广州市规划建筑设计院
占地面积：784 644.5 m²
总建筑面积：2 178 636.3 m²

武汉保利圆梦城项目位于新洲区阳逻新城中心，地处武汉西北角的长江中游北岸，汉施公路以南，西至汉口，规划总占地面积为784 662m²，与柴泊湖隔路相望，紧邻阳逻新城政治中心、经济中心。

在规划层面上以人作为规划设计的中心和主要度量标准，规划的建筑群、公共配套设施、道路交通、景观环境等都以满足人的需求为前提；规划按照建设现代化城市新型居住区的要求，道路交通、绿化景观、公共设施、市政设施均按高标准规划，使之能够适应城市建设不断发展的需要；在对当地居住文化和市场需求作出充分研究、对自身资源环境经济情况深入调查的前提下，建立高标准、环境佳、可操作性强的居住小区，形成具有21世纪气息的人居景观形象；保持整个区域的生态平衡，并促进生态系统中各因素协调发展，在保证整体发展与生态优先的前提下，认真研究建筑群的关系，促进社区的经济、环境和社会持续协调发展。

为了提升整个楼盘的品质，考虑将用地西南角直接面对柴泊湖的区域作为低层低密度住宅区，并且以柴泊大道为主入口的商业中心广场一直延伸到高层住宅核心景观的南北向主要景观绿轴，最大化地利用景观资源，与小区内部的景观融为一体。同时为了满足景观的均好性，设置了四个景观核心，分别是低层住宅景观核心、小高层住宅景观核心、多层住宅景观核心、高层住宅景观核心，按不同主题进行景观与绿化设计，丰富区内的景观类型。从管理方面考虑，把居住区划分为多个组团，每个组团都以不同的产品区分，主要为低层住宅、多层住宅、小高层住宅和高层住宅。

汉施公路
规划路
阳新大道
武汉绕城高速公路
幼儿园（二）
商务中心
幼儿园（一）
中学
运动场
规划路
阳新大道
柴泊大道
柴泊湖
图例
AB型低层住宅
CD型低层住宅
S型多层住宅
T型多层住宅
E型住宅
F型住宅
F型住宅
G型住宅
H型住宅
I型住宅
J型住宅
K型住宅
L型住宅
M型住宅
P型住宅

# 陵水中信香水湾

项目地点：海南省陵水县
开发商：海南弘海旅业有限公司
建筑设计：上海新外建工程设计与顾问有限公司
占地面积：289 857 m$^2$

中信香水湾位于海南岛南北气候分界岭牛岭脚下的陵水县东部，距三亚市66 000 m。香水湾因香水岭流来的涧泉注入海湾而得名，以铜岭为界分隔成A、B两区。中信香水湾项目位于香水湾B区。整个项目地块共分为4块，规划为二类居住用地A-01、广场用地A-02、公共绿地A-03和旅游接待设施用地A-04。

设计始终贯彻一切从人出发，注重环境与建筑品位。设计利用山体、沙滩等自然条件，综合处理水体、绿化植被、岸线景点等环境要素，结合小区交通道路、建筑布局及公共设施等组织功能分区，以期整个区域与自然生态交互融通。项目动静分区明确，并且延续地域自然元素，把热情的海洋文化和高贵雅致的现代风格有机地融入整体规划乃至单体设计中，传承了当地特点和地域文化，营造了多层次、高品质的景观环境。

项目设计充分挖掘地块内自然山体的景观价值，在保护山体的基础上，创造出"山海一体"的独特建筑景观。多层次性即在规划中利用山体的高差，形成不同高度的建筑组团，并配合景观处理，形成多层次的建筑空间布局与景观特点。

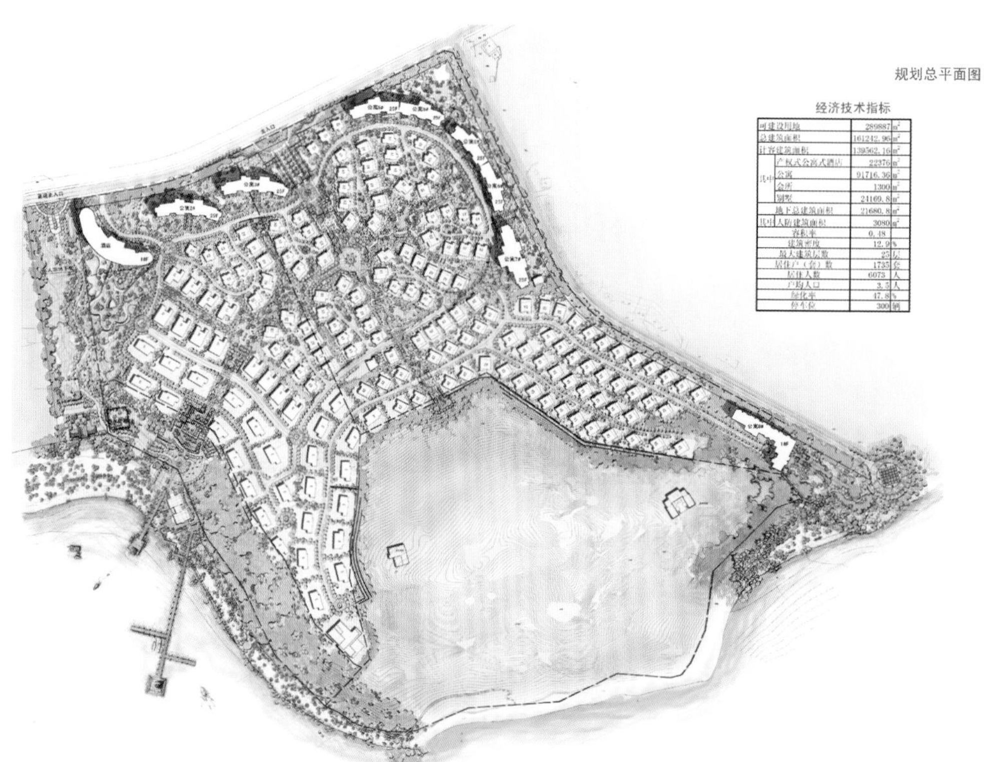

经济技术指标

| 项目 | | 数值 | 单位 |
|---|---|---|---|
| 可建设用地 | | 289887 | m$^2$ |
| 总建筑面积 | | 161242.96 | m$^2$ |
| 计容建筑面积 | | 139562.16 | m$^2$ |
| 其中 | 产权式公寓式酒店 | 22376 | m$^2$ |
| | 公寓 | 91716.36 | m$^2$ |
| | 会所 | 1300 | m$^2$ |
| | 别墅 | 24169.8 | m$^2$ |
| 地下总建筑面积 | | 21680.8 | m$^2$ |
| 其中 | 人防建筑面积 | 3080 | m$^2$ |
| 容积率 | | 0.48 | |
| 建筑密度 | | 12.9 | % |
| 最大建筑层数 | | 25 | 层 |
| 居住户（套）数 | | 1735 | 套 |
| 居住人数 | | 6073 | 人 |
| 户均人口 | | 3.5 | 人 |
| 绿化率 | | 47.8 | % |
| 停车位 | | 300 | 辆 |

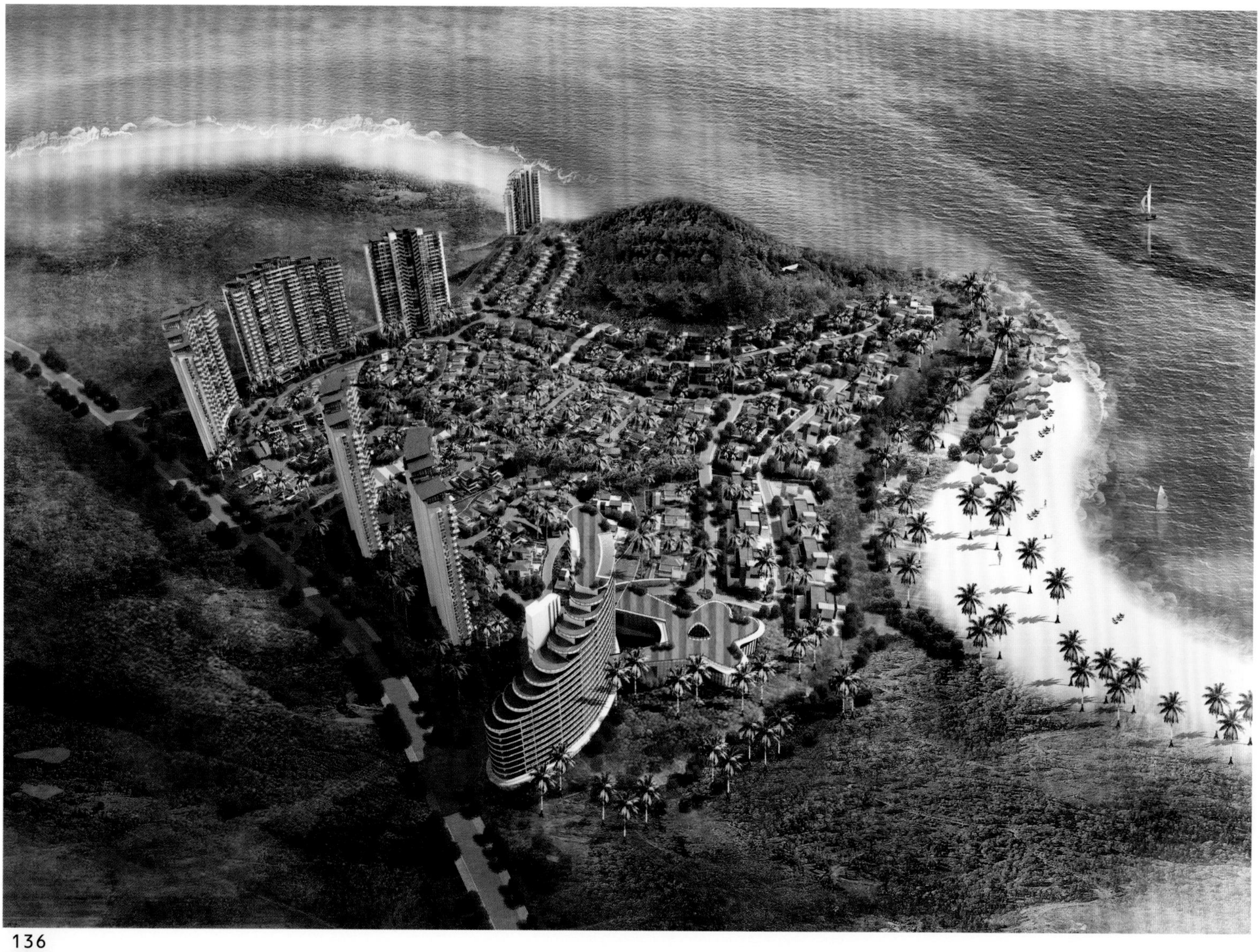

规划总平面图

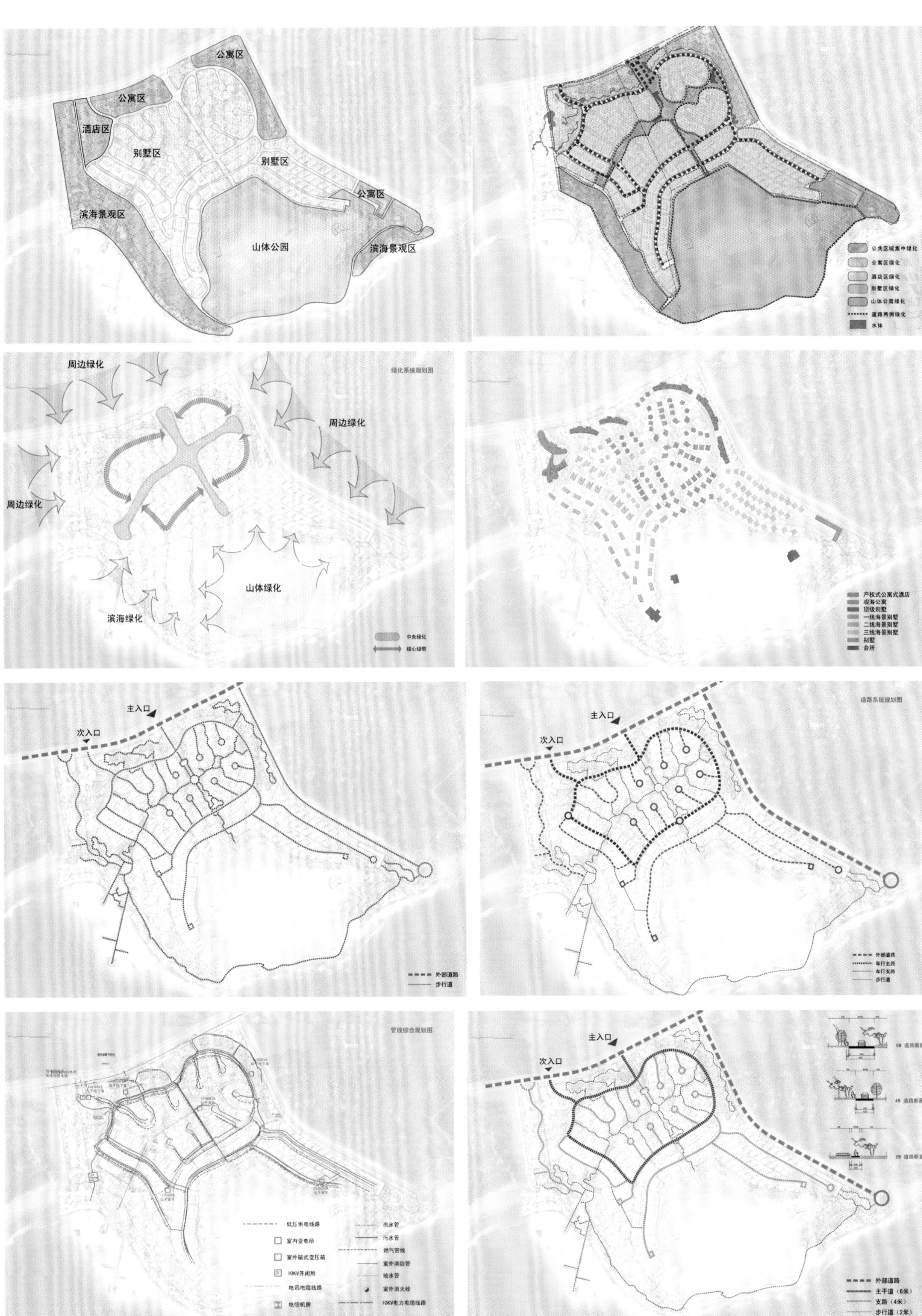
公寓区
公寓区
酒店区
别墅区
别墅区
公寓区
滨海景观区
山体公园
滨海景观区
公共区域集中绿化
公寓区绿化
酒店区绿化
别墅区绿化
山体公园绿化
道路两侧绿化
水体
周边绿化
绿化系统规划图
周边绿化
周边绿化
山体绿化
滨海绿化
中央绿化
核心绿带
产权式公寓式酒店
观海公寓
顶级别墅
一线海景别墅
二线海景别墅
三线海景别墅
别墅
会所
主入口
次入口
外部道路
步行道
道路系统规划图
主入口
次入口
外部道路
车行主路
车行支路
步行道
管线综合规划图
低压供电线路
室内变电所
室外箱式变压箱
10KV开闭所
电讯电缆线路
电信机房
雨水管
污水管
燃气管线
室外消防管
给水管
室外消火栓
10KV电力电缆线路
主入口
次入口
6M 道路断面
4M 道路断面
2M 道路断面
外部道路
主干道（6米）
支路（4米）
步行道（2米）

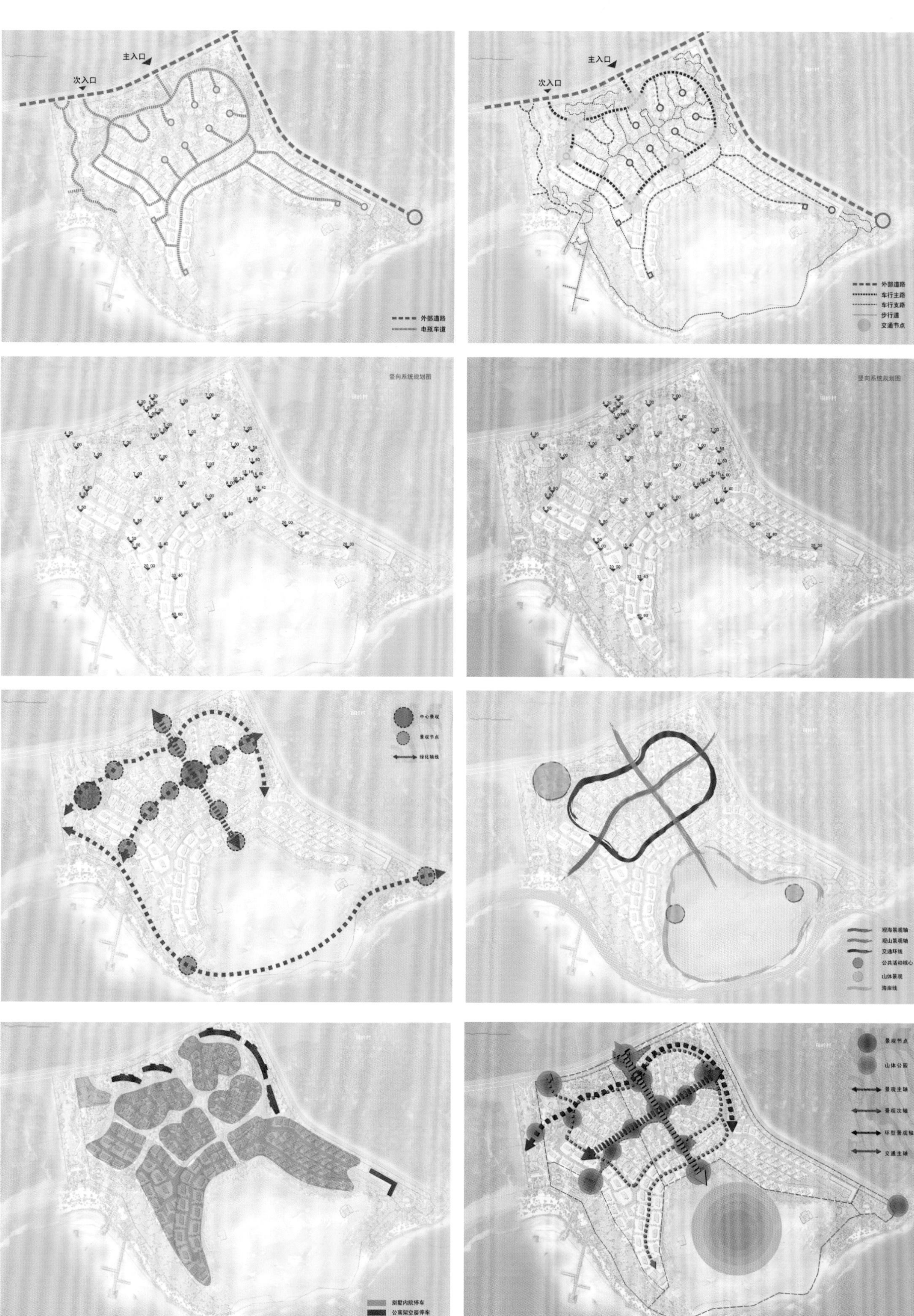
主入口
次入口
外部道路
电瓶车道
主入口
次入口
外部道路
车行主路
车行支路
步行道
交通节点
竖向系统规划图
竖向系统规划图
中心景观
景观节点
绿化轴线
观海景观轴
观山景观轴
交通环线
公共活动核心
山体景观
海岸线
别墅内院停车
公寓架空层停车
人防地下室停车
景观节点
山体公园
景观主轴
景观次轴
环型景观轴
交通主轴

# 常州新城公馆

项目地点：江苏省常州市
开发商：常州新城房产开发有限公司
建筑设计：中建国际（深圳）设计顾问有限公司
占地面积：258 000 $m^2$
总建筑面积：464 000 $m^2$

常州新城公馆位于常州市武进区，是CCDI与江苏著名开发商新城集团的首次大规模合作。项目占地面积25.8万$m^2$，总建筑面积46.4万$m^2$，位于长虹转盘的西南角，全方位的立体交通系统，使出行快捷方便，周边设施配套完善，紧邻武进区政府，毗邻面积达26.7万$m^2$的城市客厅——南田公园。项目旨在于城市近郊打造一个低密度、高绿化率、具有西班牙建筑风格的新型社区，2008年推出首批Town House联排别墅和独幢别墅面市。从规划到单体的设计过程是CCDI"快速、准确完成设计，提供综合化服务"的一次成功展示。新城公馆也为近郊低密度风情化的别墅住宅提供了一个有益的模版。

新城公馆是目前常州地区唯一采用海湾式布局的居住社区。地块拥有丰富的水系，建筑沿湖岸弧形设置，湖岸线长达1 000 m，生态湖泊湖面面积更达到10 000 $m^2$。生态湖采用人工、自然、亲水平台方式营造湖岸，湖内设置一岛屿，以栈道与会所相连接，并引进了私家游艇，让业主体验西班牙式的亲水生活。在规划布局上，利用宽达60 m的景观绿化轴，避开地块内部高压走廊的不利影响。绿化带与水系的交错分布，决定了建筑产品的类型分布：南区为高档别墅社区，北区高层公寓组团，西区临花园路，沿街布置了一系列商业设施。南、北、西各设一个主入口，三条道路在小区中心广场交会，设计师在此布置了相应的集中服务和商业设施，以便营造一个规模化的社区场所。

新城公馆首批推出的联排别墅和独幢别墅，在单体设计风格上借用西班牙建筑元素，通过石砌墙面、铁构窗花以及错落有致的坡屋顶，呈现一派异国风情。立面设计稳重、成熟，富有细部。在具体的户型设计上，不求奢华，但求功能齐备，在有限的面积之下做出尽量高贵的品质。设计师为独幢别墅设计了许多富有变化的趣味空间，这在一定程度上提倡了新的生活方式。此外，新城公馆的别墅设计特别注重花园空间的安排，每户建有两个以上私家花园，前庭迎客，中庭休闲。

# RESIDENTIAL COMPLEX
# 综合住宅

# Broken line

## 折线 142-155

# 佛山保利花园（三期）

项目地点：广东省佛山市南海区
开发商：保利华南实业有限公司
建筑设计：广州市设计院
　　　　　广州市城市规划勘测设计研究院
景观设计：广东棕榈景观规划设计院
占地面积：210 000 $m^2$
总建筑面积：470 000 $m^2$
容积率：2.2
绿化率：35%

保利花园三期由5栋18层两梯三户的小高层、5栋26层两梯三户高层以及6栋8层一梯两户多层组成。楼宇布局沿S型水道展开，强调景观的延展性及步移景异。户型设计在一、二期的基础上有新的改良，空间利用最大化，空间居住舒适度最大化，景观配合最大化。保利花园全新三期产品建筑面积为130~190 $m^2$，主力户型为130~160 $m^2$的三室、四室，产品设计在继承一期、二期产品方正、实用等优势的基础上，进一步提高了产品的空间利用率和通风、采光性能。

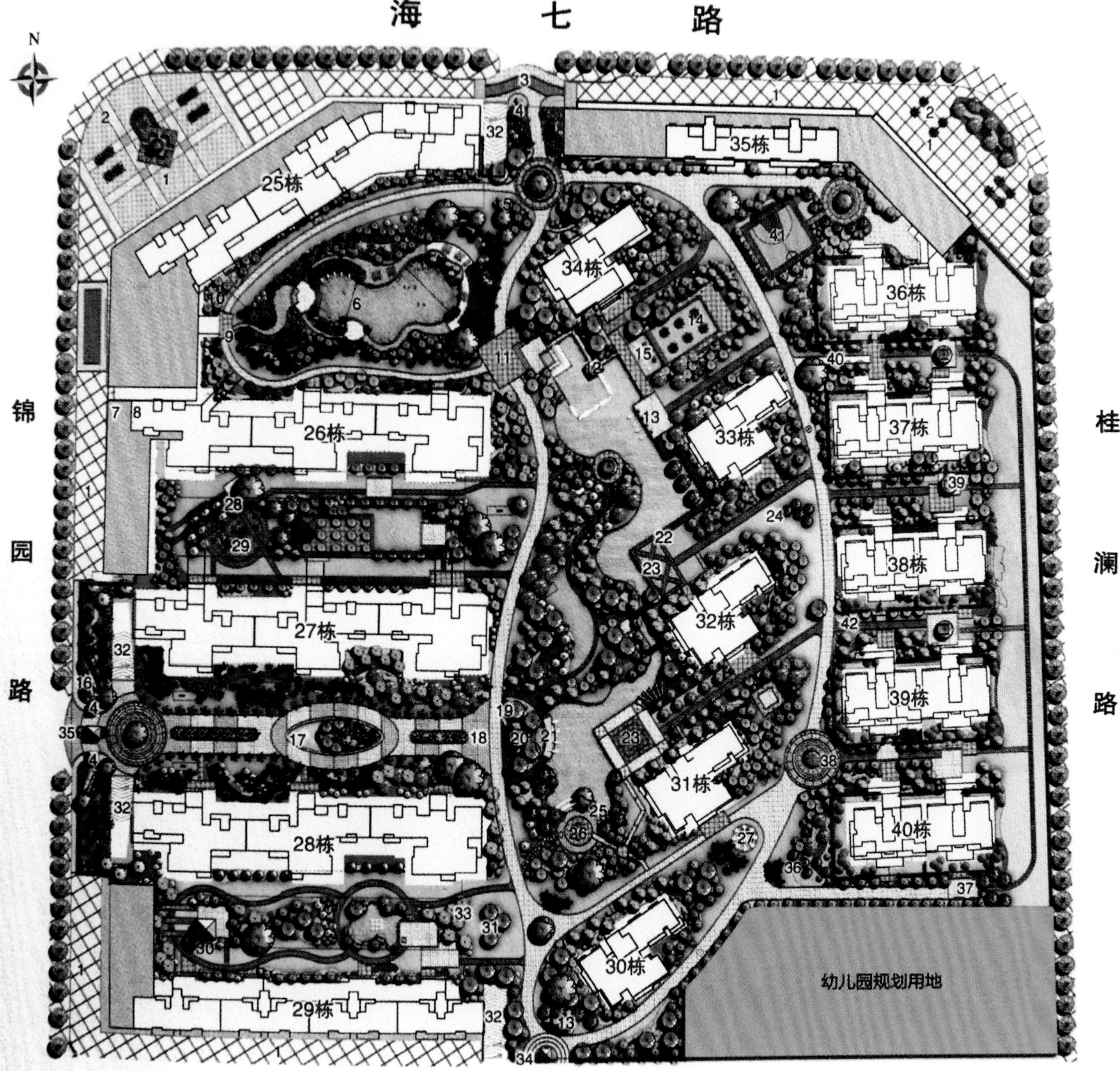


1. 商业街
2. 雕塑灯柱
3. 北入口
4. 保安亭
5. 叠级水景
6. 成人泳池
7. 垃圾站
8. 公厕
9. 叠水台
10. 花架廊
11. 导向花岛
12. 碧涧亭
13. 特色水景
14. 水中树池
15. 叠水瀑布
16. 棕榈水景
17. 绿岛水景
18. 集散广场
19. 草坪雕塑柱
20. 孤景大树
21. 下沉木平台
22. 临水栈道
23. 消防回车场
24. 疏林草地
25. 自然落水景观
26. 水中广场
27. 涌泉跌水景观
28. 阳光草阶
29. 休闲广场
30. 孤植景观树
31. 中心独赏大树
32. 地下车库出入口
33. 弧形水景墙
34. 南入口
35. 西入口
36. 台地园
37. 特色景墙
38. 花境草坪
39. 儿童活动空间
40. 竹韵广场
41. 篮球场
42. 树阵休闲空间

闽
桥
江
罗马佳洲
南江滨路
闽江五桥
长岛路
八期(已报批)
三期(已报批)
四期(已报批)

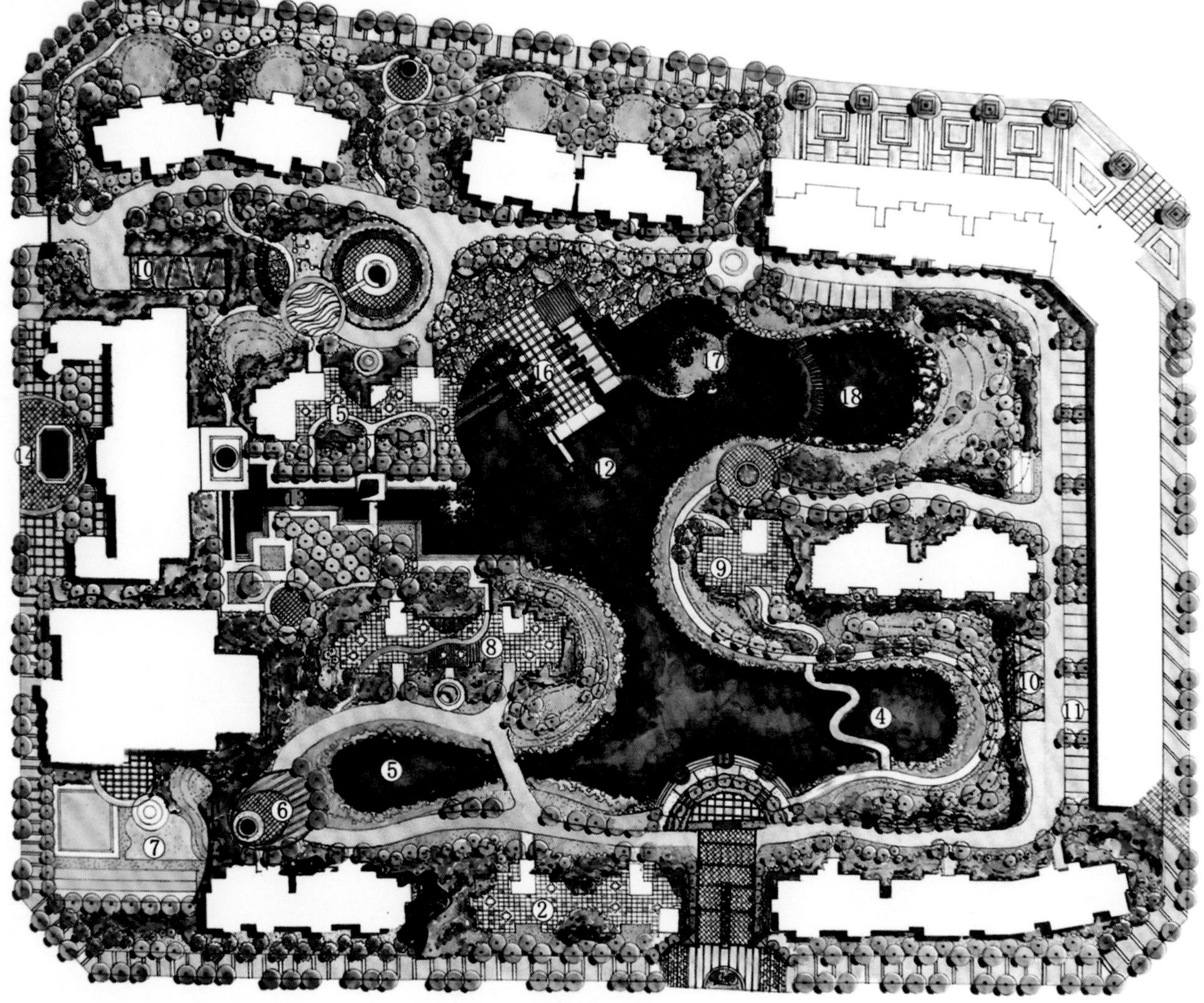


景观总平面图

# 万宁百果园

项目地点：海南省万宁市
开发商：万宁兴隆新潮投资置业有限公司
建筑设计：上海现代建筑设计（集团）有限公司
　　　　　规划建筑设计研究院
主设计师：李东君、黄逊、罗镔、戈斌、程亮
占地面积：206 000 m²
总建筑面积：144 000 m²
容积率：0.7
绿化率：51.1%

项目位于万宁市兴隆农场，海南岛东南部，处于海南两大旅游核心城市的中间地段，东线高速公路和东线铁路从其东南部经过，周边有大量的风景保护区、公园以及高尔夫球场，地理位置优越，交通便捷。

设计中充分利用基地内舒展的自然岸线，一方面通过对地形的改造形成半岛，最大限度地打造出湖面的半岛园墅。私家岸线的拥有以及自然环境的利用形成了风格独特的高档社区。另一方面，收纳水景、山景等大场面景观，形成独立的花园入户、前后庭院。东南亚风情的住所强调了休闲度假的氛围，立体的园林环境让住户享受更多的自然环境。

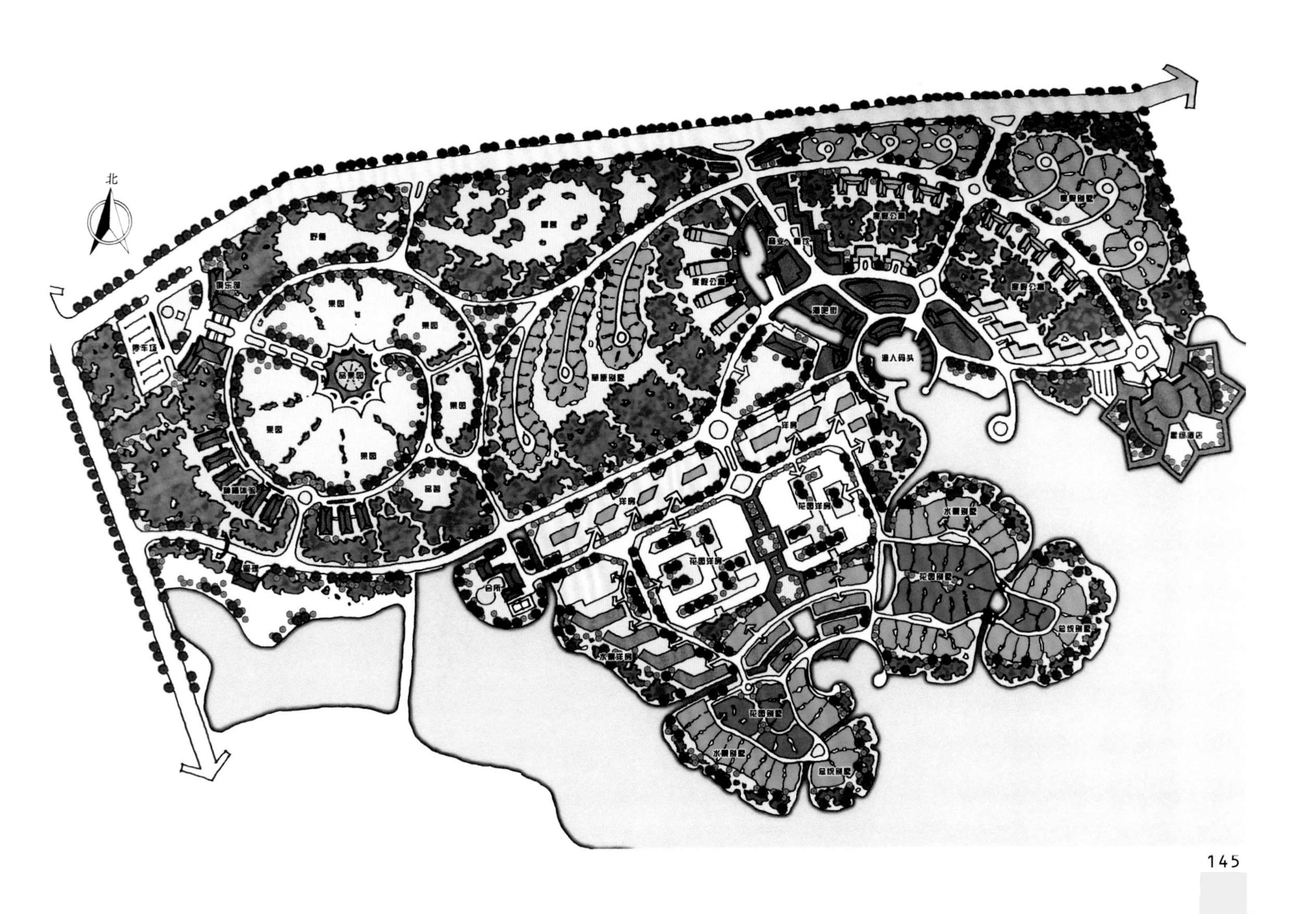

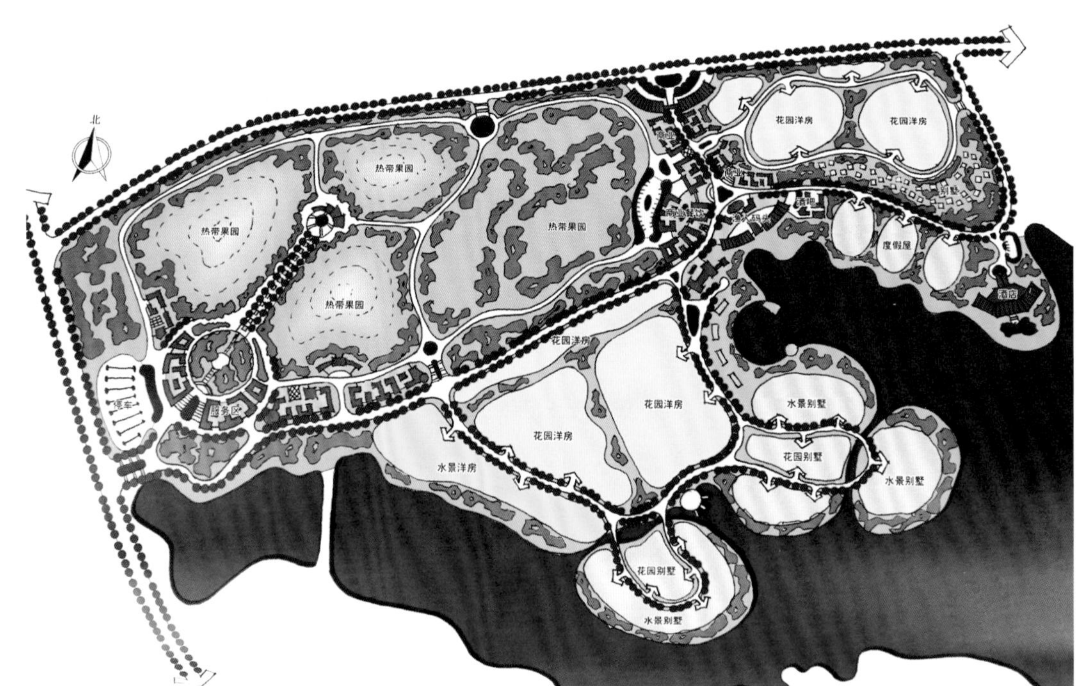

# 杭州钱江新城

项目地点：浙江省杭州市
规划/建筑设计：XWHO国际设计集团

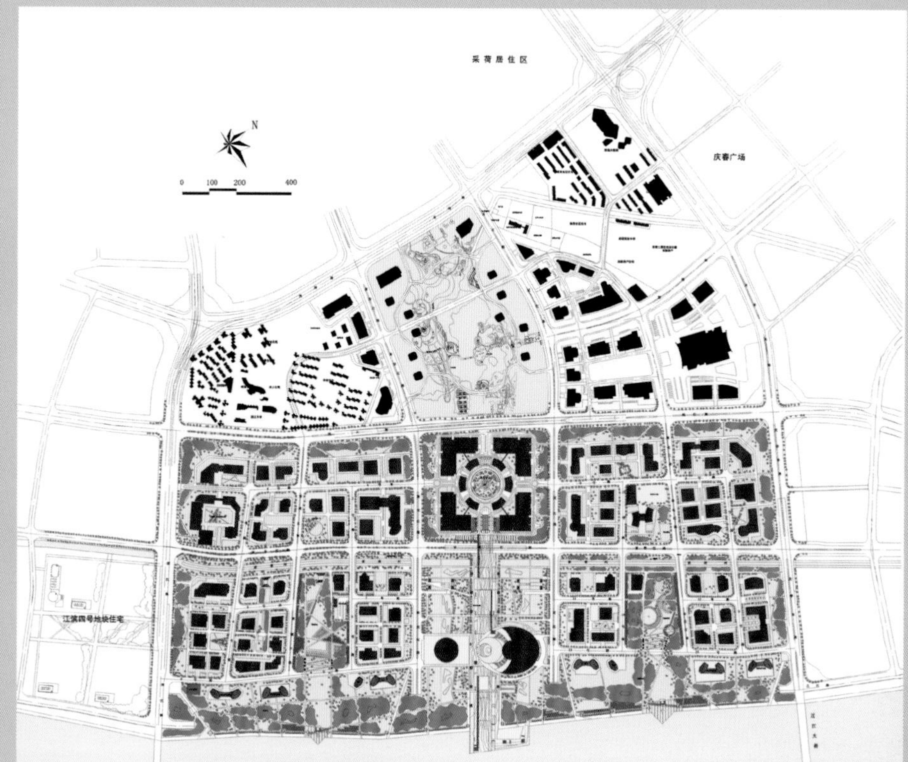

钱江新城的规划基于几个基本的原则：一是在平衡经济利益的基础上，保证新城的开发建设能够满足市场经济运作的要求，并且能够适应公私合作开发的实际操作方式；二是新城的开发要保证城市未来中心的混合功能，既努力形成和西湖时代的杭州构成联系的景观空间，又必须保证形成钱江时代杭州独特的城市气质。

规划参照了城市地理经济的"内涵价格模型"，总结了公共投入和私营投入两方面不同的用地功能模型，包括具有"增值特征"的物体：公园、行政办公设施、商业设施、交通设施、水景体、标志性景观等；"减值特征"的物体：工业建筑、视觉污染源等。对于不同的空间布局，规划对钱江新城区域的开发和用地进行了不同方案的经济模型评估，精确计算了不同的方案下未来城市发展的生地价值总和、熟地价值总和、开发价值总和、公共投入总和等各方面的经济数据。

规划同样依据不同的空间布局结果，对景观视觉模型、交通模型、生态系统性等各种方面进行了评估，并得出不同的实施原则和方案。根据不同的实施原则，确定了城市设计的导则内容，对未来钱江新城的城市设计制定了依据，包括建筑限高的要求、商业空间和步行道空间的尺度要求、开放空间的设计准则等。

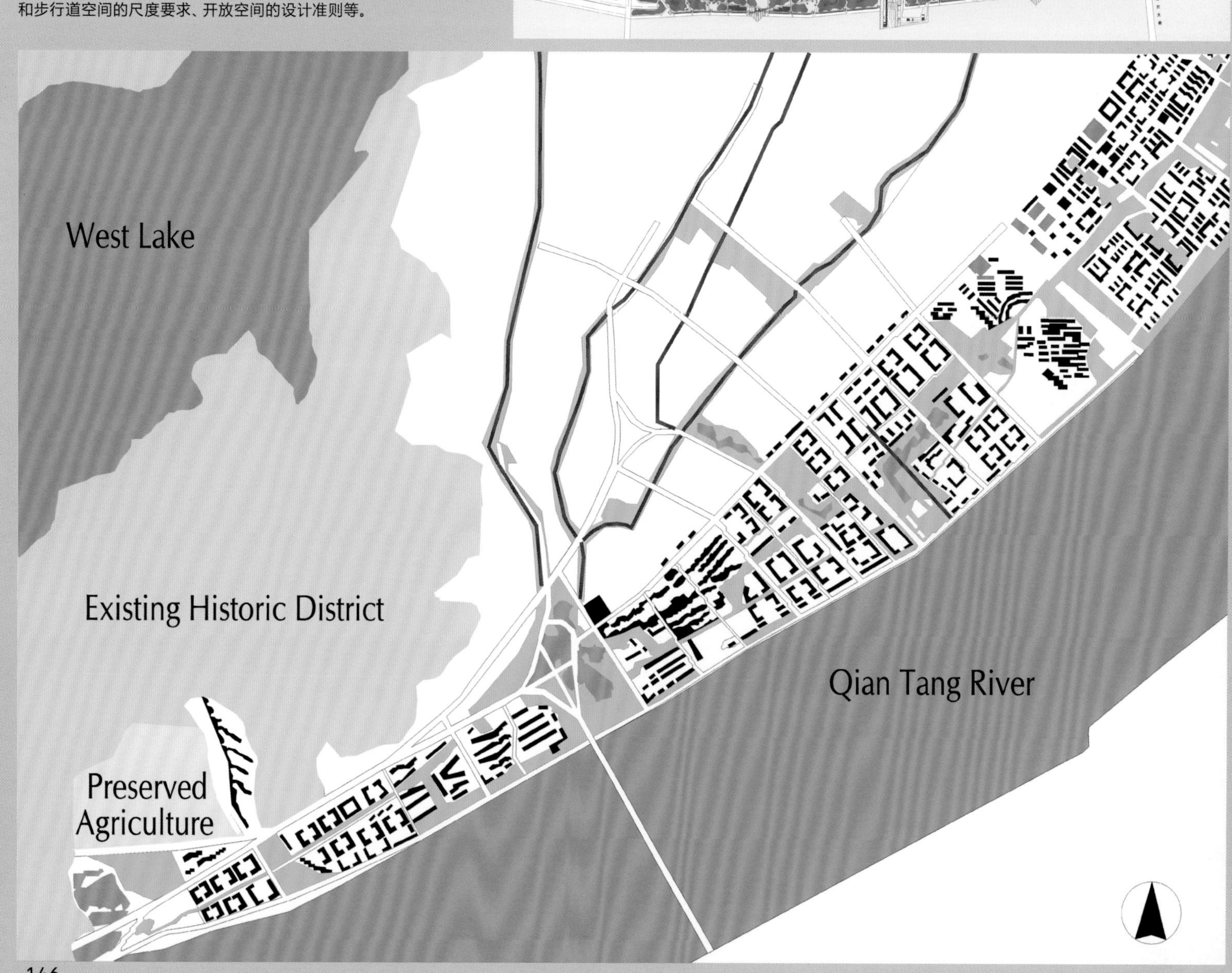

West Lake

Existing Historic District

Qian Tang River

Preserved Agriculture

# 东莞万科运河东1号

项目地点：广东省东莞市运河东路
建筑设计：广州筑设计有限公司
占地面积：83 516 m²
总建筑面积：241 152 m²

东莞万科运河东1号花园为旧城改造工程，开发定位为引领时尚的高品质住宅小区。项目规划采用新旧结合的手法，在对原有自然生态环境充分尊重和保留的基础上，建造了部分低层商业建筑和两组折形的高层板式住宅。新建筑、老厂房和百余岁龄的原生树木和谐共存，开放式的公共空间营造出传统大院般亲切而充满情感的生活气息。

小区内共有13栋24层单体，立面造型设计强调每组建筑的整体感，现代简约的设计手法带来宁静、清新的住宅视觉形象，还原建筑本身构成之美。人性化的设计理念强调了板楼的布置形式、宽阔的楼距以及户内各间的连贯通畅，能有效地组织"穿堂风"，提升居住舒适度。

在户型设计上，设计师通过对户内各种空间不同高度的组合，形成4 m高的客厅、3 m高的餐厅和房间，并利用上下层楼板的高度差异创造出一个层高2.2 m的"创意夹层"空间，满足高端消费人群的个性化需求。

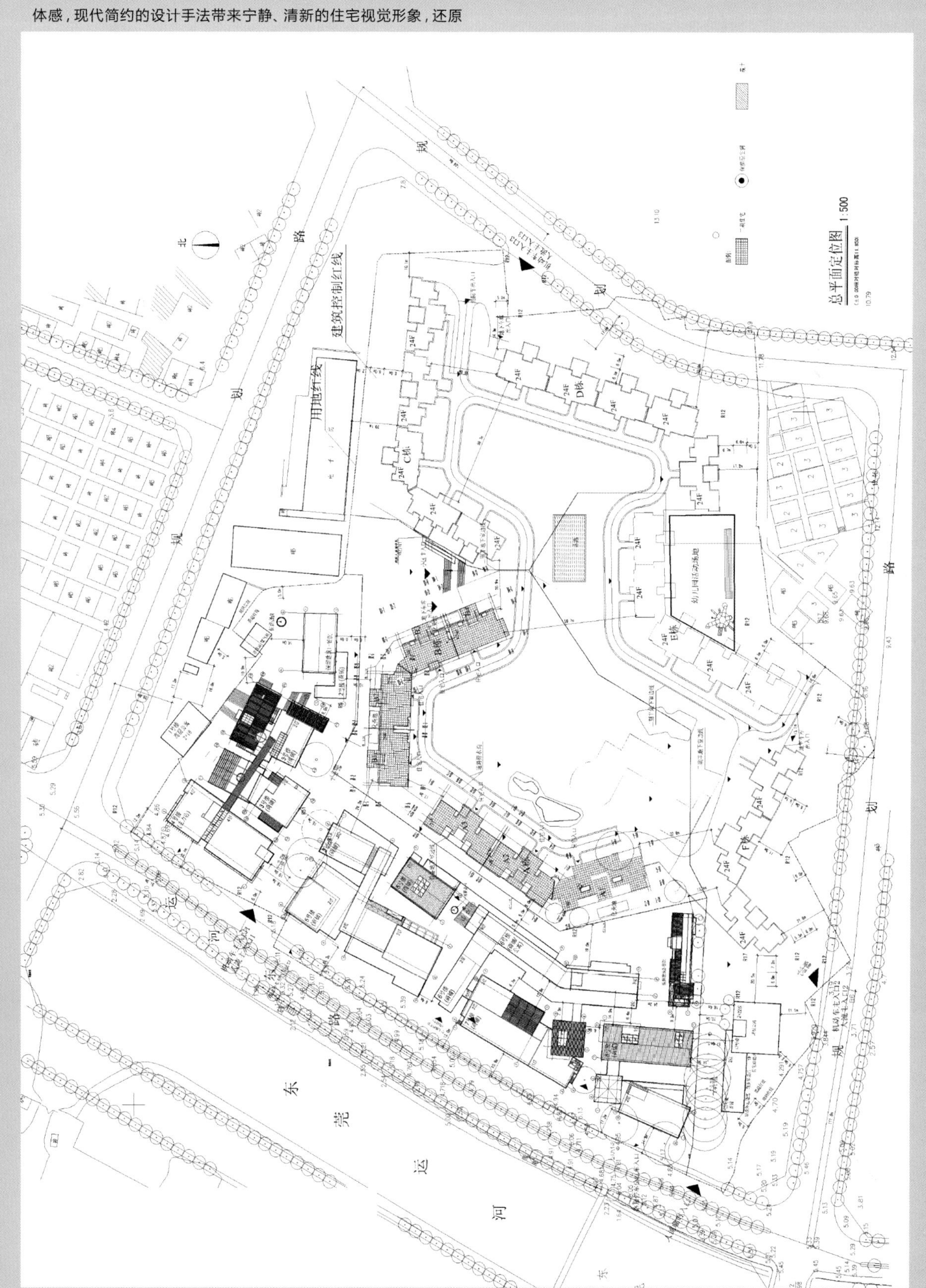

# 深圳合正中央原著

项目地点：广东省深圳市宝安区
开发商：深圳市合正房地产集团有限公司
建筑设计：澳大利亚柏涛设计咨询有限公司
深圳华森建筑与工程设计顾问
占地面积：49 576.42m²
总建筑面积：190 357.69m²

合正中央原著定位于新城市中心区首屈一指的顶级高尚住宅，位于新城市中心龙华新城中心区，人民路西侧，七里香榭住宅西侧，项目毗邻地铁4、6号线的红山站和上塘站以及5号线，交通便利，又因梅龙路的贯通，与特区联系非常紧密。

在小区空间布局上采用了以单排高层住宅与联排别墅相结合的的规划模式，让精巧别致的低层住宅与小区内部园景相互渗透、融合，使园林景观资源得到最大化利用。项目强调中心花园景观的共享。小区的中心花园，充满了浓郁欧式风情并结合覆土层地形上的高差错落，创造出更加丰富多变的景观空间，并给人步移景异的视觉感受。

合正中央原著在布局上采用台地规划，利用南高北低的天然地势，使建筑群体与街景产生高差。

项目高层采用点式线性布局，以半围合的姿态展现阔绰空间感，分合有度。

人行主入口

交通分析图

人行主入口

人行主入口

交通分析图

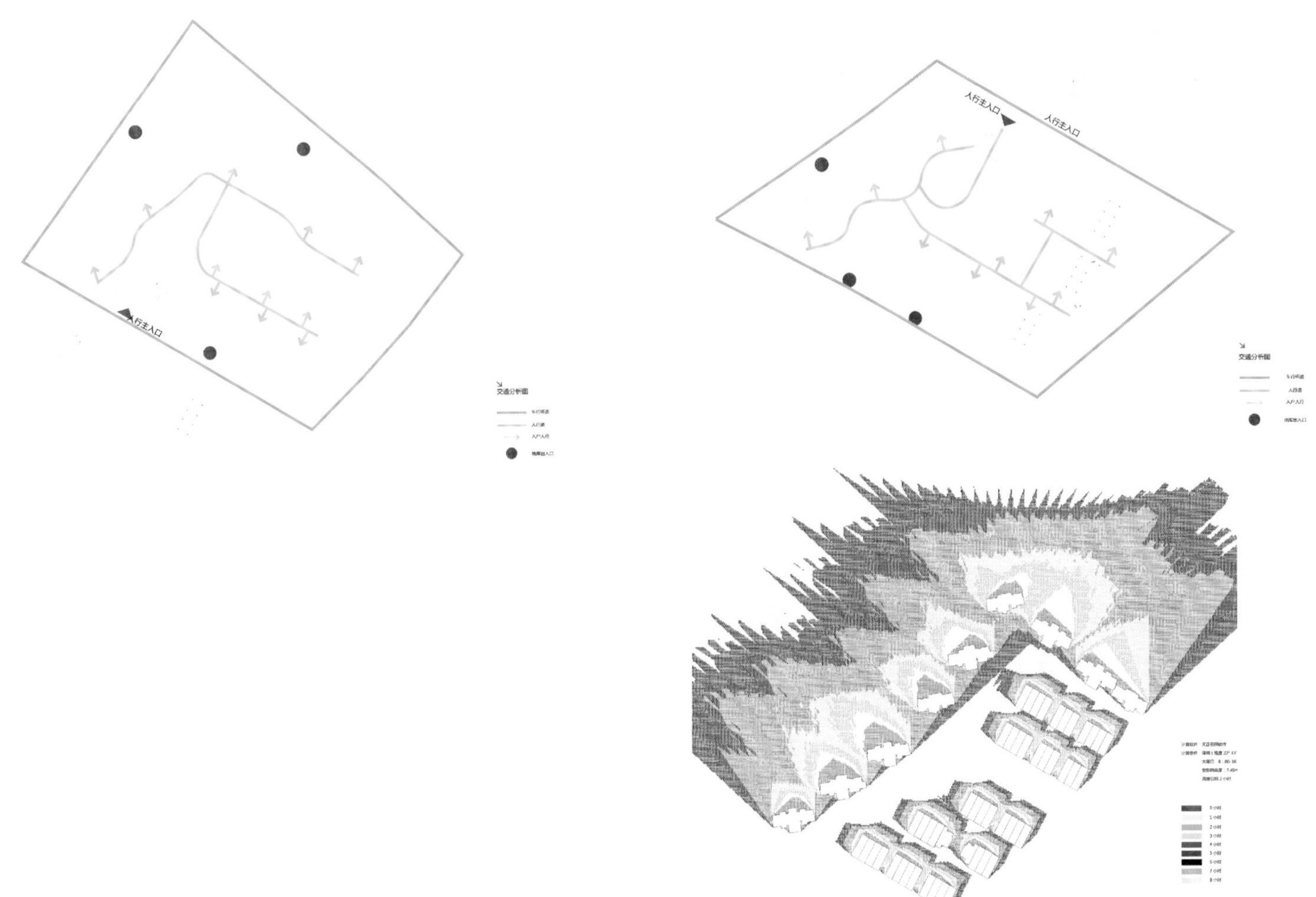

# 成都川大科技园

项目地点：四川省成都市
开发商：川大科技园（南区）开发有限公司
总建筑设计：山鼎国际有限公司(Cendes)
占地面积：63 232 m²
建筑面积：480 000 m²

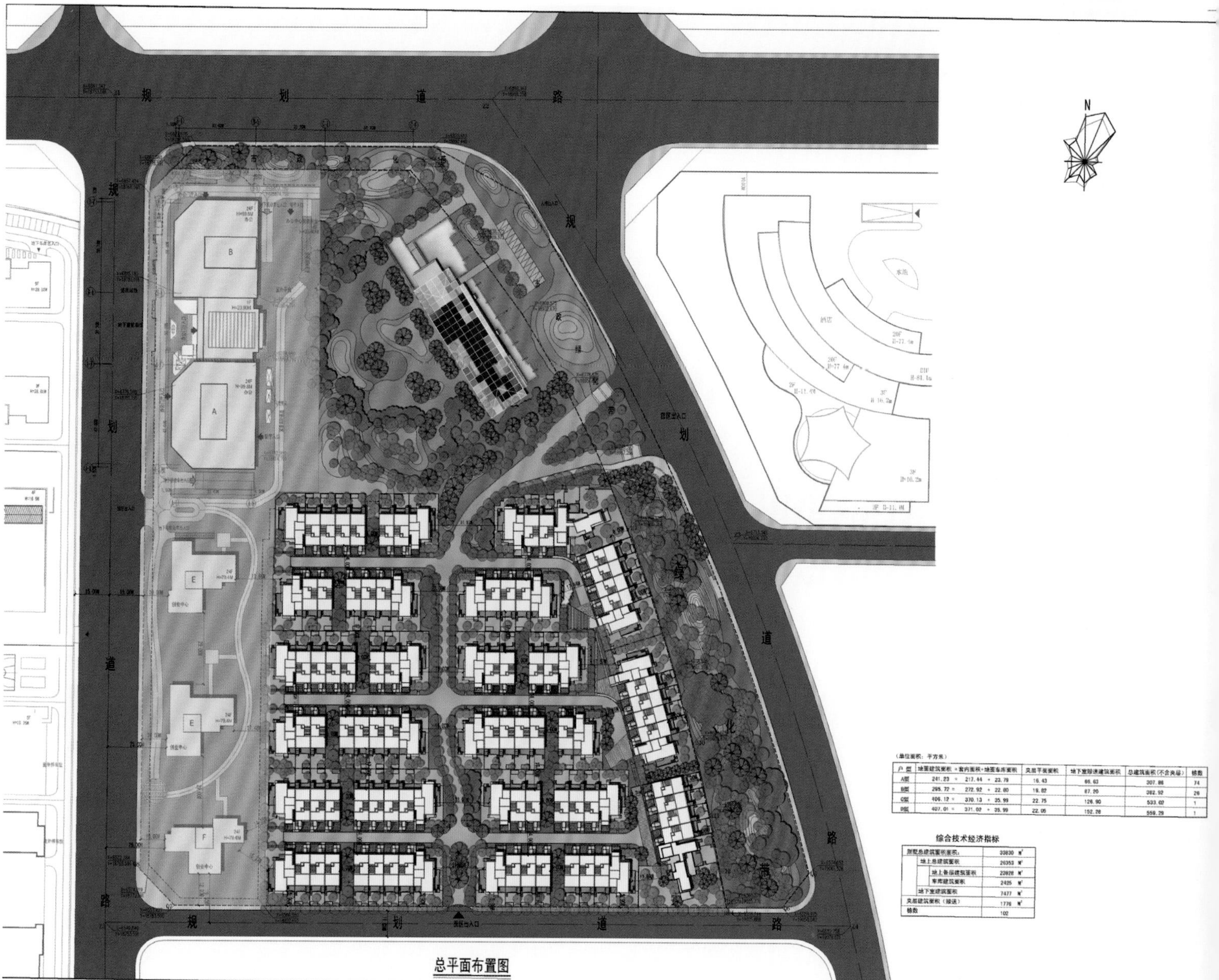

（单位面积：平方米）

| 户型 | 地面建筑面积 = 套内面积+地面车库面积 | 夹层平面面积 | 地下室赠送建筑面积 | 总建筑面积(不含夹层) | 栋数 |
|---|---|---|---|---|---|
| A型 | 241.23 = 217.44 + 23.79 | 16.43 | 66.63 | 307.86 | 74 |
| B型 | 295.72 = 272.92 + 22.80 | 19.82 | 87.20 | 382.92 | 26 |
| C型 | 406.12 = 370.13 + 35.99 | 22.75 | 126.90 | 533.02 | 1 |
| D型 | 407.01 = 371.02 + 35.99 | 22.05 | 152.28 | 559.29 | 1 |

综合技术经济指标

| 项目 | 数值 |
|---|---|
| 别墅总建筑面积面积： | 33830 ㎡ |
| 地上总建筑面积 | 26353 ㎡ |
| 地上各层建筑面积 | 23928 ㎡ |
| 车库建筑面积 | 2425 ㎡ |
| 地下室建筑面积 | 7477 ㎡ |
| 夹层建筑面积（赠送） | 1776 ㎡ |
| 栋数 | 102 |

总平面布置图

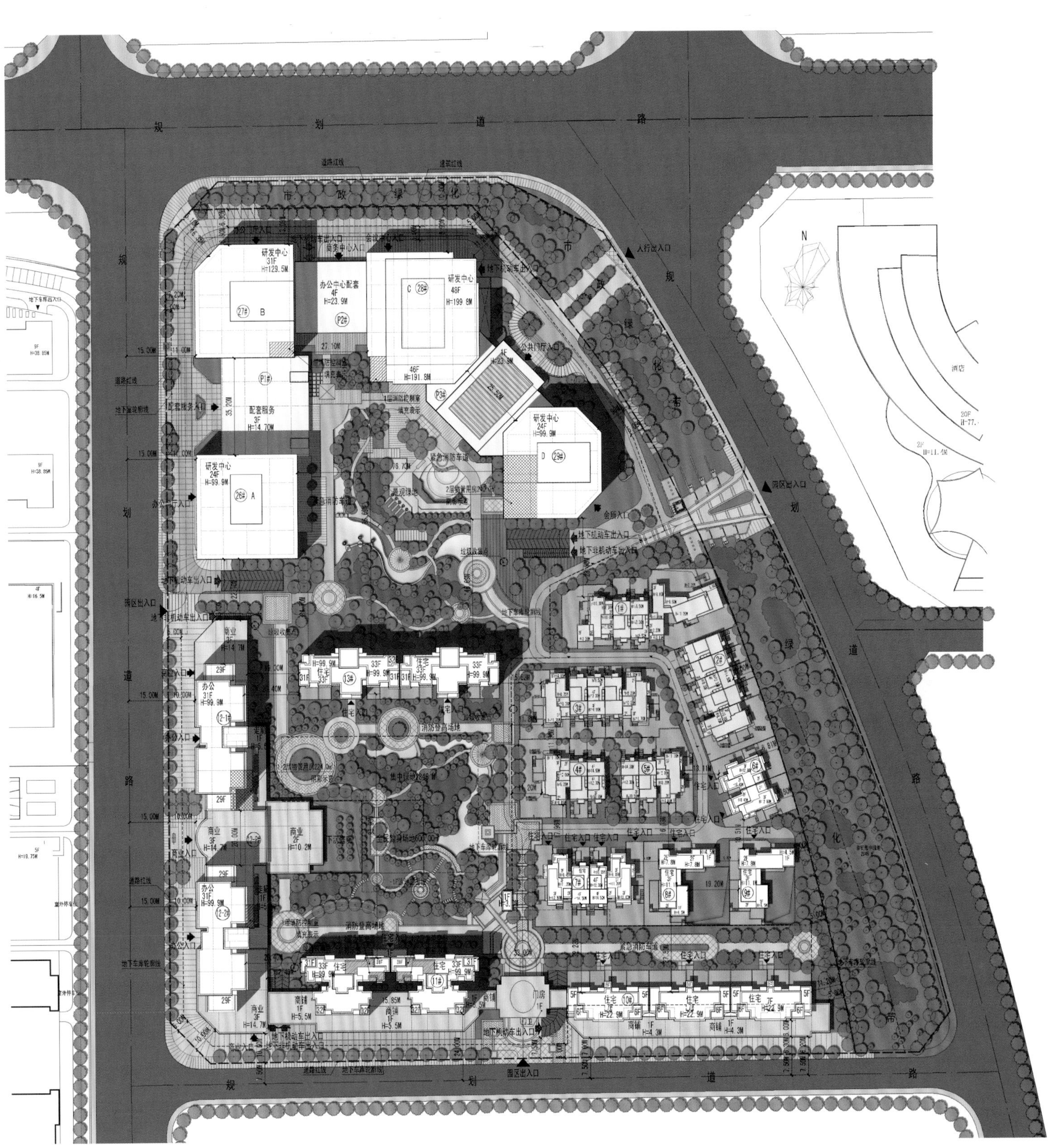

# 深圳泛海拉菲

项目地点：广东省深圳市
景观设计：IDU（埃迪优）世界设计联盟联合业务中心

该项目位于深圳市南山前海填海区，介于前海物流区、大南山生态公园和旅游度假公园之间。其北临月亮湾大道，南接荔湾路。地处大、小南山之间的湾地，拥有丰富的山景和海景资源，地势平坦，交通便捷。

项目的设计灵感主要源自对拉菲酒庄历史、文化的解读和百年不变品质追求的推崇，以回归自然为目标，致力打造高绿化率的绿色生态社区。

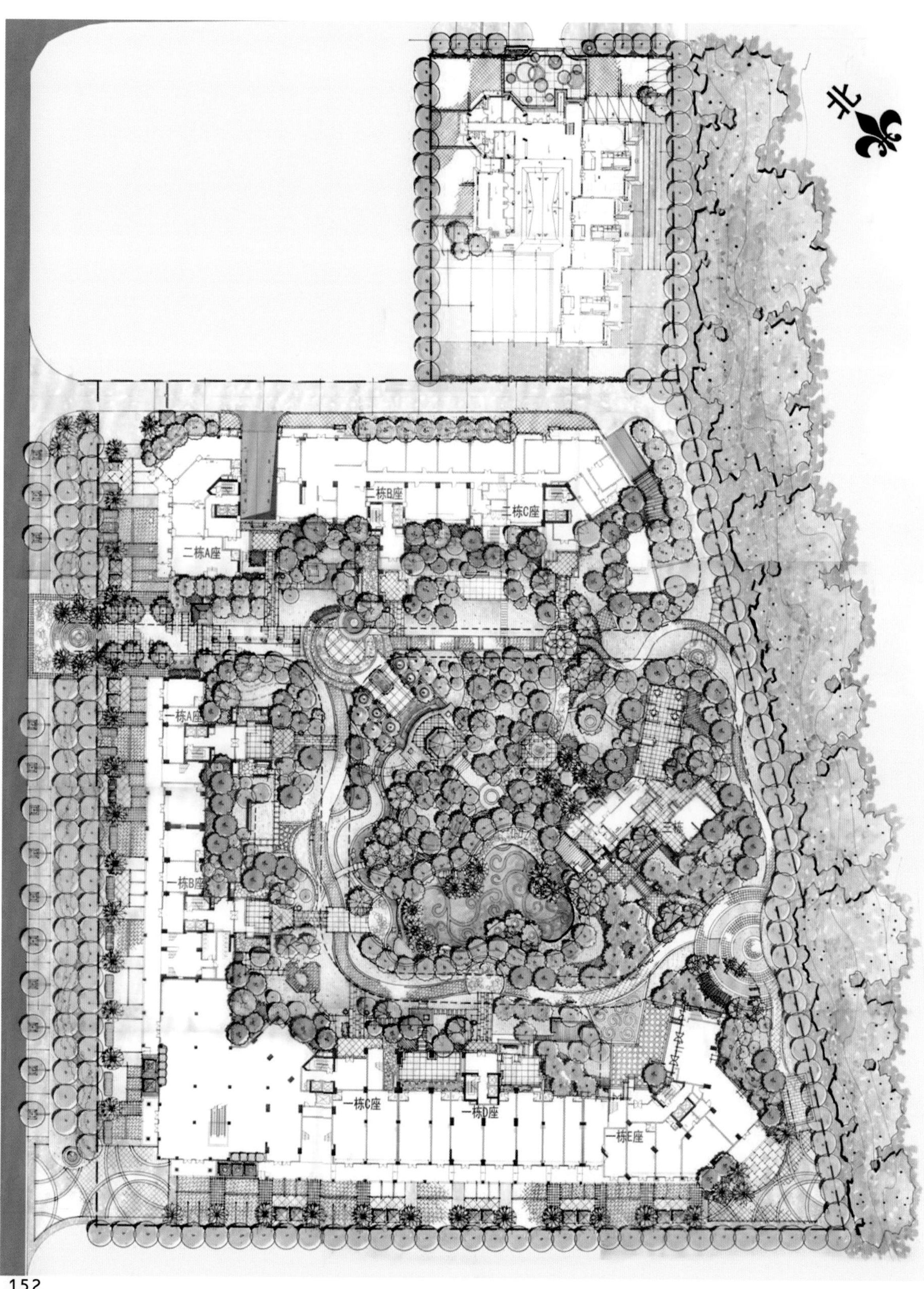

# 深圳三湘海尚花园

项目地点：广东省深圳市南山区
开发商：深圳市三新房地产开发有限公司
建筑设计：AECOM中国区建筑设计
占地面积：92 746.51 $m^2$
总建筑面积：184 972.29 $m^2$
容积率：2.89

深圳三湘海尚花园位于蛇口东填海区，是深圳西部口岸进入南山区的咽喉位置。规划中依照城市设计指引，底层全部架空作为停车场，高层、多层住宅均在平台之上，并沿架空层北、西、南三边布置商业；而高层、多层住宅布置则遵循东高西低，渐次跌落的布局模式，让住宅朝东部及海岸线展开视野，让优美的外部环境渗透到住户家中。

在外部空间的设计中，延东侧和北侧，在高层区和多层区的接合部，为小区主要带状绿化空间，其中部在主入口位置，放大形成中心广场，同时结合会所、泳池等服务设施，构成沿主要交通流线展开的社区级开放空间并在多层区围合成一大三小的四个组团空间。东侧与带状开放空间相渗透，西侧则朝海岸方向的绿化带展开，总体上形成以线串点的格局，并与城市空间形成渗透和呼应。造型设计挖掘建筑自身花园错位的特征，以交织错落的方壳造型获得玲珑丰富的视觉效果，整体形象既新颖清新、简洁明快，又富有时代感。

# 上海橡树湾

项目地点：上海市
开发商：华润置地（上海）有限公司
占地面积：144 247 m²
总建筑面积：220 000 m²
容积率：1.6

上海橡树湾位于市区仅有的原生态湿地、环境优美的新江湾城内，临近城市副中心五角场和中环线，周边中福会幼儿园、同济第一附中、复旦大学等名校环绕，居住环境上佳。

凭借创新的设计理念配合领先的节能技术、材料，橡树湾正成为亲近自然的高品质生态社区。橡树湾首创了联庭别墅居住形态，采用英格兰风格。一宅四庭院和15.4 m的总面宽不仅把自然迎入家门，更让阳光遍撒、窗窗皆景。精装公寓则拥有四重景观围合，建筑底层局部架空，引入大量雕塑和景观小品，让回家成为穿越花园的旅行。公寓均采用Art Deco风格，一期、二期为小高层，三期有个别高层。

# RESIDENTIAL COMPLEX
# 综合住宅

# Straight line

## 直线　158-263

# 长沙人民东路住宅小区

项目地点：湖南省长沙市
建筑设计：北京壹方建筑设计咨询有限公司
主设计师：王路、李坚、徐杰
占地面积：18 934.3 $m^2$
总建筑面积：70 152 $m^2$

项目通过合理的规划布局，尽可能完整地保留基地内现有的两排行道树，形成纵横社区南北的林荫道，并结合水景和各类城市家居的设计，创造可供小区居民游憩的生态型特色景观带。建筑布局板塔结合，紧凑而不拥挤。塔楼和板楼形成半围合庭院，小区朝向东侧的浏阳河风光带，充分利用周边现有的景观资源。

次出入口
机动车主出入口
街角广场
1020平米
机动车次出入口

主要经济技术指标

| | |
|---|---|
| 用地面积： | 28.4亩 |
| 总建筑面积： | 70152平米 |
| 地上建筑面积： | 56800平米 |
| 住宅建筑面积： | 52401平米 |
| 配套商业面积： | 4007平米 |
| 配套物业面积： | 262平米 |
| 垃圾站面积： | 24平米 |
| 地下建筑面积： | 13352平米 |
| 建筑基底面积： | 5300平米 |
| 建筑密度： | 28% |
| 容积率： | 3.0 |
| 绿化率： | 40% |
| 总计机动车位 | 403个 |
| 地面机动车位 | [illegible] |
| 地下机动车位 | [illegible] |
| 总户数： | 557户 |
| 建筑高度： | 76米 |
| 超90平米户型面积比例 | 39.3% |

0 5 10 15 20

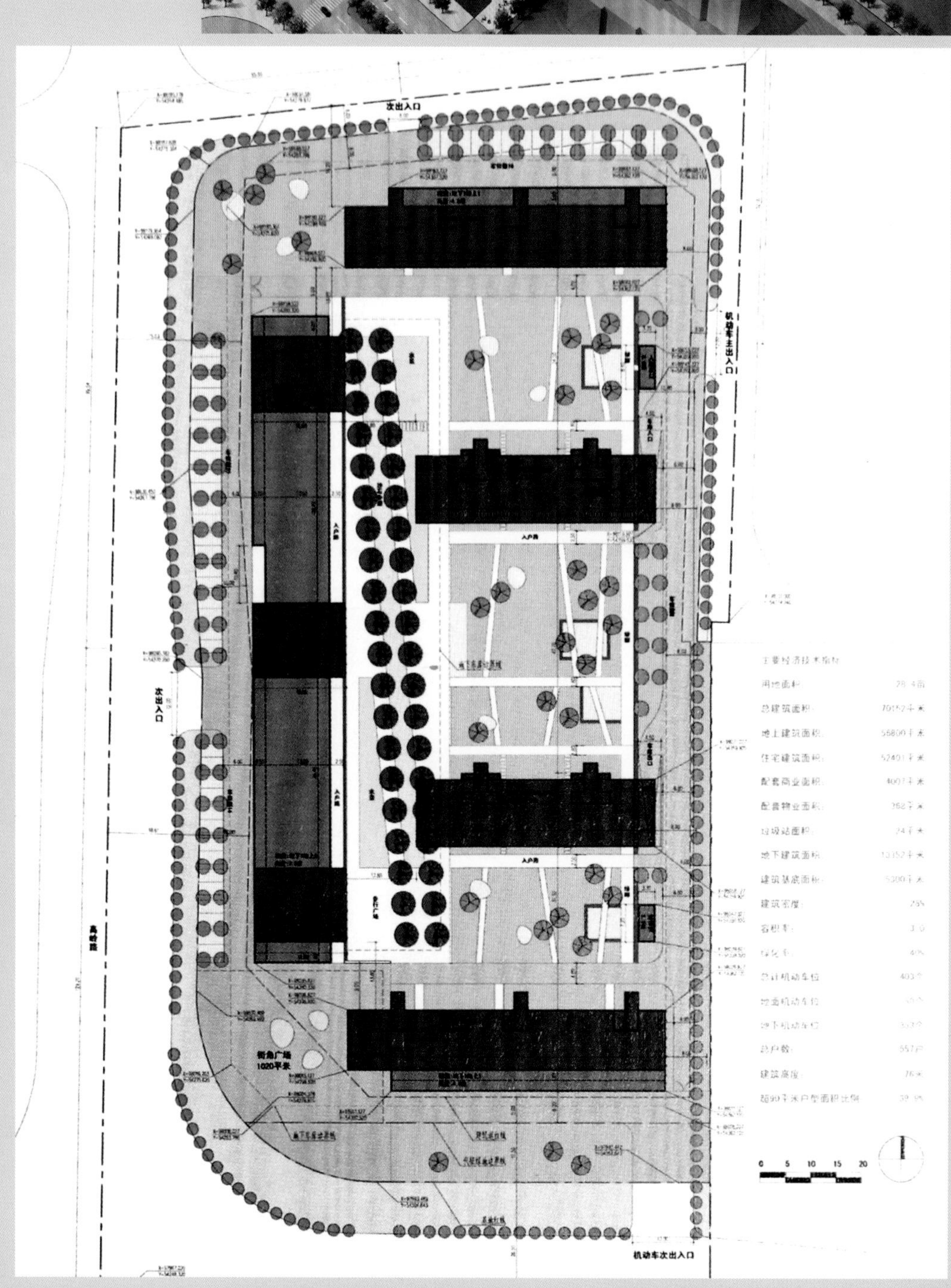

# 珠海成泰珠光新城

项目地点：广东省珠海市
开发商：珠海市成泰置业有限公司
景观设计：SED新西林景观国际
总建筑面积：310 000 $m^2$

成泰珠光新城位于珠海新的城市次中心区金湾区红旗镇内，北临白藤三路，南临白藤二路，左南正处在珠海西区的几何中心上，是珠海"城市西拓"的发展前沿。这座坐落在中国南端的海滨城市的西班牙风情小镇，融合西班牙特有的地中海风情，以"阳光丽岛，水岸生活"为主题，外借远山大河，内创树环水抱、水岛环绕的多重立体景观，水系在社区贯穿汇流，园林组团点缀其中，做到户户临水而居，尽览美景。

设计以西班牙风格园林为蓝本，融合西班牙热情而浪漫的异域风情，以形态各异的水池、叠水和喷泉为原点，用自然生态水系、浓密的热带植物、粗犷石材肌理、精致的马赛克拼花图案和色彩鲜艳的景墙以及充满西班牙风情的雕塑、小品、浮雕为点缀，营造出具有朴实、厚重、精致格调的西班牙园林景观，凸显异国风情的品位，在现代繁华的社区中创造休闲、舒适、典雅的西班牙园林，感受自然舒适的生活。

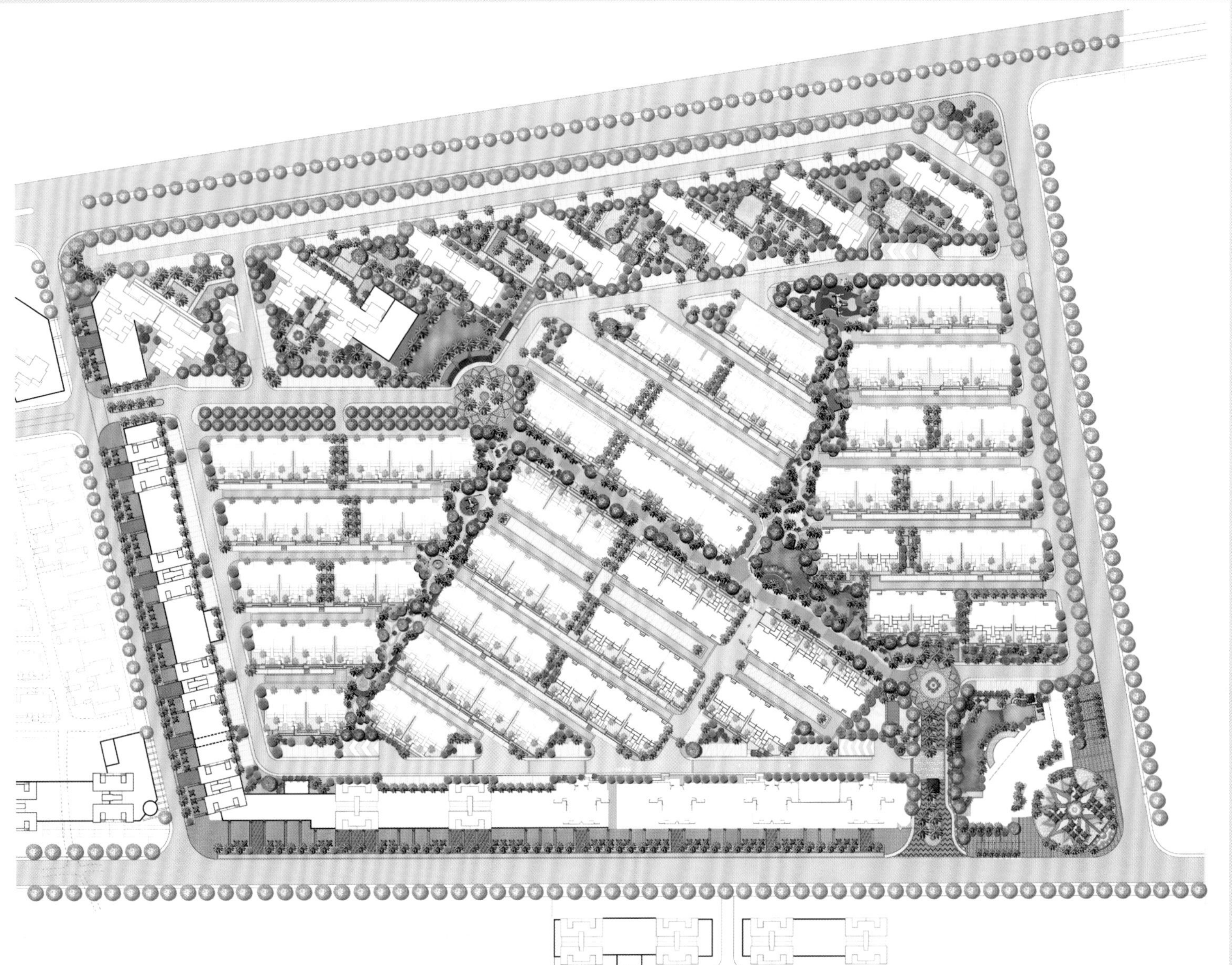

# 长沙四季星城

项目地点：湖南省长沙市
建筑设计：北京中联环建文建筑设计有限公司
主设计师：蔡善毅、薛文军、张雪晖、赵婷婷
占地面积：96 321 m²
总建筑面积：171 656 m²

四季星城位于万家丽北路东侧，北边临湘龙路，距离长沙市中心城区约10 km。周边有广电中心、湖南国际会展中心、世界之窗、海底世界、湖南国际会展中心酒店、湖南影视艺术学院和高尔夫球场，加之同时拥有优美自然风光和丰富的人文景观的洪山旅游区、浩瀚逾千亩全水景主题的月湖水上公园、西湖楼美食城、岳潭常永四方高速等，区域休闲、娱乐便利完备。

整个楼盘的外立面简约现代，格局大气方正，建筑空间、环境景观、户型设计等多个角度符合以人为本的设计规划理念，结合产品使空间系统化，功能组织整体化。

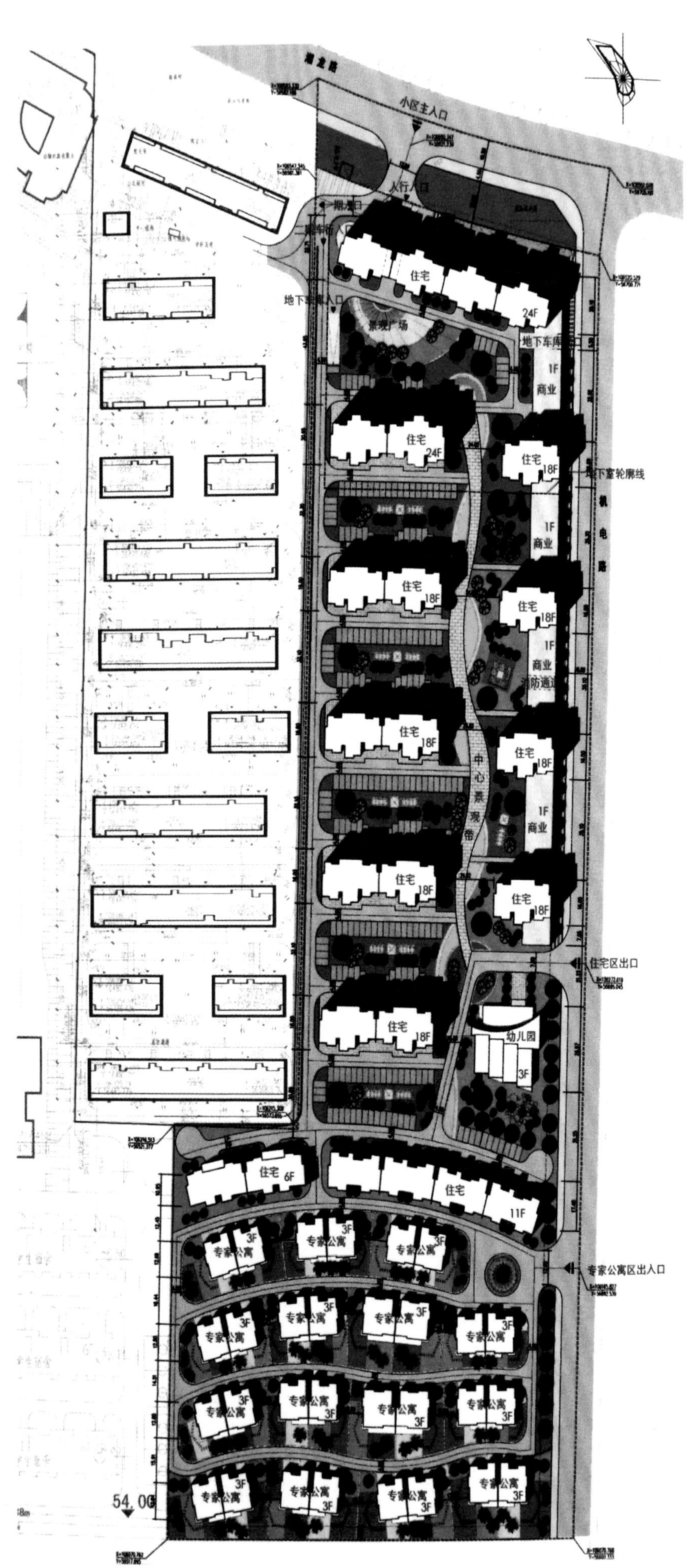

小区主入口
人行入口
一期入口
地下车库入口
景观广场
住宅 24F
地下车库
1F 商业
住宅 24F
住宅 18F
地下室轮廓线
机电路
1F 商业
住宅 18F
住宅 18F
1F 商业
消防通道
住宅 18F
住宅 18F
中心景观带
1F 商业
住宅 18F
住宅 18F
住宅区出口
幼儿园 3F
住宅 18F
住宅 6F
住宅 11F
专家公寓 3F
专家公寓区出入口
54.00

# 烟台东海金域蓝湾住宅小区（B区）

项目地点：山东省烟台市
规划/建筑设计：深圳市大唐世纪建筑设计事务所
占地面积：139 271.28 m²
总建筑面积：312 582.68 m²
容积率：2.24
绿化率：36.88%

东海金域蓝湾住宅小区（B区）项目位于山东省烟台市龙口碧海苑北侧，南面、东面为住宅区，北面、西面为大海。地势平坦，交通便利，景观价值极高。项目由5~6层多层、11层中高层和18层、26层、28层高层住宅及1层（局部3层）沿街商铺建筑组成。住宅部分由1~39号楼组成，在小区中间设有小型地下室作设备用房使用。

规划因地制宜，充分重视海景利用，采用点式、板式结合的布局模式，北面沿海边布置一排点式高层建筑，高层之间的缝隙为小区内部其他住宅塔楼提供观海视觉通廊，保证更多的户型拥有海景。点式为主结合高低错落的布局模式保证了户户都有好景观和好朝向，营造通透开敞的视觉效果。

商业布置主要以小区配套商业为主，裙房商业沿东、西、南三面临街布置，呼应东侧地块。商业主要为沿街小商铺的形式，可大可小，分隔灵活。结合北面人行次入口设置部分小商业，方便海滨休闲观光人员使用。

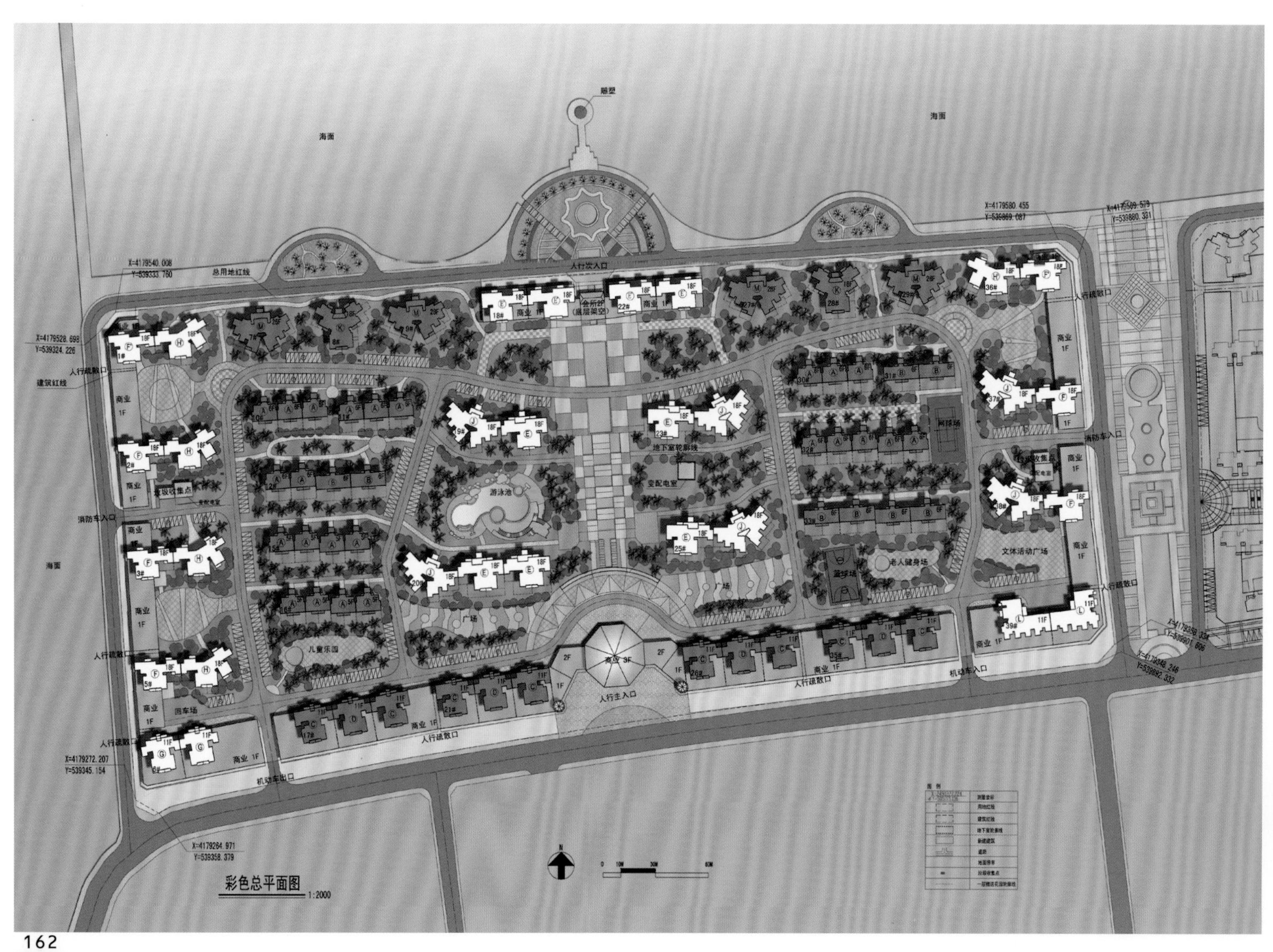


彩色总平面图 1:2000

鸟瞰图1

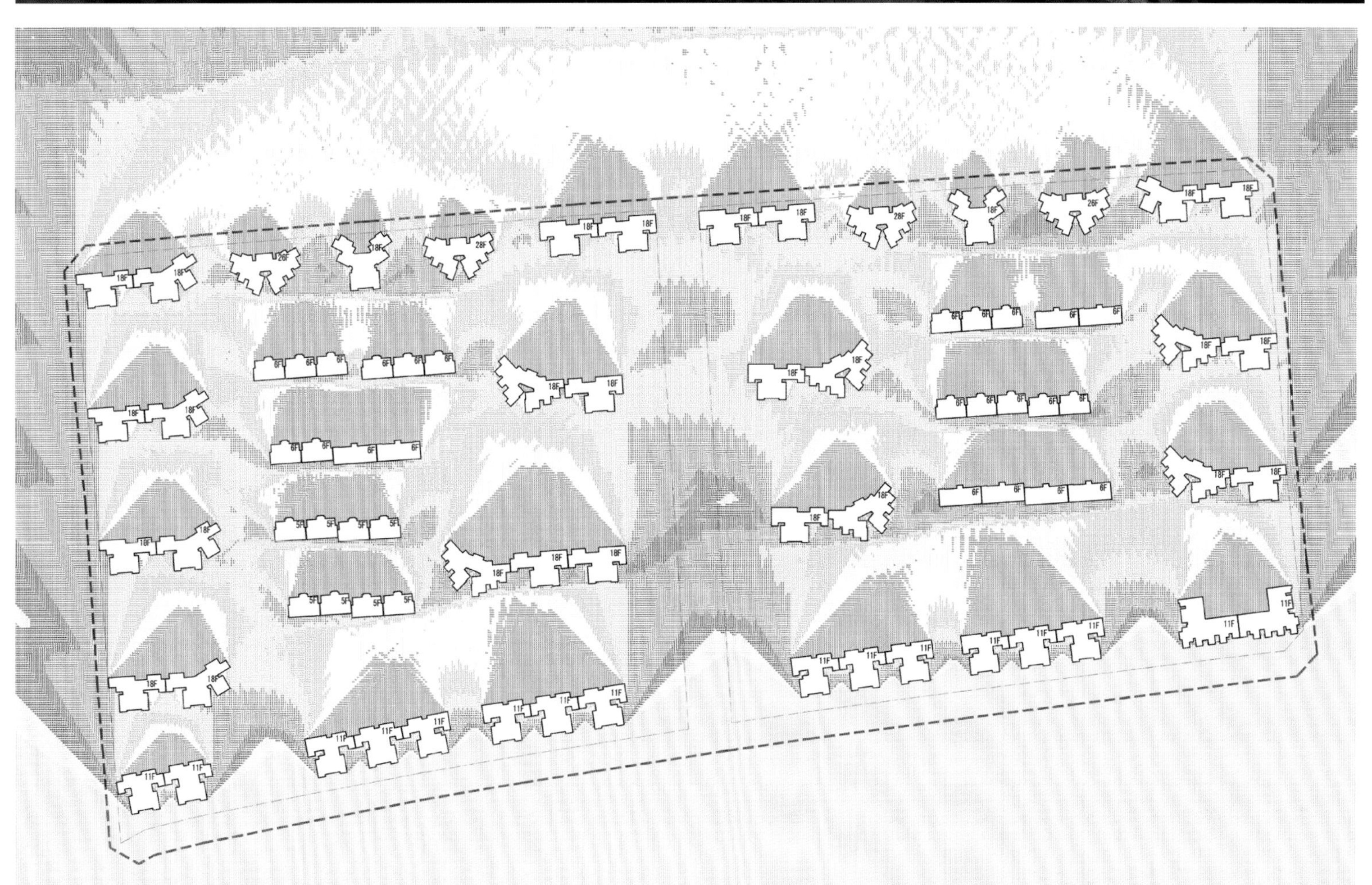

# 赣州黄金时代

项目地点：江西省赣州市章贡区
开发商：赣州市永德泰置业有限公司
建筑设计： 深圳市建筑设计研究总院
景观设计：理田国际（澳洲）建筑景观设计有限公司
占地面积：59 000 $m^2$
容积率：2.17
绿化率：40%

赣州黄金时代是赣州市大型的高端楼盘，其中小区园林景观面积是目前赣州市最大的。小区组团内配套十分完备，包括有海洋之星之称的室外泳池，有地中海风格的景观建筑，有人工塑造的假山、小桥流水、亭台。而且在绿化的设计上引进了广东棕榈科植被。设计师精心打造贯穿小区的中心景观核心轴，处处设景、步移景异、引人入胜。

设计引入地中海城邦邻里组团庭院。强调自然是贯穿所有建筑风格的主题，采用天然材料并精心设计，建筑与自然融为一体，如同大自然中的一员。地中海的建筑充满斑驳的色彩和丰富的质地，简朴、粗犷实用而又不失优雅。

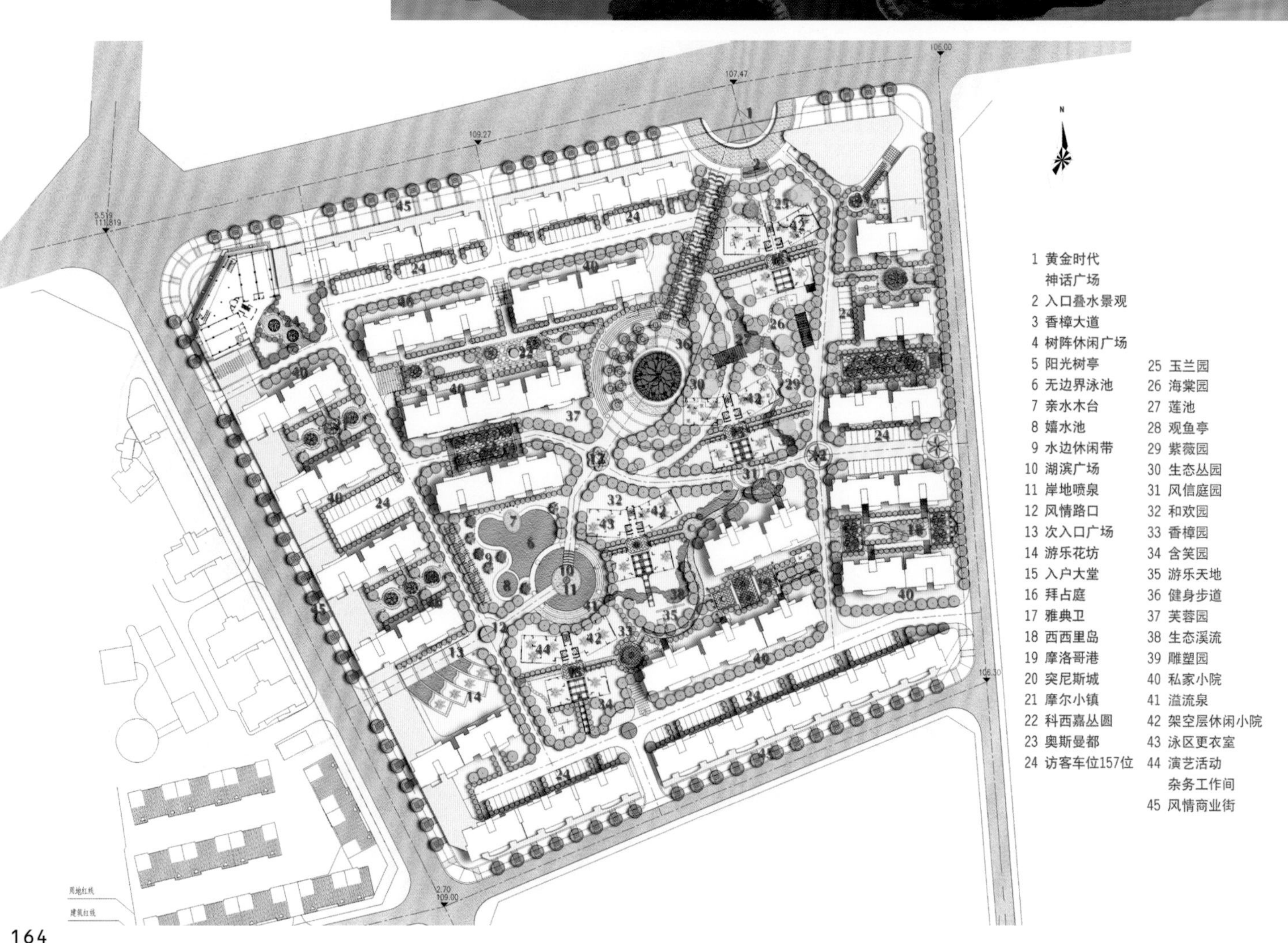

1 黄金时代神话广场
2 入口叠水景观
3 香樟大道
4 树阵休闲广场
5 阳光树亭
6 无边界泳池
7 亲水木台
8 嬉水池
9 水边休闲带
10 湖滨广场
11 岸地喷泉
12 风情路口
13 次入口广场
14 游乐花坊
15 入户大堂
16 拜占庭
17 雅典卫
18 西西里岛
19 摩洛哥港
20 突尼斯城
21 摩尔小镇
22 科西嘉丛圆
23 奥斯曼都
24 访客车位157位
25 玉兰园
26 海棠园
27 莲池
28 观鱼亭
29 紫薇园
30 生态丛园
31 风信庭园
32 和欢园
33 香樟园
34 含笑园
35 游乐天地
36 健身步道
37 芙蓉园
38 生态溪流
39 雕塑园
40 私家小院
41 溢流泉
42 架空层休闲小院
43 泳区更衣室
44 演艺活动杂务工作间
45 风情商业街

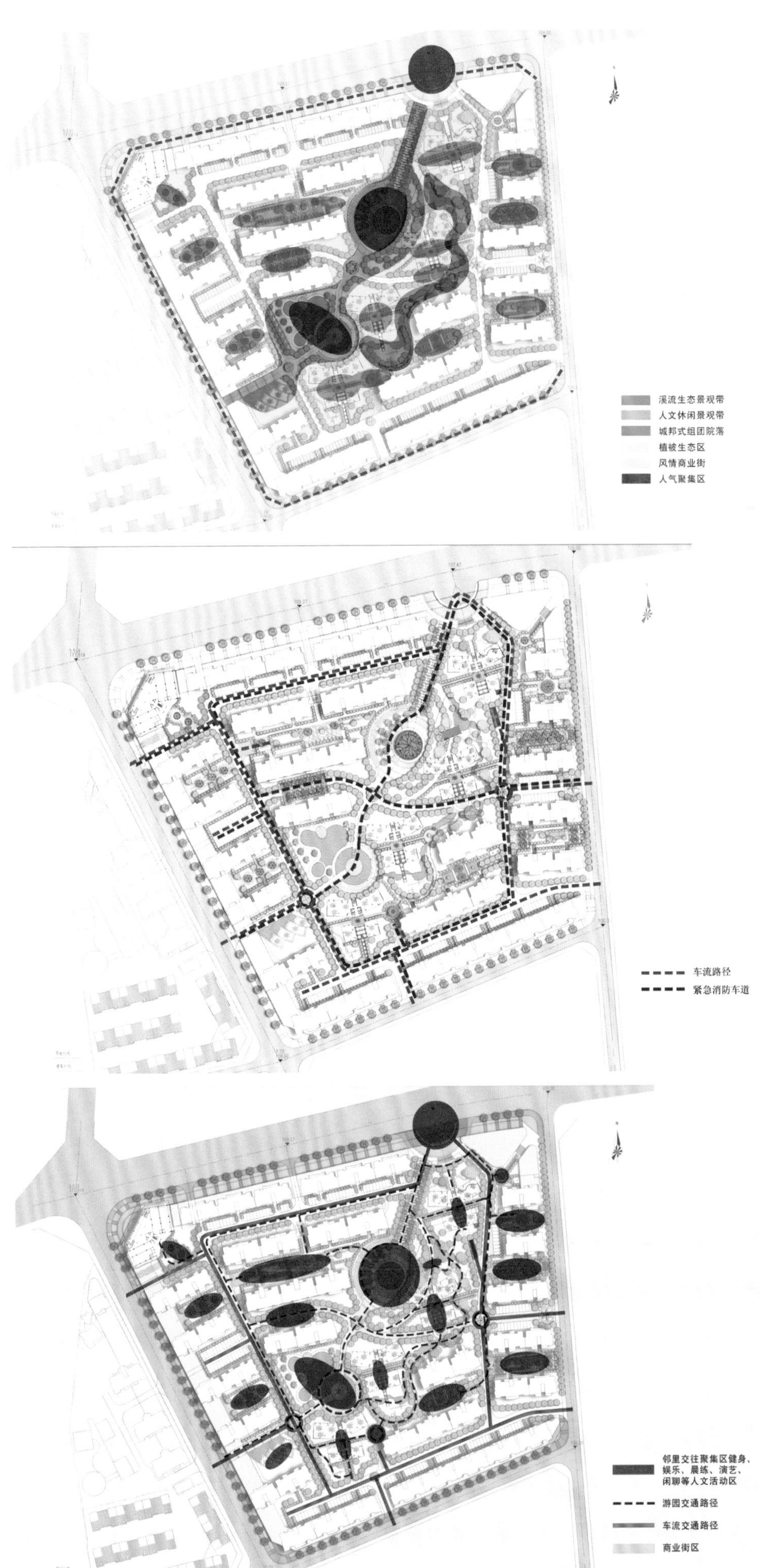
溪流生态景观带
人文休闲景观带
城邦式组团院落
植被生态区
风情商业街
人气聚集区
车流路径
紧急消防车道
邻里交往聚集区健身、娱乐、晨练、演艺、闲聊等人文活动区
游园交通路径
车流交通路径
商业街区

# 广州力迅上筑

项目地点：广东省广州市珠江新城
建筑设计：瀚华建筑设计有限公司
占地面积：27 452 m²
总建筑面积：110 727 m²

设计从整体环境入手逐渐展开，以对人居生活形态的理解为核心，创造人与空间和谐相适的所在。总体规划中按西北高、东南低布置，将东南风自然引入到中心园区。中心园林采用立体园林概念布置，通过架空的露天泳池、悬挑的长廊，打破传统园林布局平板的概念。

户型设计上巧用心思。A、B、C栋均设有户内花园，并通过与相邻储藏间上下两层的左右置换，使花园层高达到3.8 m。D栋户型层高4.05 m，使客厅高度能满足大空间的要求，并利用住宅卧室仅需3 m的实际使用功能，在上下两层间形成局部2.1 m高的储藏空间。

小区建筑采用现代简约主义风格，采用大面积落地玻璃窗，通过架空层、凸窗、屋顶造型及横向饰线使建筑造型新颖独特，有强烈的立体感。黑白灰色调的立面在阳台和花园绿化的点缀下显得雅致而时尚。

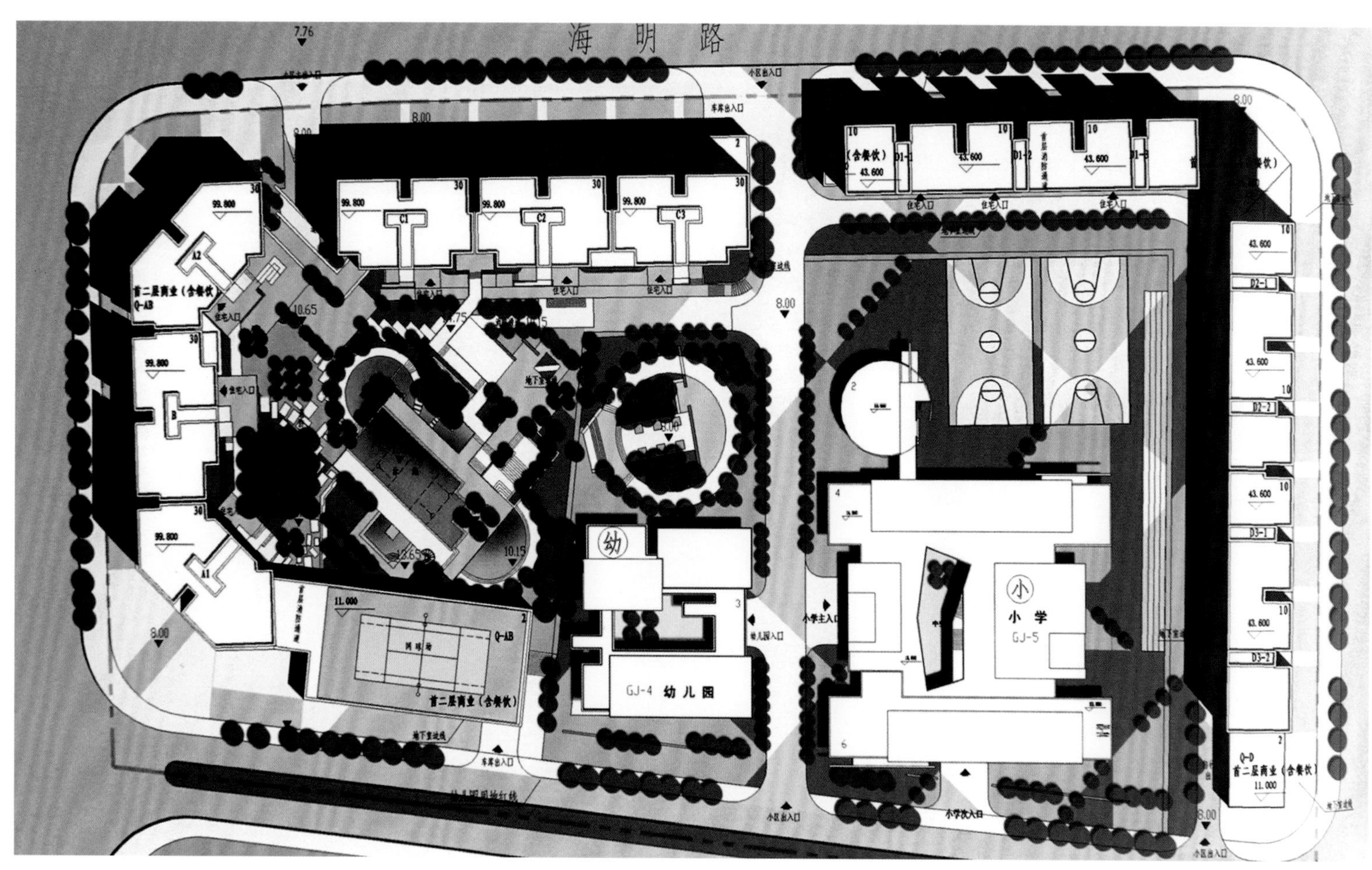

# 上海南翔站

项目地点：上海市
开发商：上海中冶祥佳投资有限公司
建筑设计：上海现代建筑设计（集团）有限公司规划设计研究院
主设计师：熊伟、黄明星、冯晶、吴友楷
占地面积：54 000 $m^2$
总建筑面积：59 000 $m^2$
容积率：2.44

设计采用“三片、三中心、整合型”的规划结构：从区块上分成居住片区、商业片区和公寓SOHO片区三个大块，各自相对独立，但又保持紧密的连接关系。结合这三个片区，安排三个中心开放空间。居住片区的中心设计中央水景绿化空间，商业片区中设置中心商业广场，公寓SOHO区结合轨道交通安排大型复合公共空间序列。所谓整合即各个功能块在水平分区的基础上增加空间上的叠合，充分利用空间，将地块商业价值发挥到极限。

项目由于在南翔古镇，建筑的高度受到一定的控制，超高层的建筑设计压力较大，过于庞大的体量与古镇的形象也有一定的冲突，因此可能的标志性会考虑在群体建筑与异形建筑中选择。设计人员从经济性上考虑，排除了异形建筑的方式，采用群体建筑组合的方式，使其达到标志性的效果。

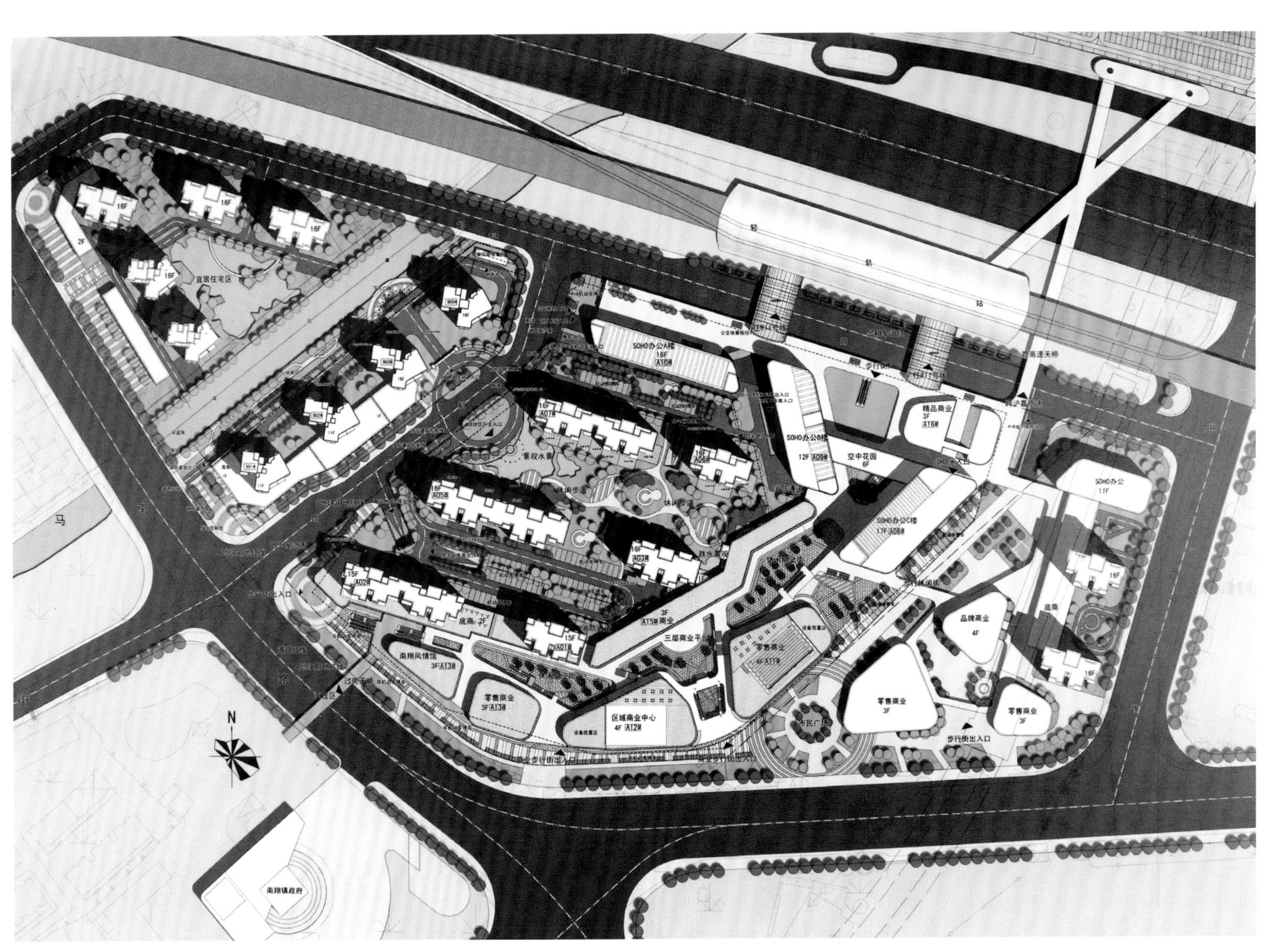

# 青岛海尔山海湾

项目地点：山东省青岛市
开发商：青岛海尔物业发展有限公司
规划/建筑设计：上海联创建筑设计有限公司
景观设计：朗石（香港）景观设计有限公司

项目位于青岛市西海岸经济技术开发区凤凰岛旅游度假区的核心位置，紧邻滨海大道和嘉陵江路，连接安子码头，距金沙滩不到1 000 m，距青岛市南区有10分钟车程。海尔山海湾旅游资源非常丰富，与国家4A级凤凰岛旅游度假景区金沙滩、银沙滩为邻。

海尔山海湾一期共建有12个楼座，340套住宅。全部为带电梯的花园洋房，面积从70~180 m²不等。一期建筑风格整体采用纯粹意大利托斯卡纳风情，外立面色彩设计采用浅黄色与石材原色相结合，体现了原味的托斯卡纳建筑色彩元素，一至二层采用天然石材墙面，二层以上为手刷外墙，体现了托斯卡纳的传统建筑工艺。建筑外立面采用层层退台、户户露台设计，使每家每户最大化地享有社区景观。

海尔山海湾一期社区的景观设计采用双轴、双心、多组团的设计理念，一楼一花园，一步一风景。社区两个主要入口，西侧入口为佛罗伦萨广场，是社区精神的集中体现；南部入口为锡耶纳广场，完美呈现了锡耶纳的田园风情。

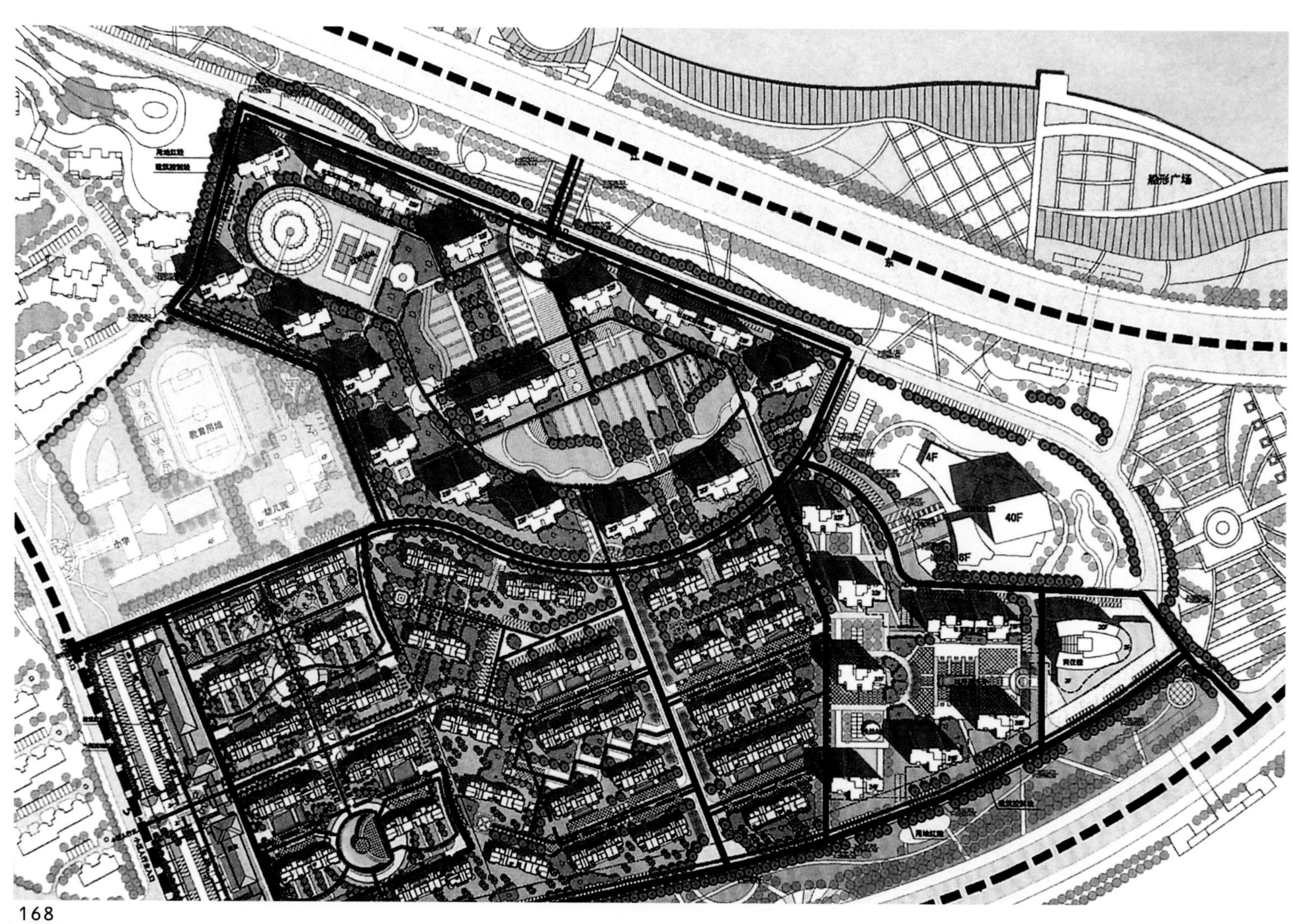

# 上海海上国际花园

项目地点：上海市
建筑设计：ANS国际建筑设计与顾问有限公司
主设计师：宓立军
占地面积：104 000 $m^2$
总建筑面积：159 583 $m^2$

项目是由叠加别墅和小高层住宅组成的复合型社区，在总体规划和户型设计中均具有鲜明特色。在总体规划中按照南高北低的空间布局，南面设置叠加别墅，北面设置带空中花园的小高层户型，使景观资源利用得到最大化。在外立面设计中，借鉴并继承了老上海公寓和花园洋房的要素，给人一种回归和怀旧的氛围。

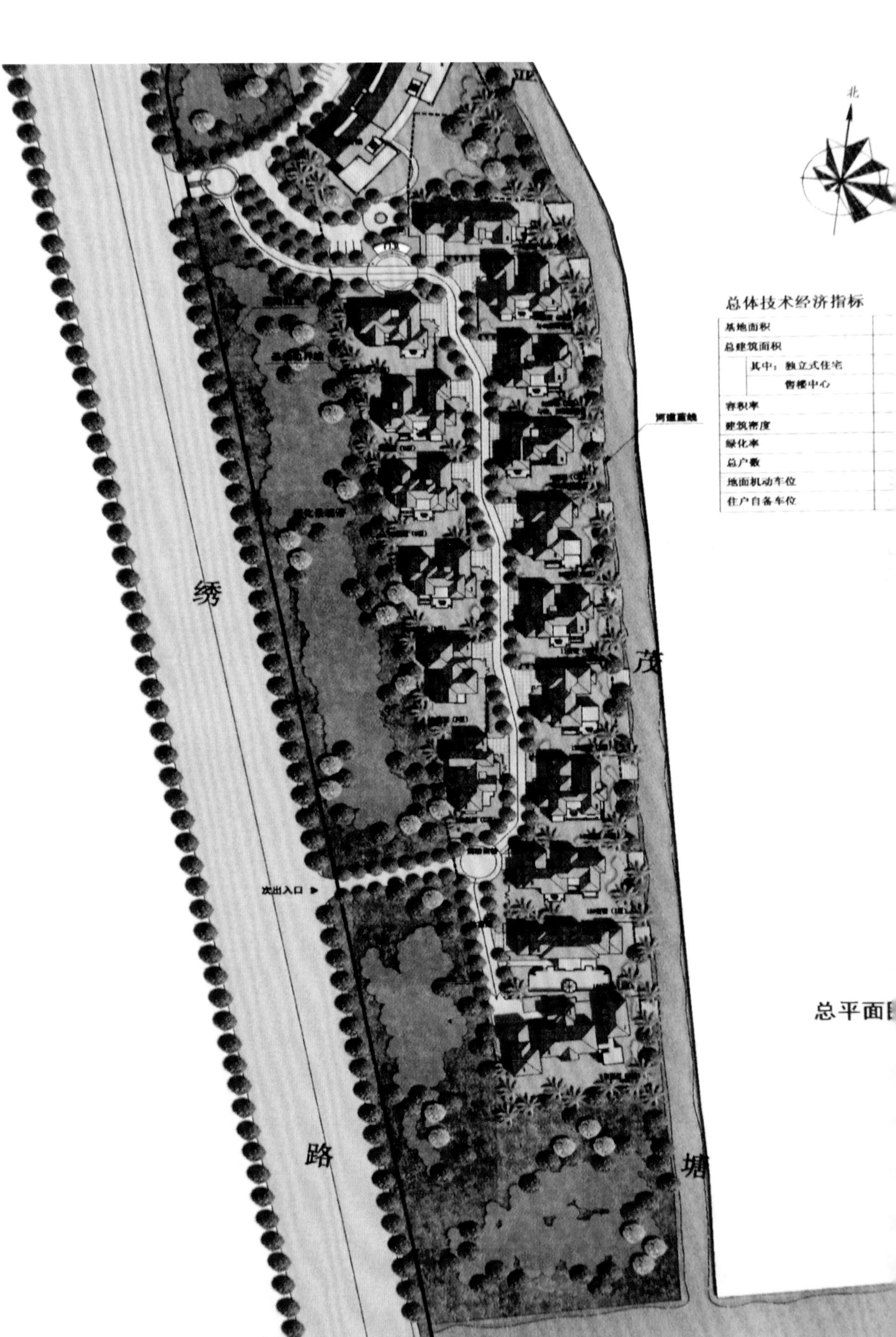

# 青啤地产海都园

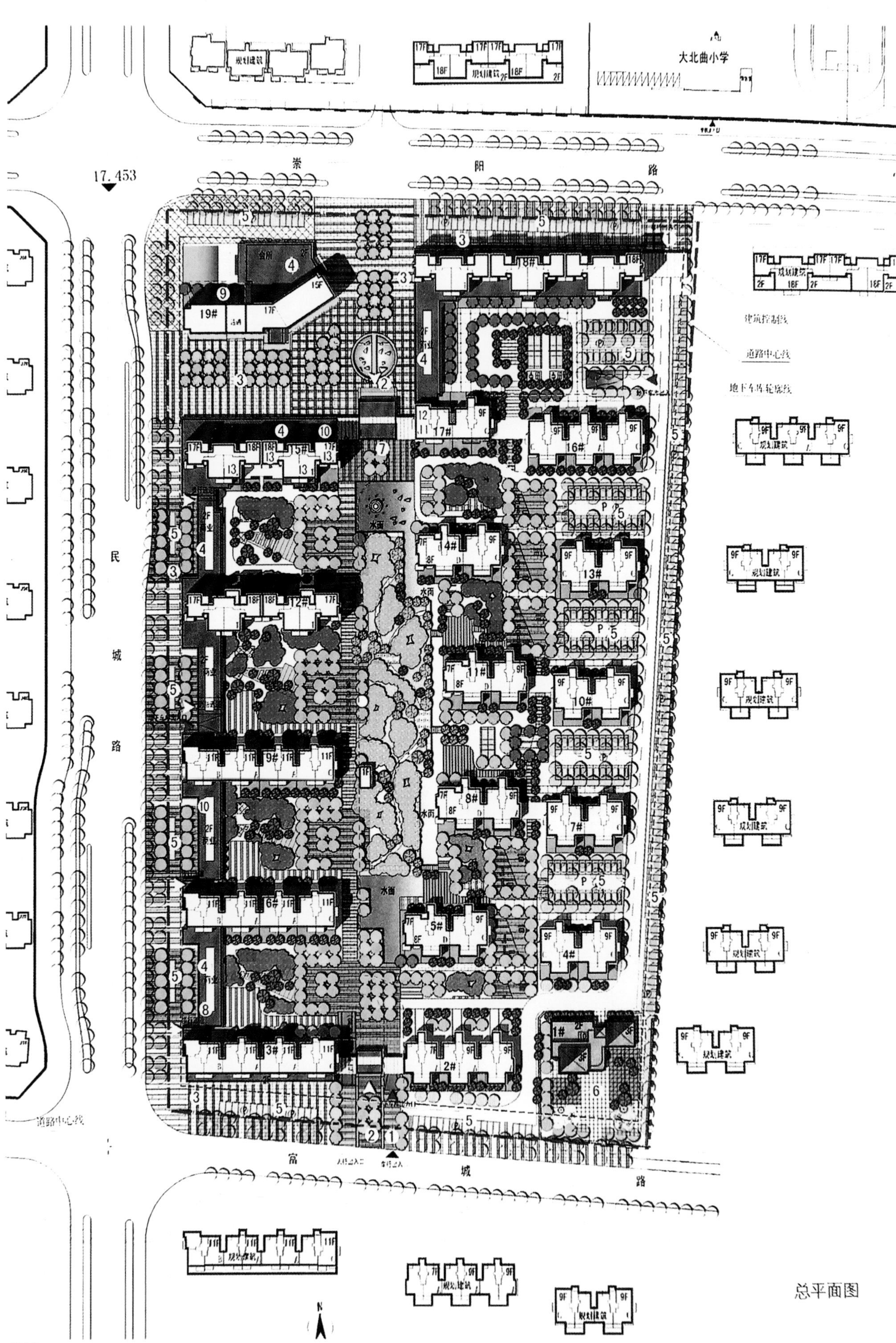


总平面图

项目地点：山东省青岛市
开发商：青岛啤酒地产控股有限公司
规划设计：北京合众国际建筑设计事务所
建筑设计：北京合众国际建筑设计事务所
北京中环世纪工程设计责任有限公司
景观设计：青岛璟赫环境设计有限公司

青啤地产海都园项目位于城阳区城阳街道北曲东社区，民城路东侧，崇阳路南侧。项目占地面积71 525m²，总建筑面积约17.13万 m²，其中地上建筑面积13.56万 m²，地下建筑面积约3.57万 m²。项目规划建设19栋楼，包括住宅、商业网点及配套设施。

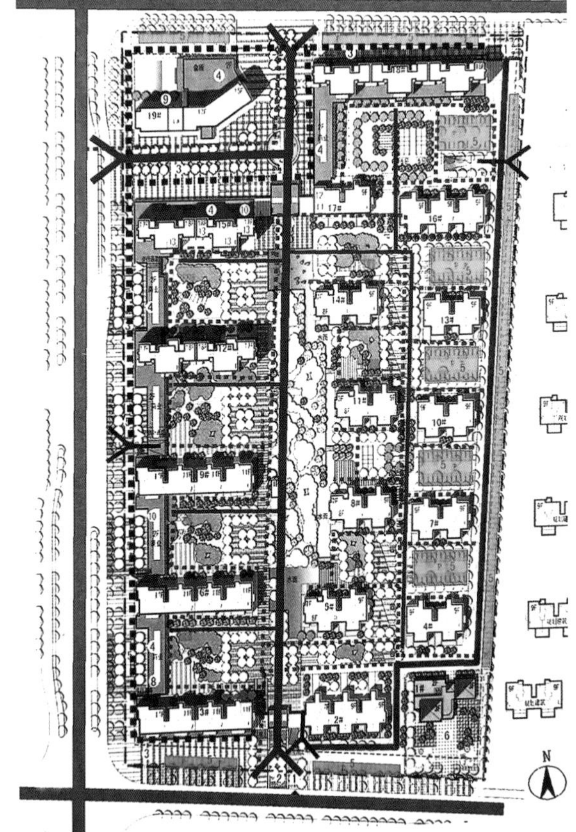
交通分析图

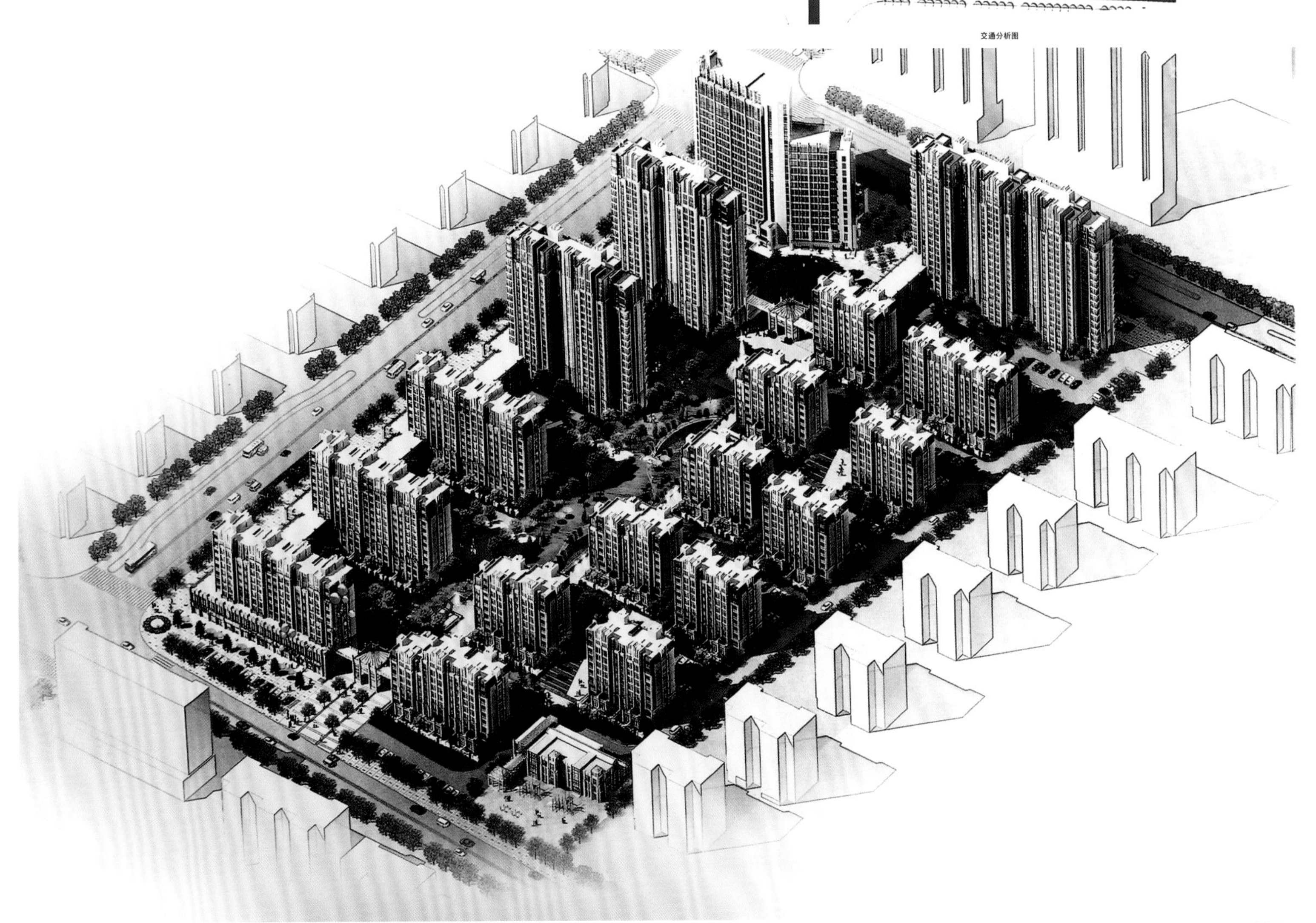

# 河津海华名园

项目地点：山西省河津市
开发商：河津市海华名园房地产开发有限公司
建筑设计：山西省建筑设计研究院
景观设计：理田国际（澳洲）建筑景观与室内设计有限公司
占地面积：98 000 m²
容积率：2.1
绿化率：35%

河津海华名园是山西运城比较经典的楼盘之一。A区、C区为多层住宅建筑群，D区是高层住宅楼，中间设立宽敞的绿地游园，为整个楼盘提供了强大的绿肺。大开大合的景观布局，融入现代科学的绿地规划思想，结合中国传统的设计元素与现代的表象手法，营造一个舒适的，自然生态的居住环境。设计上通过各种形态各异的水池、叠水和喷泉、浓密的景观植物、形态优美的景石、特色亭子廊架，打造成具有浓厚现代色彩的中土园林景观。景观上还配合人们的日常使用功能，通过绿化组团分割开建筑群，其中既设有宽敞的商业娱乐广场，又有开阔的疏林草地，满足人们生活娱乐的动态空间以及休憩漫步的静态空间。

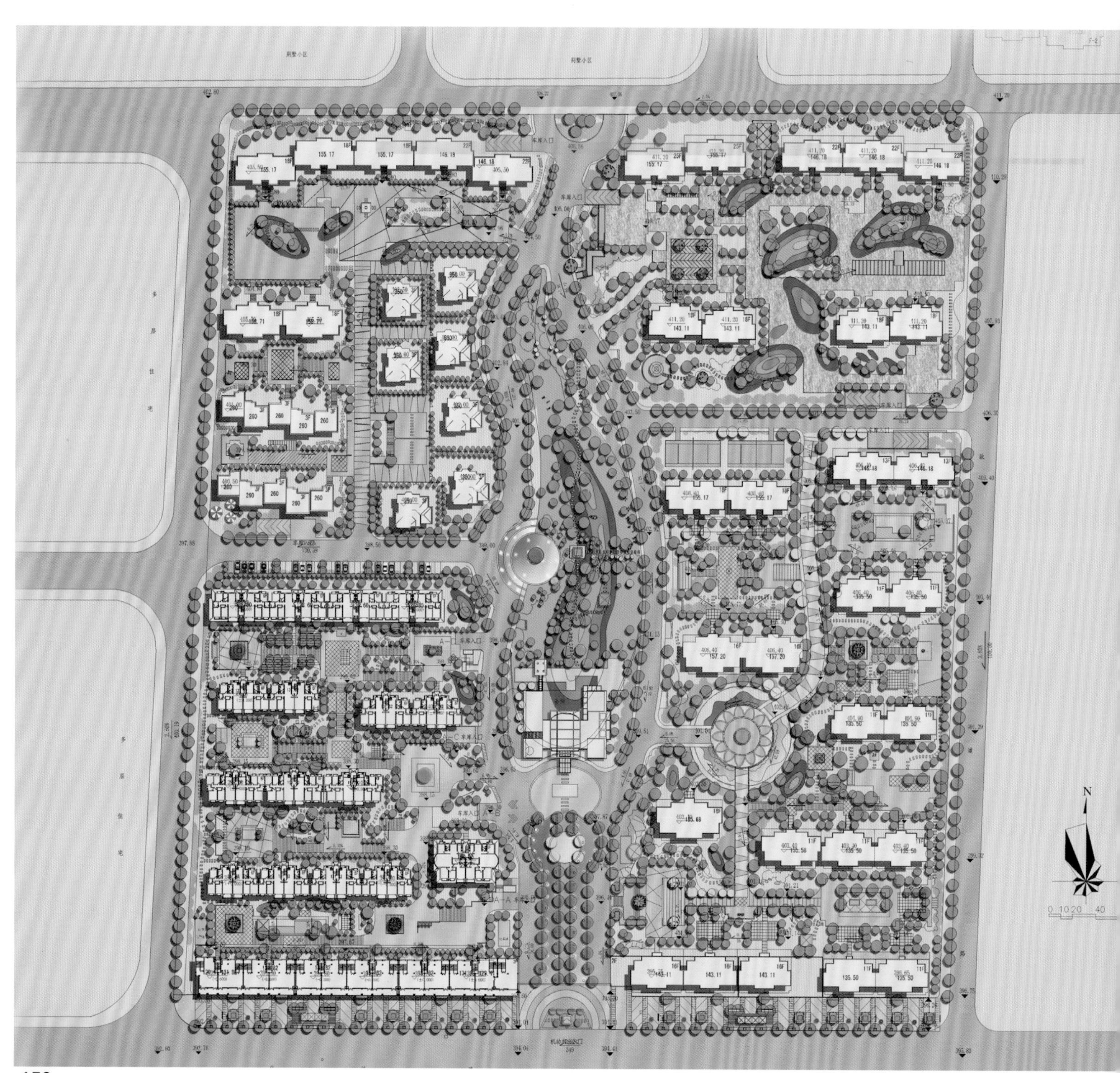

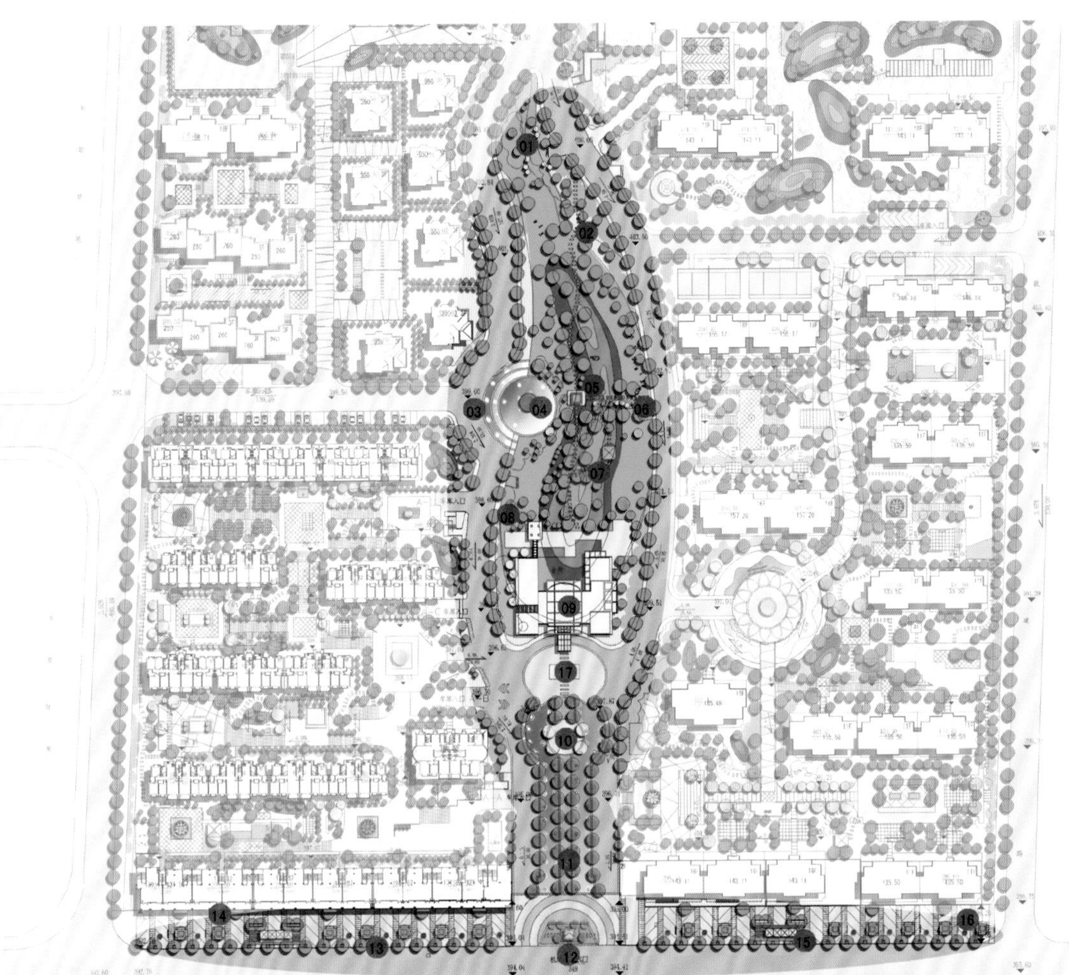

01、竹子林
02、小径红稀
03、叠水池
04、水景雕塑
05、眺望塔
06、花间步道
07、风雨亭
08、阳光草坪
09、会所
10、休闲广场
11、林下小憩
12、主入口雕塑
13、特色树池
14、特色铺地
15、生态遮阳伞
16、花钵
17、露天活动广场

01、边缘浮萍
02、澹泊宁静苑
03、书香园
04、林荫道
05、梅溪烟雨
06、庭院深深
07、亲子游乐园
08、亲水台
09、飕风亭
10、楚山春晚
11、林下小憩
12、芳草连天
13、梦里花开
14、草暗斜川
15、脾廊
16、方竹池
17、邻里馨苑
18、鸟语花香亭

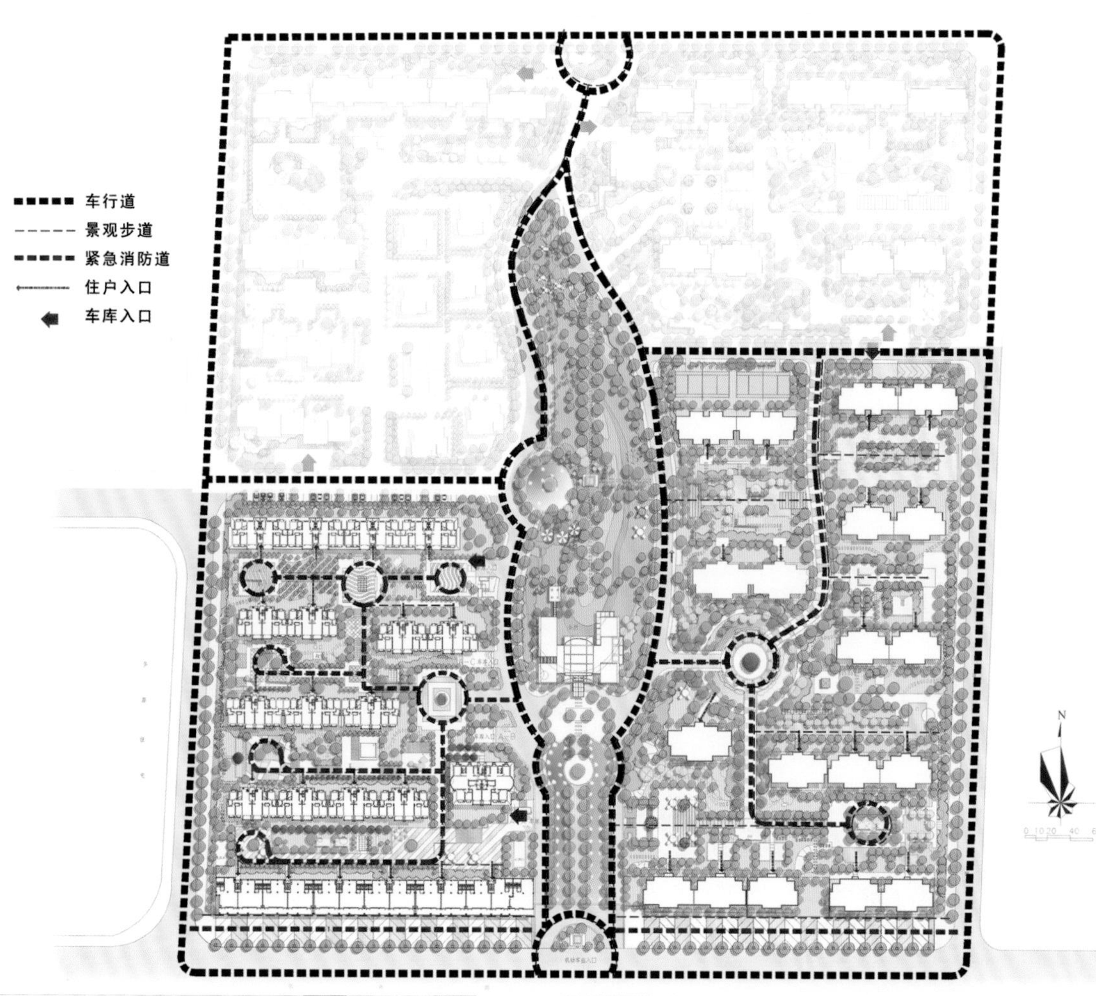
车行道
景观步道
紧急消防道
住户入口
车库入口
N

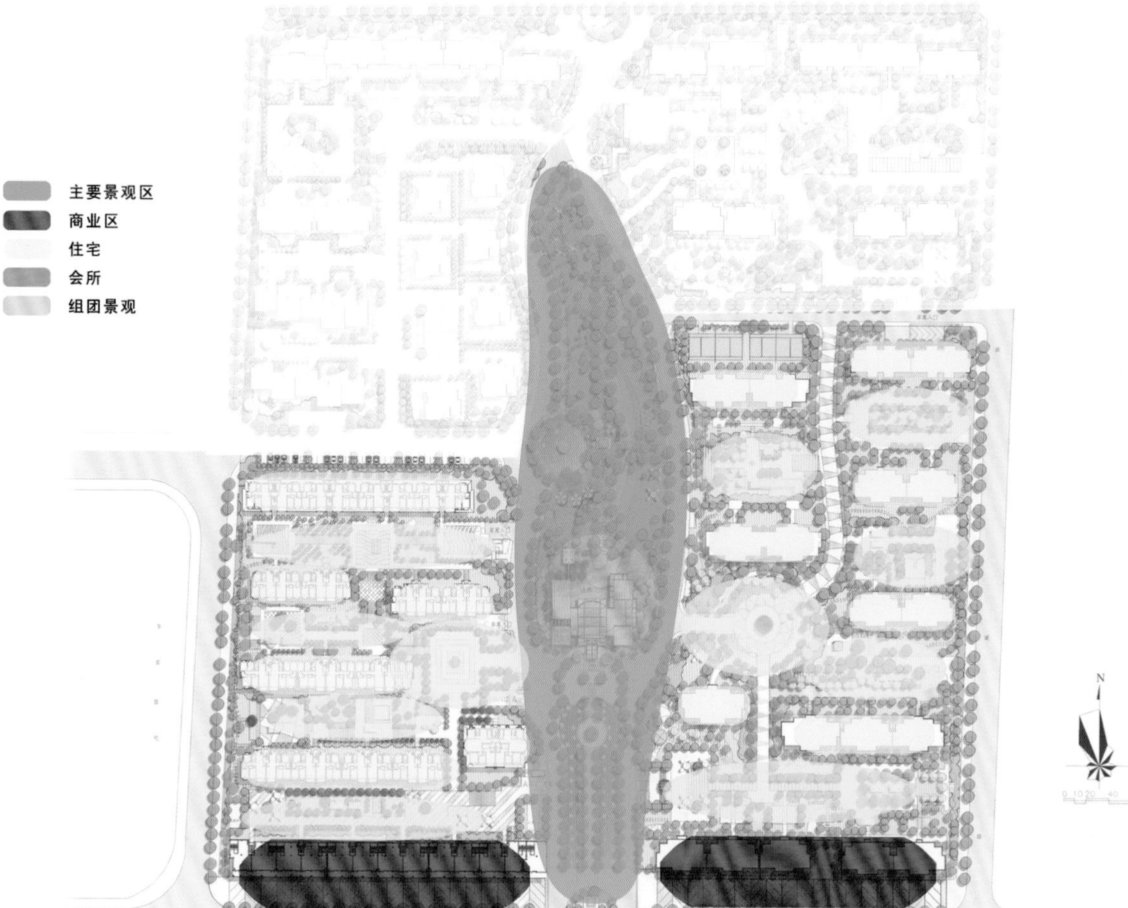
主要景观区
商业区
住宅
会所
组团景观
N

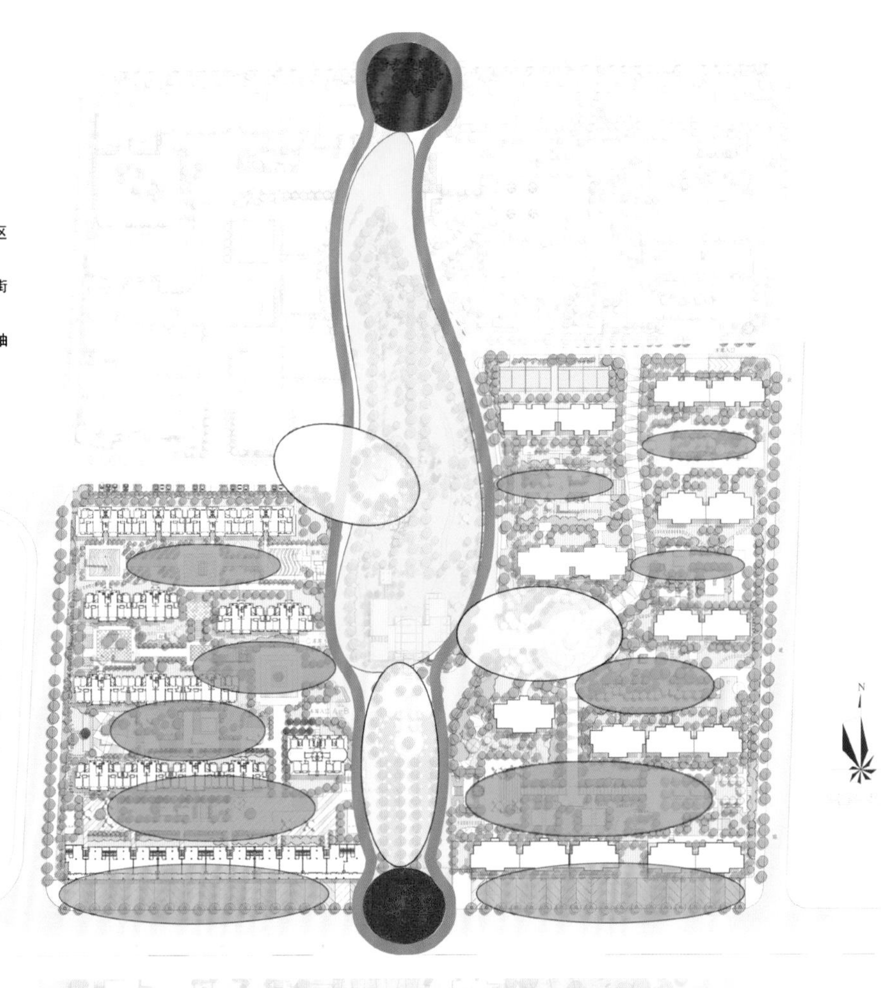

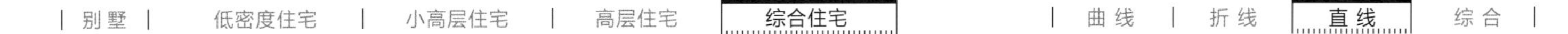

01、绿茵幽幽广场
02、古道寻芳
03、古树
04、月下涌水池
05、小缓坡
06、榕榕绿意
07、景观铺砖
08、揽月亭
09、芳菲苑
10、玉泉亭
11、聚香堂
12、时光回廊
13、又一春
14、黄栌一簇
15、荷露浣晴
16、揽月亭
17、秋风含笑

# 上海金地回忆

项目地点：上海市
开发商：上海金地宝山房地产发展有限公司
规划设计：上海柏涛建筑设计咨询有限公司
建筑设计：上海中森建筑与工程设计顾问有限公司
景观设计：普利斯设计咨询（上海）有限公司

金地回忆是一个大型的低密度、低碳复合型社区，总占地面积约为130万 $m^2$，整个社区的绿化面积将近80万 $m^2$，有上百种植物、约2万棵树木。项目拥有两个运动主题会所及其他的健身配套设施。

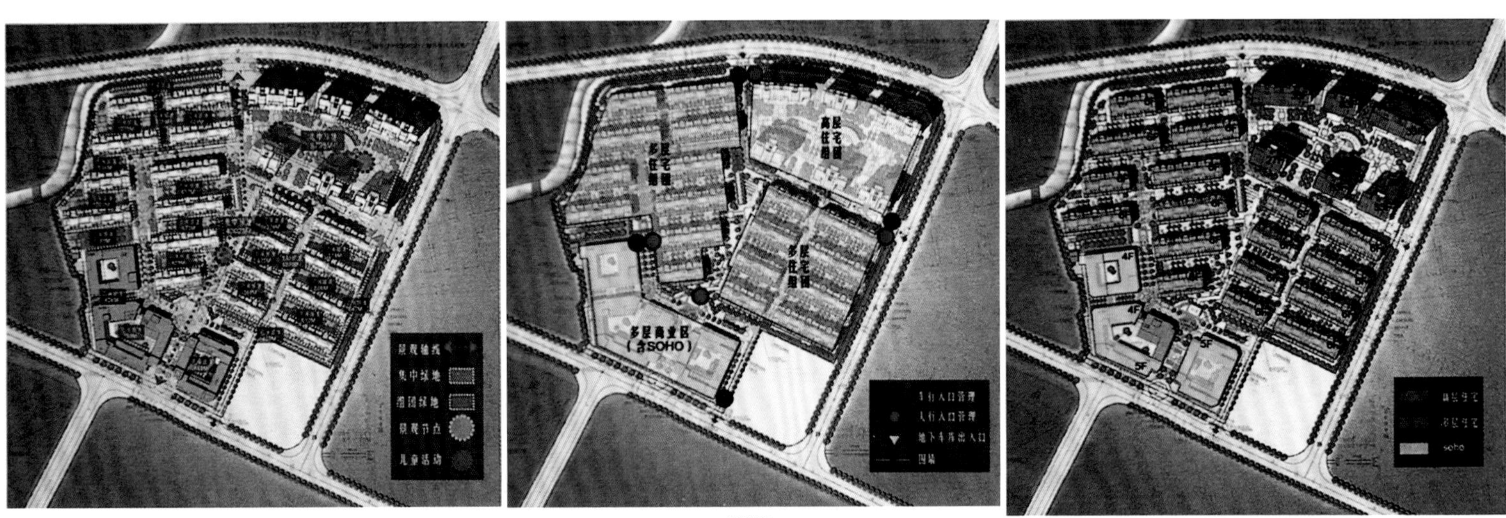


绿化景观图

物管分区图

产品分区图

# 沈阳金地·檀郡

项目地点：辽宁省沈阳市
开发商：金地集团（沈阳）房地产开发有限公司
占地面积：93 900 m²
总建筑面积：140 000 m²
容积率：1.5
绿化率：35%

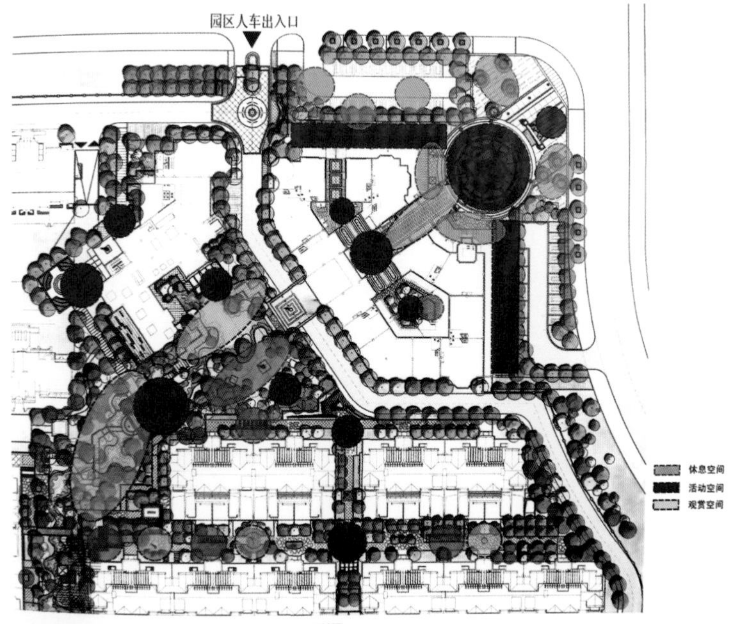

空间分析图

金地·檀郡项目位于沈阳金廊龙头，隶属于沈阳南大门核心要塞，与会展中心、奥体中心隔街相望，是浑南的核心腹地。项目周边交通便利。

项目产品类型以金地"第七代坡地花园洋房"为主，辅以3栋小高层、4栋景观高层，是延续金地一贯"低密"产品规划风格的又一力作。项目采用英伦建筑风格，把英国百年传承的经典建筑精髓移植本土，致力于打造值得沈阳人世代传承的收藏臻品。

项目的园林以台地园林为主，抬高了水平线，人为地打造高低错落的景观视觉效果。项目内部设有近5 000m²的专属业主会所，会所内设有室内恒温游泳池、数码电影厅、家庭体验中心、棋牌室、健身中心等。项目设有三重入户门、层层重叠，保证私密性。

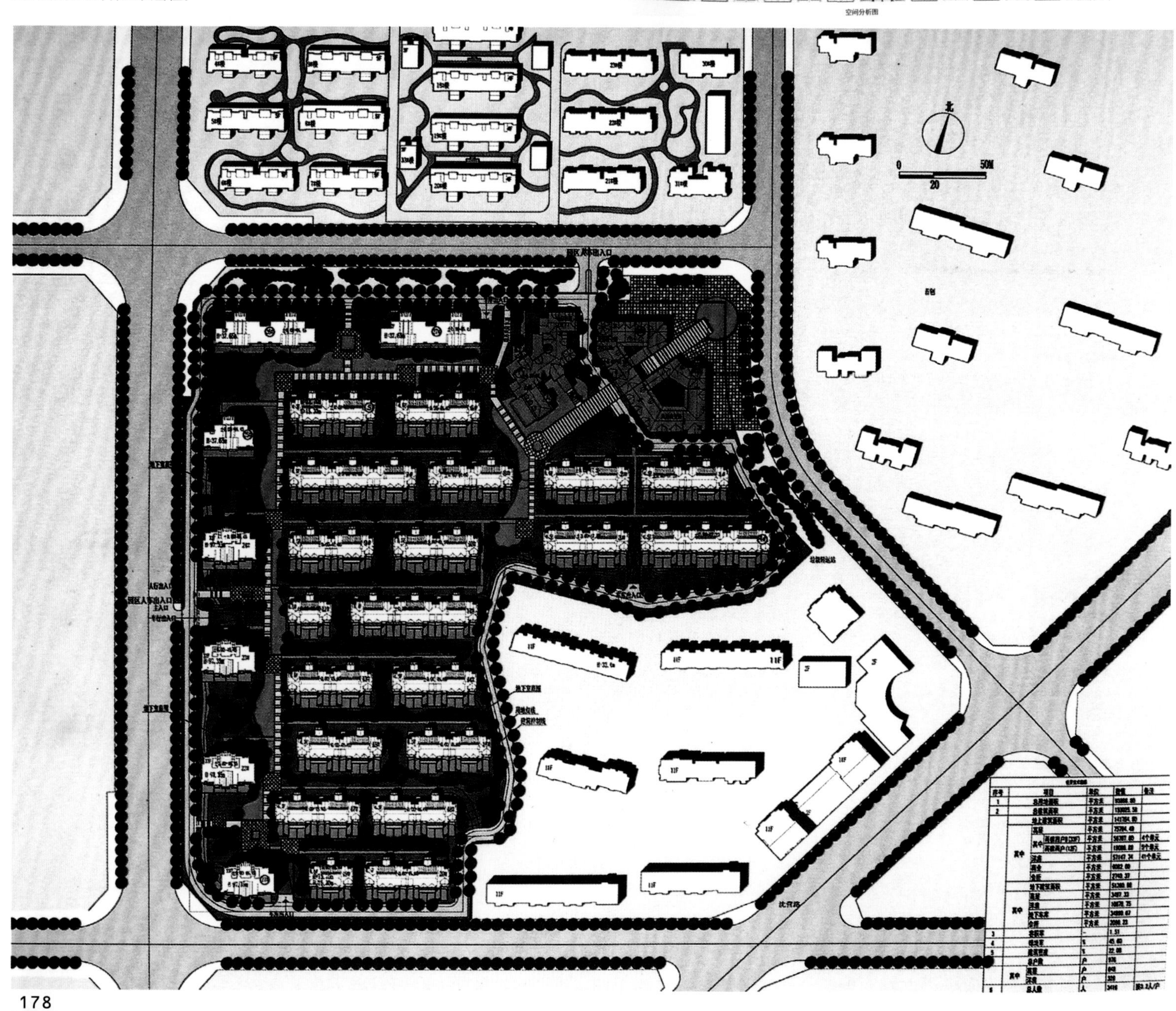

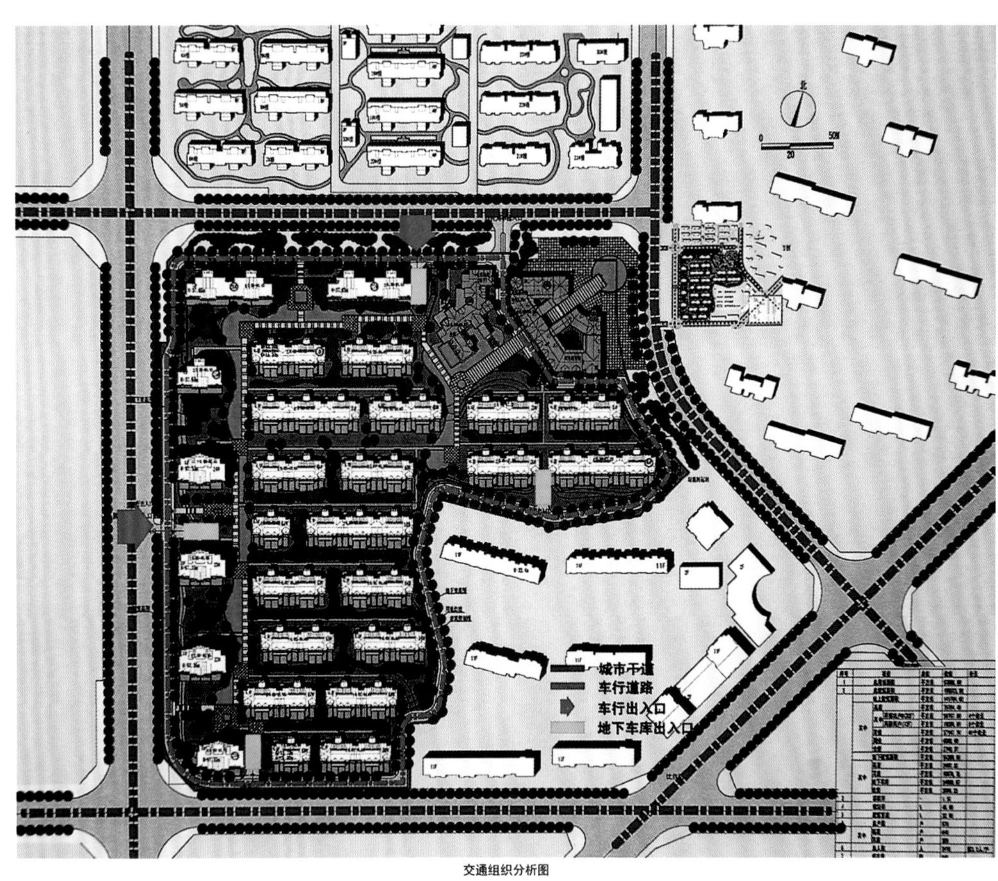


交通组织分析图

# 石家庄天山新公爵

项目地点：河北省石家庄市
开发商：河北天山房地产开发有限公司
规划设计：上海柏涛建筑设计咨询有限公司
建筑设计：河北建筑设计研究院有限责任公司
景观设计：贝尔高林国际（香港）有限公司

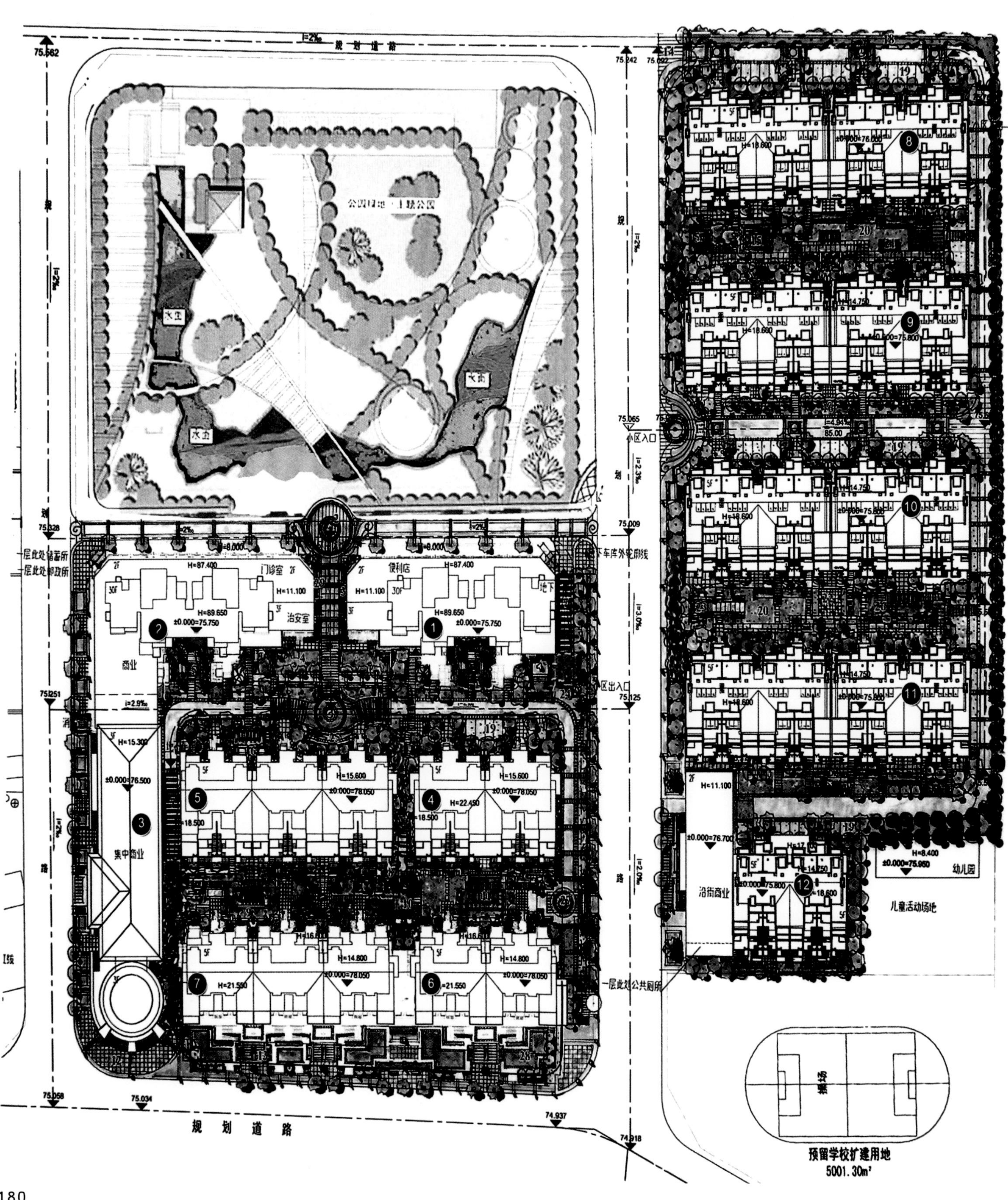

天山新公爵位于中华北大街与和平路交口北行1 000 m。项目不但处于省会西北部重要居住区核心地段，而且处在中华北大街这一省会二级商业圈内，无工业"三废"污染，是二环以内的稀缺型"中央核心居住区（CLD）"。

天山新公爵的建筑风格为英式风格建筑，外立面立意新颖；建筑造型别致雅量，具有市场冲击力。产品结构主要由住宅、商业两大物业类型组成，其中，住宅规划由六栋多层带电梯花园洋房、四栋高层组成，有50～200 m²多种户型供选择；商业规划既有小区配套的社区商业，又有辐射圈较大的大型独立商业，融入中华北大街这一省会二级商业圈之核心地段，与之互促共荣。

总建筑面积只有8万 m²的小区还规划有幼儿园、占地5 000 m²的小学以及高级休闲会所等豪华配套设施，配套完善至极。小区北侧将建市政公共绿地，有助于提高社区环境质量。

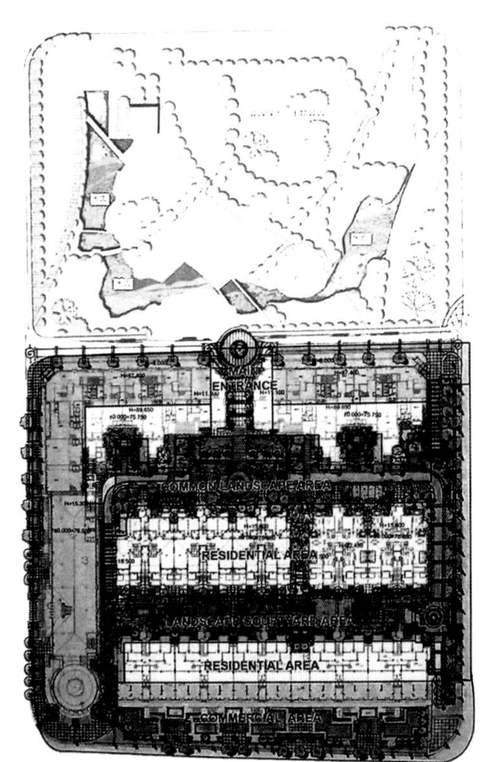


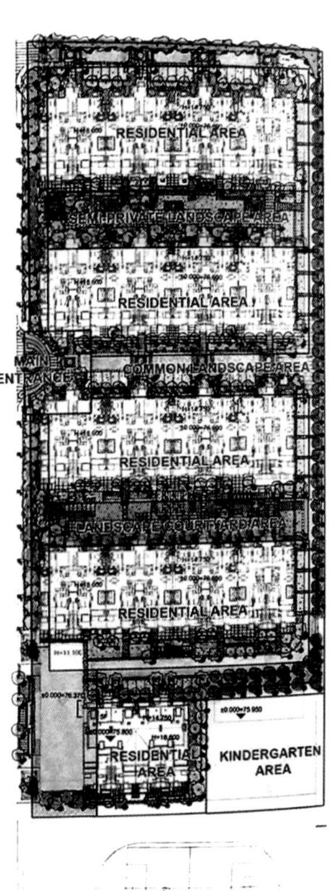


功能分析图

# 珠海时代·山湖海

项目地点：广东省珠海市金湾区
开发商：时代地产
占地面积：177 278.6 m²
总建筑面积：399 760.1 m²
容积率：1.8
绿化率：35%

时代·山湖海项目区域优势突出，位于金湾区机场东路政府重点土地储备区域——西湖城区，是珠海西部未来的中心城区。紧邻规划中的金湾区政府，并且同时拥有山、海、高尔夫球场等多重景观。

项目总建筑面积近40万m²，是由多层电梯洋房、高层海景住宅、大型社区活动中心、商业街、幼儿园组成的超大规模综合社区。时代·山湖海首期建设金湾区最大型的近万平方米的社区会所，配套泳池、健身房、舞蹈室、棋牌室、室内羽毛球馆、桌球室、乒乓球、儿童活动中心、美术馆、阅览室、便利店、餐厅、书店等一应俱全。

时代·山湖海采用立体式建筑组合，多层住宅形成私密的街巷，享有丰富的半独立组团园林。高层对多层构成半围合空间，最大化地利用周边景观资源。点式高层和多层通过中心园林结合在一起，形成点线面的有机组合。综合考虑通风、日照，同时使得空间生动有趣，让业主在其中感受到建筑的魅力。园林总体空间布局风格现代、简洁，与自然生态相结合，顺应“绿色环保”潮流，引入“生态景观”概念，使自然界的阳光、风、植物、湿地等与人更亲近，噪声和污染远去。

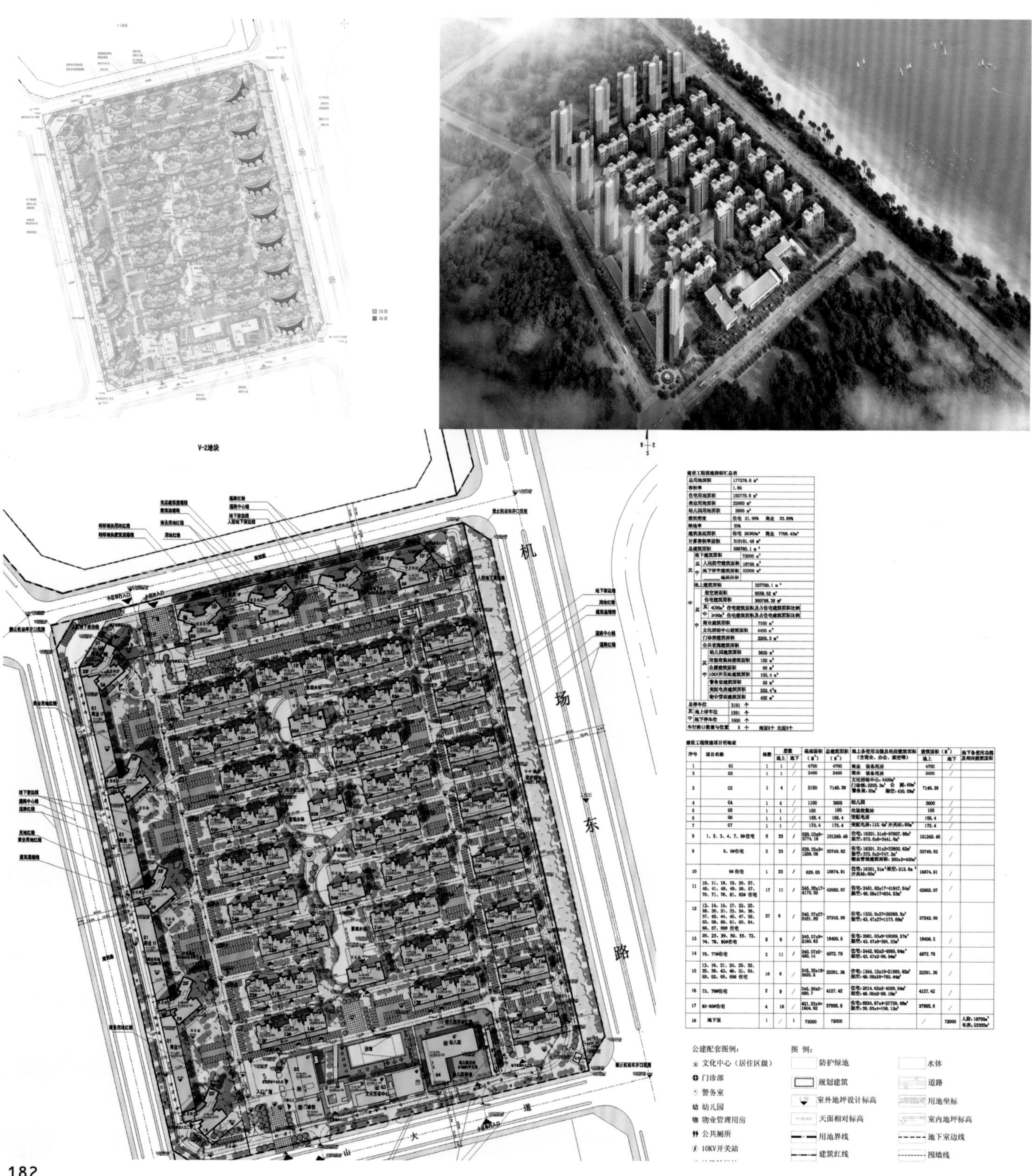


建设工程报建指标汇总表

|  | | | |  |
|---|---|---|---|---|
| 总用地面积 | | | | 177278.6 m² |
| 容积率 | | | | 1.80 |
| 住宅用地面积 | | | | 150778.6 m² |
| 商业用地面积 | | | | 22900 m² |
| 幼儿园用地面积 | | | | 3600 m² |
| 建筑密度 | | | | 住宅 21.98%　商业 33.89% |
| 绿地率 | | | | 35% |
| 建筑基底面积 | | | | 住宅 29360m²　商业 7768.43m² |
| 计算容积率面积 | | | | 319101.48 m² |
| 总建筑面积 | | | | 399760.1 m² |
| 其中 | 地下建筑面积 | | | 72000 m² |
| | 其中 | 人民防空建筑面积 | | 18700 m² |
| | | 地下停车建筑面积 | | 53300 m² |
| | | ______建筑面积 | | |
| | 地上建筑面积 | | | 327760.1 m² |
| | 其中 | 架空层面积 | | 8658.52 m² |
| | | 住宅建筑面积 | | 300798.38 m² |
| | | 其中 | ≤90m² 住宅建筑面积及占住宅建筑面积比例 | |
| | | | ≥90m² 住宅建筑面积及占住宅建筑面积比例 | |
| | | 商业建筑面积 | | 7100 m² |
| | | 文化活动中心建筑面积 | | 4400 m² |
| | | 门诊部建筑面积 | | 2205.3 m² |
| | | 公共设施建筑面积 | | |
| | | 其中 | 幼儿园建筑面积 | 3600 m² |
| | | | 垃圾收集站建筑面积 | 100 m² |
| | | | 公厕建筑面积 | 60 m² |
| | | | 10KV开关站建筑面积 | 155.4 m² |
| | | | 警务室建筑面积 | 50 m² |
| | | | 变配电房建筑面积 | 232.4²m |
| | | | 物业管理建筑面积 | 400 m² |
| 总停车位 | | | | 3191 个 |
| 其中 | 地上停车位 | | | 1291 个 |
| | 地下停车位 | | | 1900 个 |
| 车行路口数量与位置 | | | | 5 个　南面2个 北面3个 |

建设工程报建项目明细表

| 序号 | 项目名称 | 栋数 | 层数 地上 | 层数 地下 | 基底面积（m²） | 总建筑面积（m²） | 地上各使用功能及相应建筑面积（含商业、办公、架空等） | 建筑面积（m²） 地上 | 建筑面积（m²） 地下 | 地下各使用功能及相应建筑面积 |
|---|---|---|---|---|---|---|---|---|---|---|
| 1 | G1 | 1 | 1 | / | 4700 | 4700 | 商业　设备用房 | 4700 | / | |
| 2 | G2 | 1 | 1 | / | 2400 | 2400 | 商业　设备用房 | 2400 | / | |
| 3 | G3 | 1 | 4 | / | 3150 | 7145.39 | 文化活动中心：4400m²<br>门诊部：2205.3m²　公　厕：60m²<br>警务室：50m²　架空：430.09m² | 7145.39 | / | |
| 4 | G4 | 1 | 4 | / | 1100 | 3600 | 幼儿园 | 3600 | / | |
| 5 | G5 | 1 | 1 | / | 100 | 100 | 垃圾收集站 | 100 | / | |
| 6 | G6 | 1 | 1 | / | 155.4 | 155.4 | 变配电房 | 155.4 | / | |
| 7 | G7 | 1 | 1 | / | 172.4 | 172.4 | 变配电房：112.4m² 开关站：60m² | 172.4 | / | |
| 8 | 1、2、3、4、7、8#住宅 | 6 | 33 | / | 629.03x6=3774.18 | 101249.46 | 住宅：16301.31x6=97807.86m²<br>架空：573.6x6=3441.6m² | 101249.46 | / | |
| 9 | 5、6#住宅 | 2 | 33 | / | 629.03x2=1258.06 | 33749.82 | 住宅：16301.31x2=32602.62m²<br>架空：373.6x2=747.2m²<br>物业管理建筑面积：200x2=400m² | 33749.82 | / | |
| 10 | 9#住宅 | 1 | 33 | / | 629.03 | 16874.91 | 住宅：16301.31m ³ 架空：513.6m ³<br>开关站：60m² | 16874.91 | / | |
| 11 | 10、11、18、19、26、27、40、41、48、49、56、57、70、71、76、81、82# 住宅 | 17 | 11 | / | 245.35x17=4170.95 | 42682.07 | 住宅：2461.62x17=41847.54m²<br>架空：49.09x17=834.53m² | 42682.07 | / | |
| 12 | 12、14、15、17、22、23、28、30、31、33、34、36、37、42、44、45、47、52、53、58、60、61、63、64、66、67、69# 住宅 | 27 | 6 | / | 240.07x27=6481.89 | 37242.99 | 住宅：1335.9x27=36069.3m²<br>架空：43.47x27=1173.69m² | 37242.99 | / | |
| 13 | 20、25、39、50、55、72、74、78、80#住宅 | 9 | 9 | / | 240.07x9=2160.63 | 18400.5 | 住宅：2001.03x9=18009.27m²<br>架空：43.47x9=391.23m² | 18400.5 | / | |
| 14 | 75、77#住宅 | 2 | 11 | / | 240.07x2=480.14 | 4972.78 | 住宅：2442.92x2=4885.84m²<br>架空：43.47x2=86.94m² | 4972.78 | / | |
| 15 | 13、16、21、24、29、32、35、38、43、46、51、54、59、62、65、68# 住宅 | 16 | 6 | / | 245.35x16=3925.6 | 22291.36 | 住宅：1344.12x16=21505.92m²<br>架空：49.09x16=785.44m² | 22291.36 | / | |
| 16 | 73、79#住宅 | 2 | 9 | / | 245.35x2=490.7 | 4127.42 | 住宅：2014.62x2=4029.24m²<br>架空：49.09x2=98.18m² | 4127.42 | / | |
| 17 | 83-86#住宅 | 4 | 18 | / | 401.23x4=1604.92 | 27895.6 | 住宅：6934.87x4=27739.48m²<br>架空：39.03x4=156.12m² | 27895.6 | / | |
| 18 | 地下室 | 1 | / | 1 | 72000 | 72000 | | / | 72000 | 人防：18700m²<br>车库：53300m² |

公建配套图例：

- 文化中心（居住区级）
- 门诊部
- 警务室
- 幼儿园
- 物业管理用房
- 公共厕所
- 10KV开关站

图　例：

| | |
|---|---|
| 防护绿地 | 水体 |
| 规划建筑 | 道路 |
| 室外地坪设计标高 | 用地坐标 |
| 天面相对标高 | 室内地坪标高 |
| 用地界线 | 地下室边线 |
| 建筑红线 | 围墙线 |

# 营口MOMA峰汇

项目地点：辽宁省营口市
开发商：营口汇明房地产开发有限公司
规划/建筑设计：北京凯乐世纪建筑技术有限公司
景观设计：贝尔高林国际（香港）有限公司

MOMA峰汇地处国家级经济开发区鲅鱼圈南部新区核心位置，北临鲅鱼圈区政府、鲅鱼圈大剧院，南接辽宁省实验中学和小学分校、山海广场，东侧为哈大快速铁路鲅鱼圈站，周边交通便利，生活配套完善，是一个集居住、休闲、旅游度假和投资为一体的不可多得的理想选择。

项目整体规划为欧洲简约式风格，楼宇间距部分宽达70 m。河景与园区景观双重渗透，交相辉映；建筑依河锯齿状分布，错落有致；园区内人车分流，无障碍出行，安全便捷。项目建筑形式由阔景高层、格调小高层组成。建筑风格秉承简欧现代建筑理念精髓，将现代简约与古典唯美巧妙融合。楼体外立面为干挂高档瓷板，纹理清晰，色彩跳跃，每栋楼都成为一种视觉享受，居住其中更显生活的浪漫。

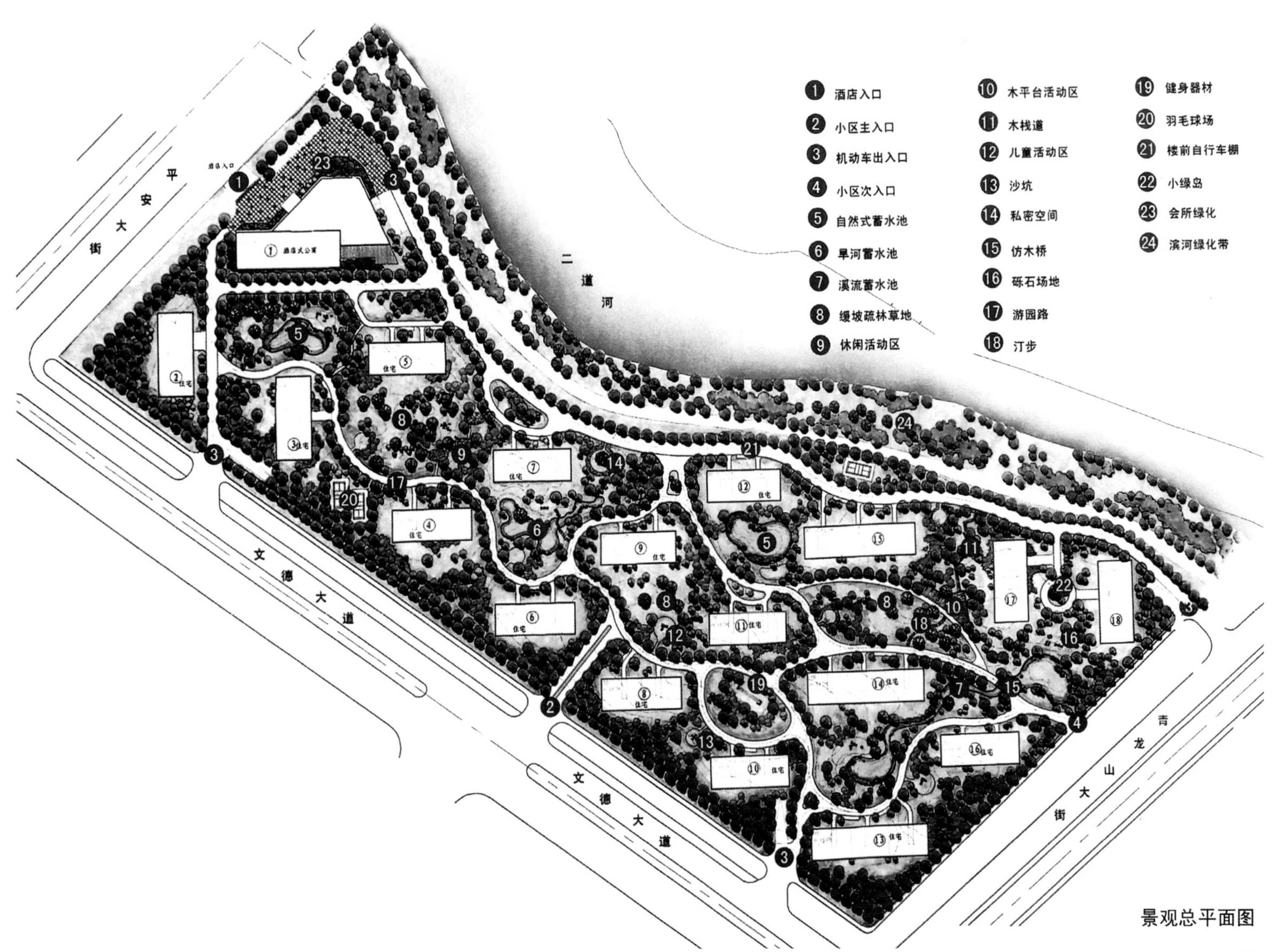

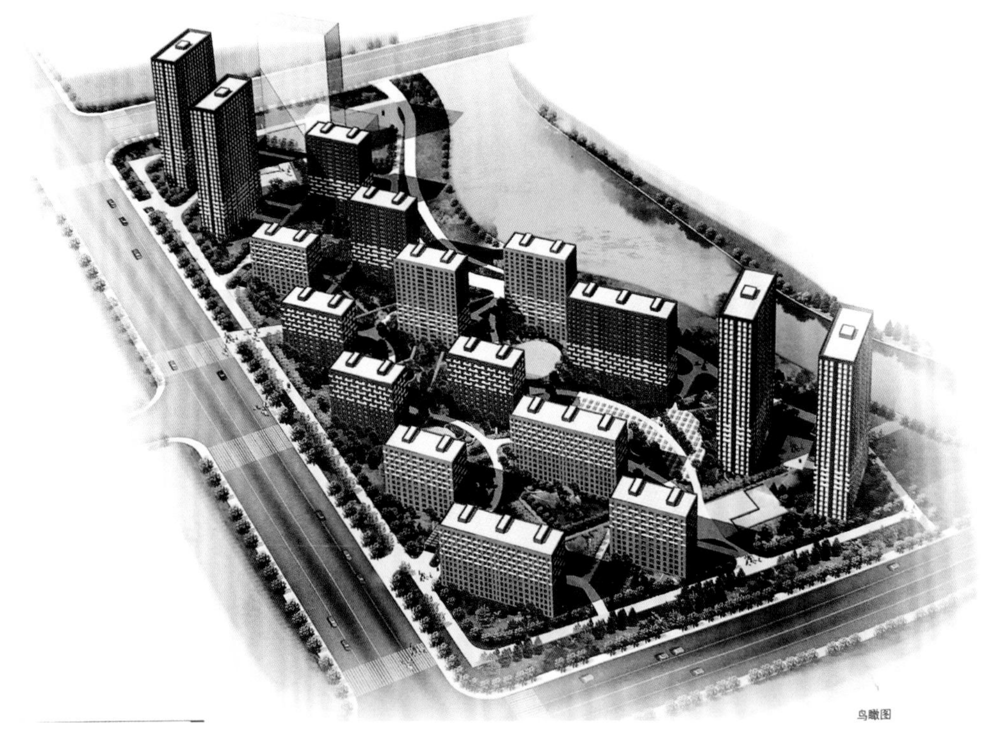

鸟瞰图

1 酒店入口
2 小区主入口
3 机动车出入口
4 小区次入口
5 自然式蓄水池
6 旱河蓄水池
7 溪流蓄水池
8 缓坡疏林草地
9 休闲活动区
10 木平台活动区
11 木栈道
12 儿童活动区
13 沙坑
14 私密空间
15 仿木桥
16 砾石场地
17 游园路
18 汀步
19 健身器材
20 羽毛球场
21 楼前自行车棚
22 小绿岛
23 会所绿化
24 滨河绿化带

平安大街　文德大道　青龙山大街　二道河

景观总平面图

# 天津天山水榭花都

项目地点：天津市
开发商：河北天山房地产开发有限公司
规划设计：上海柏涛建筑设计咨询有限公司
建筑设计：河北建筑设计研究院有限责任公司
天津中怡建筑设计有限公司
景观设计：贝尔高林国际（香港）有限公司

天山水榭花都地处天津市津南区小站镇，紧靠2008年天津市重点还原的旅游项目"袁世凯练兵园"和滨海新区。规划用地80万 $m^2$，坐享60万 $m^2$绿地公园。一期开发24.3万 $m^2$，产品含多层31栋，高层8栋，其中高层最高达32层，将成为津南区域内的新地标式建筑。天山水榭花都项目融入现代化的生活理念，营造舒适的都市水岸生活。

天山水榭花都一期4层水景洋房，其全明的户型设计，南北通透；层层赠送退台式私家花园，随时都可欣赏到优美的水岸园林景观。项目设计在考察地势的基础上，致力于构造"外街内院"的建筑布局风格，构建空间公共性和私密性、街道景观和合院景观相互交融的平面构架。

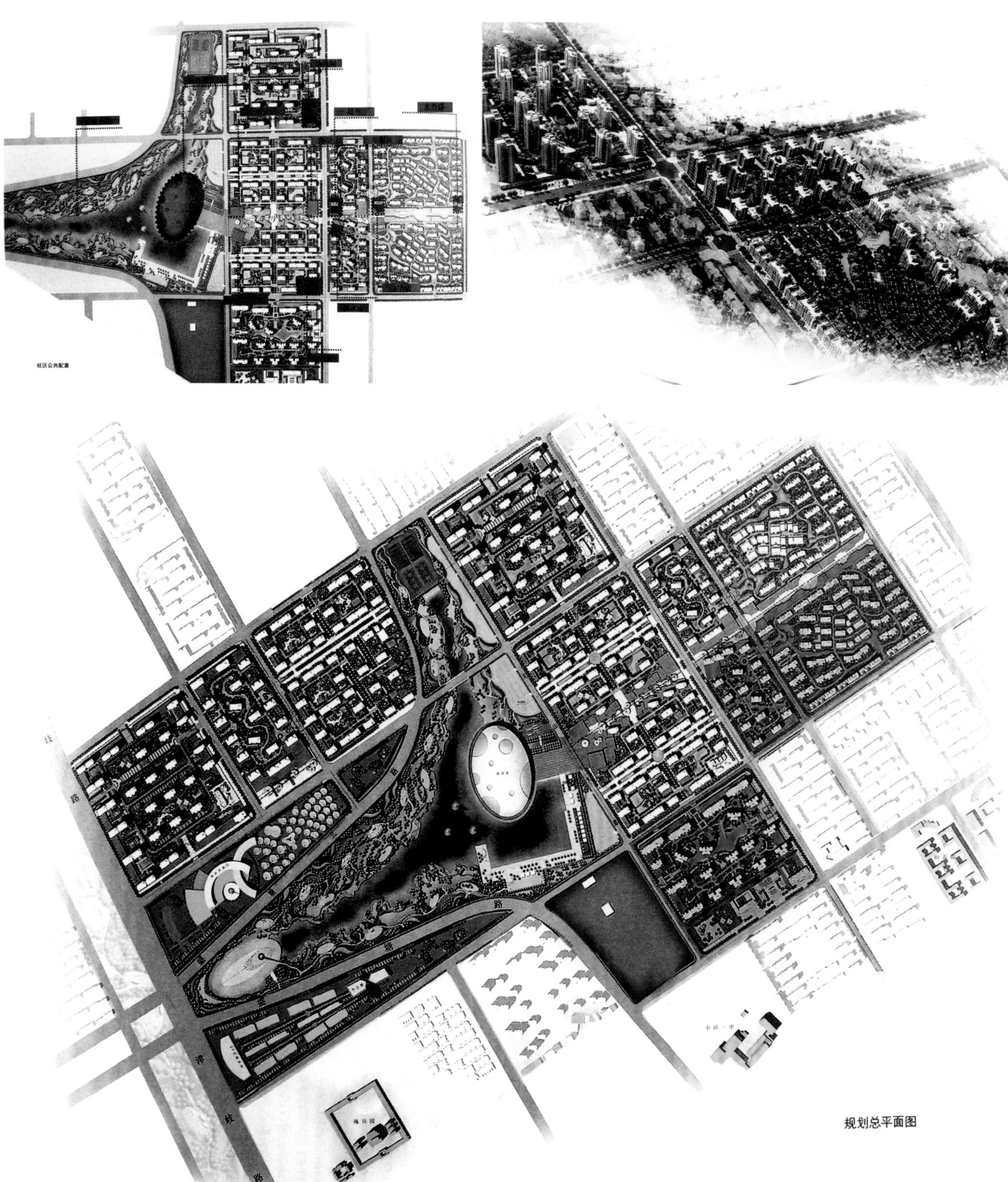

规划总平面图

# 上海湾流域

项目地点：上海市浦东区
开发商：金地集团
建筑设计：上海日清建筑设计有限公司
景观设计：上海意格环境设计有限公司
占地面积：120 000 $m^2$
总建筑面积：230 000 $m^2$
容积率：1.5
绿化率：35%

湾流域总体为低层建筑规划社区，集双拼别墅、7+1大洋房、景观大平层、14层景观平层、6层电梯小洋房、14层景观小高层于一体。双拼别墅面积在250~270 $m^2$之间，7+1大洋房、14层景观大平层面积在170~190 $m^2$之间。6层水岸电梯小洋房及14层景观小高层均为90 $m^2$以下的小户型。社区内三林港、中汾径两条天然河流交汇，"两湾一园"的自然资源得天独厚。湾流域以"两湾一园"的亲地规划理念，营造出一个舒适宜人、天然静谧的社区，打造属于城市精英的两湾自在城。

# 上海新弘国际城

项目地点：上海市
开发商：上海宏明置业发展有限公司
建筑设计：加拿大考斯顿设计/上海考斯顿建筑规划设计咨询有限公司
主设计师：刘廷杰、卞祖珉、尚登元、史文倩
占地面积：198 000 m²
总建筑面积：235 000 m²
容积率：1.164
绿化率：36%

新弘国际城位居莘闵别墅区核心位置，23万 m²的三湾两域，容纳了大量国际人士。新弘国际力推90 m²的2+1创意户型，房屋面积比较精简，有大面积花园可以直接改成实用房间。新弘国际城拥有全开放式中西厨房与紧邻厨房的大面积餐厅。

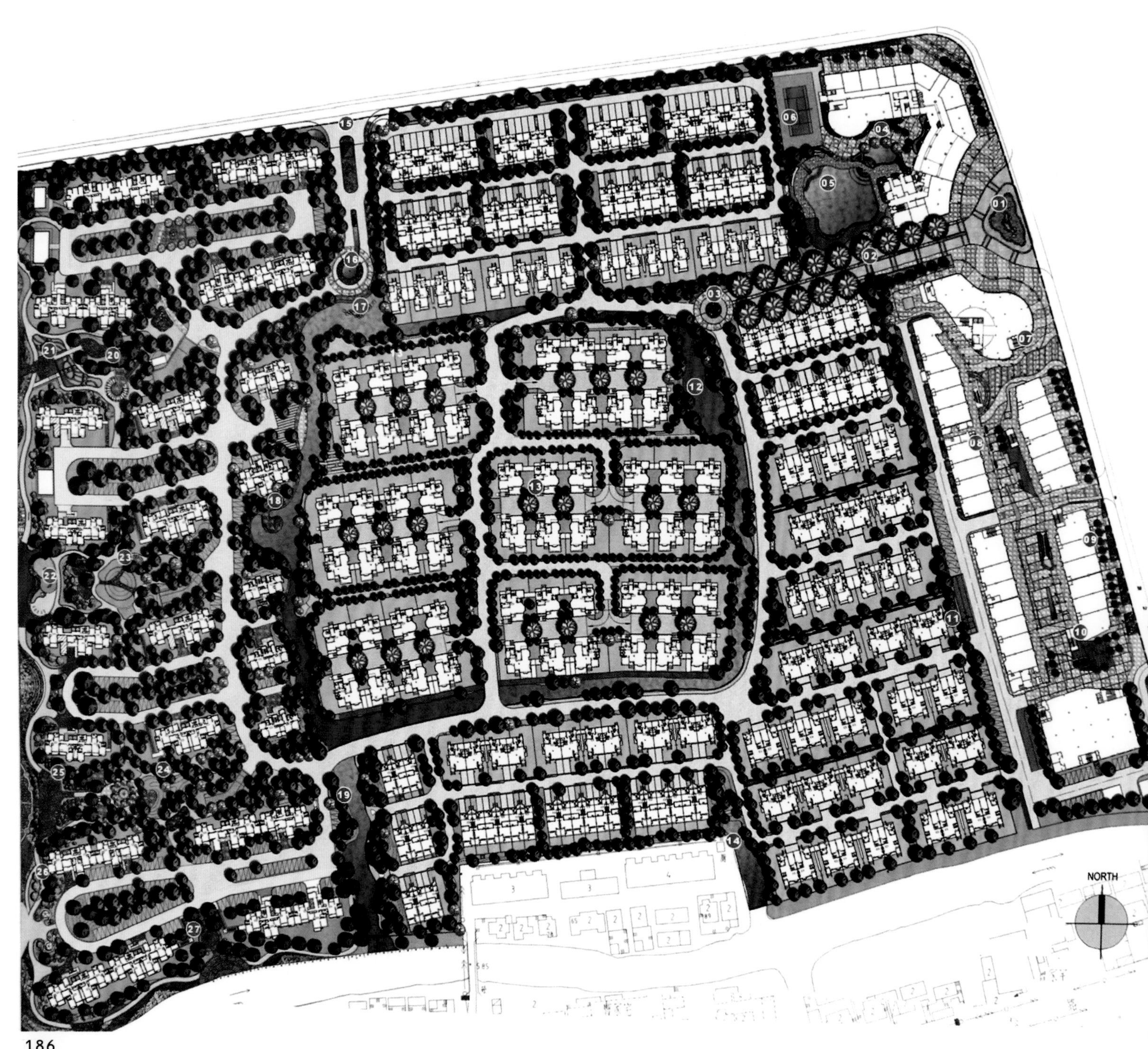

# 上海新江湾城(05-2)

项目地点:上海市
开发商:上海三湘集团湘宸置业发展有限公司
建筑设计:加拿大考斯顿设计/上海考斯顿建筑规划设计咨询有限公司
主设计师:卞祖珉、刘廷杰、倪舒慧、金晓芸
占地面积:23 000 $m^2$
总建筑面积:37 000 $m^2$
容积率:1.0
绿化率:35.2%

该项目位于杨浦区东北角,上海新生态社区新江湾城的西端。地形南北向呈矩形,北靠主干道殷高路,东侧为社区规划道路,西侧和南侧均面临规划生态水系和绿化带,其地理位置独特。该项目由3栋7层住宅楼、14栋3层住宅楼组成,并配有自行车停车场、物业管理、会馆、地下车库等。设计结合基地的实际特征,在西侧规划生态河道景观,精心布局,力求最优的景观环境。

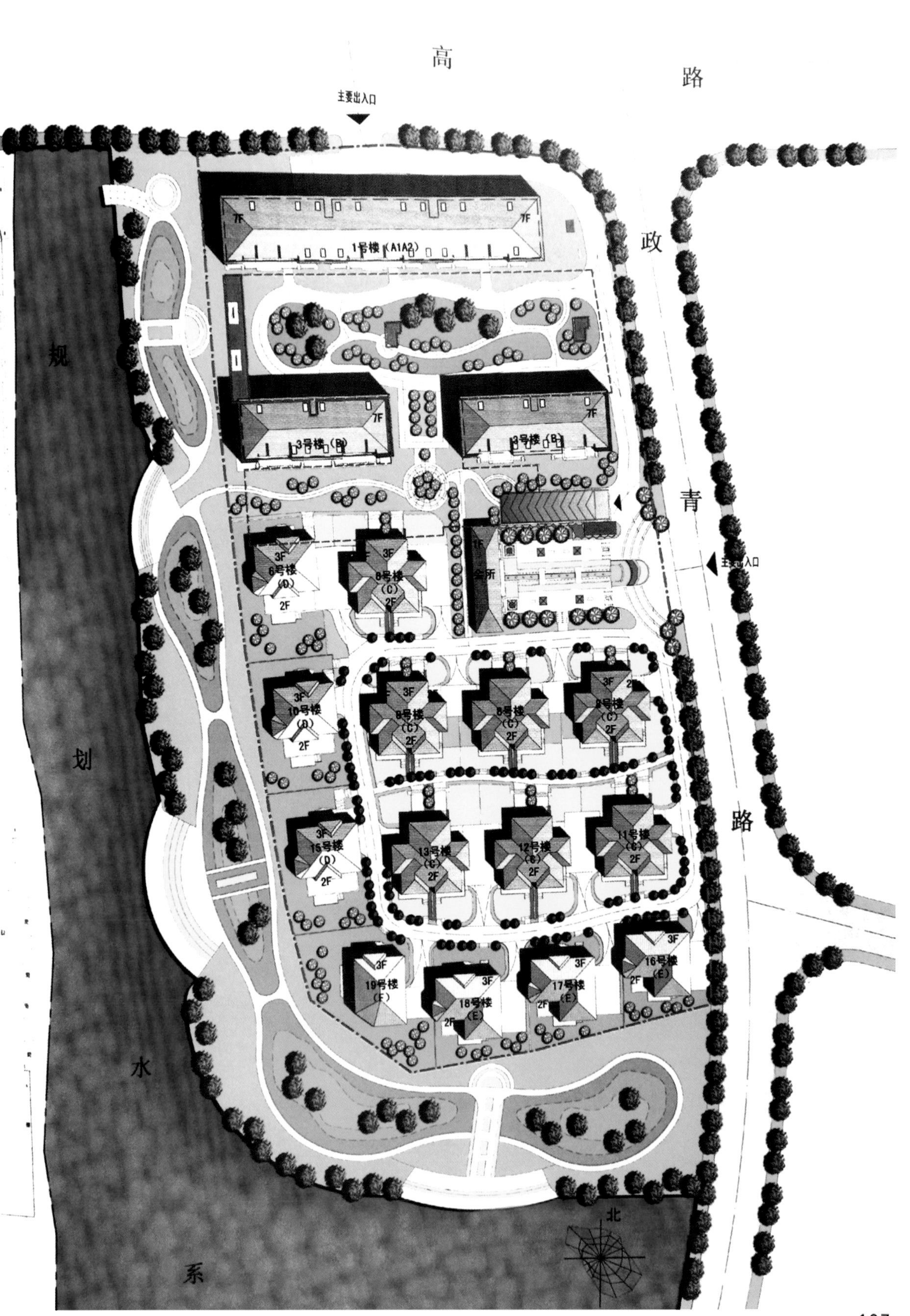

# 三亚海楼云月

项目地点：海南省三亚湾
开发商：三亚国建房地产开发有限责任公司
建筑设计：EDSA Orient
占地面积：20 000 m²
总建筑面积：20 259 m²

该项目占地面积20 000 m²，总建筑面积20 259 m²，有A、B、C型共十栋住宅， A型为小高层住宅， B型为三层的联排别墅，C型为两层的独栋别墅。项目距离海边沙滩只有100 m，环境优美，景色宜人，具有较好的自然资源。

小区北高南低，四栋独立别墅向南一字排开，后面三栋联体别墅分东西围合中央水系公园，最北三栋小高层错落有序地排开，南面一线海景开阔，后排联体别墅和公寓可眺望海景。

别墅的院落舍弃了严格的围栏和矮墙，代之以种类繁多且多层次的热带植物，营造出天然的半私密的空间。在保持整体风格一致的基础上，加入了精致入微的细部处理，把山石、溪水、绿岛、丛林、草坡及具有热带海洋风情特点的雕塑等景观元素融入到整体小区环境中，通过景观组合、小品装饰点缀，加强景观的趣味性与风格特色。

根据项目布局设计要求，在小区北面设有一个车行入口，将道路以曲线的环形路的形式引入到各个车库。环形车道尽量沿着小区外侧或建筑物单侧布置，不但可使车辆抵达各户车库，也可最大限度地保证小区内景观的完整性，减少车道与人行道的交叉，避免车辆噪音对住宅的干扰。

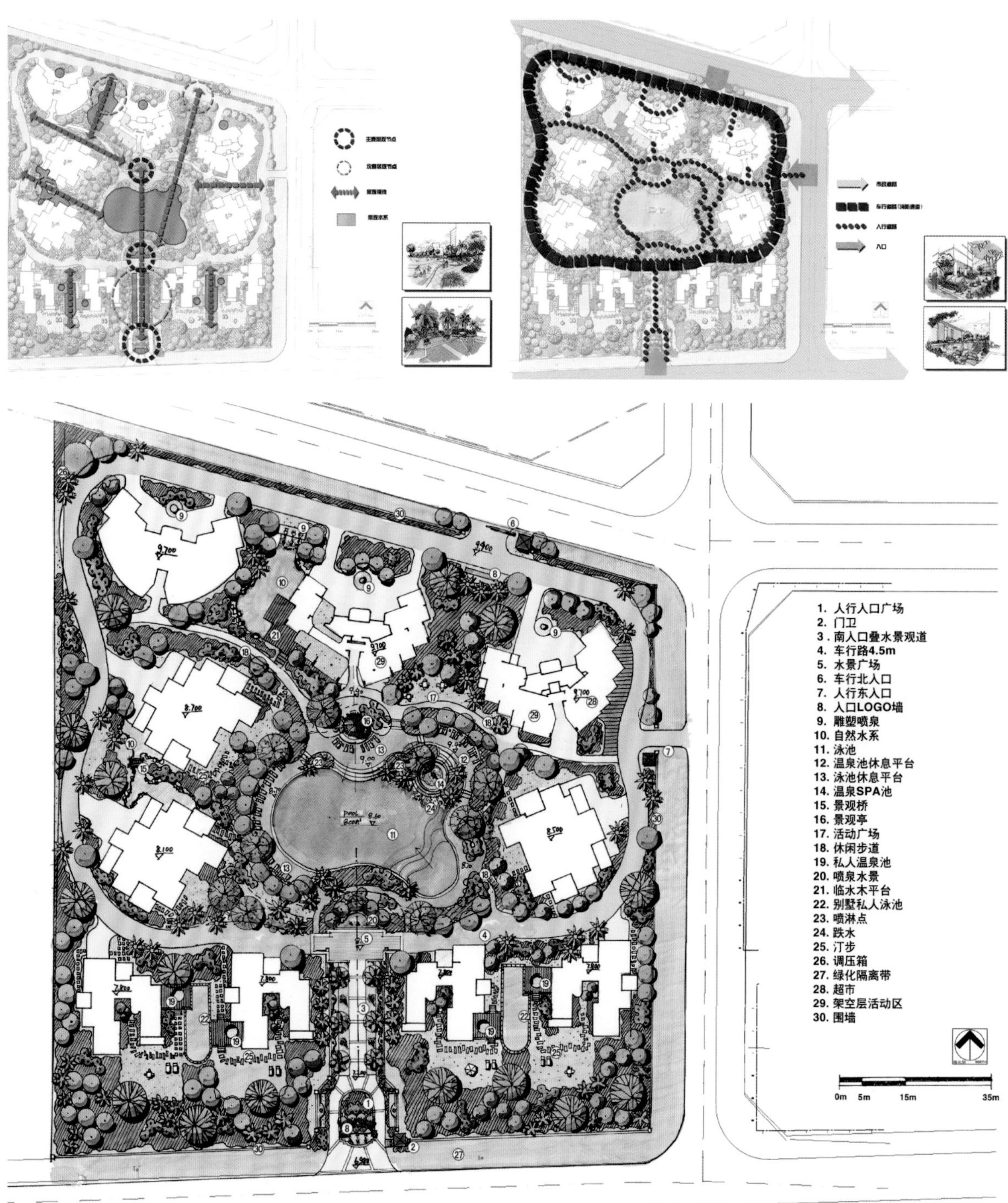

# 宁波东部新城安置住宅（一期）

项目地点：浙江省宁波东部新城
开发商：东部新城开发建设指挥部
占地面积：197 700 $m^2$
总建筑面积：360 000 $m^2$

东部新城安置住宅位于东部新城核心区东北角，鄞州中学以南，占地面积197 700 $m^2$，地上住宅及配套设施建筑面积300 000 $m^2$，地下和半地下停车库60 000 $m^2$，计划安置拆迁居民11 000人。

项目在宁波市拆迁安置房建设中首次引入了高层安置概念。68幢住宅中规划了18层高层住宅12幢、11层高层住宅14幢，其余为6层住宅，大大丰富了小区空间层次。

东部新城安置住宅充分关注安置对象原有居住习惯和社会细节的变化，引入"健康、生态、运动"等新理念和"居住岛"设计概念，并应用先进的EPS聚苯保温板、中空玻璃等新型科技材料，设置了网络综合管理服务系统、远红外线防盗报警装置。

设计概念基于"城市特征"的目的，将空间和交通上的私人空间与公共空间分离，适当抬高居住岛（细胞）的高度，1.2~1.5 m不等，除了供消防车和自行车以及任务交通（搬家及救护）进出的坡道外，这些庭院还具有花园式庭院的氛围。

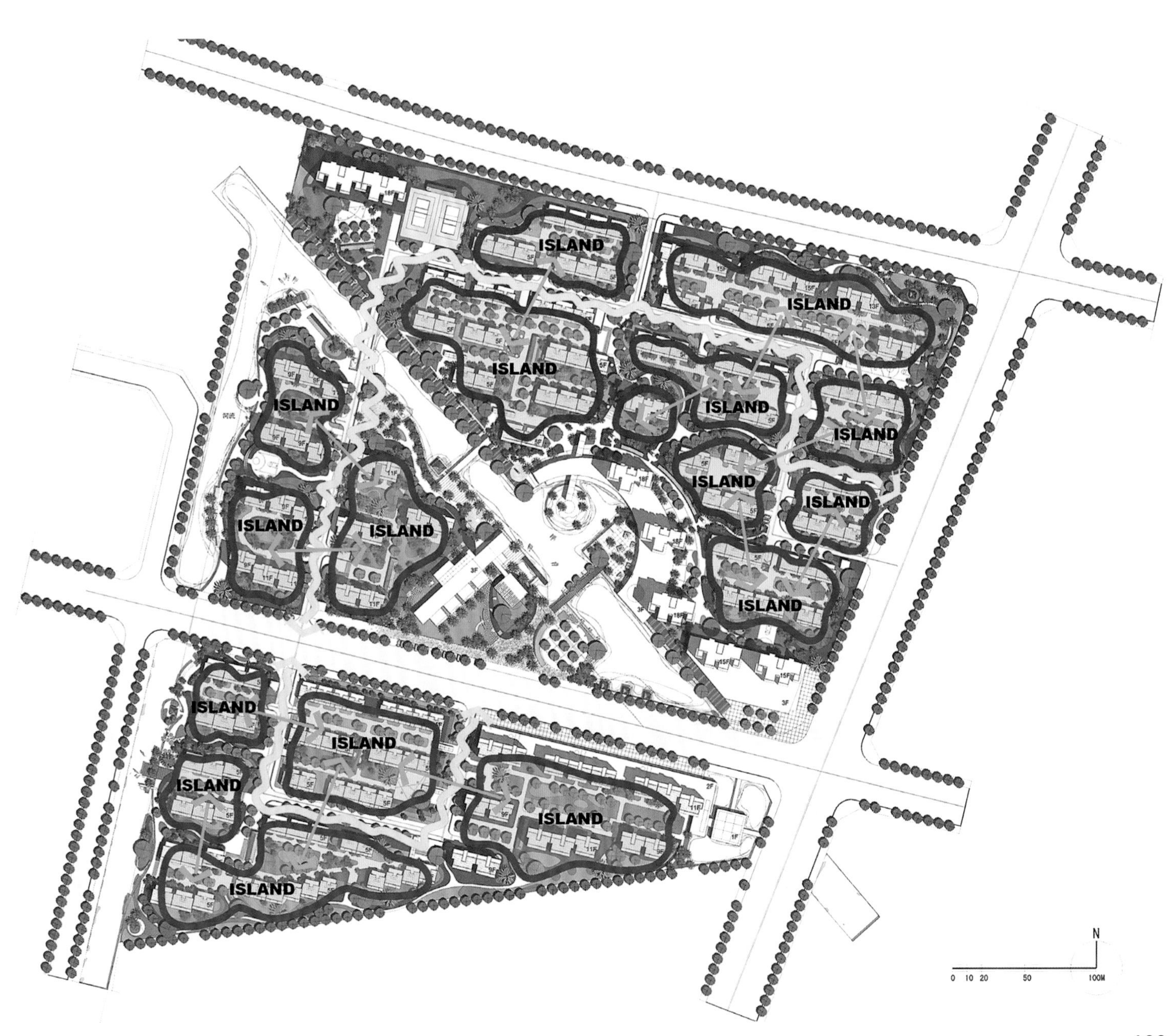

# 杭州保利·东湾

项目地点：浙江省杭州下沙东南部钱塘江畔
开发商：保利（杭州）房地产开发有限公司
建筑设计：美国HOOP建筑设计有限公司
占地面积：290 000 $m^2$
总建筑面积：860 000 $m^2$
容积率：2.1
绿化率：37.1%

杭州保利•东湾位于杭州下沙东南部钱塘江畔，东临钱塘江以及开发区沿江大道绿化带，西至开发区22号大街，南、北分别与金隅、世茂项目相邻。东湾项目总用地面积290 000 $m^2$，总建筑面积860 000 $m^2$，地上总建筑面积为685 000 $m^2$，其中住宅面积485 000 $m^2$，商业金融综合体面积200 000 $m^2$，是下沙区域建筑体量最大的城市综合体。

东湾项目周边的地理条件十分优越：整个项目东南面一线面江，拥有1 km长的无遮挡一线江景，同时项目周边还有200 m宽的江堤滩涂公园以及杭州东部非常罕见的原生态湿地景观。

在产品规划上，保利·东湾充分借助沿江面较宽的优势，采用扇形半围合布局，纳江入怀，最大尺度上满足业主东南望江的资源优势；同时，以海纳百川之气，营造出完美的建筑天际线。整个住宅群呈现南低北高的建筑格局，错落有致，临江规划有约45 000 $m^2$（地上建筑面积）的草原风情Town House，自然精致；外围则是约450 000 $m^2$（地上建筑面积）近100 m高的湾流国际寓所，大气磅礴。

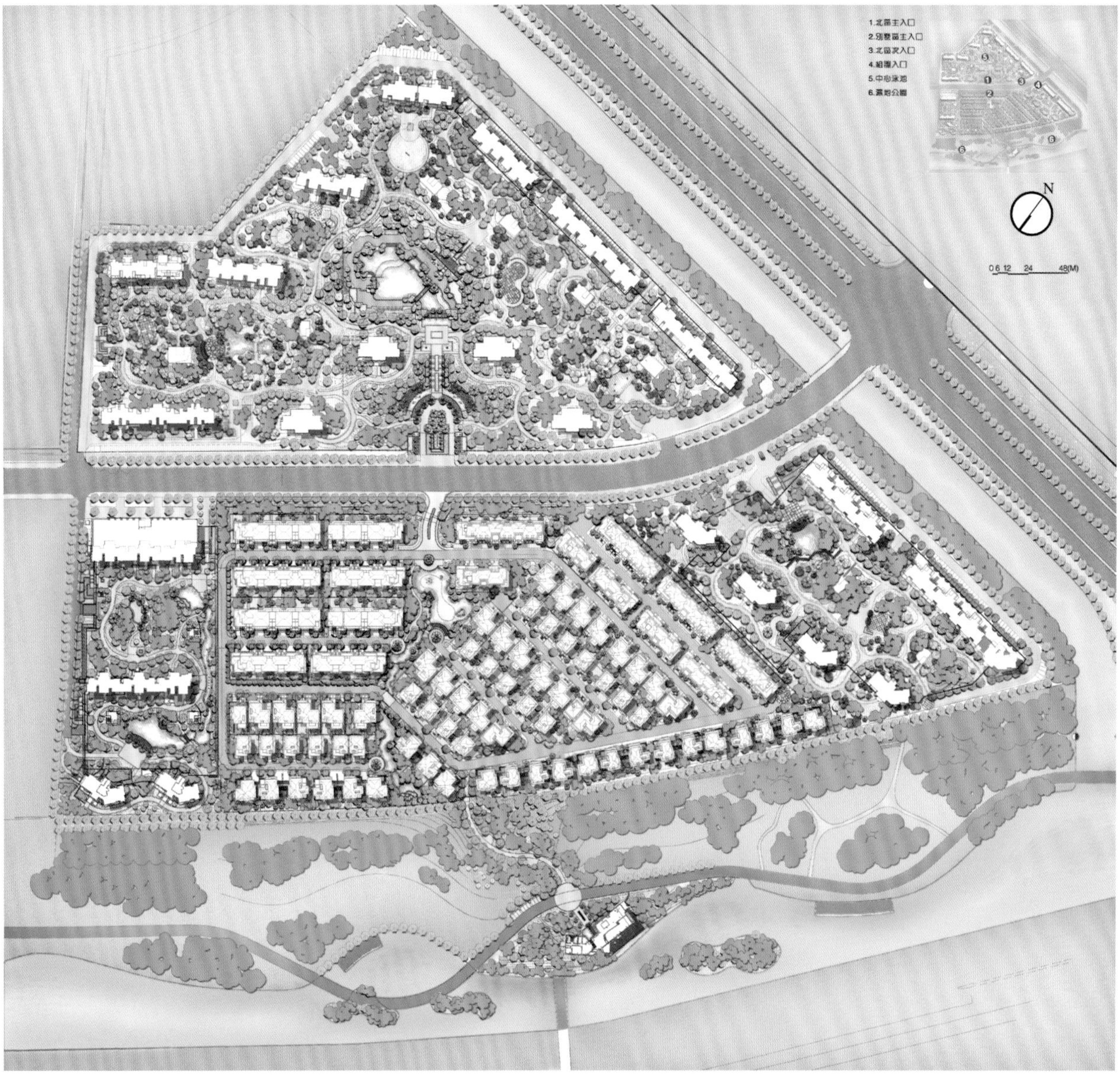

1.北區主入口
2.別墅區主入口
3.北區次入口
4.組團入口
5.中心泳池
6.濱河公園

N

0 6 12 24 48(M)

# 常州华润国际社区

项目地址：江苏省常州市和平中路
规划/建筑设计：日本M.A.O.一级建筑师事务所
占地面积：120 900 m$^2$
总建筑面积：266 000 m$^2$
容积率：1.8

常州华润国际社区项目地块所在区域为常州与武进之间，具有城市近郊向城市中心过渡的特质。地块西侧的和平大道连接常州和武进之间的快速干道，南侧为大通河和生态公园岛，具有良好的景观资源。项目定位为高品质居住小区，包括高层、小高层住宅和多层花园洋房三种建筑形式。

设计结合地形和周边自然特征，根据功能布置的需要，项目南侧为多层的花园洋房区、中间为小高层以及西北侧的高层住宅区，形成了东南低、西北高的社区住宅特性，住宅建筑南偏东15度设置，最大化、多层次地利用东南角大通河以及生态公园岛的景观资源。同时在社区内部打造多层次、立体的社区景观体系，达到社区住宅景观的均好性和社区景观的参与性。

常化厂及周边地块控制性详细规划

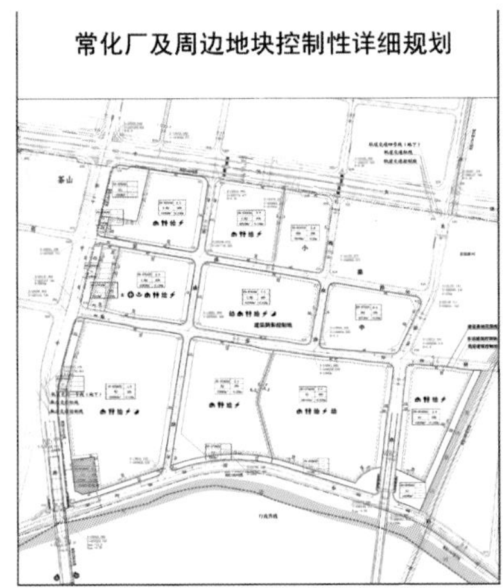

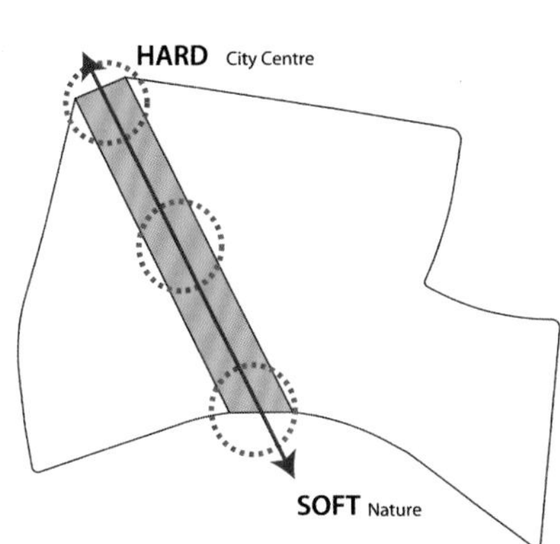
HARD City Centre
SOFT Nature

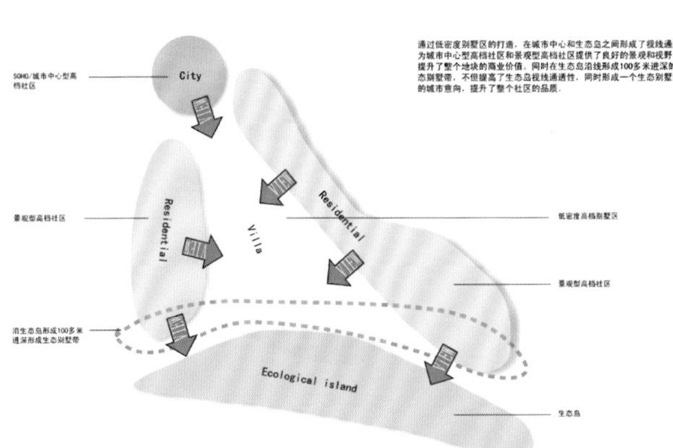
通过低密度别墅区的打造，在城市中心和生态岛之间形成了视线通廊，为城市中心型高档社区和景观型高档社区提供了良好的景观和视野，提升了整个地块的商业价值。同时在生态岛沿线形成100多米进深的生态别墅带，不但提高了生态岛视线通透性，同时形成一个生态别墅区的城市意向，提升了整个社区的品质。
SOHO/城市中心型高档社区
City
景观型高档社区
Residential
Villa
Residential
低密度高档别墅区
景观型高档社区
沿生态岛形成100多米进深形成生态别墅带
Ecological island
生态岛

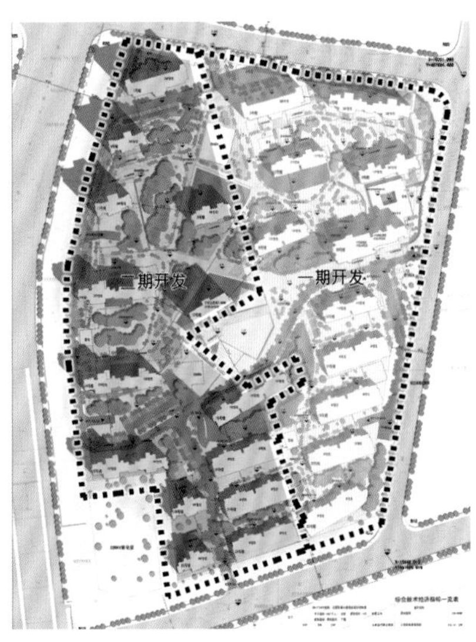
二期开发
一期开发

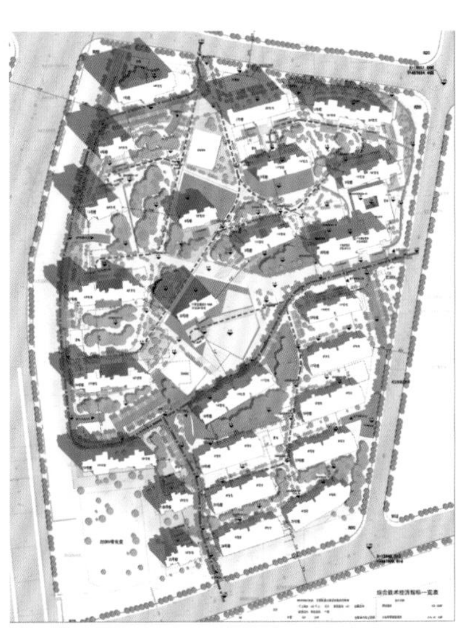

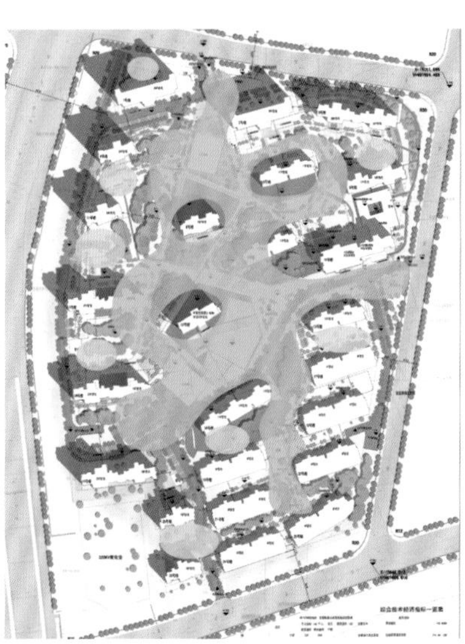

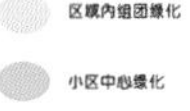
区域内组团绿化
小区中心绿化

物业 配套设施

商业

公寓式住宅

高层住宅

小高层住宅

花园洋房

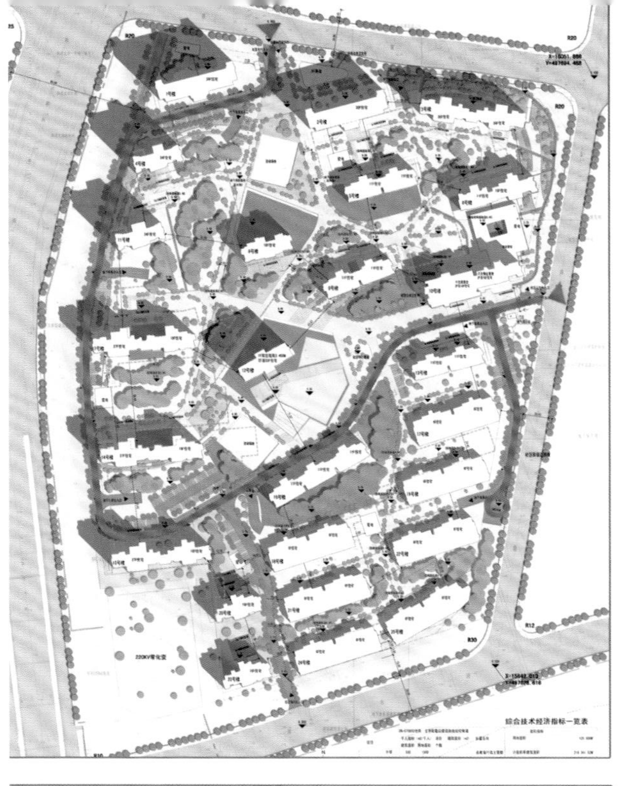

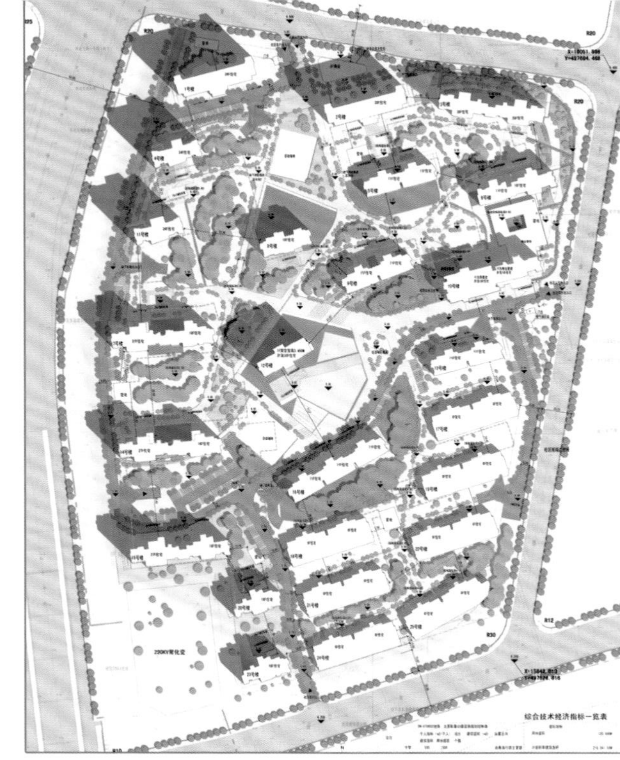

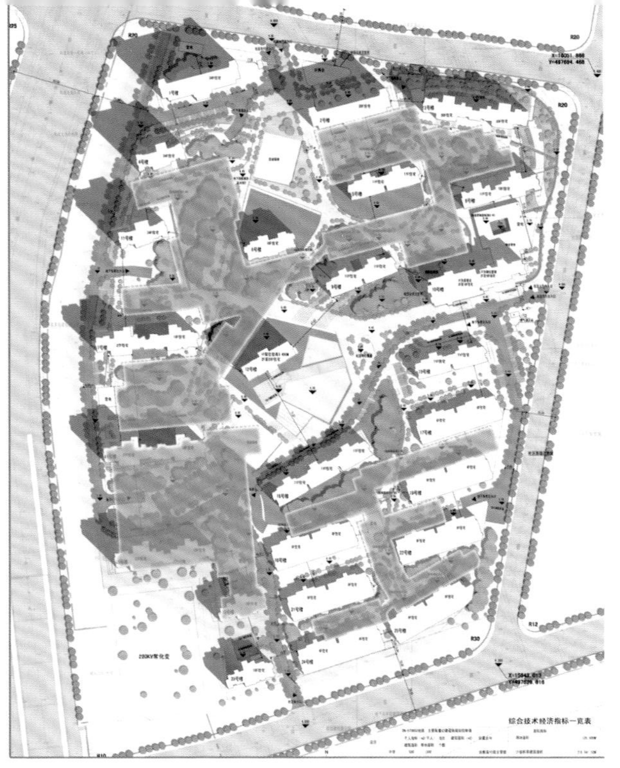

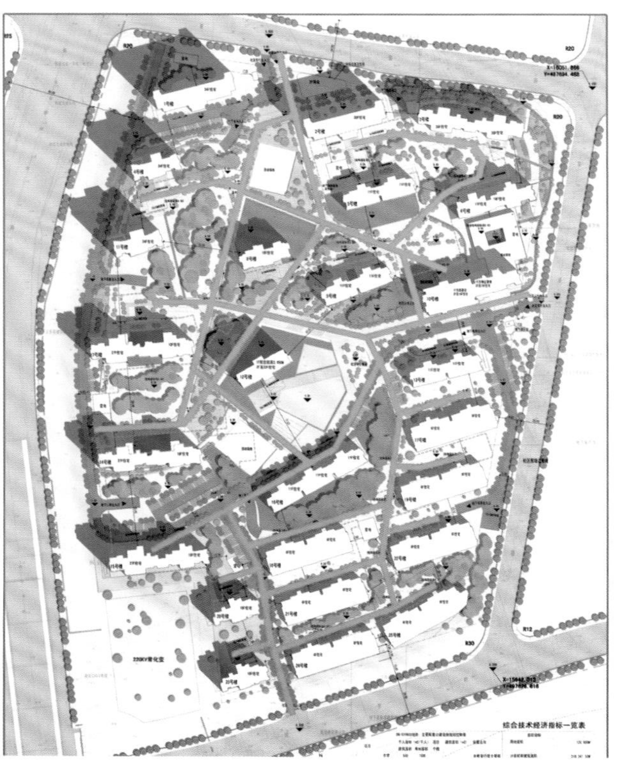

机动车道

小区机动车出入口

地下车库出入口

地下车库范围

地面停车场地

紧急消防车道

人行道

# 常州御源林城

项目地点：江苏省常州市
开发商：常州御源房地产有限公司
占地面积：160 000 $m^2$
总建筑面积：300 000 $m^2$
容积率：1.73
绿化率：47%

御源林城是300 000 $m^2$的大型生活住宅小区，总占地面积160 000 $m^2$，项目共分四期滚动开发。御源林城位居北港新城中心，邻近钟楼区新政府，与常州最大的开放式公园和首个大型体育休闲、青少年科教活动基地——青枫公园隔街相望，周边商务酒店、茶花路休闲商业一条街（规划）、图书馆（项目推介中）、北港中心小学和中学、综合医院（规划中）、农贸市场等各种配套齐全。

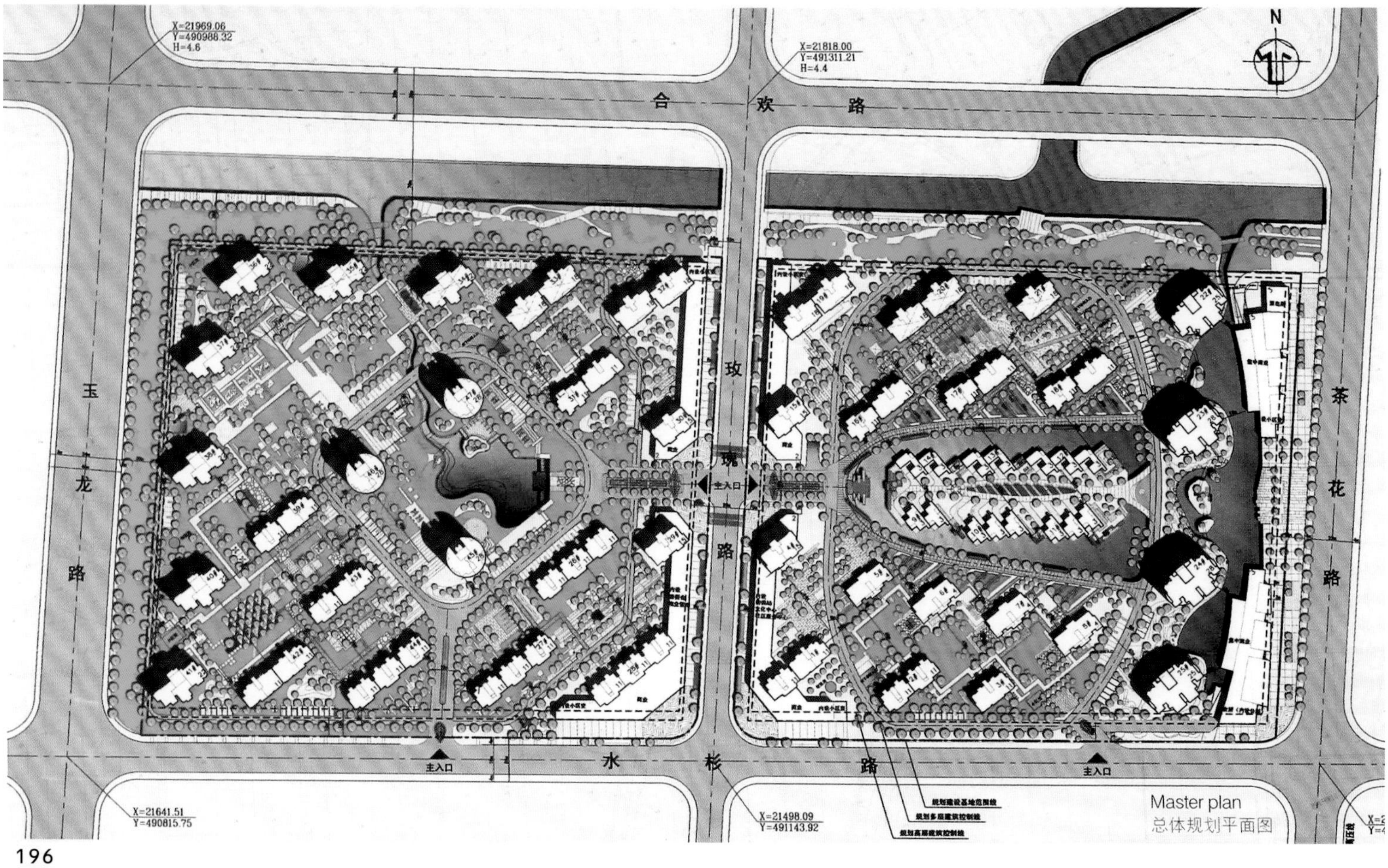

Master plan
总体规划平面图

# 慈溪华润中央公园

项目地点：浙江省慈溪市
开发商：华润置地宁波发展有限公司
规划设计：上海天华建筑有限公司
景观设计：豪斯泰勒张思图德建筑设计咨询（上海）有限公司
占地面积：150 389 $m^2$
总建筑面积：362 967 $m^2$
容积率：1.6
绿化率：31.5%

华润中央公园位于慈溪未来城市发展中心——文化商务区西侧，是慈溪首个大品牌开发商开发的高端楼盘。中央公园总用地面积150 389 $m^2$，北地块规划方案还在调整中，而南地块占地面积78 145 $m^2$。

规划设计因地制宜，结合地块水系特征，做了东南低、西北高的设计，10栋优雅英伦联庭别墅呈反L型坐落在东南角，而14栋小高层以拔地而起、傲然屹立的非凡气势睥睨于地块东北角，形成南低北高、错落有致的城市天际线。慈溪两大原生态水系潮塘江、六灶江交会于小区东南方向，高耸、挺拔的Art Deco建筑风格与水系的灵动相依相绕，相得益彰。

社区以“中心花园区”、“组团花园区”、“生态花园区”为轴线进行贯穿，利用自然景观与人工景观的有机结合，以自然的绿化景观为背景，以铺地、花坛、雕塑、景墙为前景，营造了一个舒适优美、尺度丰富适宜、娱乐性强、安全方便的户外公共空间。建筑与园林有机地连成一体，创造出一种横向、纵向一体化的自然空间。

华润·中央公园效果图

# 成都万科金域西岭

项目地址：四川省成都市金牛区
建筑设计：成都市华宇设计有限公司
景观设计：北京创翌高峰园林工程咨询有限责任公司
总建筑面积：480 000 $m^2$
容积率：5.0

项目摒弃传统、落俗的设计，创造出一组大气、完整、优雅、时尚、新颖的建筑形象。几个单元楼采用有机的组合方式，用色块的高低错落等手法，使建筑形体既大气典雅又充满活力。立面细部设计通过明确的线条处理，使建筑形体更加修长挺拔。阳台与窗户的穿插，玻璃、木质与金属材料的使用赋予建筑表面丰富的肌理和时尚的感觉。别墅设计中采用了简洁现代的设计元素，并运用了成都当地的老房子的青砖等本土材质，加入自然的木质百叶、格栅，形成休闲、轻松的建筑氛围。

景观方面，现代中式别墅区以精致细腻的硬景为主，穿插观赏性强的孤植大树或姿态优美的大花灌木，强调立面的丰富变化；高层区采用软硬景穿插交错的手法，使公共活动空间穿插于绿荫之中。同时，间隔出现的绿色景观带，将南北纵向狭长压抑的空间分割成多个小空间；联排别墅与高层之间的空间以软景绿化为主，形成一道厚厚的"绿墙"；高层架空景观区则借助于"绿墙"树林的遮蔽围合，形成多处精致有趣的"灰空间"，呼应现代中式的奢华风格。

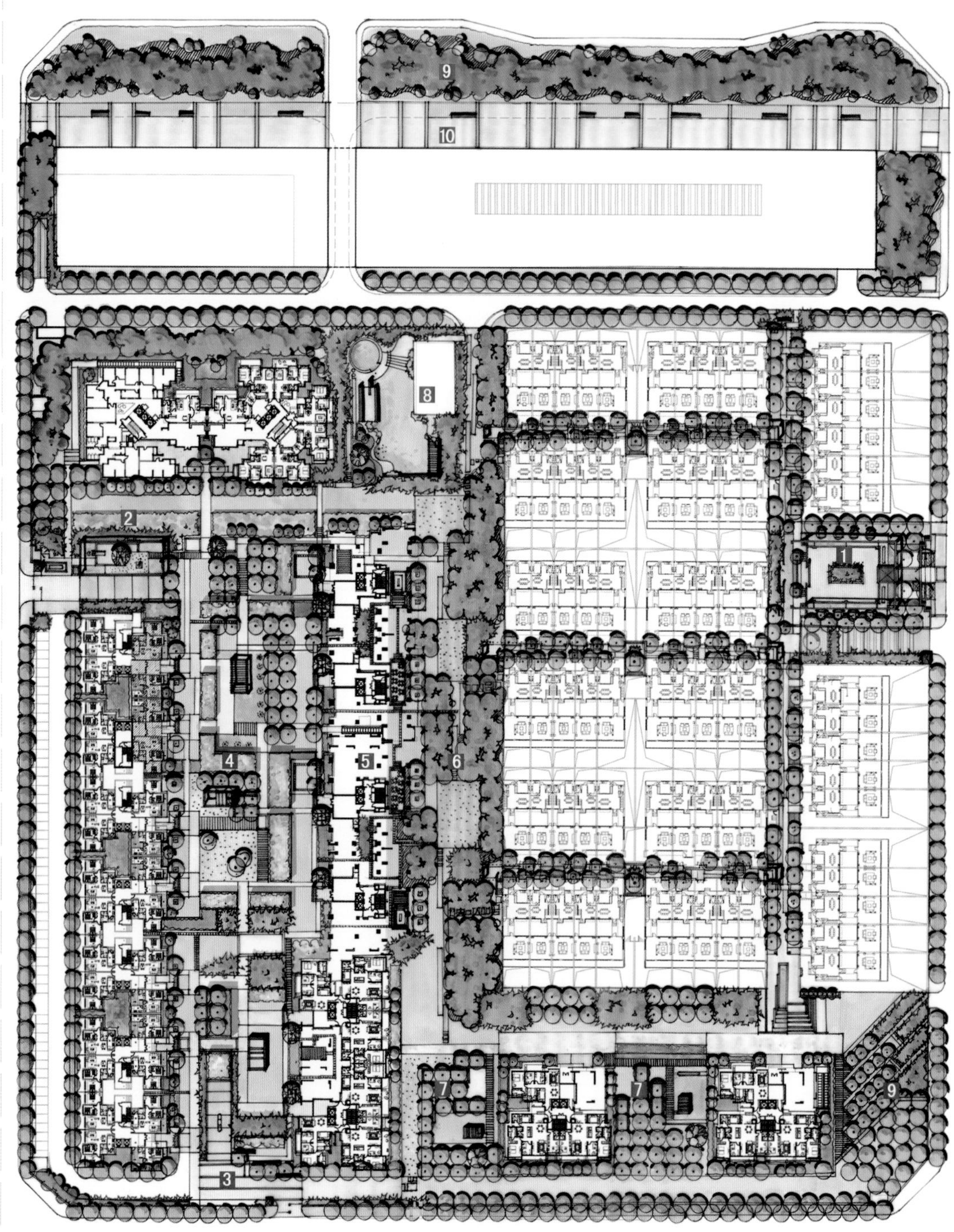


1.东入口　2.西入口　3.南入口
4.宅间庭院　5.架空层内休闲区　6.中间绿色分隔林带
7. 高层区庭院　8. 会所泳池　9. 城市绿色休闲
10.商业区

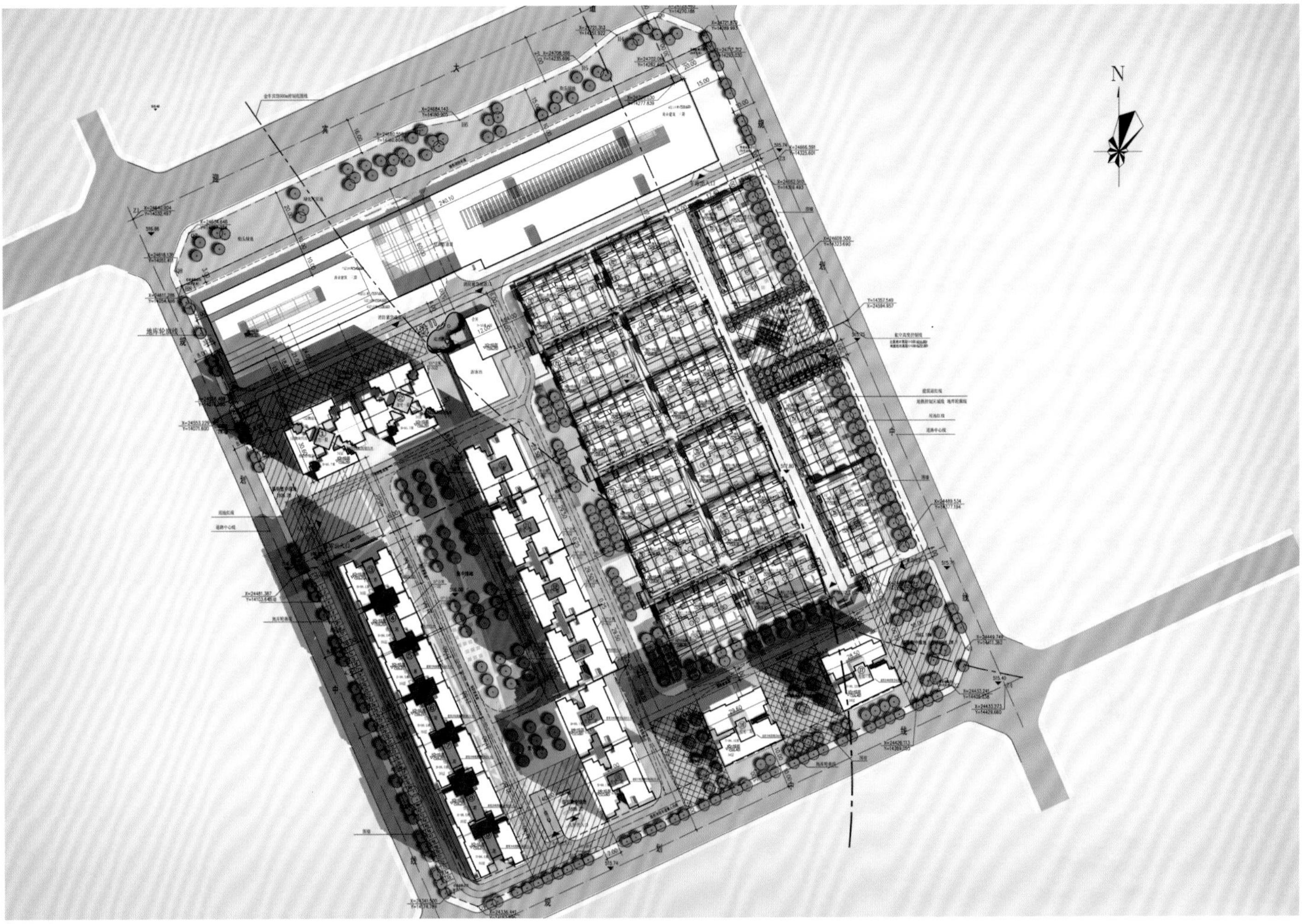

# 营口昌宇星河湾

项目地点：辽宁省营口市
开发商：营口昌宇建设集团
占地面积：118 000 m²
景观面积：72 000 m²
绿化率：37%

昌宇星河湾项目位于营口市跋鱼圈区南部，红海街道昆仑大街南延。整个规划占地面积约118 000 m²。基地南侧和东侧为红海河东部水系支流及水边绿带公园，西侧为规划的居住小区，东为昆仑大街南部的9～32 m宽城市道路，北侧为规划的居住小区。项目地理位置优越、自然环境得天独厚。整个工程建设场地北高南低（高差约4 m）。

规划设计中主要运用大量水系环绕建筑，地形围绕水系，使建筑坐落在花园中，倒映在水面上。环境的内与外结合、建筑与环境结合、环境与功能结合、观赏性与实用性结合、环境与人性化结合为昌宇星河湾景观设计的五大原则。

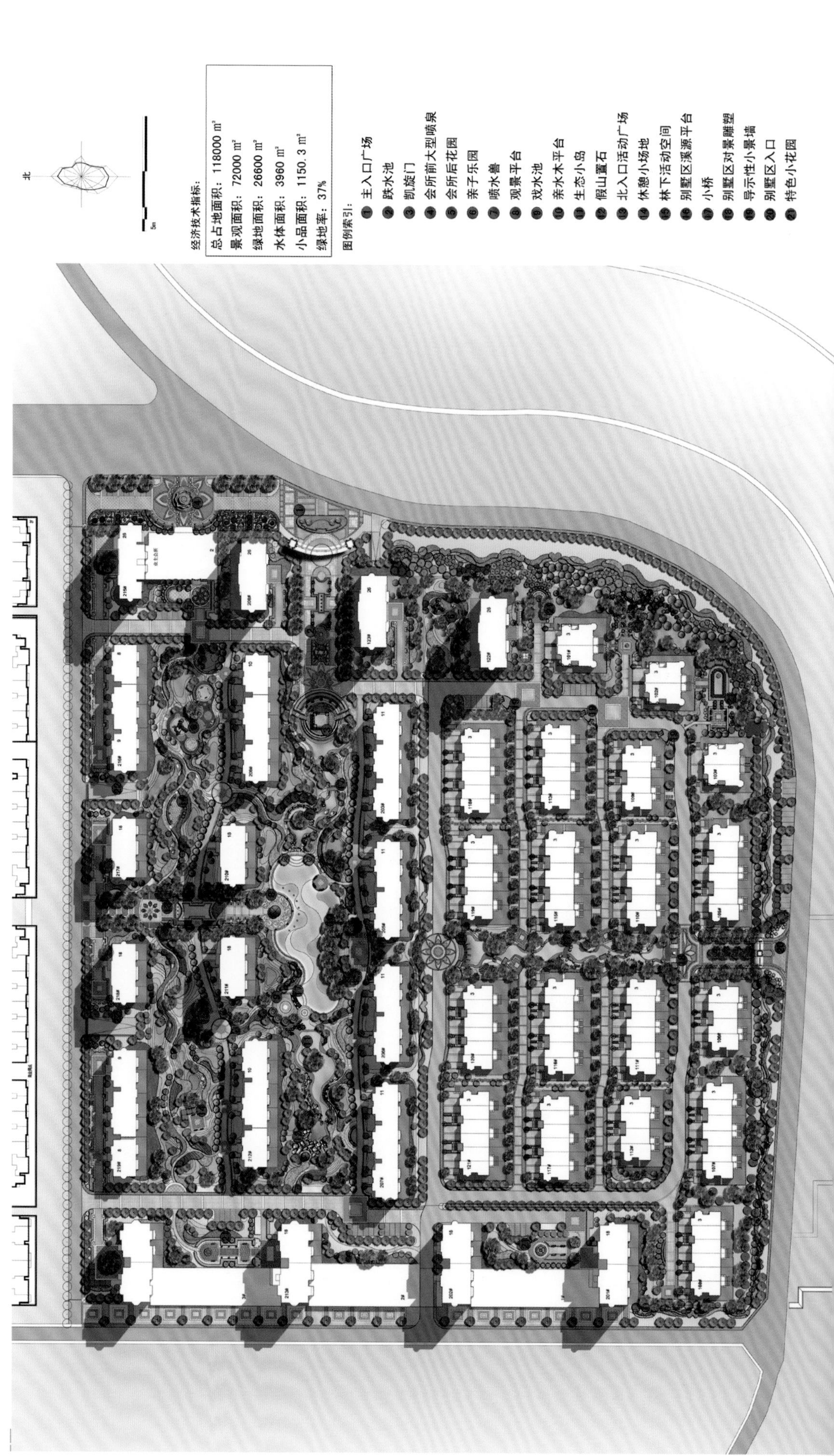

# 嘉兴·英伦都市

项目地点：浙江省嘉兴市
规划/建筑设计：杭州禾泽都林建筑景观设计有限公司
占地面积：127 740.8m²
总建筑面积：190 959.6m²

项目基地位于嘉兴市南湖新区，以亚美路为界分成东西两个区块，西临新07省道，东临亚欧路，北临凌公塘路，南临为已有水系。距沪杭高铁嘉兴站较近，交通便捷，周边环境优越。地块总规划用地面积为127 740.8 m²，其中西地块60 053 m²，呈南北长的长方形。东地块67 687 m²，呈东西长的梯形。用地性质为商住用地。

规划设计从既有的水系资源出发，结合独具特色的伦敦城市元素，通过高贵的欧式建筑与园林等深入挖掘伦敦深厚的文化底蕴，并结合嘉兴的人文特点和现代建筑理念，打造高贵、大气、自然的英伦居住风范区。

规划布局注重动静分离，各种类型单体与环境的关系档次有别，体现疏密有致的布局特色，在紧凑中发挥灵活性。小区为住户提供不同层次和形态的休闲活动与交往场所。别出心裁的路网形态和严谨对称的建筑排列，保证居住的最佳日照朝向，分享阳光与自然。小区道路与环境设计体现步移景异的景观效果，绿地集中与分散的均衡布局，追求景观环境的共享性与私密性，形成舒适的英伦园林居住空间。

鸟瞰图

西地块主要技术经济指标：

| 项目 | | | 单位 | 数量 |
|---|---|---|---|---|
| 规划总用地面积： | | | M² | 60053.0 |
| 地上总建筑面积： | | | M² | 77189.6 |
| 其中 | 豪宅建筑面积： | | M² | 609.6 |
| | 排屋建筑面积： | | M² | 25800 |
| | 高层建筑面积： | | M² | 40130 |
| | 商业： | | M² | 10050 |
| | 物管及其他 | | M² | 600 |
| 地下总建筑面积： | | | M² | 49460 |
| 建筑密度： | | | % | 30% |
| 容积率： | | | 万M2/Ha | 1.29 |
| 绿地率： | | | % | 30% |
| 总户数： | | | 户 | 329 |
| 总人口：(3.2人/户) | | | 个 | 1053 |
| 停车 | 机动车： | 地面： | 个 | 85 |
| | | 地下： | 个 | 671 |
| | 非机动车： | | 个 | 2320 |

东地块主要技术经济指标：

| 项目 | | | 单位 | 数量 |
|---|---|---|---|---|
| 规划总用地面积： | | | M² | 67687.8 |
| 地上总建筑面积： | | | M² | 113770.1 |
| 其中 | 豪宅建筑面积： | | M² | 3654.5 |
| | 排屋建筑面积： | | M² | 19037.5 |
| | 高层建筑面积： | | M² | 79128.1 |
| | 商业： | | M² | 8300.0 |
| | 物管及其他 | | M² | 1100 |
| | 幼儿园办公 | | M² | 2550 |
| 地下总建筑面积： | | | M² | 67900 |
| 建筑密度： | | | % | 30% |
| 容积率： | | | 万M2/Ha | 1.68 |
| 绿地率： | | | % | 30% |
| 总户数： | | | 户 | 554 |
| 总人口：(3.2人/户) | | | 个 | 1773 |
| 停车 | 机动车： | 地面： | 个 | 101 |
| | | 地下： | 个 | 1086 |
| | 非机动车： | | 个 | 3420 |

# 中海·国际社区

项目地点：吉林省长春市南关区
开发商：长春中海地产有限公司
建筑设计：深圳市欧普建筑设计有限公司
主设计师：Norman Lo、许大鹏、赵德祥、陈薇
占地面积：598 778 $m^2$
总建筑面积：947 860 $m^2$
容积率：1.57

中海·国际社区位于长春市南部新城的核心区域，该区域是连接城市三个主要发展方向的纽带。基地西面的伊通河是长春市的母亲河，有优美的沿河景色，南部D-2、G-1地块规划为城市公园，与伊通河滨水绿化带相接在基地的东部和南部形成一半月形的城市绿带，为本项目营造舒适生态的居住环境提供了得天独厚的自然景观条件。基地紧邻102国道、临河街等主要城市干道，交通条件便利。

项目延续总体规划目标，强调土地的综合利用，提高资金投入、土地使用开发的效率；并且强化城市公共区域界面，以东部的连续街廊形成完整的城市客厅形象；运用先进、逻辑化的居住区规划理念，采用网格化的规划结构模式，营造便于识别、理性而丰富的居住空间形态。

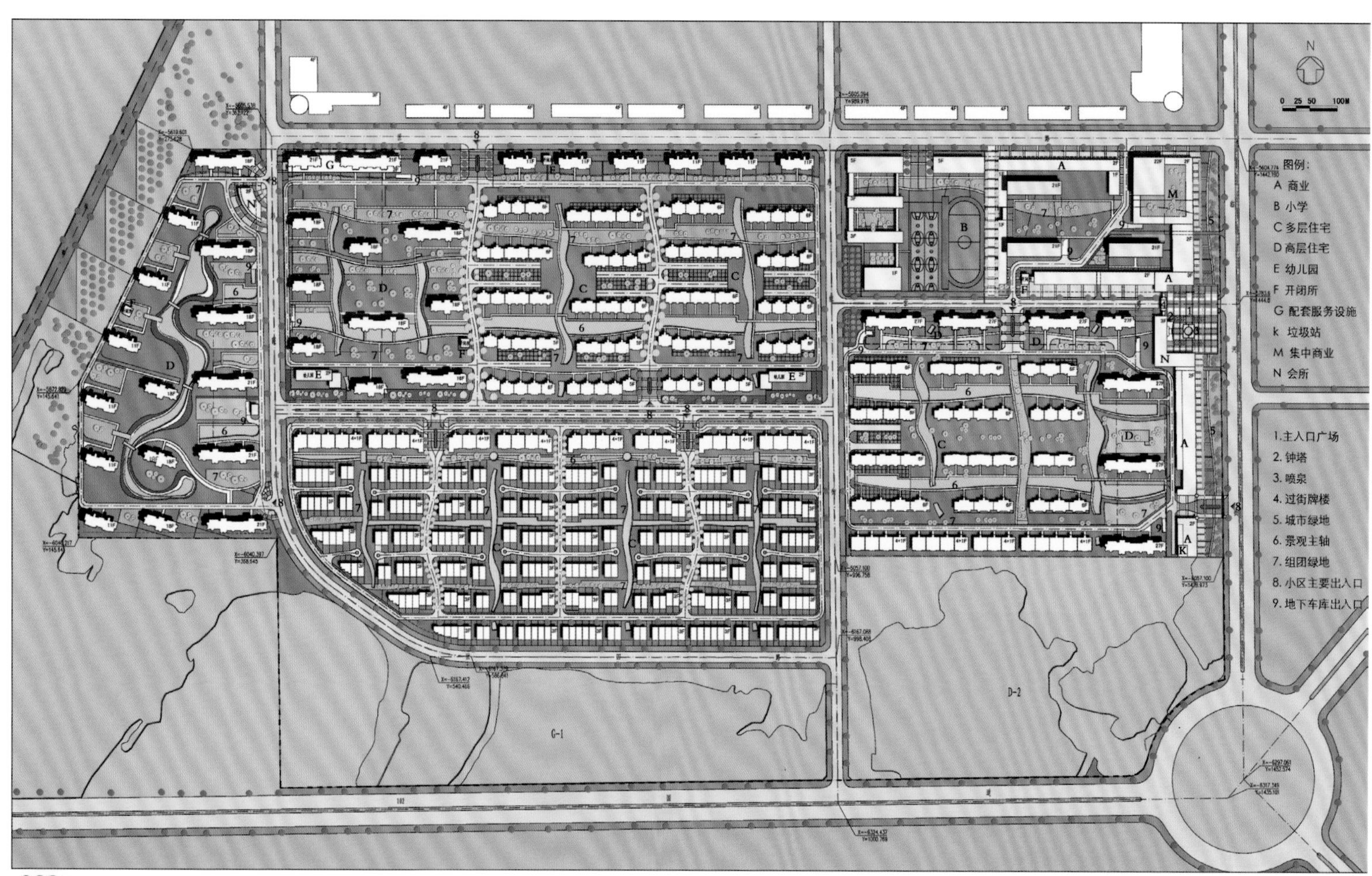

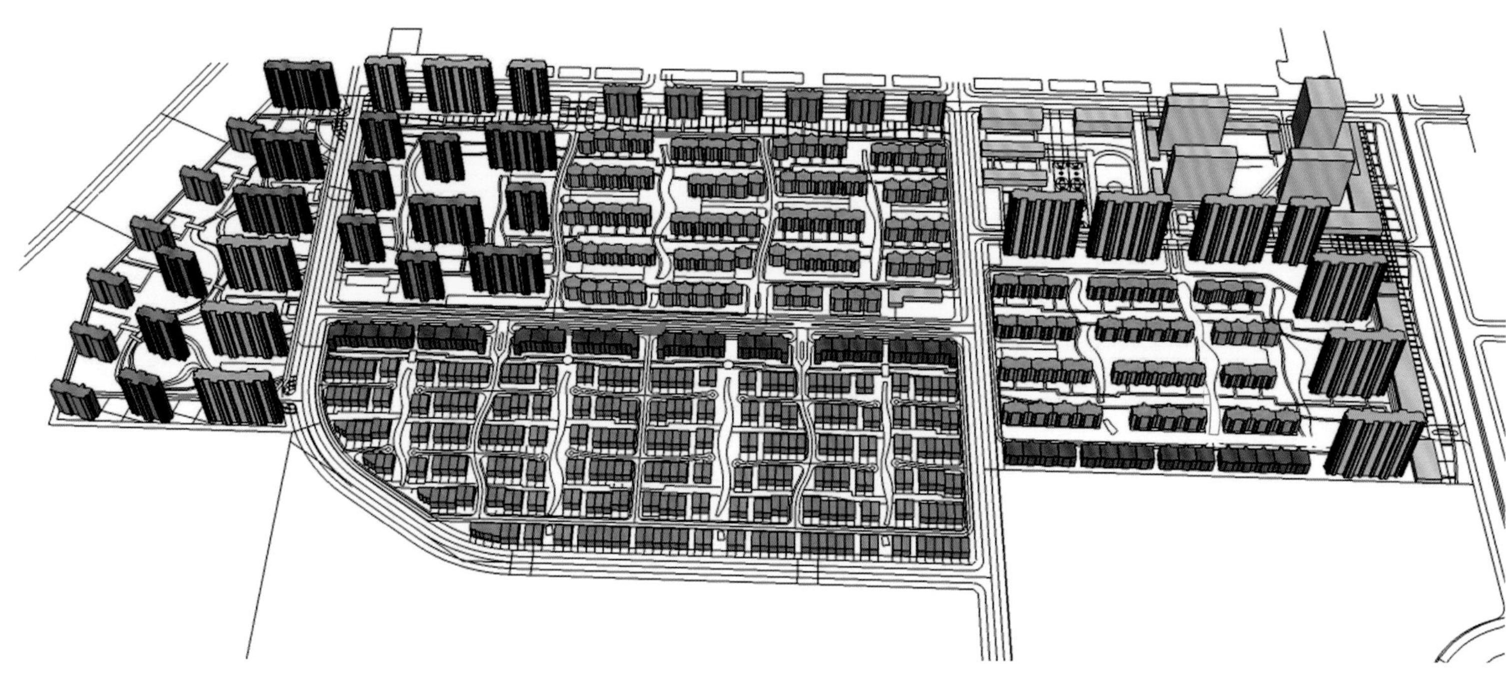

图例：
A 商业
B 小学
C 多层住宅
D 高层住宅
E 幼儿园
F 开闭所
G 配套服务设施
k 垃圾站
M 集中商业
N 会所

1.主入口广场
2. 钟塔
3. 喷泉
4. 过街牌楼
5. 城市绿地
6. 景观主轴
7. 组团绿地
8. 小区主要出入口
9. 地下车库出入口

G-1

一等用地
二等用地
三等用地
四等用地

G-1

一等用地
二等用地
三等用地
四等用地
五等用地

图例
省政府预留地
长春市政府
雕塑公园
伊通河
城市绿化带
基 地
102国道
城市主干道
城市次干道
城 市 支 路

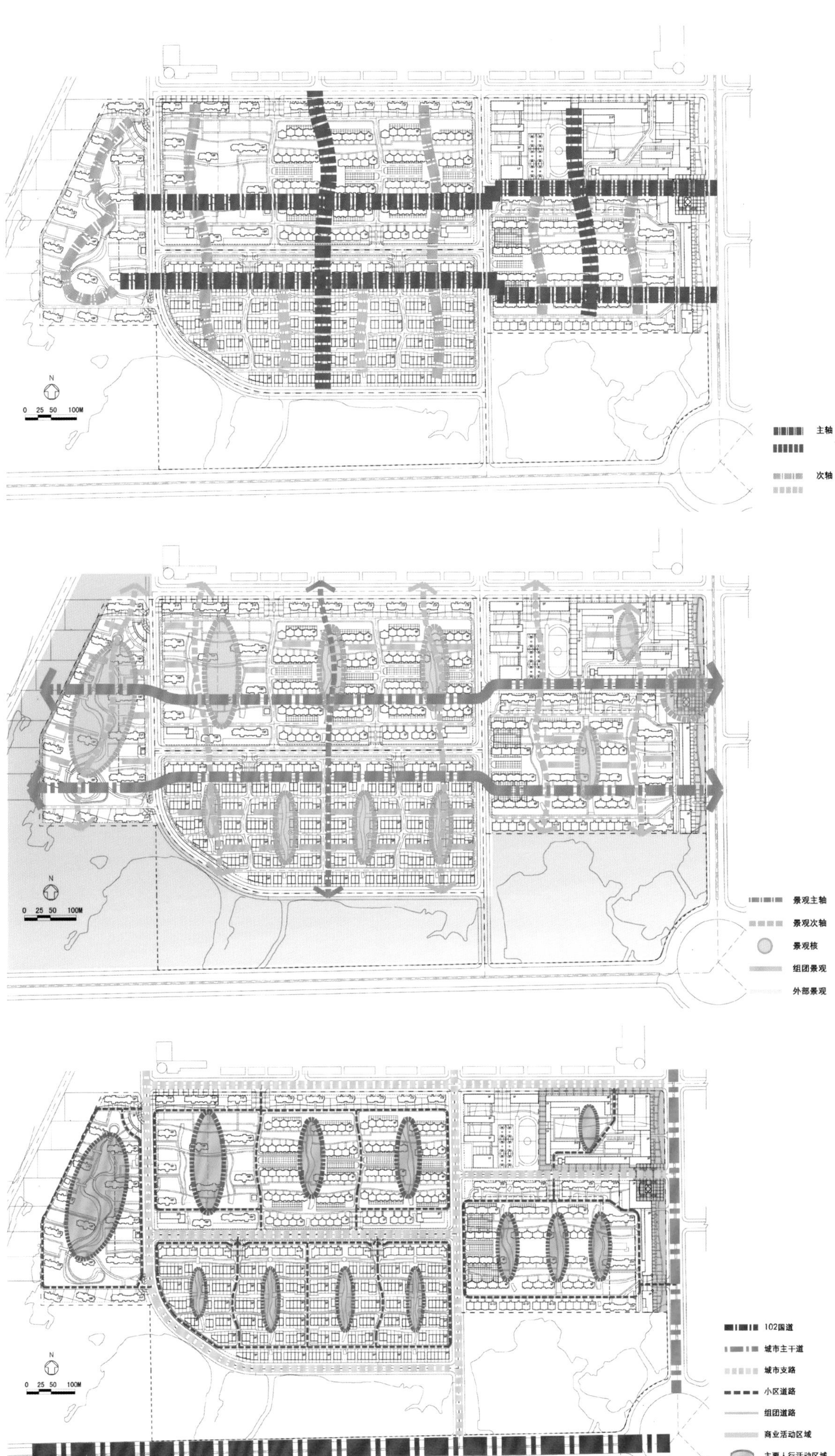
N
0 25 50 100M
主轴
次轴
N
0 25 50 100M
景观主轴
景观次轴
景观核
组团景观
外部景观
N
0 25 50 100M
102国道
城市主干道
城市支路
小区道路
组团道路
商业活动区域
主要人行活动区域

# 东莞理想0769

项目地点：广东省东莞市万江区
开发商：东莞富通新家园房地产开发有限公司
占地面积：72 559 $m^2$
总建筑面积：119 703 $m^2$
容积率：1.65

理想0769小区位于东莞市万江区，是改革开放后迅速崛起的现代化城区，临近东莞市汽车总站、华南MALL。本项目（四期）在地块北边，相对独立。

理想0769小区定位为城市中的大型生态、高尚、现代化风情居住区及大型的集中商业形态和特色风情商业街。规划中充分体现人性化的居住思想，坚持以人为本，创造人与自然和谐发展的空间，建设优美、安全、舒适的文明社区，为业主创造良好的生活与休闲环境。由于本案是理想0769小区的最后一期开发项目，所以力求在空间上能与前期方案进行呼应，同时能有效提升整个大社区的空间品质。

总体布局采用周边高层围绕中心庭院的布置方法，做到内部造景，外部借景，户户有景，充分挖掘基地周边的景观资源，积极创造内部的景观资源。

小区内静外动，设置大型集中商业和特色风情步行街，为小区居民提供全面服务配套的同时，聚集周边地区的人气，繁荣区域性经济。小区人车分流。形成临街商业门面和半地下车库，为小区内部隔绝外部噪音的同时充分挖掘商业价值。

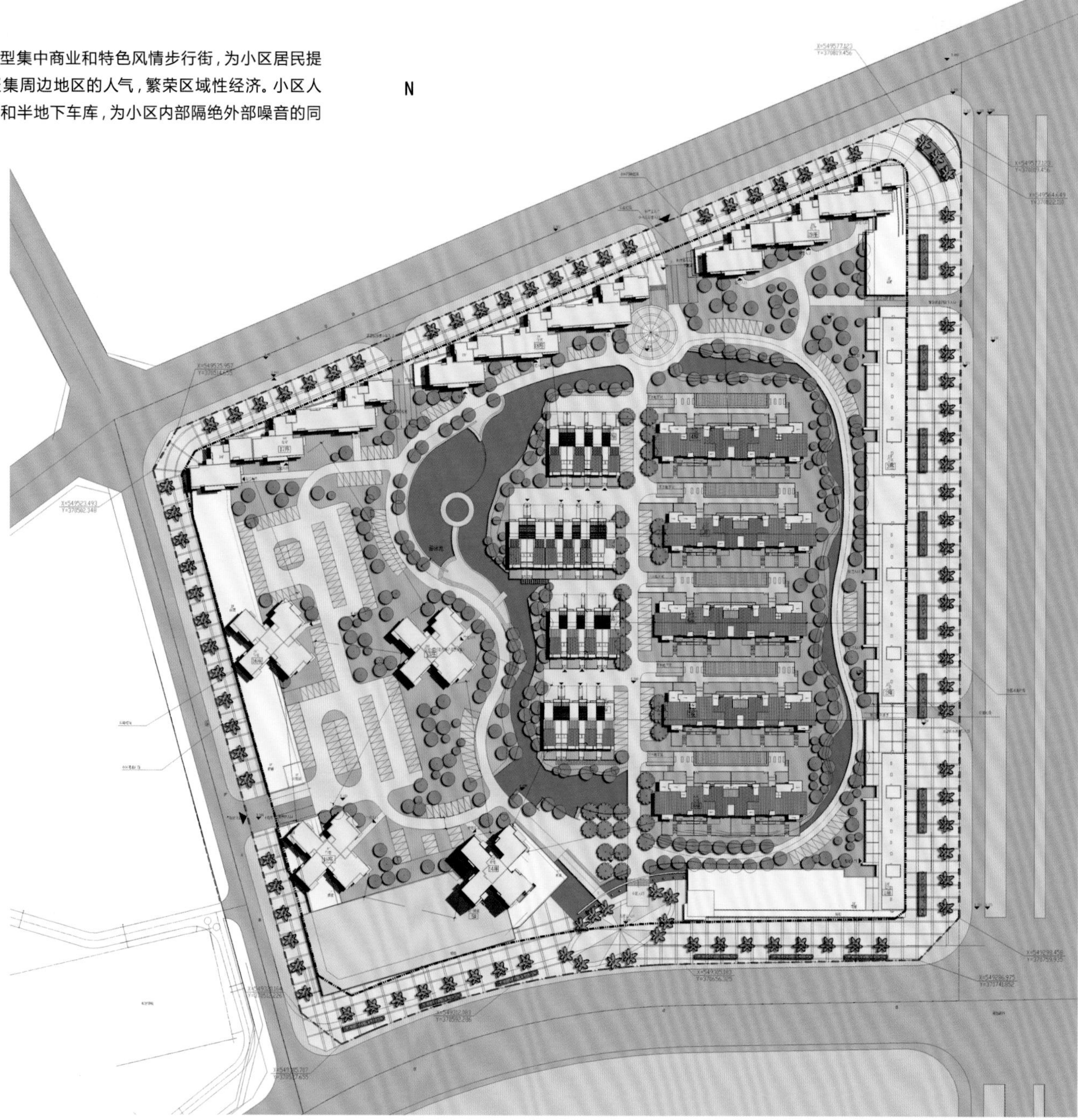

N

# 南京天正湖滨花园

项目地点：江苏省南京市鼓楼区
建筑设计：项秉仁建筑设计咨询（上海）有限公司
占地面积：69 802 $m^2$
总建筑面积：192 362 $m^2$

项目位于南京市鼓楼区中央路401号。该地块南侧即为在建中的地铁一号线许府港站，紧邻中央门商圈。项目具备区位、景观、交通、商业氛围等诸多优势，规划设计目标是南京独一无二、品质精良的高档景观楼盘。

规划设计保持南向规划路的位置不变，将其改造为弧形，充分利用60 m限高的适用范围，提高规划路东侧景观高层住宅的数量。地块北侧作高层办公楼，并作切角。沿中央路充分展开商业建筑，降低总高度，使高层住宅有更多的楼层可直接欣赏玄武湖和古城墙。

商业及办公楼部分的主要人流从不同方向进出，商业沿中央路进出，办公部分从后院进出。高层景观住宅自成一区，在16 m规划路上设有出入口，内部主干道6 m，次干道兼消防车道4 m。

16 m规划路以西地块布置小高层公寓和联排别墅，于16 m规划路和芦席营路设两个出入口，人流进入小区后向两侧分流，自然分成两个相对独立的居住区域。沿黑龙江路布置沿街商铺，形式为小开间独立式；沿南侧规划路在高层公寓4#楼底层设置商铺。

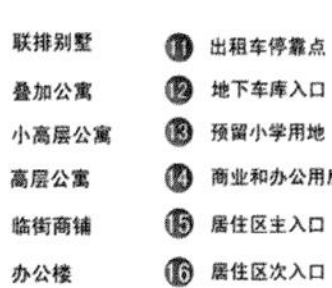

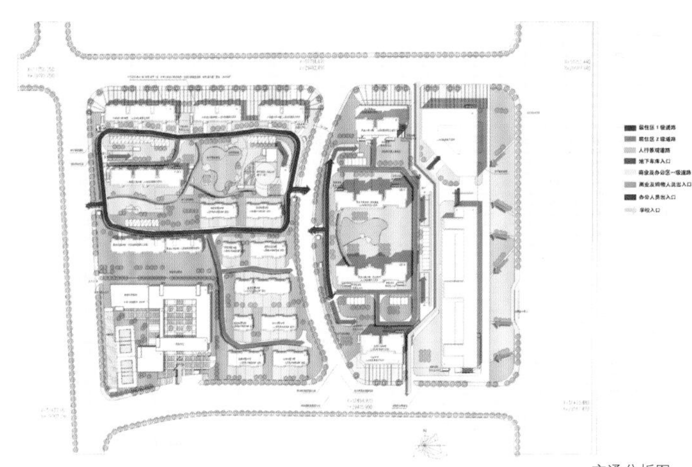

交通分析图

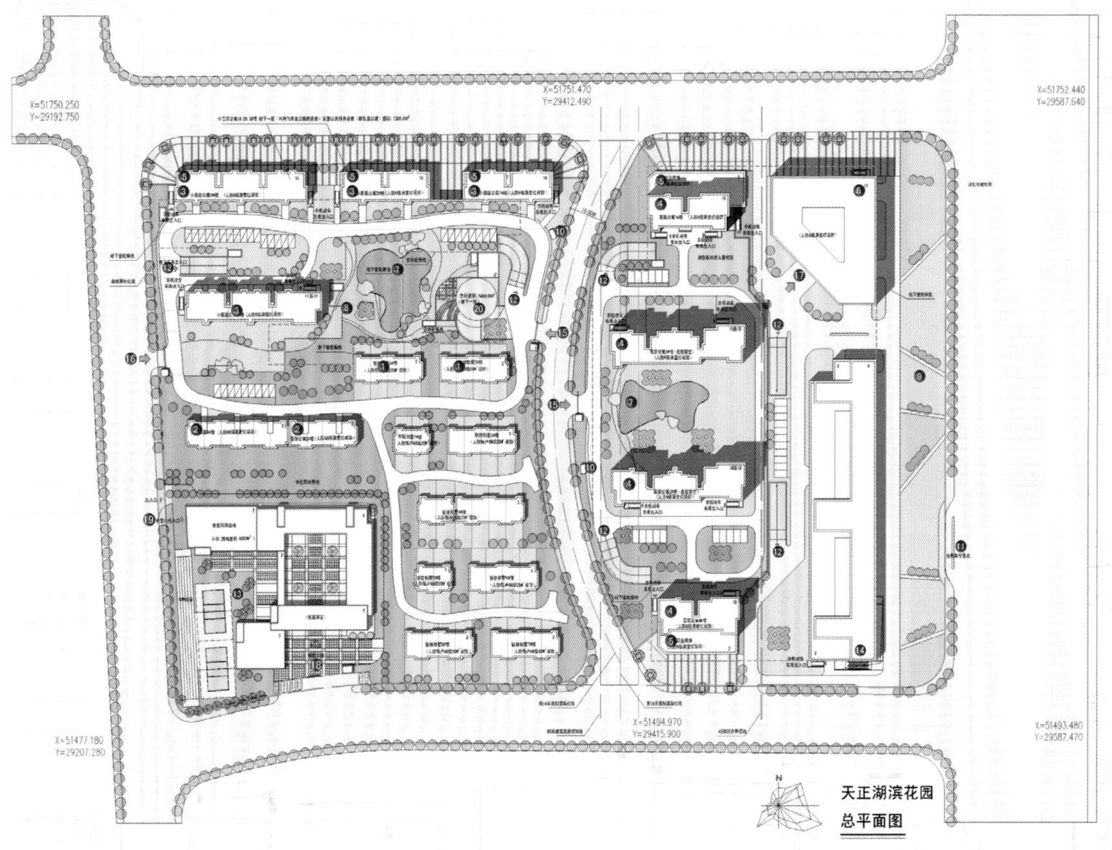

天正湖滨花园
总平面图

1 联排别墅
2 叠加公寓
3 小高层公寓
4 高层公寓
5 临街商铺
6 办公楼
7 景观水面
8 集中绿地
9 城市绿地
10 垃圾站
11 出租车停靠点
12 地下车库入口
13 预留小学用地
14 商业和办公用房
15 居住区主入口
16 居住区次入口
17 办公楼入口
18 小学主要入口
19 小学后勤入口
20 会所

# 合肥华润幸福里

项目地点：安徽省合肥市蜀山区
开发商：华润置地合肥实业有限公司
建筑设计：天华建筑设计有限公司
景观设计：贝尔高林国际（香港）有限公司
占地面积：110 914 $m^2$
总建筑面积：287 710 $m^2$
容积率：2.5
绿化率：45%

华润幸福里位于合肥市望江西路与合作化路交会处，处于合肥发展活力和潜力的新老城区接合带，总用地面积110 914 $m^2$，总建筑面积287 710 $m^2$，用途为商业、办公、住宅综合体。幸福里地处繁华深处，整个住区与城市保持200 m的距离，与城市两大商业副中心三里庵、南七直线距离仅1 km左右，周边配套成熟，银行、超市、医院、学校等城市功能性设施完备，项目区域高校林立，中国科技大学、安徽大学、合肥学院等高校近在咫尺。

项目能快速融入五里墩立交桥、金寨路高架桥、合作化路、望江路、黄山路等共同构筑的立体道路交通系统，周边商业配套日趋成熟，规划及运营中的国购广场、西环中心广场、南七商业大厦、沃尔玛、乐购等商业设施均环伺附近，片区未来发展潜力不可限量。项目产品丰富多样，涵盖多层洋房、小高层、高层，主力户型为80~140 $m^2$，并配有少量小户型精装公寓和大面积的城市花园洋房类产品，力求在繁华深处，营造让都市人久违的心灵庭院。

WAL★MART
ALWAYS LOW PRICES

# 西安恒大绿洲

项目地点：陕西省西安咸宁东路与滨河西路交会处
规划设计：中国新时代国际工程公司
景观设计：新加坡雅克筑景设计有限公司
占地面积：260 000 $m^2$
总建筑面积：680 000 $m^2$
容积率：2.6

西安恒大绿洲小区鸟瞰图

恒大绿洲位于西安市咸宁东路与滨河西路交会处西北角，总占地面积260 000 $m^2$，总建筑面积680 000 $m^2$，由63栋欧陆建筑围合而成。

项目位于西安唯一的城市内河浐河的西岸，拥有1 000 m一线水岸景观，东与拥有66.9万 $m^2$果林的著名旅游胜地白鹿塬仅一河之隔。项目周边市政绿地面积超过20万 $m^2$，流水水面超过10万 $m^2$，原生态自然环境优越。小区配有大型商业、运动中心，布局上综合考虑了整体性、系统性和可持续性，形成集居住、观景、商业、教育、文化娱乐等功能于一体的"西北第一水城"。

西安市第二水厂

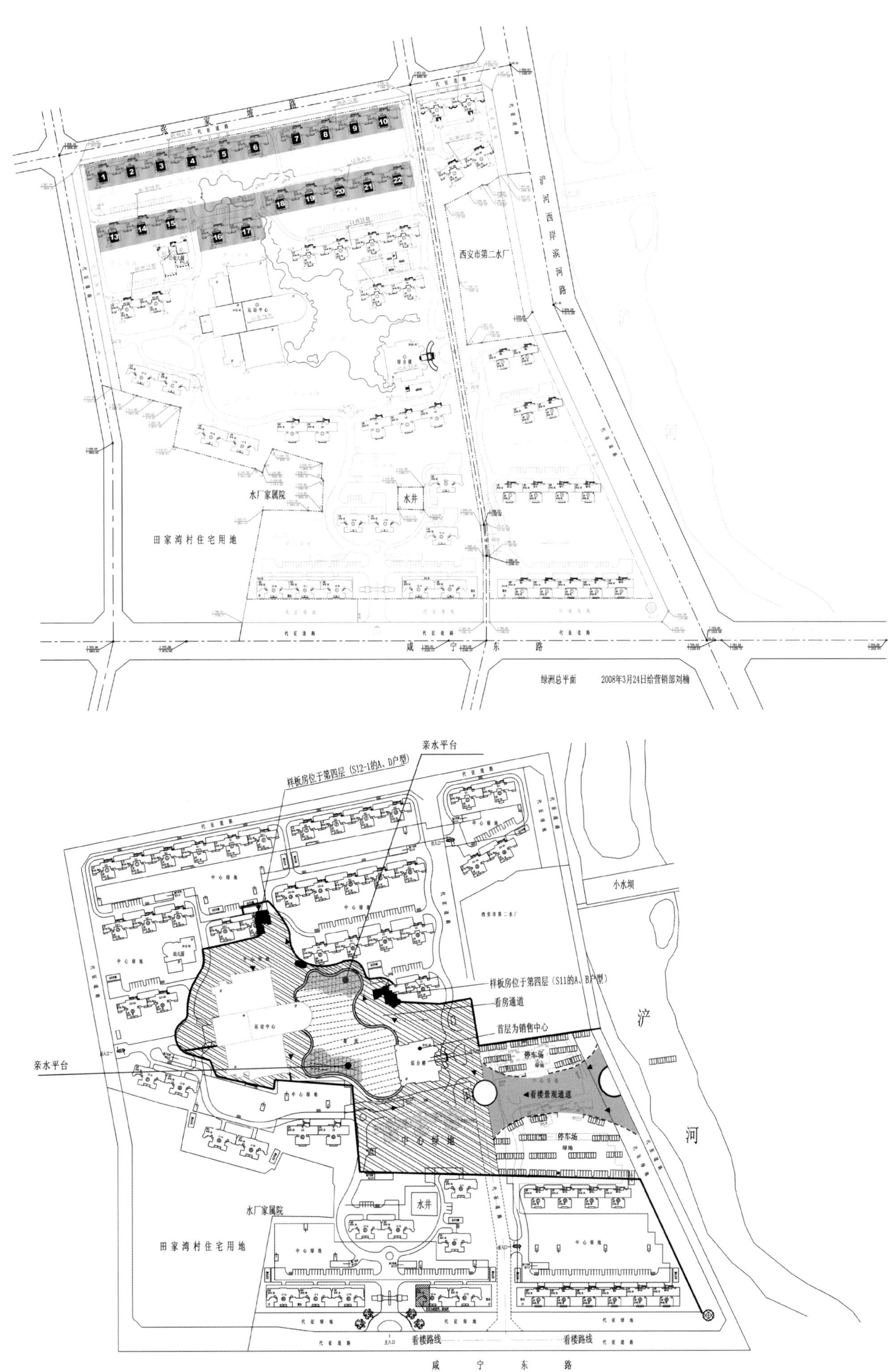


恒大绿洲样板房方位及户型示意图

# 江门绿荫豪苑

项目地点：广东省江门市
开发商：江门良骏兆业发展有限公司
建筑/景观设计：汉森国际设计顾问·伯盛设计

项目在总体平面设计上，采用半围合布局衬以少数点式住宅。北面和东面设置八栋高层住宅建筑，以相邻的高尔夫球场的大型园林为景观；南面沿北环路为七栋六层多层商住楼，首、二层为商业和小区文化活动中心，因靠路边有噪音干扰，在这里布置了本区大部分小面积户型；小区西面及中心部分设置了六栋分别为5～7层的情景洋房及两组共12户组团式院落洋房，利用立面的处理以“入景”为目标与中心生态园林融合，形成独特的景观和层次丰富的居住空间，造就江门独树一帜的居住新概念。整个小区规划配置的住宅户型搭配丰富，错落有致，使室内外空间有机地融合在一起。

整个设计符合统一规划、合理布局、因地制宜、综合开发、配套建设的原则。适应居民的活动规律，综合考虑日照、采光、通风、防灾、配建设施及管理要求，创造方便、安全、优美的居住生活环境，为老年人、残疾人的生活和社会活动提供条件，为商品化经济、社会化管理及分期实施创造条件。充分考虑社会、经济和环境三方面的综合效益。规划设计目标在满足规划管理规定、有效利用土地资源、充分体现社会效益和生态环境效益的同时，创造一个布局合理、环境优异、配套设施齐全、具有东南亚风情的21世纪文明居住社区。

# 金华蓝湾国际

项目地点：浙江省金华市婺城新城
开发商：浙江正方置业有限公司
景观设计：杭州现代环境艺术实业有限公司
占地面积：91 436 $m^2$
总建筑面积：188 537.34 $m^2$

该项目位于婺城区中心组团，呈长方形布局，北沿临江大道，西靠规划区间路，南临宾虹西路，东沿迎龙路，与婺城区府、新区金融中心、商业中心、小学、医院、商贸区、中心公园、区府广场紧密相连。整个住区景观错落有致、主次分明。

建筑外立面以欧式、新古典主义为基调。因此，在景观风格的定位上也以偏欧式化风格为主，以欧陆风情的再现为创作主题。为了使住户能够感受到异国情调，设计融合了欧洲多个不同国家的景观元素，有法式的浪漫情怀、英式的华丽雍容、德式的简约明朗以及意大利罗马式的高贵典雅。

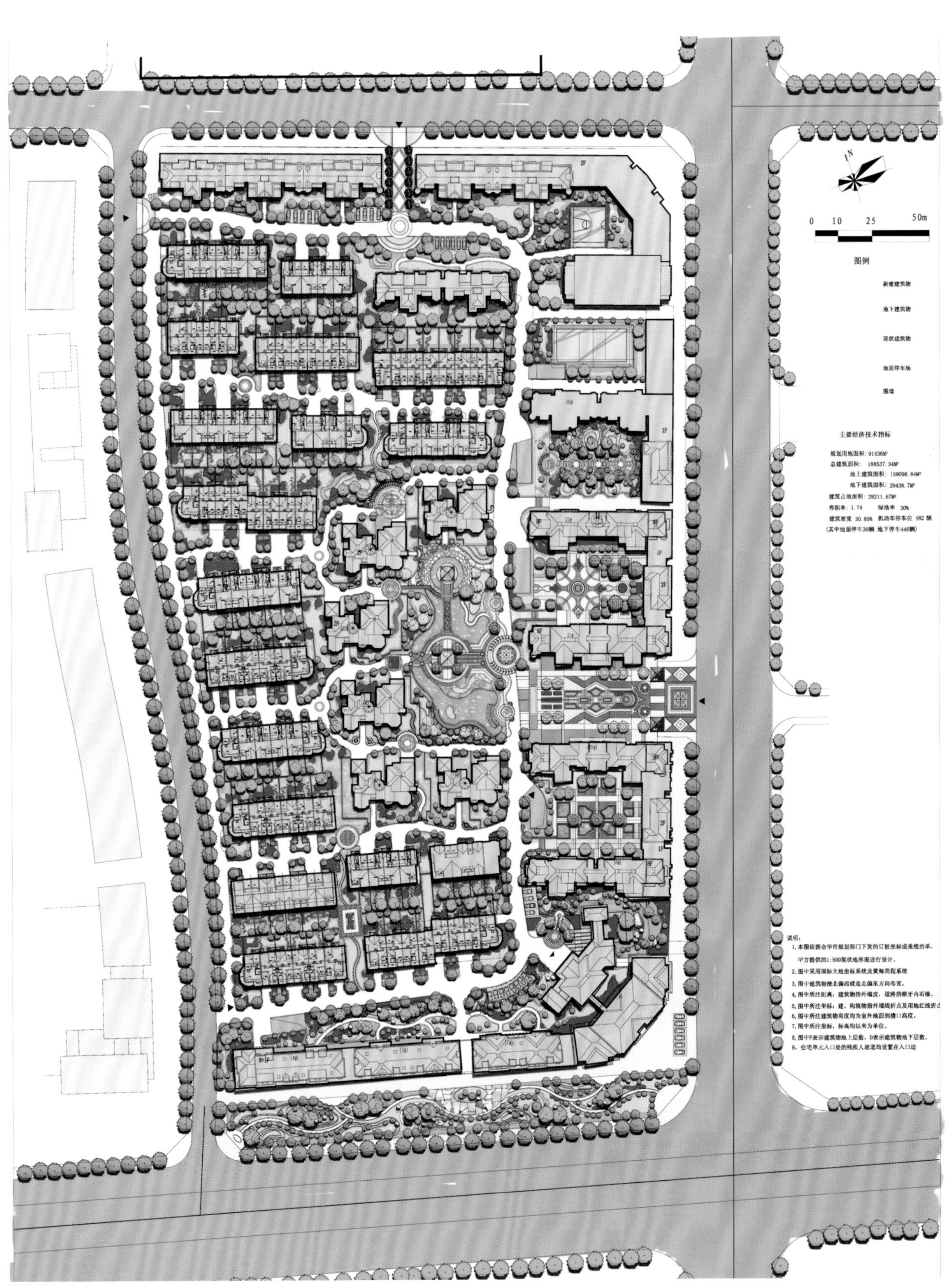

# 高碑店津华通达河北高碑店

项目地点：河北省高碑店市
规划/建筑设计：加拿大宝佳国际建筑师有限公司
占地面积：5 450 000 m²
总建筑面积：4 280 000 m²
容积率：0.8

规划区作为高碑店市联系京津冀的门户和未来高碑店新城的核心区，肩负承接京津辐射、推动产业升级、联动一城两区的重要使命，是高碑店市塑造城市特色、展示城市形象的又一契机。

本次规划通过对区域经济、城市、交通等发展条件的研究，提出“生态城市”、“以市兴城”两大理念，综合运用生态、功能、空间等规划手段，引导“特色商贸”、“休闲旅游”、“健康养生”三大产业在本地发展；规划打造“一核、一廊、一带、四片区”的城市构架，综合安排产、学、研、居、服五大城市功能，推动规划区域高效、持续、快速发展，塑造一座“京南生态休闲商贸城”，成为面向京津冀展示高碑店城市形象和文化的一扇新窗口。

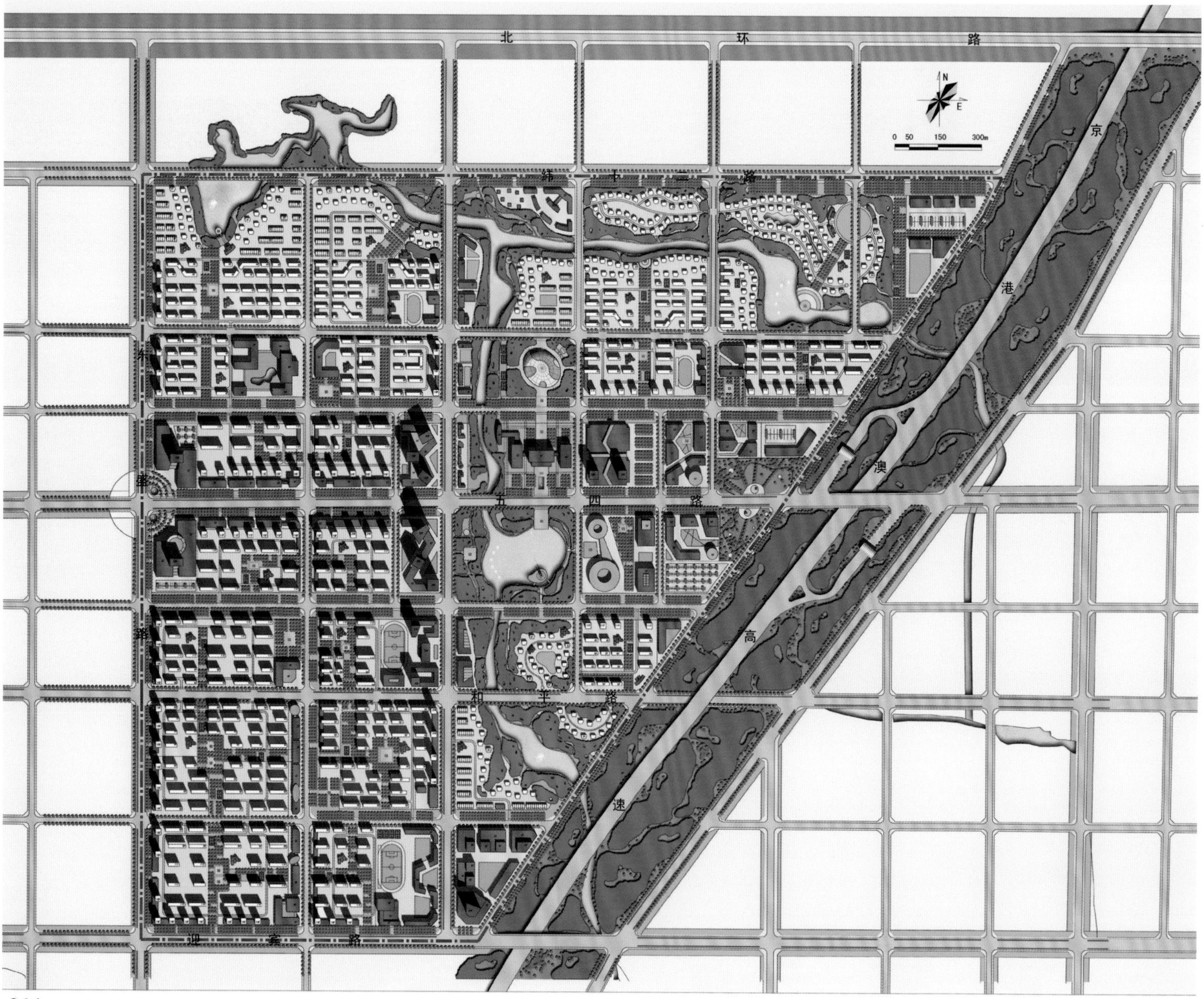

# 福州橡树湾

项目地点：福建省福州市
开发商：华润置地（福州）有限公司
规划设计：天华建筑（上海）
香港雅博奥顿国际设计有限公司
占地面积：360 120 $m^2$
总建筑面积：900 000 $m^2$

福州橡树湾背靠飞凤山，面朝乌龙江，沿江观景线长达1500 m左右，更有城市级公园流花溪穿行其间。总占地面积360 120 $m^2$，总建筑面积900 000 $m^2$，是一个具有英伦风情的人文小镇。

橡树湾一期所推联庭别墅，又称宽体别墅，超大面宽约15.4 m，约为联排别墅的2倍。大面宽，短进深，南北通透，采光通风如呼吸般自然。所有户型都带有地下室，并有采光井。地下室层高约5.8 m，空间可以改成2层使用。

# 重庆金科十年城

项目地点：重庆市江北区
开发商：重庆金科集团有限公司
景观设计：SED 新西林景观国际
占地面积：141 000 m²
景观面积：84 000 m²

金科十年城位于重庆市江北区大石坝组团和北部新区大竹林交界片区。内部几乎没有可利用的景观资源，没有可利用的植被、水体，无名树、古树，仅有东面与南面10 m多长的绿化带。这既给设计师提供了一个可供发挥的空间，又是摆在设计师面前的一道难题。为创造一个符合楼盘现代特征的景观，设计师最终锁定了简洁西班牙风格。

双层连廊上方的步道通往花园洋房，洋房间的邻里小径以灵动的曲线在楼间穿行，弯曲处布置有树池、零散小品雕塑和健身娱乐设施；两侧为精心设计的多层次乔灌木植物造景，为各楼人群提供了一个休憩场地之余，也使邻里间的交往得到了加强。

商业外街中心的喷水池以巨大的榕树为背景，以小区的标志为雕塑，连同商业内街的铺装，形成贯通商业街内外的景观轴线。小区西入口将车行与人行通道入口大门区分，使人车自然分流，大气的铺装与精致的水景对应强调入口的别致，两侧的高耸的行道树与包裹警卫亭的植物相呼应，尊重朴素的大地美学，给人以亲切、自然、宜人的心理享受。

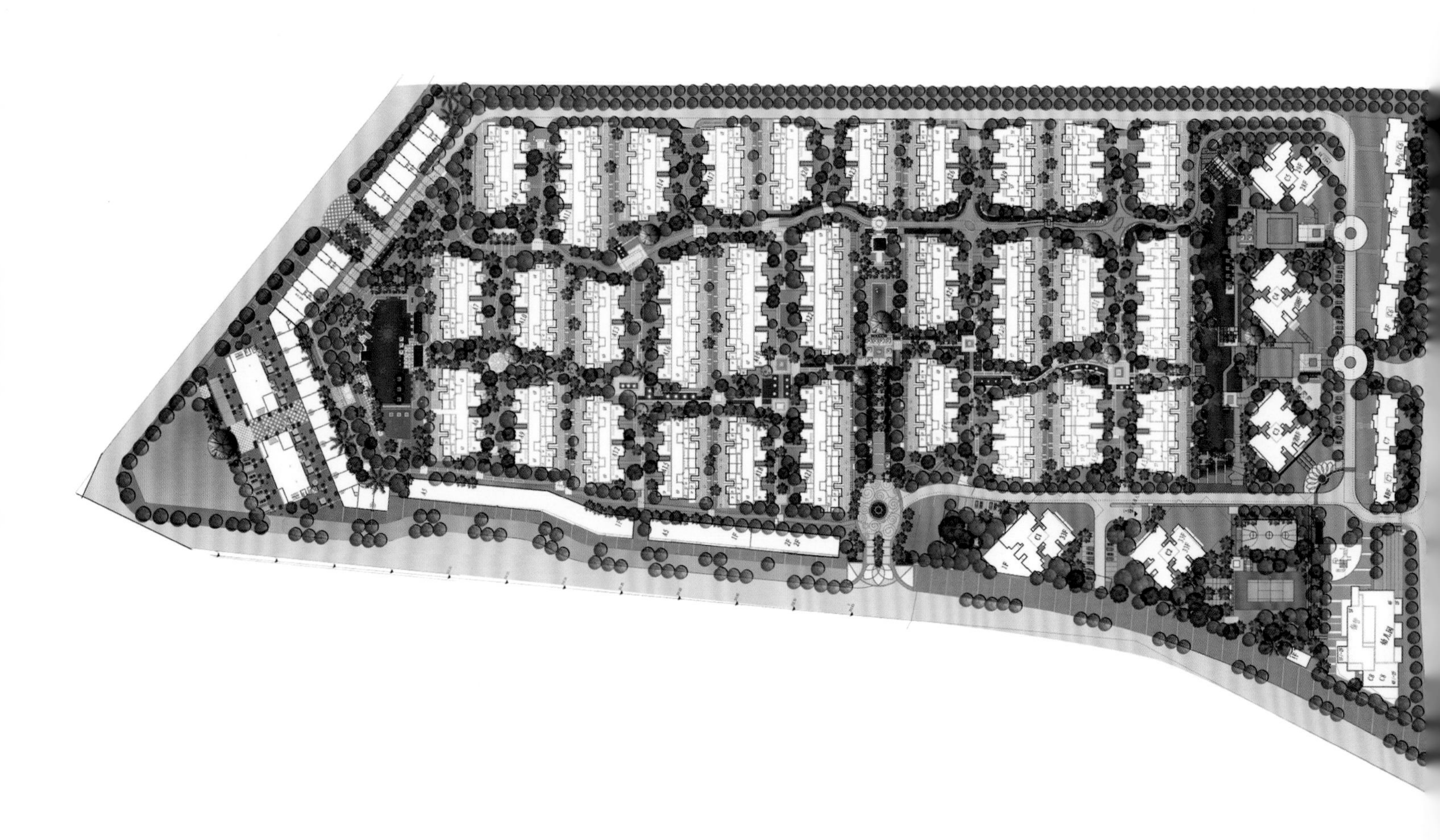

# 武汉中央公园 · 武汉华润

项目地点：湖北省武汉市
开发商：华润置地
总建筑面积：340 000 $m^2$

项目位于中部重镇武汉的绝对核心位置——月湖文化大区内，是中国近代工业的发祥地之一——汉阳铁厂旧址。地块南面为40 m宽的武汉市首条景观大道——琴台大道，东面临月湖桥，西临武汉船舶工业学校，北面是30 m宽的知音大道和广阔的汉江水面，视野开阔，风光秀美。距离汉口中心的武广商圈、汉口金融一条街、王家墩中央商务区仅有6～8分钟车程，可以说是通达武汉三镇，汇集中央。

项目共分三期开发，一期位于地块西南侧，将会呈现仅有的84套联庭别墅，面积主要集中在180～260 $m^2$之间。一期设有小区幼儿园，并有部分商业配套。二期为薄板式高层建筑。三期为滨江高层，还设有高档运动会所。

# 深圳卓越·维港

项目地点：广东省深圳市
开发商：深圳卓越房地产开发有限公司
占地面积：65 000 m²
总建筑面积：130 000 m²

卓越·维港以百余套别墅的体量成为深圳湾最大的别墅群落，每套别墅均配备私家电梯，享有五重庭院：阳光地下室、前庭、中庭、后院和超大天台观景花园。

Overall aeria
整体鸟瞰图

# 苏州栖霞东环路(A1)

项目地点:江苏省苏州市
建筑设计:陈世民建筑师事务所有限公司
总建筑面积:138 682.40 $m^2$

A1地块位于东环高架和南环高架交接处,北临独墅湖大道,东北方向约300 m处即为苏嘉杭高速公路出入口,距离苏州汽车南站不到10分钟车程。规划中的轨道3号线吴东路站就设在地块南侧200 m处。地块北侧为华东装饰城,向北约1 km处为东环路家乐福商圈,向南2 km为麦德龙。靠近娄葑西区住宅板块,有群星苑、独墅苑、恒润后街、中新置地住宅项目等众多住宅楼盘。

# 深圳唯珍府

项目地点：广东省深圳市
开发商：深圳市景业房地产开发有限公司
景观设计：澳大利亚柏涛（墨尔本）设计公司
主设计师：邱慧康、范纯青、张锐、张政强、邓春涛、张小明
总建筑面积：24 000 m²

该项目位于深圳市福田区景田北路，用地西南隔景田北七街与福田外国语学校相邻，西北侧为片区内的开放式公园，东北侧用地为拟建的福田区网球中心，西南方向远望香蜜湖景区。用地方正平整，景观开阔，环境幽静。

住宅小区由1栋18层高层住宅、1排低层联排住宅和1栋3层的商场组成。花园住宅是这个项目强调的设计概念，花园既作为户内与户外空间的过渡，又将绿化引入空间中，满足了空间中住户的小生态居住环境的要求。空中花园外侧大量的活动遮阳百叶设计既符合深圳地区的气候特点，为住户提供了良好的生活起居空间，又为立面带来丰富的变化，具有浓郁的亚热带气息。

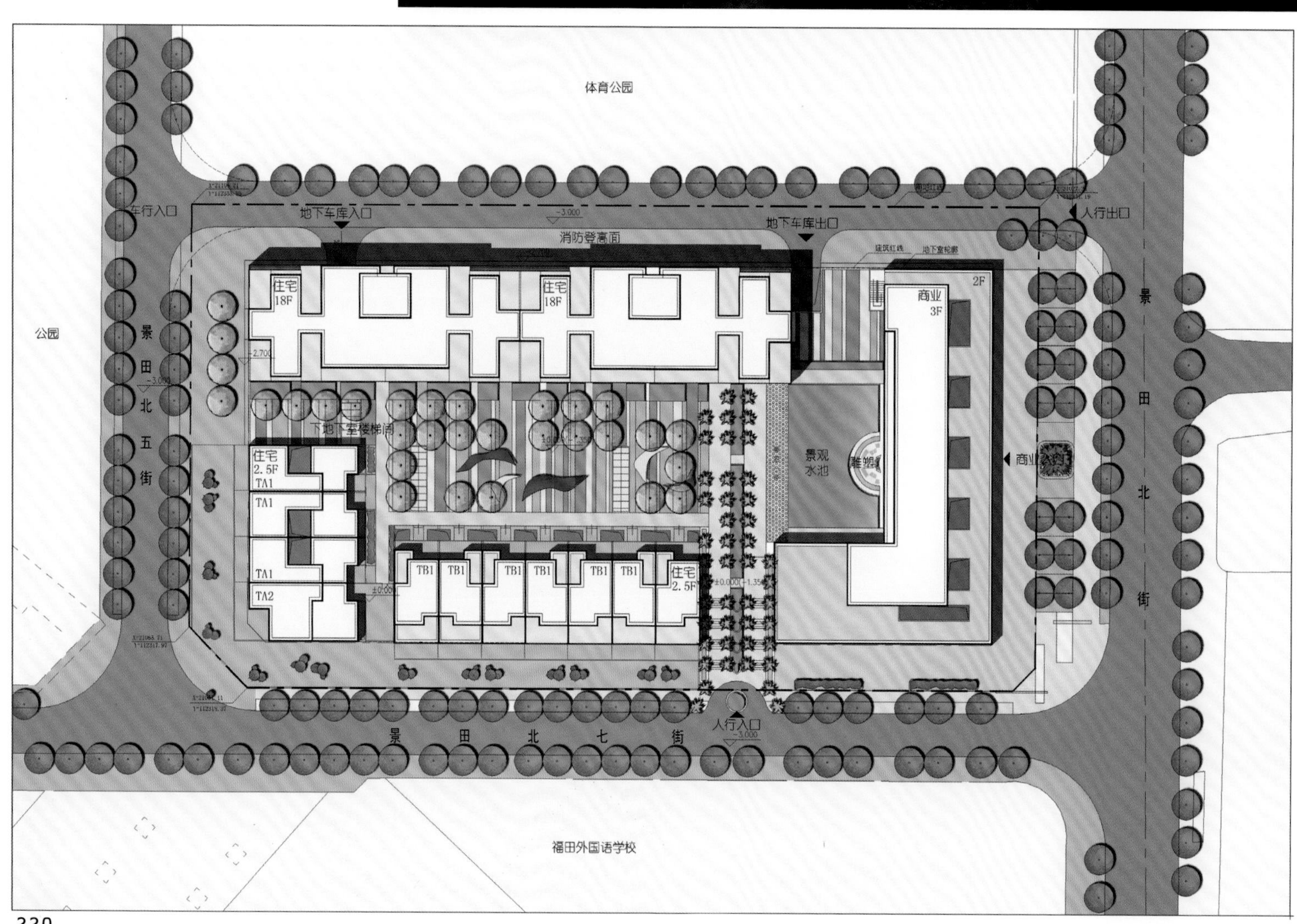

体育公园
车行入口
地下车库入口
地下车库出口
人行出口
消防登高面
住宅 18F
住宅 18F
商业 3F
2F
公园
景田北五街
下地下室楼梯间
住宅 2.5F
TA1
TA1
TA1
TA2
TB1
住宅 2.5F
景观水池
雕塑
商业
景田北街
景田北七街
人行入口
福田外国语学校

# 天津社会山

项目地点：天津市
开发商：天津国民地产发展有限公司
占地面积：1 716 000 m²
总建筑面积：1 900 000 m²
容积率：0.69
绿化率：45%

社会山位于西青区张家窝镇，海泰产业园区西南侧，大学城旁（地铁3号线终点站）。社区总体分多个住宅组团，建筑类型包含花园洋房、联排别墅、院墅、3层叠拼别墅和点式公寓。社会山在整体风格设计上，采用欧式现代简约风格。整个社区规划有致且容积率低。

# 东莞世纪城 · 国际公馆（四期）

项目地点：广东省东莞市南城区
开发商：东莞市世纪城商住开发有限公司
建筑设计：广州市天作建筑规划设计咨询有限公司
占地面积：122 017 m²
总建筑面积：113 486.7 m²

世纪城·国际公馆四期位于东莞市五环路北侧，西北与二期别墅区相连，是一个以类别墅产品为主的高档社区。

规划结构为“一心、一轴、两区、多组团”。“一心”位于基地中央的绿心，是小区的景观核心，同时也是主要的公共活动空间。以水景为主题，采用生态自然的设计手法，营造宁静、贴近自然的空间氛围。

“一轴”指贯穿基地西北、东南的景观轴。东西向的景观轴延续了世纪城一期、二期的景观轴线，把基地分为东西两大部分，联系了南北两个小区入口，其间串联了小区会所、入口广场、中心公园等公共开放空间和景观节点。景观轴线蜿蜒穿行于建筑之中，空间收放变化而富有节奏，形成了小区主要的公共活动区及景观带。

景观轴线把基地分为了两个相对独立的区域，即“两区”。每个区均包含了多种产品类型，都有2~3个的住宅组团。每个组团相对独立，设计各具特色，并且赋予其不同的主题和内涵，进一步提升产品价值。

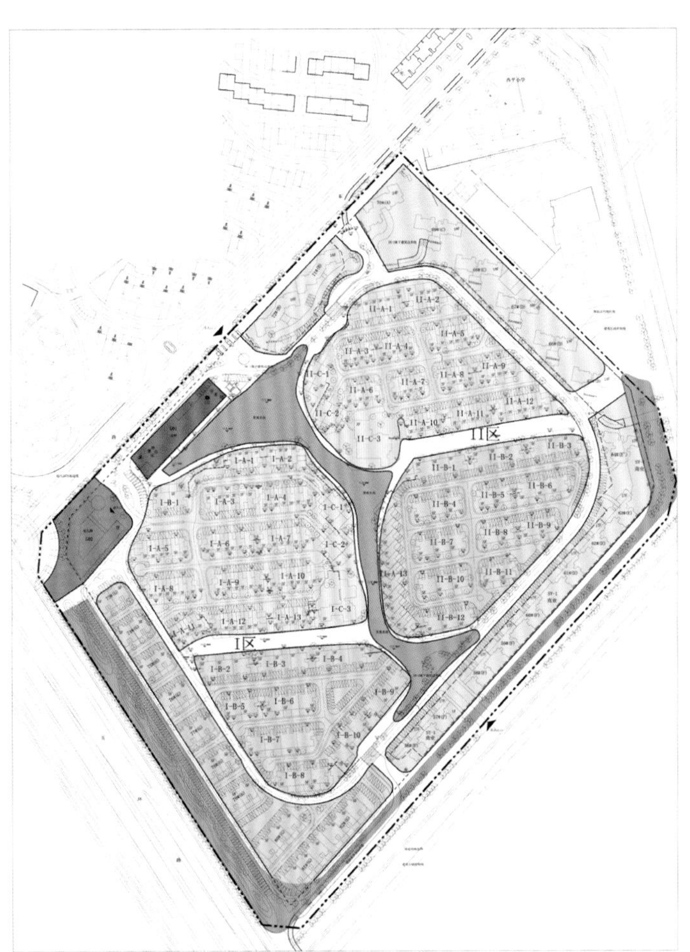


竖向设计图

分期开发建设图

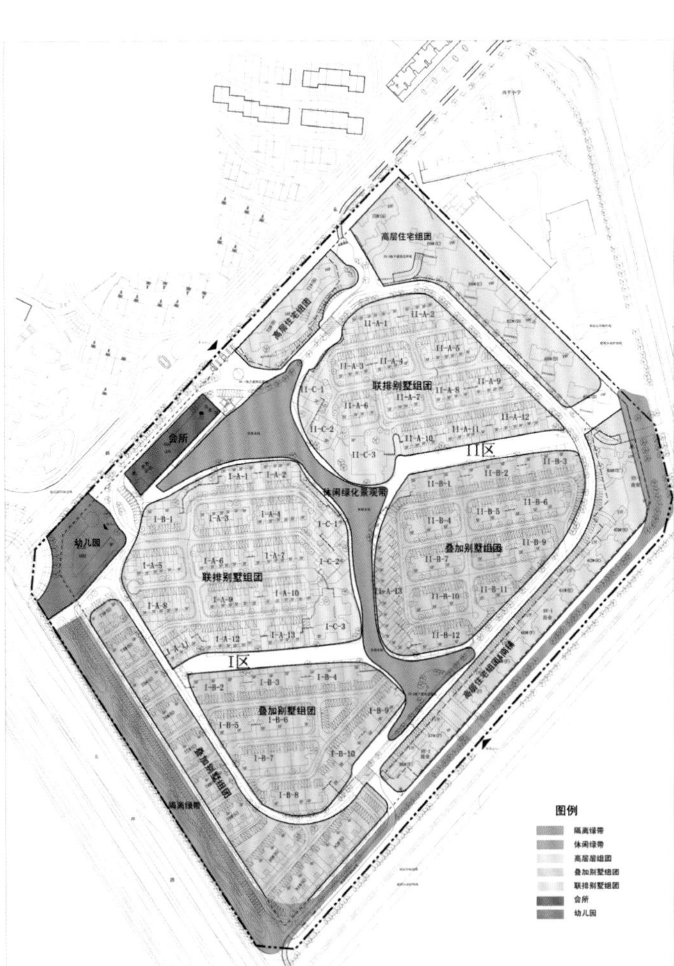


功能分区图

绿化景观分析图

# 武汉大华南湖公园世家

项目地点：河北省武汉市洪山区
开发商：大华集团
占地面积：541 200 $m^2$

大华南湖公园世家项目位于武汉市洪山区南湖风景区内，规划总用地面积541 200 $m^2$，用地北临武梁路，南至南湖新城路，西起丁字桥路，东至珞狮南路，共三个街坊。用地东临南湖区，南侧为规划中的50 m宽排水走廊，北侧为规划中的水体公园及未来住宅发展用地，具有得天独厚的地理位置优势。

小区注重环境绿化与建筑布局的协调关系，在满足功能的前提下，采用自然式布局与规则式布局相结合的构图方式，使整个小区拥有一个轻松和谐的大环境氛围。以绿化主轴设计为主线，以生态绿化系统和道路系统为纽带，串联起三期各个住宅组团。公共集中绿地与组团中心绿地相互呼应，尽量提供各个组团的中心绿地，提高大环境的质量，使居民真正生活在一个舒适的绿色环境之中。全部建筑均按南北向布置，保证每户均有良好的朝向、景观和通风采光。

上河中区C期总平面图

# 珠海每一间

项目地点：广东省珠海市香洲区
开发商：中化方兴房地产开发（珠海）有限公司
规划/建筑设计：城脉建筑设计（深圳）有限公司
占地面积：43 500 m²
总建筑面积：135 874 m²
容积率：2.5
绿化率：35%

“每一间”坐落在珠海东岸情侣路旁，北依凤凰山，面向香洲湾，交通畅达。作为情侣路上的新地标，“每一间”有着广阔的海景面。“每一间”，既享有珍藏山海资源的宁静，周全的生活配套设施又近在咫尺，进可享受都市繁华，退可守纯粹安静。基地呈矩形，长约260 m，宽约142 m。小区规划包括13栋住宅，1个会所，3个临街商铺及1个垃圾房，另设1个24 273 m²的地下车库。

结合基地现状，沿地块西北、东北侧布置7栋29层点式高层住宅，西南侧布置5栋10~11层板式住宅，东南部布置3层的公共建筑和8层公寓，底层空间渗透，使海景资源得到最大化地利用。

“每一间”项目采用小高层建筑与高层建筑的组合，利用围合布局，将整个区域划分为若干个院落式的空间，并用架空层连通，使身处其中的人不仅能在每一个院落空间内享受到各不相同的园林风情，又保障了视野通透，体验到大社区的开阔感受。

# 苏州万科-金色家园

项目地点：江苏省苏州市沧浪区
开发商：苏州万科置业有限公司
建筑设计：苏州市建筑设计研究院
占地面积：135 000 m²
总建筑面积：240 000 m²

万科-金色家园包含普通住宅、公寓、别墅、小高层、花园洋房等，其中"情景花园洋房"是万科集团精心研发8年的创新住宅产品，以户户带有独立的私家花园或露台而著称。 它不同于联排别墅或普通公寓，是一种全新的高档物业形态。它创造性地将别墅生活理念引入低密度多层住宅，提倡邻里交流、人与环境的交融，层层退台、独立花园露台、丰富的建筑立面，天、地、人、景自然交融，营造出温馨、情趣的高品质生活模式。

项目在保留传统情景花园洋房层层退台和户户带有花园或露台的产品特色基础上，融入地下室、下沉式庭院、顶层复式、空中屋顶花园等更多别墅空间特色，使"情景美墅"完全具备别墅的空间体验，又拥有个性空间、邻里守望等优于传统别墅项目的生活体验，成为现代都市别墅的创意版本。

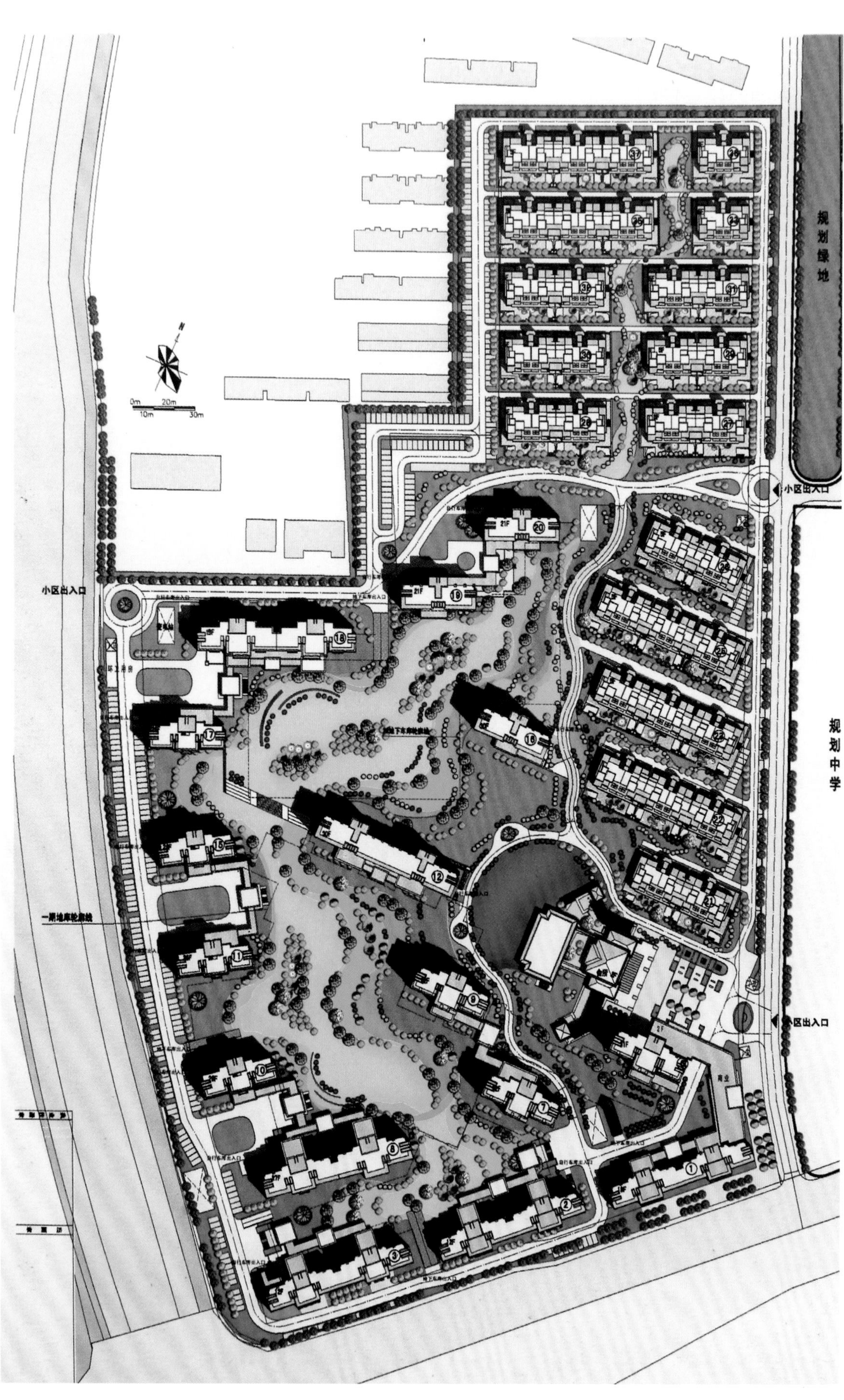

# 西安奥林匹克花园

项目地点：陕西省西安市
开发商：陕西泰盈环达通房地产开发有限公司
占地面积：533 360 m²

项目占地面积533 360 m²，属于大型的生态健康运动社区，包括八大异域奥运组团，每个奥运村都设有极具奥运特色的园林景观。地块周边均有城市绿化带包围，地势平坦，易于划分居住组团。

# 马鞍山西湖花园

项目地点：安徽省马鞍山市
开发商：杭州西湖房地产集团有限公司
占地面积：266 400 $m^2$
总建筑面积：360 000 $m^2$

西湖花园位于安徽马鞍山市市区东北部，市体育场南面，马汉铁路东侧，离市中心仅1 000 m，地块呈规则的矩形，整体规划形成一轴、两带、三区的科学布局。园区总规划用地面积266 400 $m^2$，总建筑面积360 000 $m^2$，规划建有多层公寓、小高层公寓和高层公寓。

小区以水系、绿化为景观轴线，构成宽广唯美的核心景观群落；组团内部，石板小路曲径通幽，绿草如茵，花香满径，让归家的心情随着路边的绿色一同荡漾。

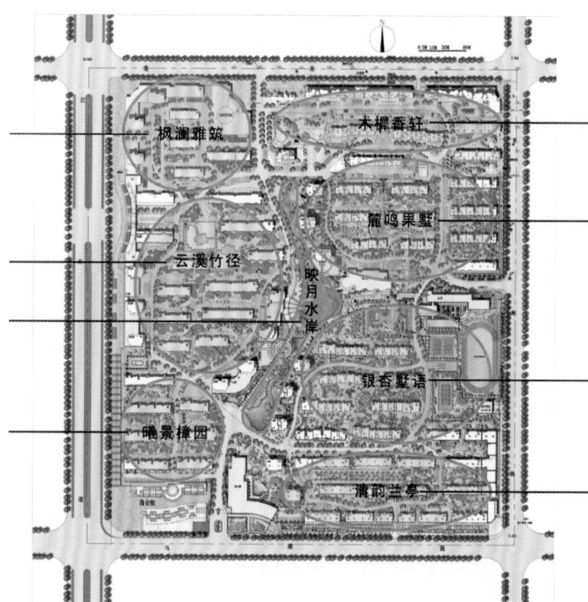

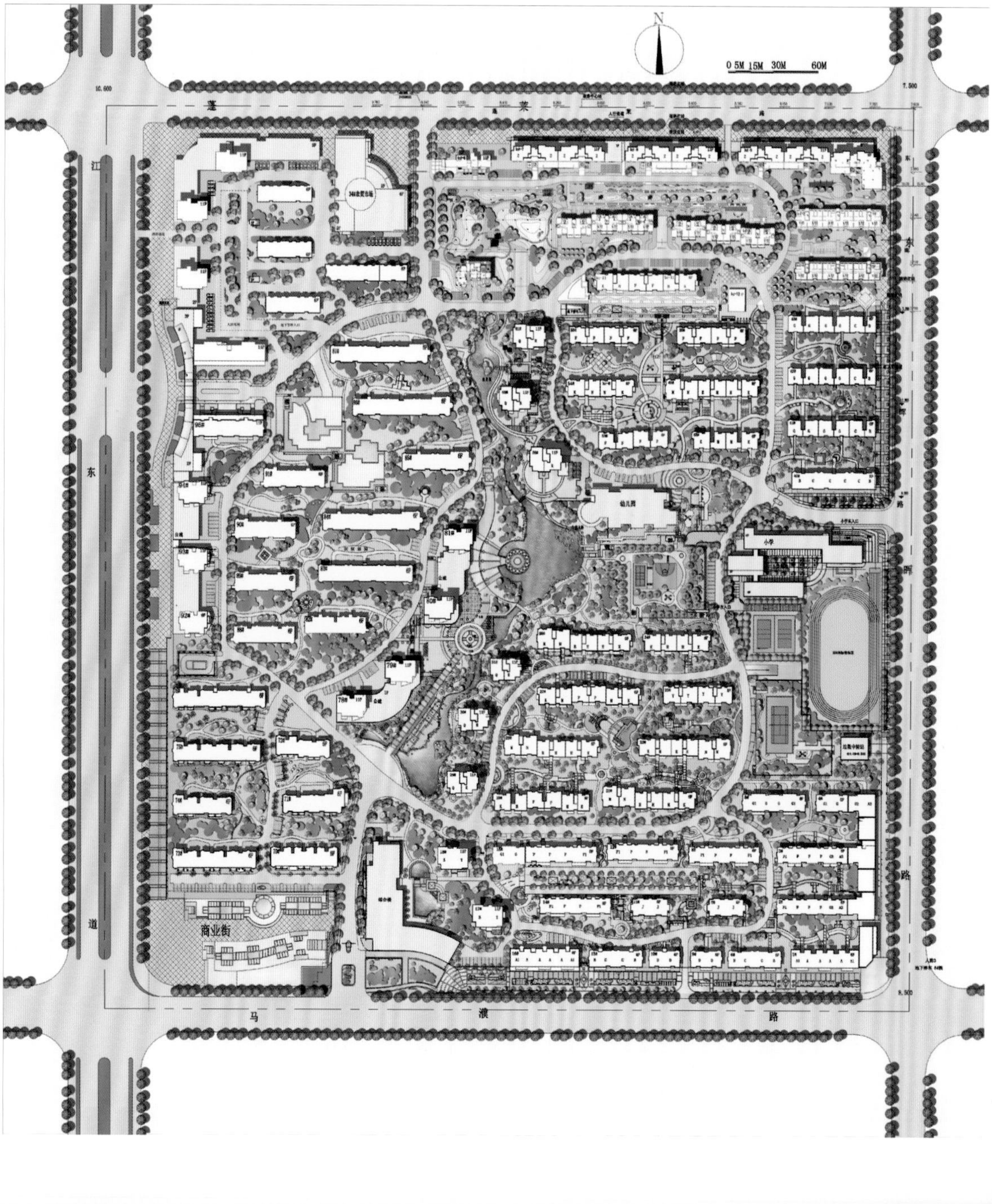

# 东莞誉景名居

项目地点：广东省东莞市常平镇
开发商：东莞市鸿联置业发展有限公司
规划/建筑设计：美国博万建筑与城市规划设计有限公司/深圳市博万建筑设计事务所
占地面积：89 958 $m^2$
总建筑面积：155 948 $m^2$
容积率：1.347
绿化率：40%

誉景名居项目位于东莞市常平镇，地块东西最长距离248 m；南北最长距离398 m。地块位于环城路以东，北侧为常平北平小学，西面为常平新行政区划中心，东侧为袁山贝村，各类配套完善，地理位置优越。

誉景名居以打造罕见低密度人文社区为目标，做了许多切实的努力，项目规划设计条件中，要求容积率小于1.8，但为了保证其品质，开发商主动将容积率降至1.3左右，加上环城路近30m的绿化带可向项目开放，项目实际容积率仅为1.2左右。在绿化率方面，东西方向为55 m宽绿化，加上市政用地的30 m宽绿化，使项目绿化率达到60%。项目规划采用南北向布局方式，利用建筑的错列形成空间层次，三条南北向绿轴将建筑围绕。

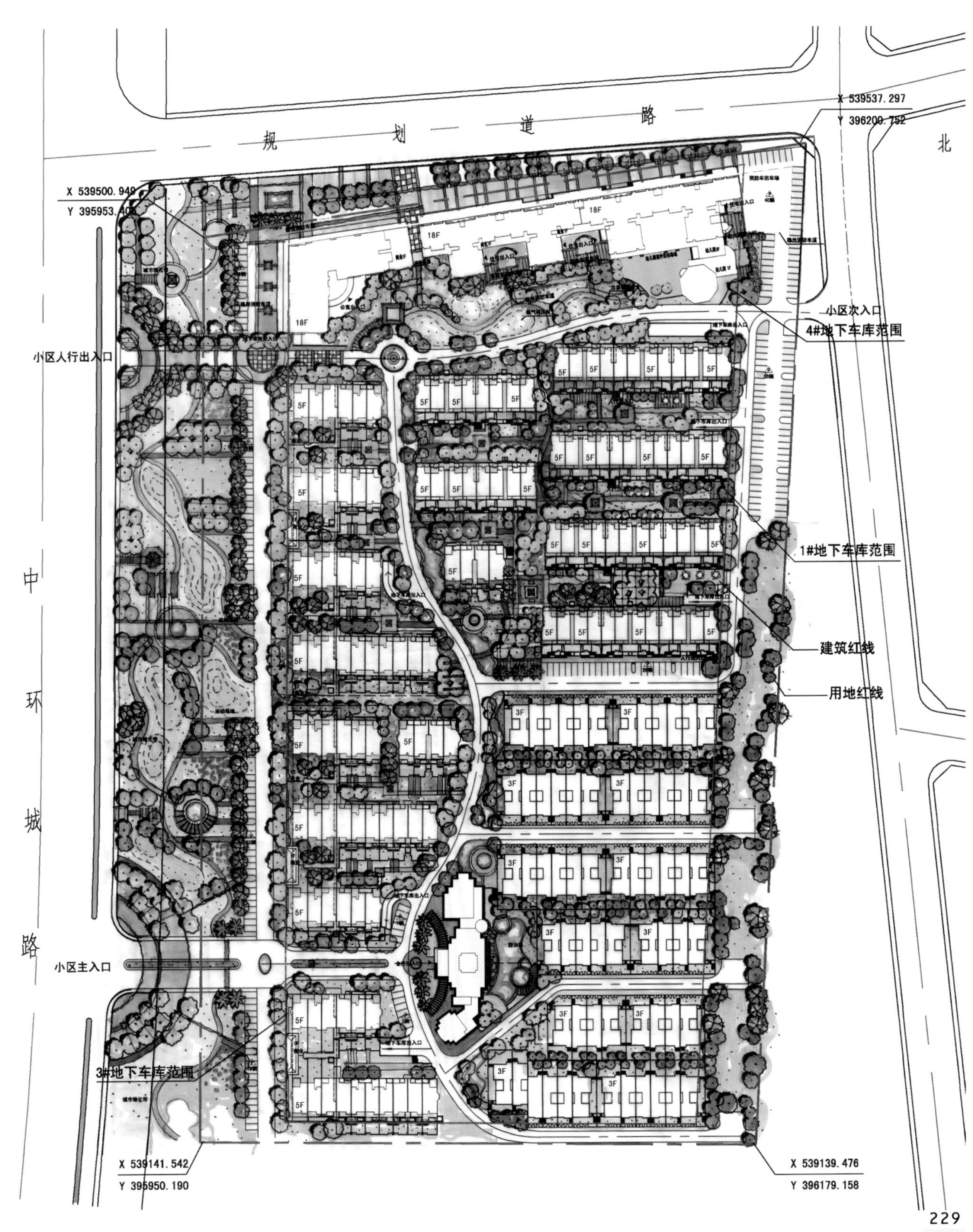

# 汕头阳光海岸

项目地点：广东省汕头市东区四十街区
开发商：广东龙光（集团）有限公司
建筑设计：深圳市水木清建筑设计事务所
占地面积：400 000 $m^2$
总建筑面积：700 000 $m^2$
容积率：1.9
绿化率：35%

阳光海岸位于汕头市东区四十街区，长平路东段，东临泰山路，南接韩江路，西临黄山路，项目占地面积400 000 $m^2$，项目总建筑面积700 000 $m^2$（包括地下及半地下室）。

整个小区以人工湖为中心景区，布置联排别墅及独立别墅，四周布置高层、小高层和多层住宅。小区配套有大型地下停车场，小学及幼儿园各一所，市场一个，主会所及泛会所，室内、外泳池，架空层及社区活动场所等多个，配套齐全。

总体规划上，以国际最新的健康设计理念进行规划设计，为居住者营造健康、安全、舒适和环保的高品质住宅社区。整个规划围绕"健康"二字展开，包括人居环境的健康性、自然环境的亲和性、住区的环境保护、健康的软硬件设施保障等。总体布局上，紧贴潮汕居住文化，南低北高，南向开敞，有利于整个小区的通风采光，同时最大限度地利用了南向及海景。在东西向上，中高边低，提升中心区价值和空间的利用价值；尽量消除沿路环境噪音及景观视线的影响，充分利用中心湖区景观，围而不合，通而不透，空间自由活泼。

# 德国威斯巴登市

项目地点：德国威斯巴登市
建筑设计：IDU（埃迪优）

威斯巴登（Wiesbaden）在法兰克福以西30 km的地方。它坐落在陶努斯山麓，南郊延伸到莱茵河畔，隔河与莱法州首府美因兹相望，周围林木葱郁，清流迂回，风景如画。威斯巴登在大战后被定为州府，成为行政中心，除州机关外，联邦统计局、联邦刑警局也设在这里。

威斯巴登以出产塞克特(德国香槟酒)而著称。其素有“满城泉水满城花”之誉，共有26座热泉，其中科赫布吕宁温泉最为著名，每日出水量多达50万升。

宽阔的威廉大街(Wilhelmstrasse)以西是市中心。这里的建筑以18世纪的古典式和第二帝国的威廉式为主。白色的公爵府(Schloss)现在是州议会所在地。这里有新旧两座市政厅，老市政厅建于1609年，是该市现存最老的建筑。附近还有极华丽的剧院和可容纳4 000人的会议展览中心莱茵美因堂(Rhein-Main Halle)。市南火车站一带有不少政府机关，一出车站便能望到一幢13层的大楼。城南5 000 m的莱茵河畔有一座巴洛克式的宫殿建筑比布利希宫(Schloss Biebrich)，现为德国电影业几家重要机构所在地。

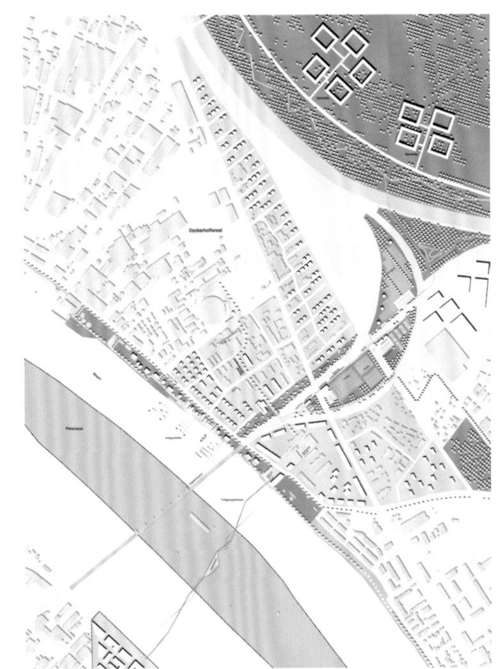

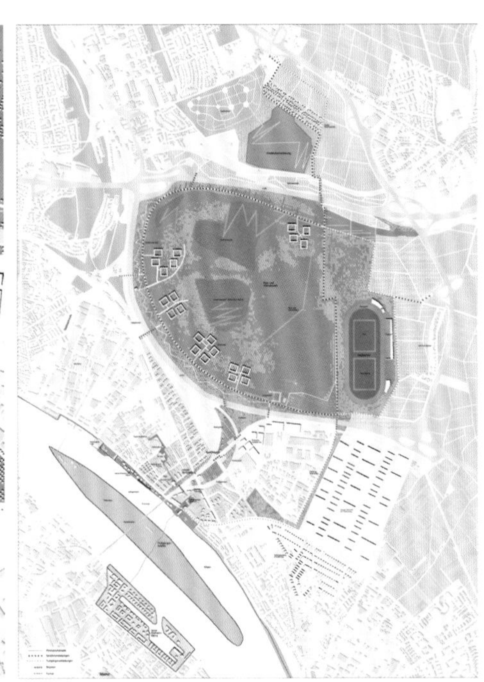

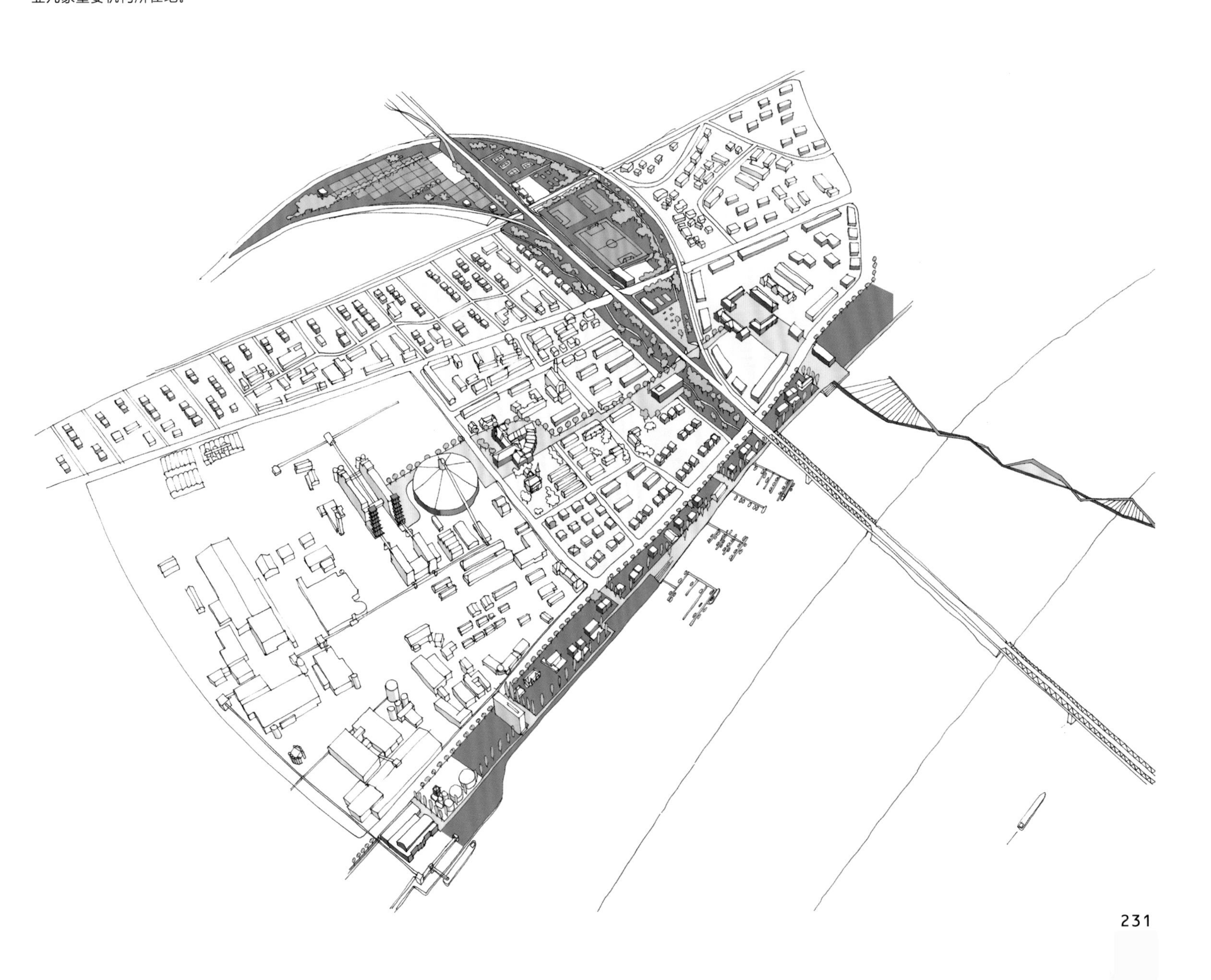

# 德国马堡大学

项目地点：德国黑森州
建筑设计：IDU（埃迪优）

马堡(Marburg)属于德国黑森州，是位于法兰克福的北面,兰恩(Lahn)河畔的一个安静小镇。

马堡本身就是一座大学。马堡位于黑森州中部，有8万人口。城市的居民非常喜欢引用罗萨·斯特拉明·封·恩斯特·科赫王子的句子。该城市有两大特点：一是在此读书的大学生，二是在老城部分被精心修复的古建筑桁架。

马堡城具有鲜明特点的建筑背景建立在拉恩河河谷之上。最具特点的是古老的侯爵府，其次便是具有悠久历史的老马堡大学。它属于历史名城马堡最具代表性的建筑之一。如今，里面住着神职人员。作为经济驱动力的大学，马堡大学是该地区最大的工作岗位提供者和最重要的经济拉动因素。该城的制造业、化工和制药业，所有这一切都排在大学之后。大学是第一位，然后才是其他行业。通过建立新建公司研究中心和公司启动互助组织，马堡大学将其研究部门也融入当地经济当中去。

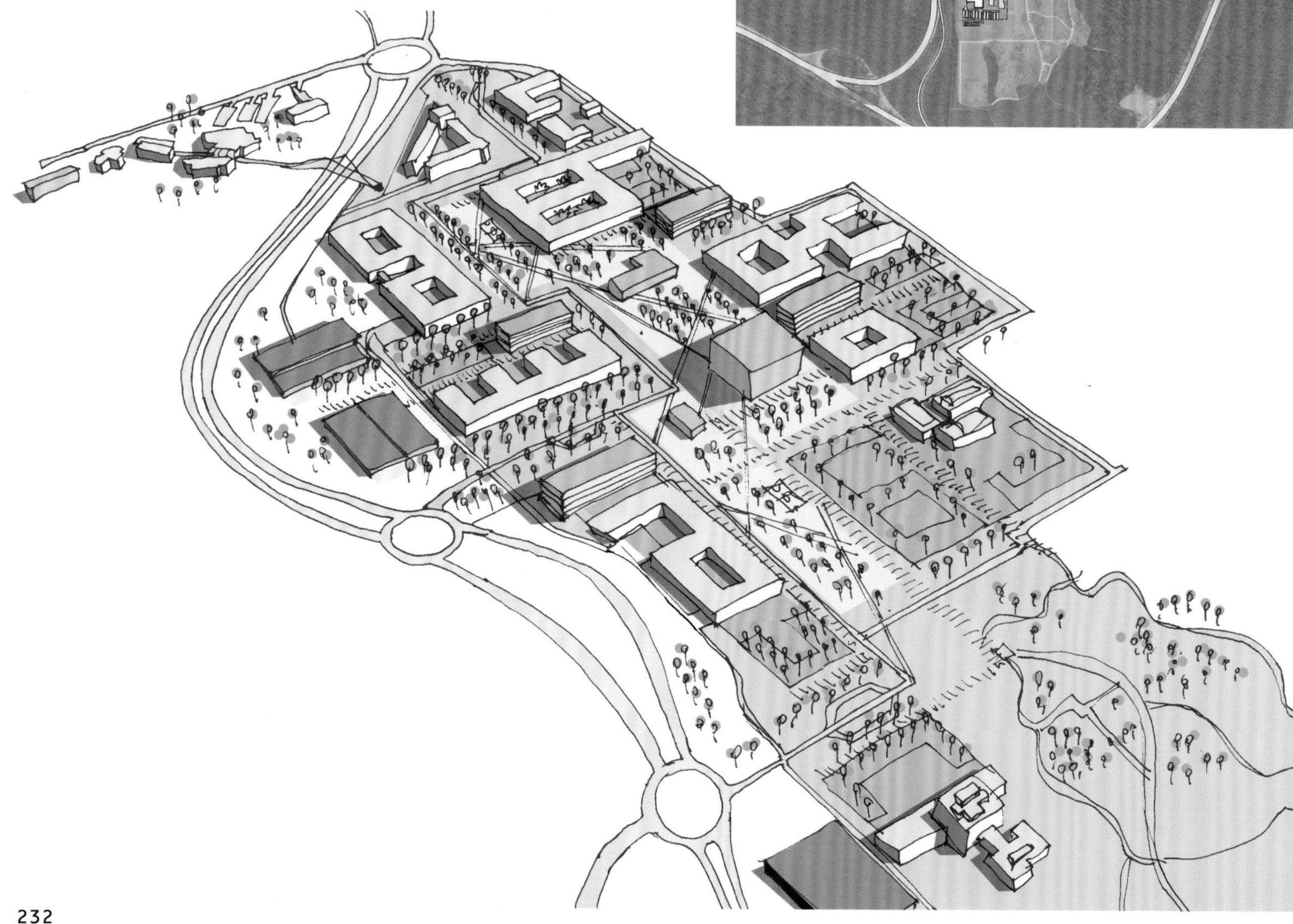

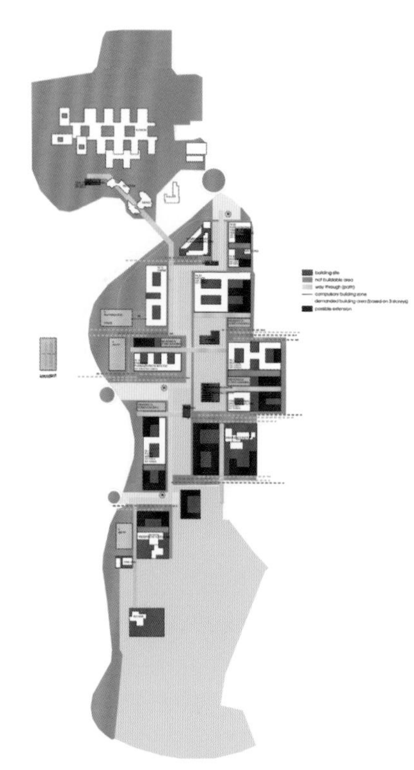

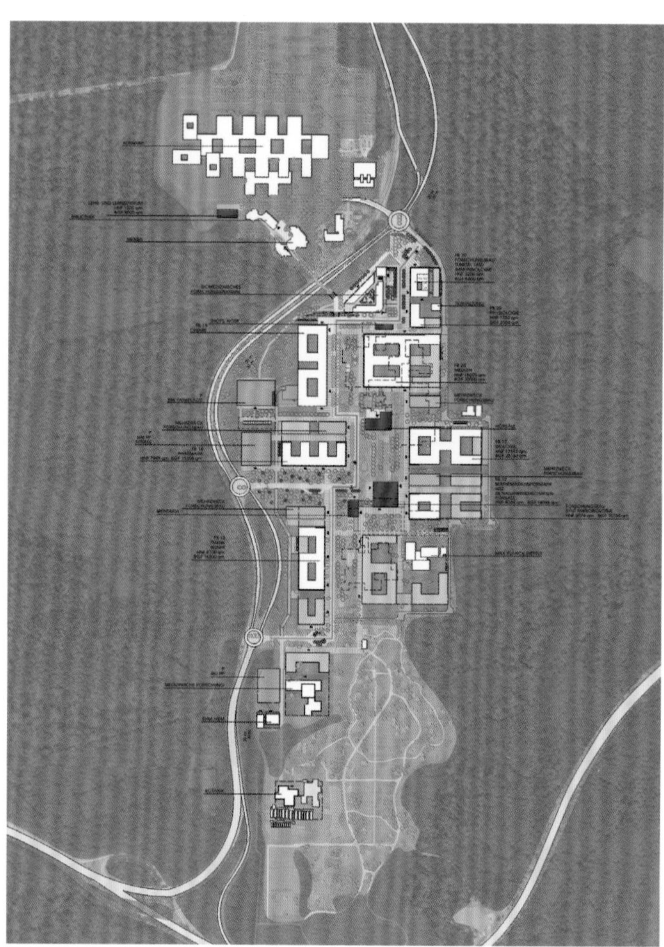

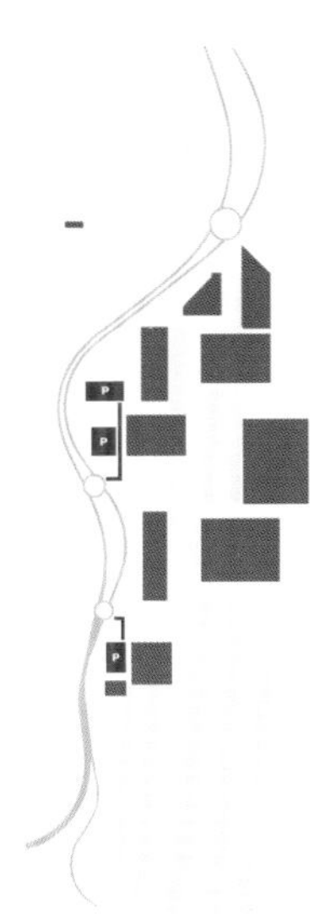
P
P
P

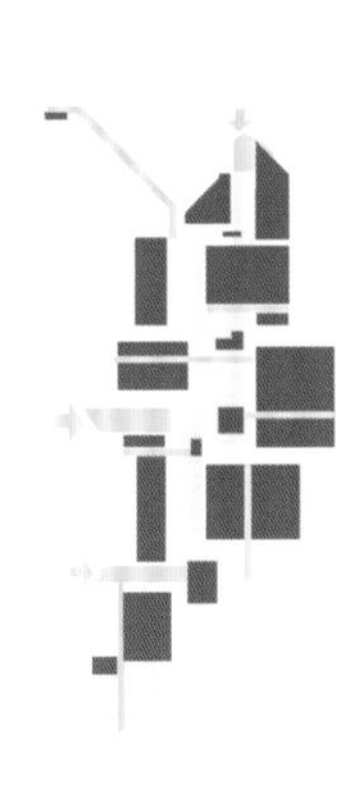

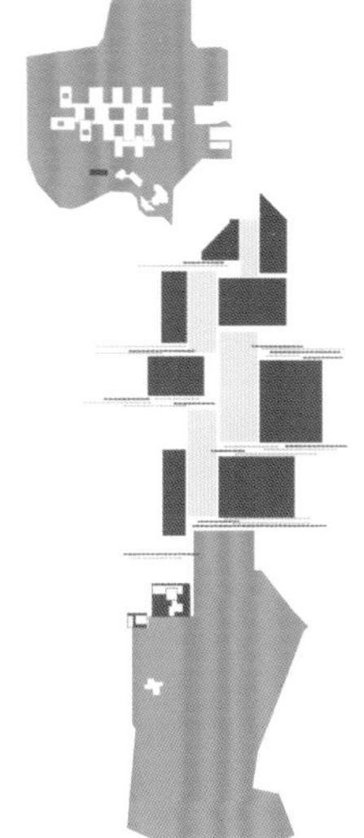

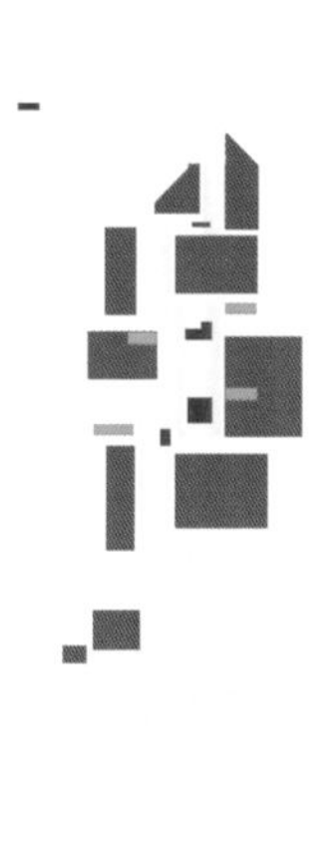

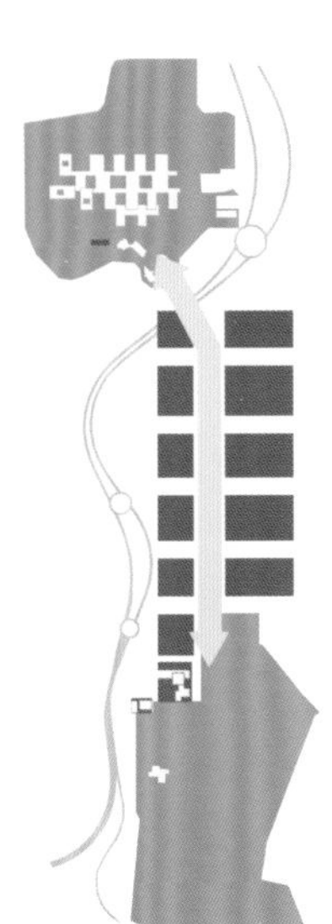

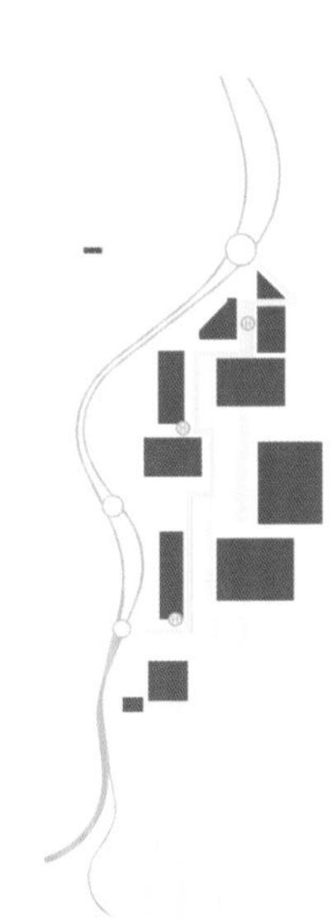

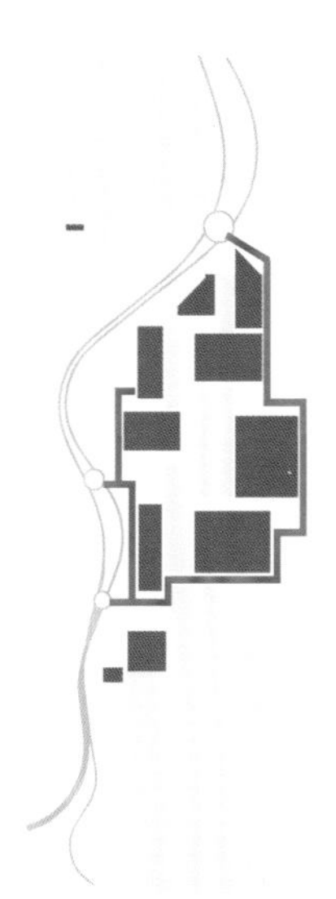

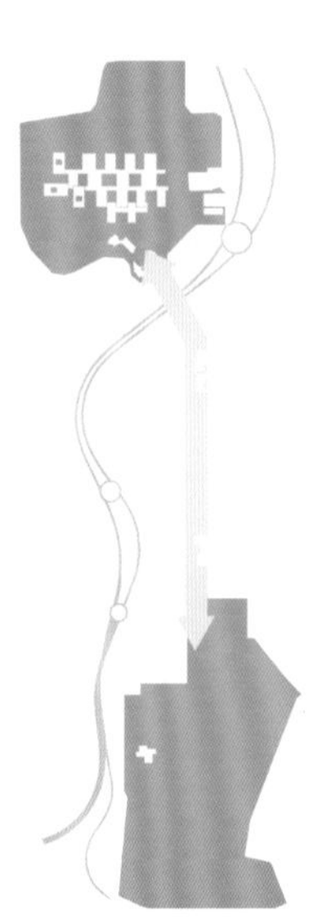

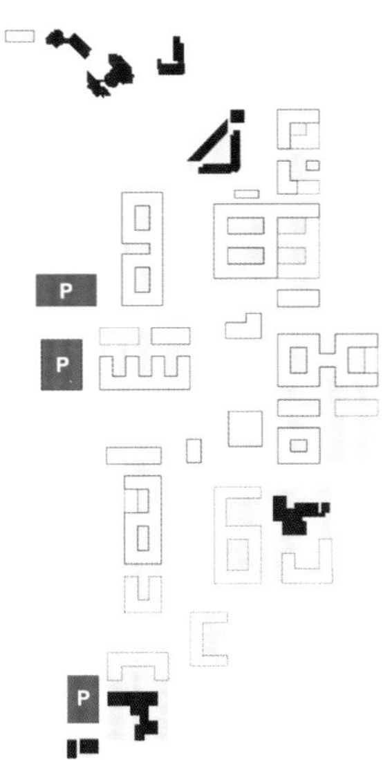
P
P
P

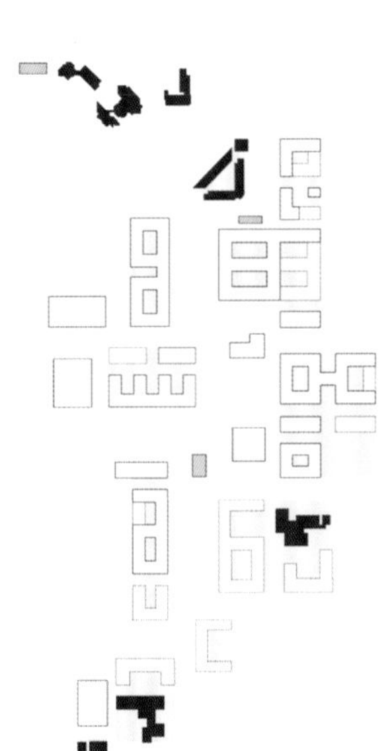

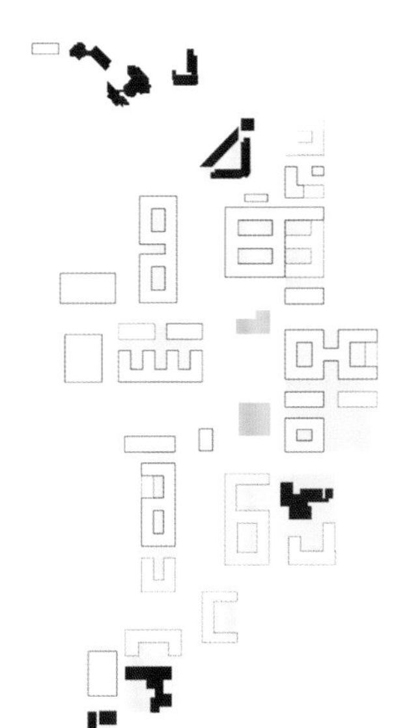

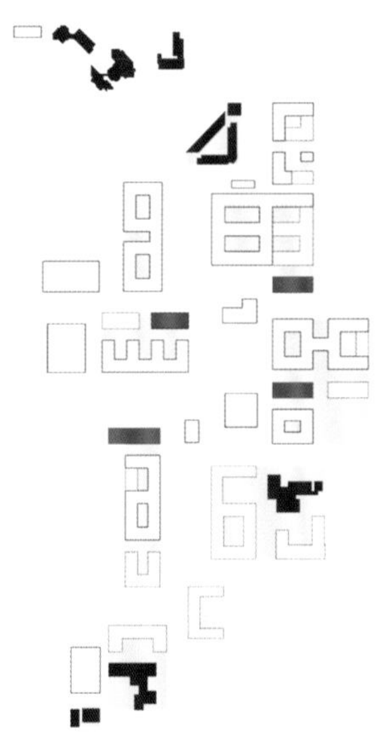

# 南昌天沐象湖

项目地点：江西省南昌市青云谱区
景观设计：IDU（埃迪优）世界设计联盟联合业务中心
占地面积：164 026 m²
建筑面积：196 832 m²
容积率：1.2
绿化率：35%

地块位于南昌市青云谱区，以梅湖景区和象湖新城为依托，自然生态资源丰富。人文特色显著，临近八大山人故居。周边分散有教育用地、外事用地、旅游休闲用地、水域、商业金融用地、居住用地等，规划为居住用地，主要打造成为新型的生态度假豪宅区，让自然生态与城市生活相互辉映。

项目风格为新亚洲风格，设计中将亚洲的古典元素与现代的简洁线条形成强烈的对比和碰撞，体现华贵、优雅、精致、内敛的东方意境精髓，追求沉静、舒适的生活享受，感受大隐隐于市的深度。

景观设计以临近八大山人故居来营造山水意境，追求形神兼备，“形”体现在滨临雄溪河，具有湖、湾、溪、桥等水景景观，是山水文化的自然写实；“神”体现在是古代山水文化意境的现代表现。

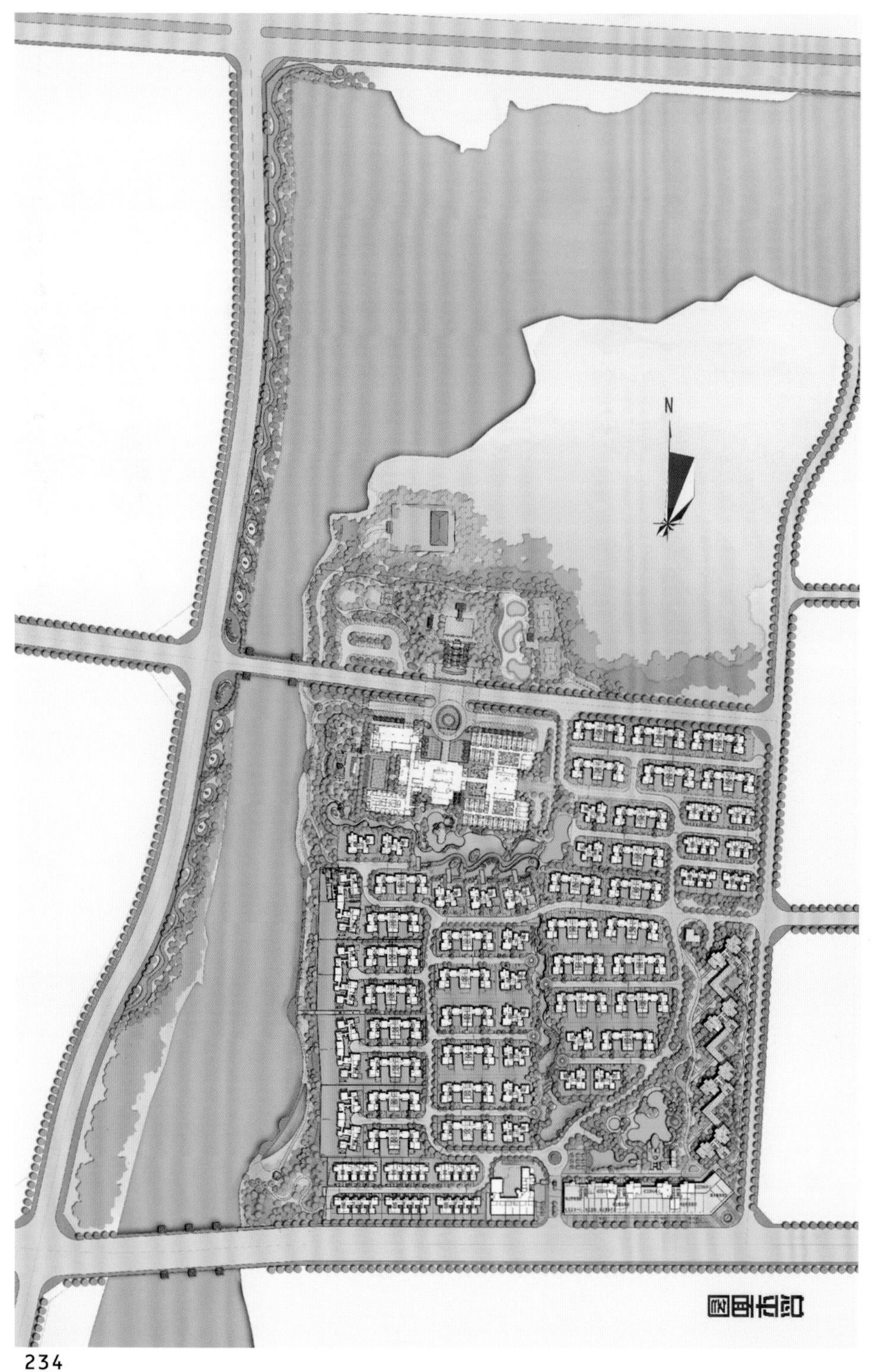

总平面图

# 无锡首创悦府

项目地点：江苏省无锡市
景观设计：IDU（埃迪优）世界设计联盟联合业务中心
占地面积：96 597.7 $m^2$

首创悦府位于无锡市新区。地块形状呈不规则的三角形，现状用地较为平坦，主要为当地居民的私有住房及厂房。

项目由13幢高层与14幢洋房共同组成。高耸向上、沉稳大气的Art Deco建筑群落，楼宇的退台、凸凹进退的外立面、金字塔式的结构图，构成了新区美丽的城市天际线，形成了强烈的视觉感受和独特的韵律感。

首创悦府采用立体式、多元化的园林规划设计，通过"溪、园、林、彩"的景观概念，将社区中的游园广场与参差不齐的组团洋房庭院景观巧妙融合。社区内自然水系借景地块南侧的冷渎港，在有限空间中营造出无限意境，给居住者带来一个极致的滨水型风情园林。多层次造坡的空间组合，舒适大气的户型设计，纯粹和谐的社区氛围，完美地结合典雅的建筑艺术与优雅城市生活，引领无锡高档居住风情。

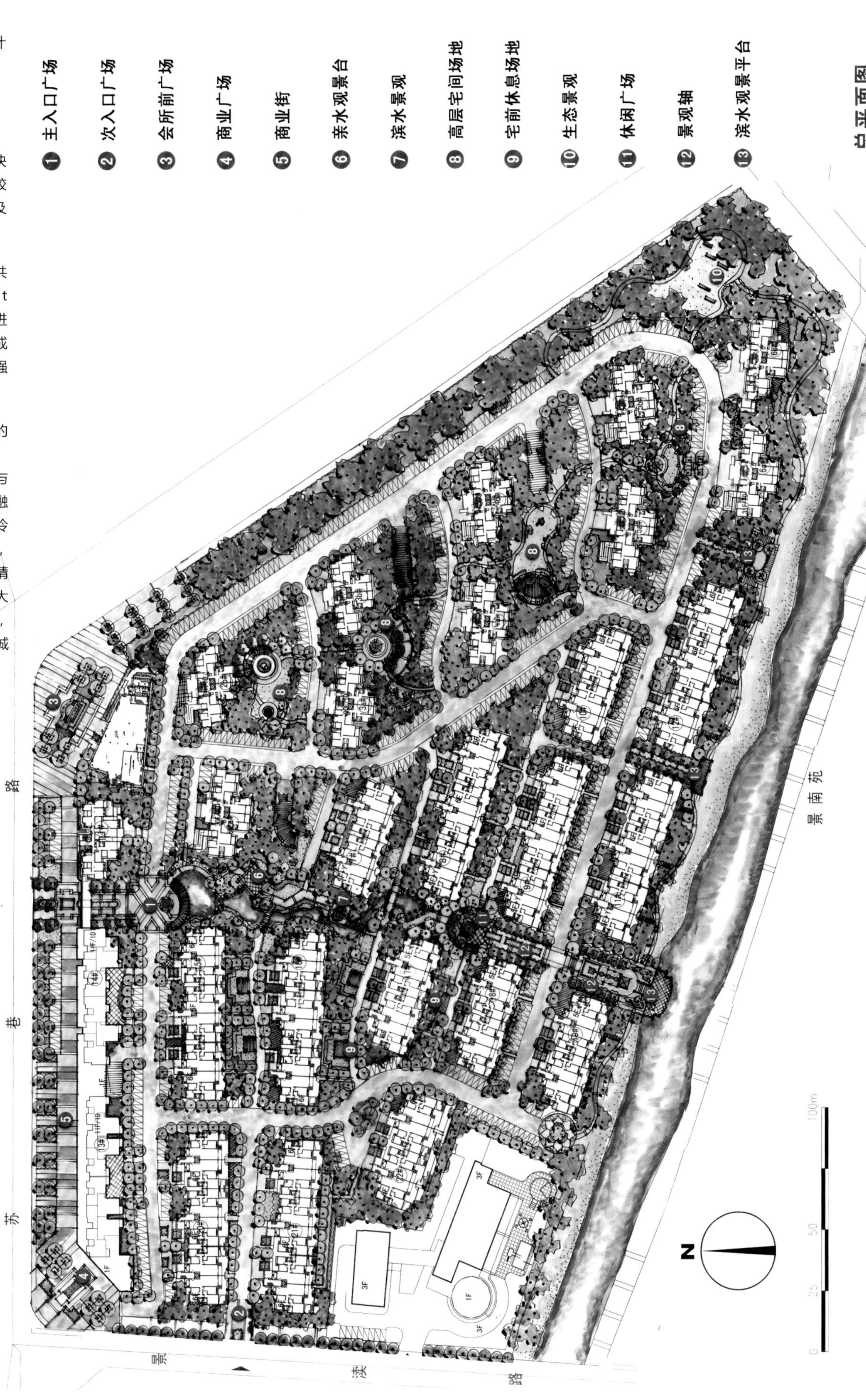


总平面图

# 重庆杨家山1号地块

项目地点：重庆市南岸区
建筑设计：陈世民建筑设计事务所有限公司

项目位于重庆市南岸区的长江滨江地带。江景开阔、地势起伏大，部分地段有复杂的坡坎。重庆杨家山项目将发展为集居住、商业、绿地及市政设施于一体的大型综合项目，为重庆居民提供一个理想的大型新城区。

杨家山项目一期有300余户、近17万 $m^2$的城市房屋拆迁任务。在农村征地工作中，杨家山项目一期涉及3个村社，自由社范围内拆迁户及企业的补偿、安置、拆迁工作已基本实施完毕，拆除的房屋面积达到17万 $m^2$，该土地已全部腾空。板栗树社已完成了对127户社员和63家企业的补偿安置工作，拆除房屋面积2万 $m^2$。杨家山片区，总建设规模321万 $m^2$，主要建设内容为住宅、商业、市政设施及绿化工程。通过打造“实力南岸、品牌南岸、绿色南岸、诚信南岸、平安南岸”，努力实现“民富区强的和谐南岸”这一目标。

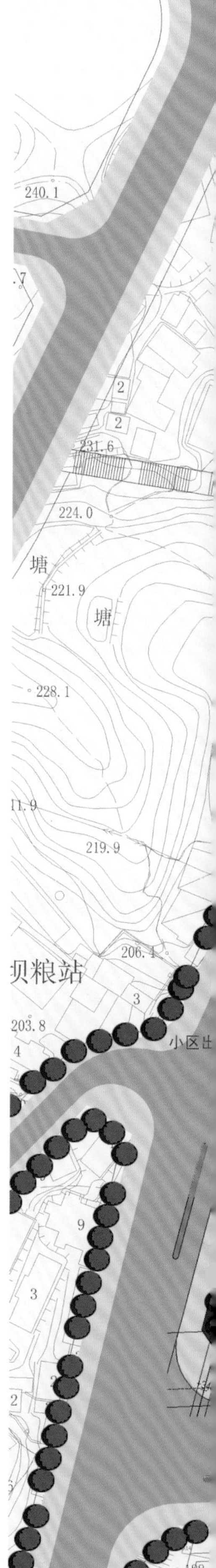

小区出入口
消防出入口
小区出入口
体育馆站
竹园
幼儿园
集中绿地
儿童游戏场
车库一范围线
道路红线
建筑控制线
用地红线
高压保护线

# 呼尔浩特鼎盛华世纪广场

项目地点：内蒙古自治区呼和浩特市
开发商：内蒙古鼎盛华房地产开发有限公司
建筑设计：加拿大宝佳国际
占地面积：约13.4万m²
总建筑面积：500 000 m²

项目紧邻呼市建材市场核心商圈，地处城市一环之内，具有居住便利、建材家居市场商业氛围浓厚的绝对优势，再加上开发规模宏大、涉及开发产品种类较多，项目定位为打造区域高品质城市综合体，成为未来城市最为高端的建材城。鼎盛华世纪广场项目占地约13.4万 m²，总建筑面积50万 m²，项目2010年开工建设，将于2014年全部完工交付使用。总规划为3 500户。本项目功能涵盖主题商业、高档写字楼、四星级酒店、商务式公寓、服务式公寓、SOHO公寓、青年公寓、高档精品住宅社区、特色主题商业街等。

鼎盛华世纪广场整体风格为现代主义风格，体现时代特征，在设计理念上不过分装饰，一切从功能出发，讲究造型比例适度，空间构图明确美观。建筑风格采用欧陆元素，立面简洁，平整流畅。鼎盛华世纪广场重视第五立面(屋顶)的设计，使其在功能和景观上成为本地的唯一。鼎盛华世纪广场将打造一流生活环境、商务环境、购物环境，以高品位的社区文化，引导一种高品位、时尚、全新的生活模式。

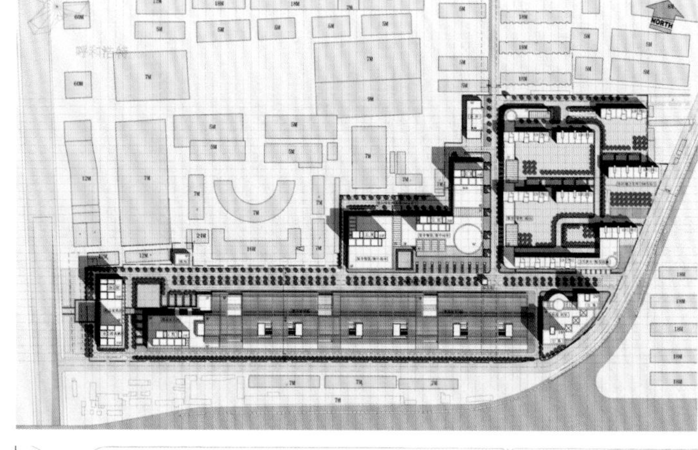


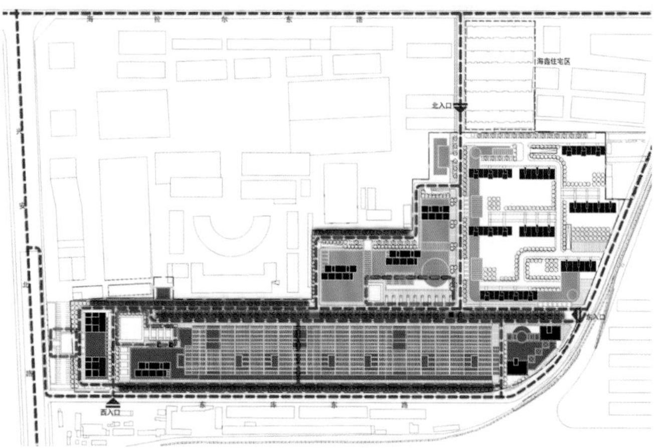

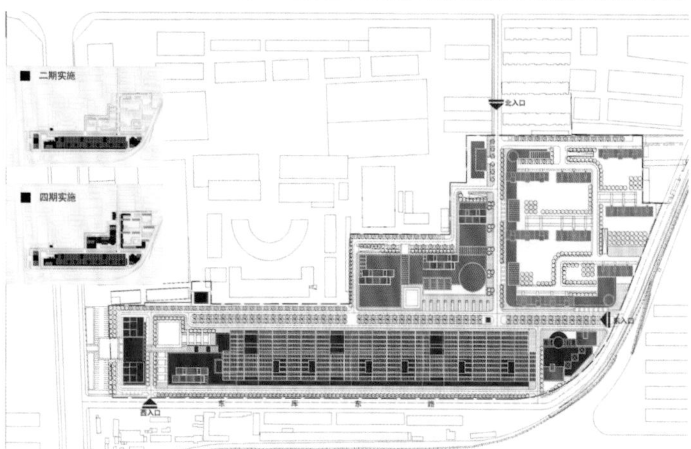

# 武汉金地格林春岸

项目地点：湖北省武汉市
开发商：金地集团武汉房地产开发有限公司
建筑设计：德国维思平建筑设计公司
景观设计：北京创意高峰景观咨询公司
占地面积：110 000 $m^2$
总建筑面积：240 000 $m^2$

金地格林春岸湖心建筑位于武汉市金银湖畔，三面环水。小区与自然融合，充分保护现有半岛生态。建筑群设计风格简洁、现代，对外形象时尚，对内氛围安静；完全人车分流道路系统，安全便捷；景观设计将湖、湖岸自 然融合，强调点、线、面丰富的绿化层次。

产品形态包括一线临湖联排别墅、户户有景的高层住宅和临街商业。别墅注重建筑开窗与景观的结合，半开放的庭院空间，与半岛融为一体；高层住宅的观湖落地窗、空中院馆、转角窗、大露台以及玻璃拦板的通透设计，展露湖心风情；更有超大阳台、露台等赠送面积，营造可变空间。独创东南亚风情园林，多重景致围合社交天地，以雅量身姿展露相聚时光，感受光耀人生。3 500 $m^2$时尚商业街，云集世界奢华场景。1 000 $m^2$左岸会所、1 000 $m^2$无边界泳池，都是圈层至交的集聚地。以饮一杯清茶的时间，在淡泊与闲情中尽享奢质生活。

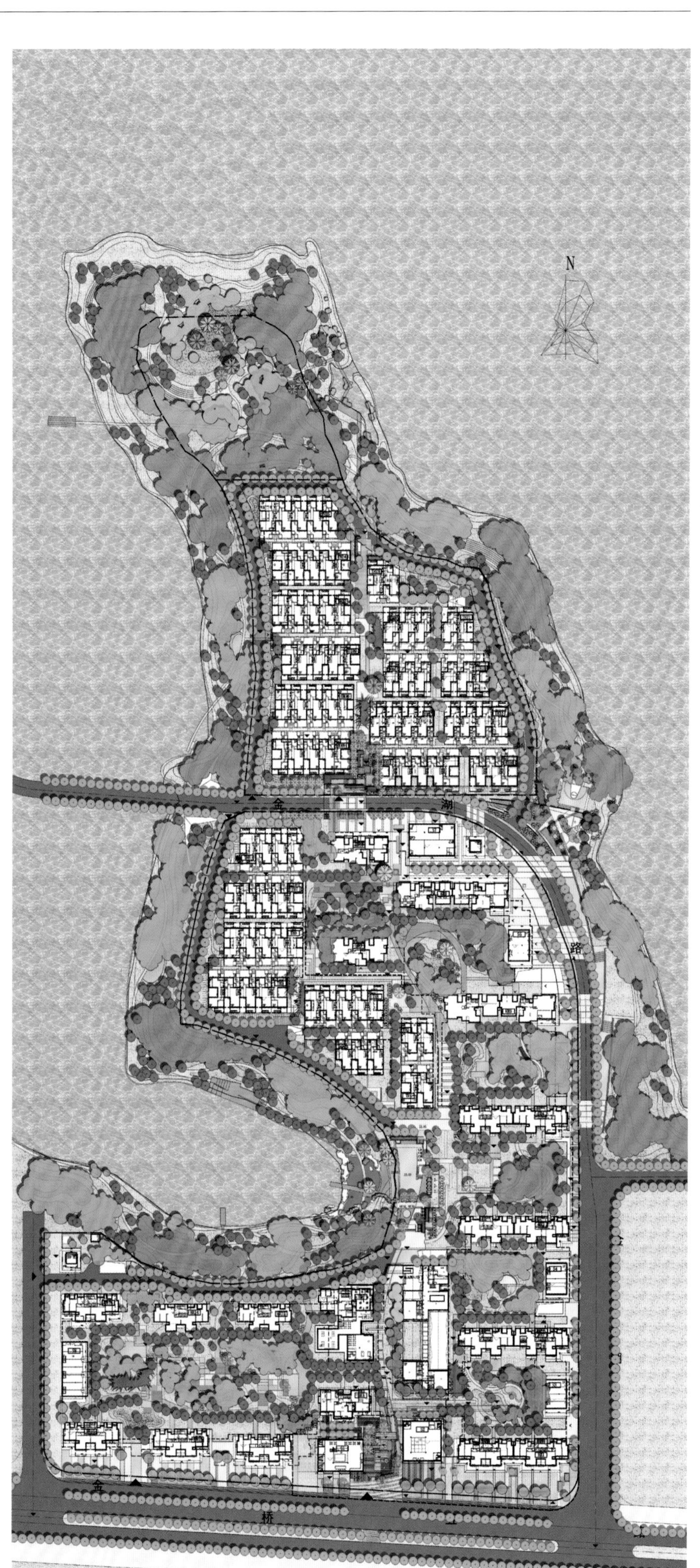

# 天津天拖

项目地点：天津市
建筑设计：澳洲澳欣亚国际设计公司
占地面积：576 000 $m^2$
总建筑面积：1 296 000 $m^2$
容积率：2.2
绿化率：32%

本方案以“城市叶绿体”为主题进行设计，将仿生的生物形态与规划结合在一起，通过“细胞”与“生态脊”的手法强化规划的主题，从而打造一个自然、生态、充满活力和具有自我更新能力的城市区域。

世界的发展表明，一定限制下的无边界具有强大的活力。同样，设计人员将无边界的概念广泛地引入到此次设计中，是为了使其在现有条件和优势的基础上，整合各种资源，力图把该地区打造成为一个具有欣欣向荣景象的城市区域。

设计中运用数码媒体技术，将建筑立面与新世纪数码传媒结合起来，白天是晶莹的幕墙，晚上则变为时尚绚丽的液晶媒体墙，实现从传统办公商业建筑到先锋媒体建筑的质的飞跃，打造城市时尚地标。

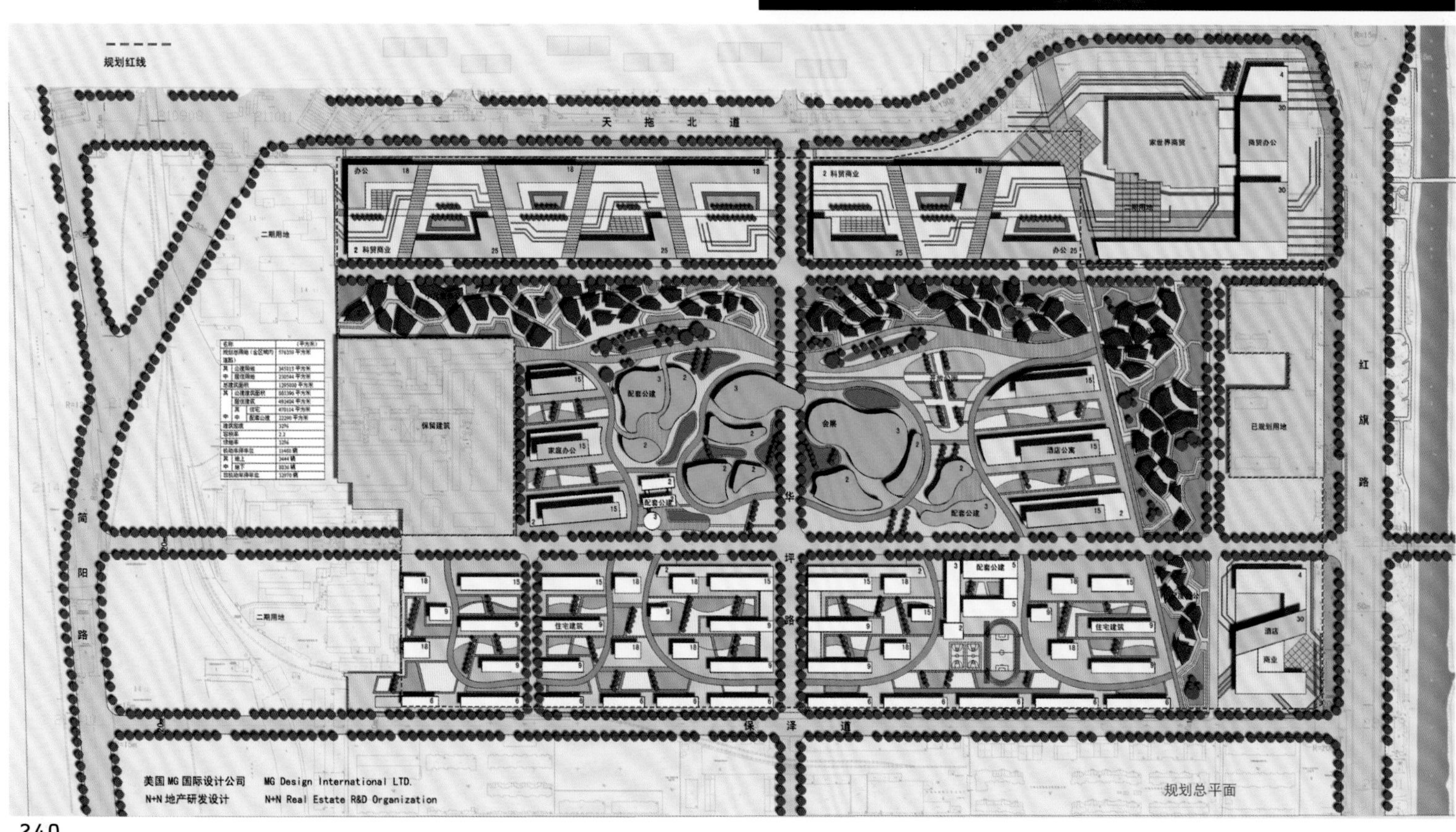

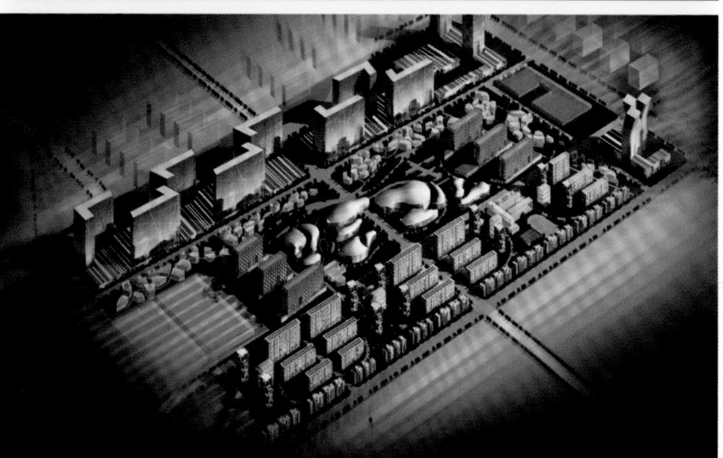

规划红线
天拖北道
华坪路
张泽道
简阳路
红旗路
美国MG国际设计公司 MG Design International LTD.
N+N地产研发设计 N+N Real Estate R&D Organization

规划总平面

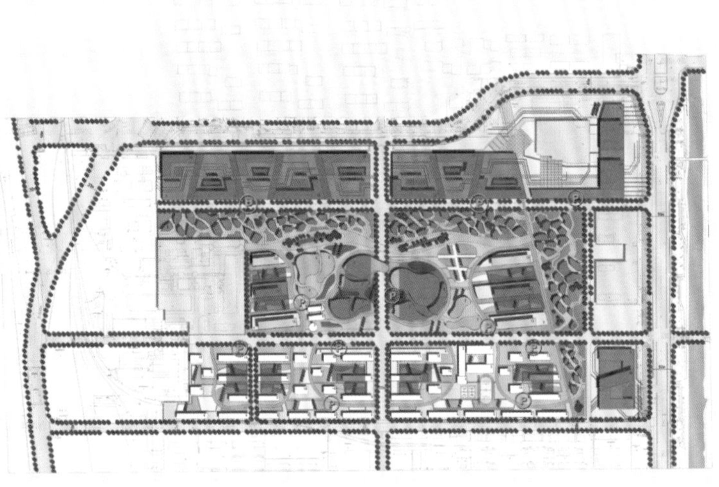

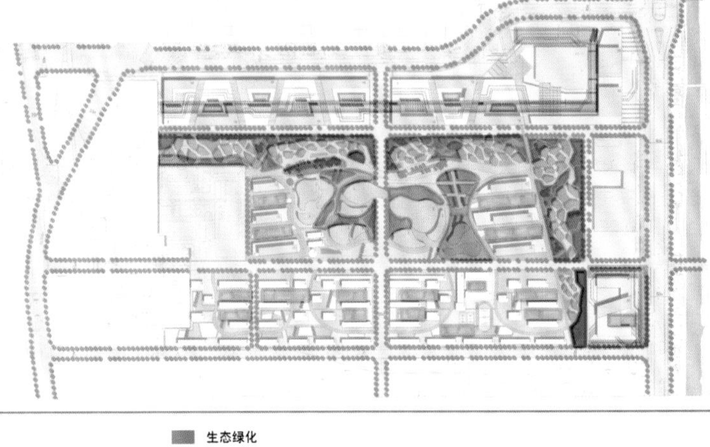
生态绿化
广场绿化
庭院绿化

地下停车区域
地面停车区域

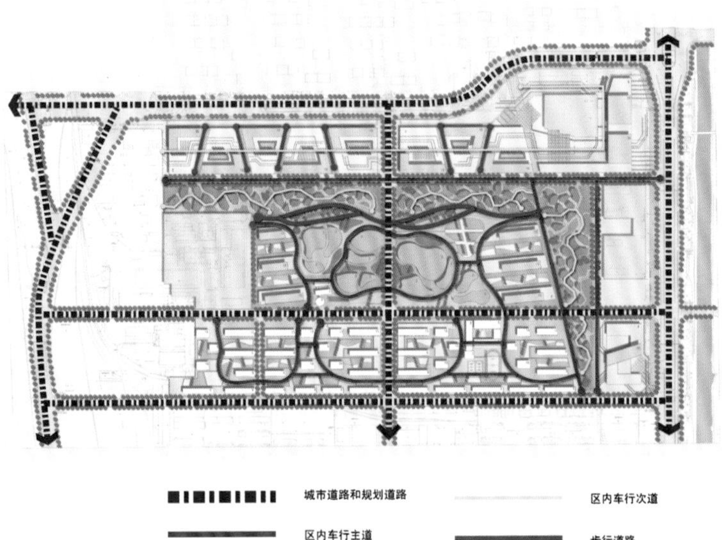
城市道路和规划道路
区内车行次道
区内车行主道
步行道路

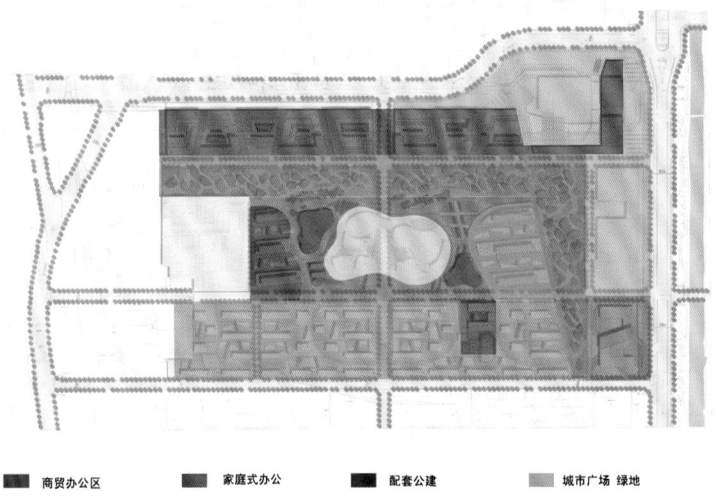
商贸办公区
家庭式办公
配套公建
城市广场 绿地
小尺度办公区
会展区
酒店式公寓
保留建筑
居住区
酒店区
公共绿地

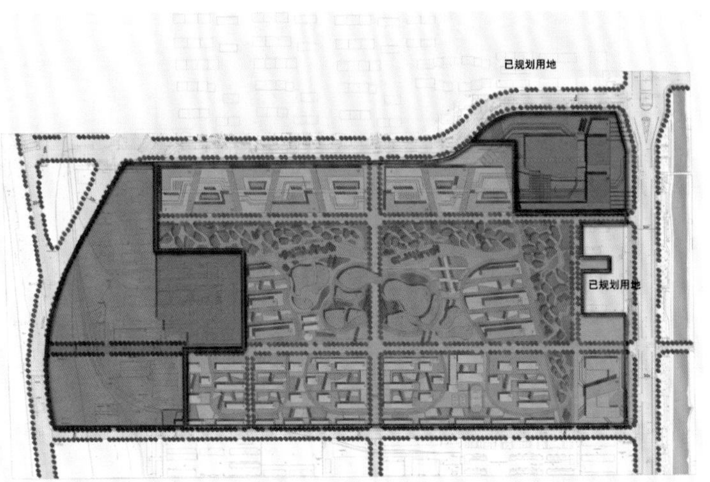
已规划用地
已规划用地
一期开发
二期开发

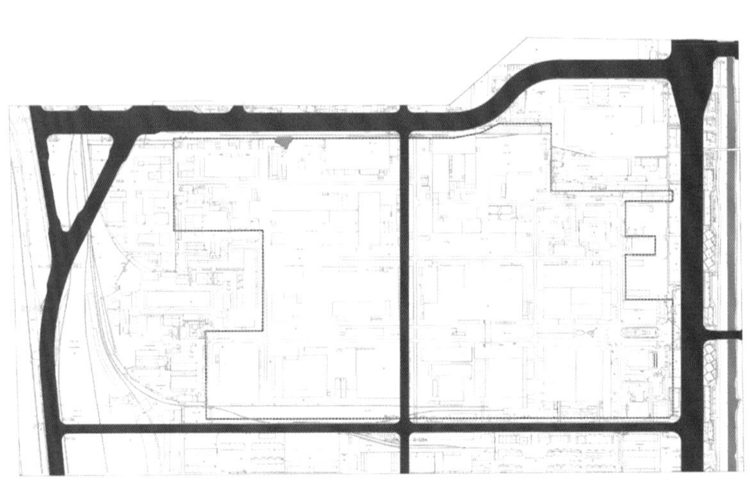

# 烟台东海金域蓝湾（B区）

项目地点：山东省烟台市
规划/建筑设计：深圳市大唐世纪建筑设计事务所
占地面积：139 271.28 $m^2$
总建筑面积：312 582.68 $m^2$
容积率：2.24
绿化率：36.88%

东海金域蓝湾住宅小区B区项目位于山东省烟台市龙口碧海苑北侧，南面、东面为住宅区，北面、西面为大海。地势平坦，交通便利，景观价值极高。项目由5 - 6层多层、11层中高层和18层、26层、28层高层住宅及1层（局部3层）沿街商铺建筑组成。住宅部分由1~39号楼组成，在小区中间设有小型地下室作设备用房使用。

规划因地制宜，充分重视海景利用，采用点式、板式结合的布局模式，北面沿海边布置一排点式高层建筑，高层之间的缝隙为小区内部其他住宅塔楼提供观海视觉通廊，保证更多的户型拥有海景。点式为主结合高低错落的布局模式保证了户户都有好景观和好朝向，营造通透开敞的视觉效果。

商业布置主要以小区配套商业为主，裙房商业沿东、西、南三面临街布置，呼应东侧地块。商业主要为沿街小商铺的形式，可大可小，分隔灵活。结合北面人行次入口设置部分小商业，方便海滨休闲观光人员使用。

彩色总平面图 1:2000

# 临沂郯城小区

项目地点：山东省临沂市郯城县城东北部
开发商：郯城永利置业有限公司
建筑设计：圣石建筑

郯城小区位于郯城县城中心偏东北角，北依北外环，南靠文化路，东靠富民路万亩板栗园，西依窑上干渠自然水系。小区由小高层、复式、多层构成，可容纳2 000余户入住。小区内配套有10 000 m²的中央花园，2 000 m²的豪华星级会所、3万m²的主题商业街，是郯城目前配套最全、建筑面积最大、生活环境最高档的小区。项目采用国际花园社区的理念进行规划布局，引入具有强烈人文气息与诗意情趣的新古典主义的建筑风格。

名人苑（一期）

郯东路

期用地红线

小区主入口

道路红线

建筑退让线

一期用地红线

古郯路

小区次入口

主入口

N

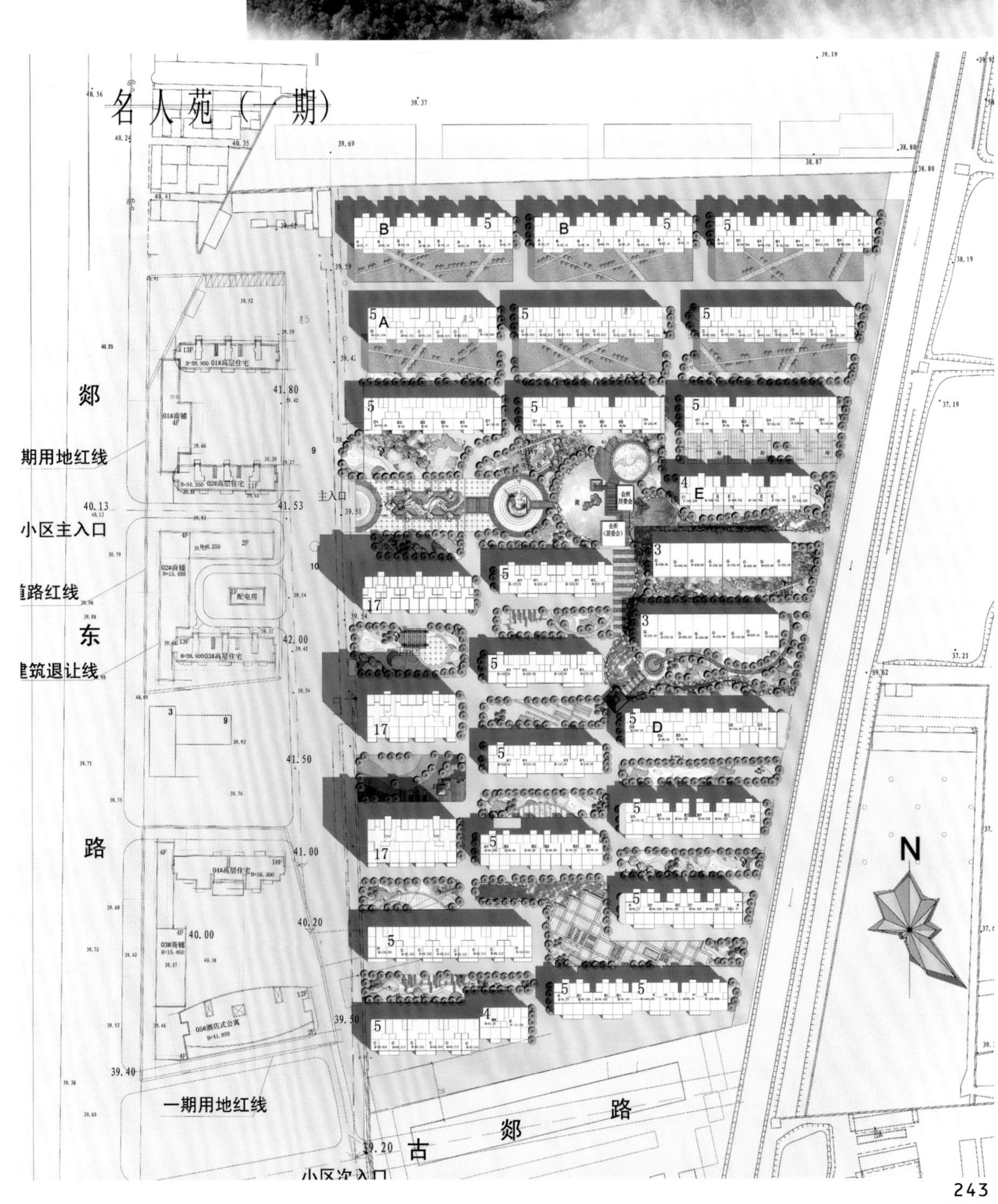

# 江门恒捷今古洲贝沙湾

项目地点：广东省江门市
建筑设计：广州瀚华筑设计有限公司

该项目地块方整，规划成低层、多层及高层住宅。地块由社区道路分为东、西两区，高层建筑布置在用地的两侧。其中，东区的高层建筑布置在东面，邻近城市交通道路；西区高层建筑布置在西面及北面，均能有效消除外界对小区的噪音干扰等。低层及多层为南北朝向，直线式布置在用地范围内。

# 郑州新长城

项目地点：河南省郑州市
建筑设计：广州瀚华筑设计有限公司

项目建设用地位于郑州熊耳河的东南岸，北至郑汴路，南临凤凰路，东到站前街，地势平坦，建设占地面积为63 000 m²。项目有选择地选用国外先进的设计理念，结合中国建筑文化及传统造园艺术，将坐落在熊耳河畔的此项目打造成一个国际化的、可居住性强的现代居住文化家园，得体的建筑仿若是从地下长出来的。

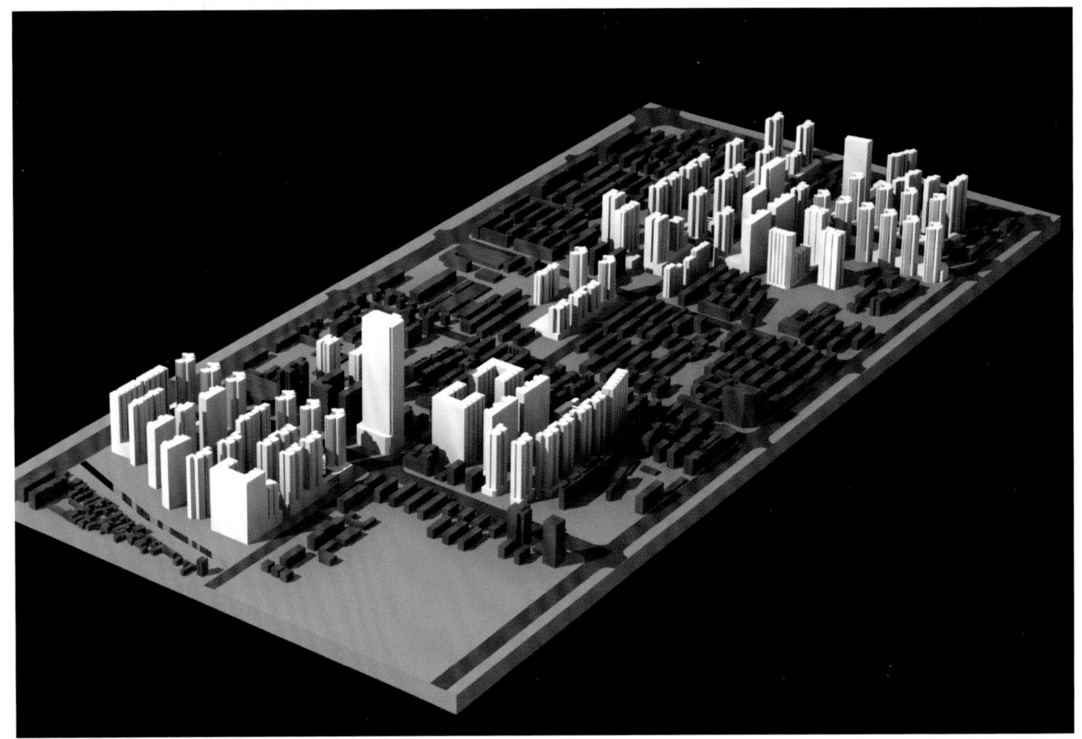

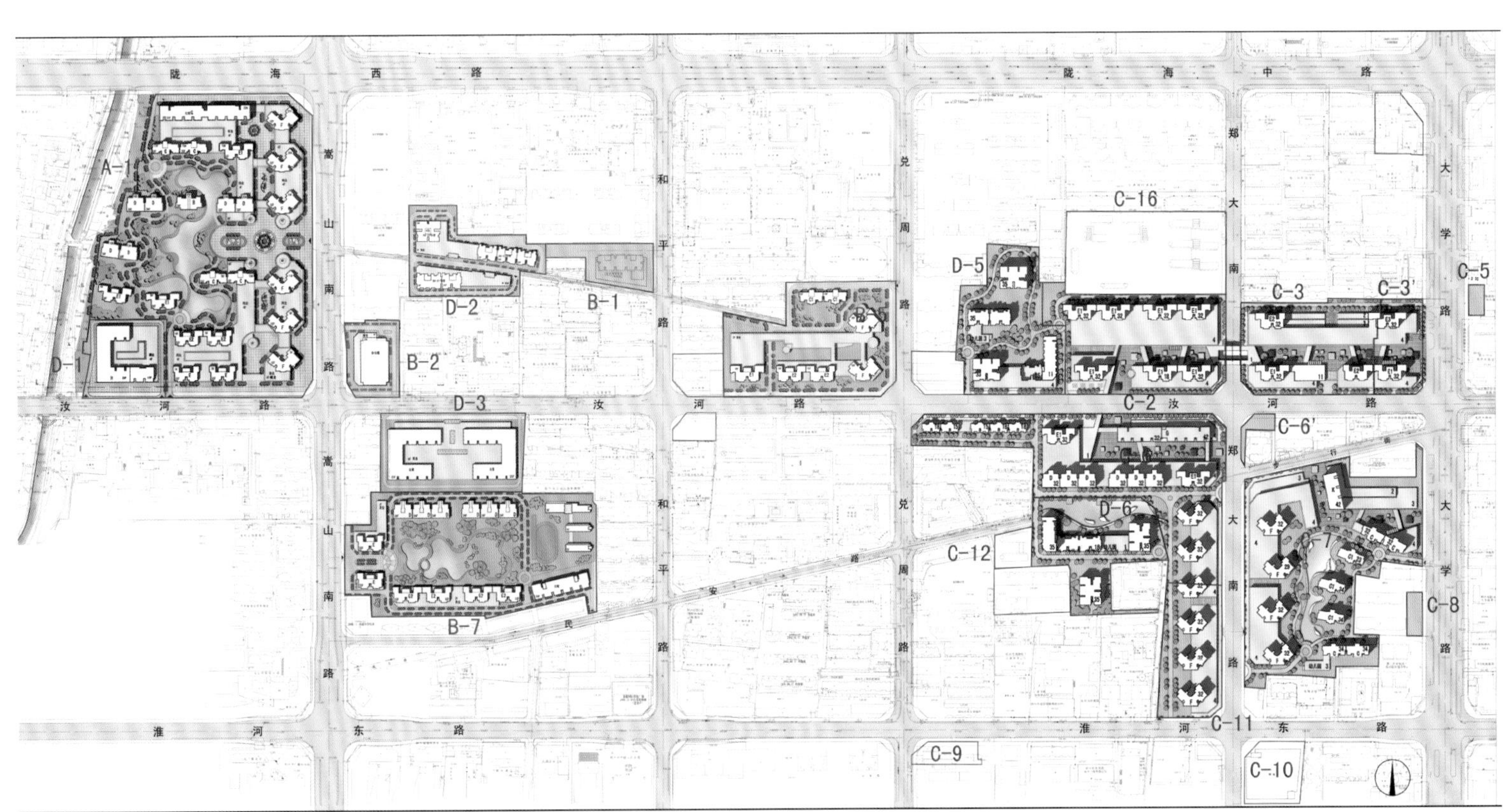

# 张家港甲江南

项目地点：江苏省张家港市
开发商：张家港中新置地置业有限公司
建筑设计：AAI国际建筑师事务所
占地面积：140 000 m²
总建筑面积：208 382 m²

甲江南社区位于江苏省张家港市西南侧，靠近暨阳湖生态区。设计住宅1 285 套，预计居住4 498 人。

项目地理位置优越，居住环境成熟，绿化环境优美。规划和建筑设计按照基地条件和周边环境，因地制宜布置建筑、组织交通和构筑环境空间。在满足住宅功能的前提下，使建筑、景观与周边环境协调统一、互相渗透，创造舒适、祥和、安逸的人居环境。

住宅组团由区内环路自然分隔成联排别墅区、多层区、中心点式高层区、单元式高层区、单元式小高层区；设置中央十字双向集中绿地、户外活动场地和儿童游戏场。高层入口设置轮椅坡道，内区人行道设置盲道及无障碍标志。

东西向的中央景观带是住户交往、运动的场所；南北向的生态轴则实现住户的休憩与漫步。两轴十字相交，自然地分割出四块居住组团，使得人群的活动区域既分又合，促进了住户之间的交流。

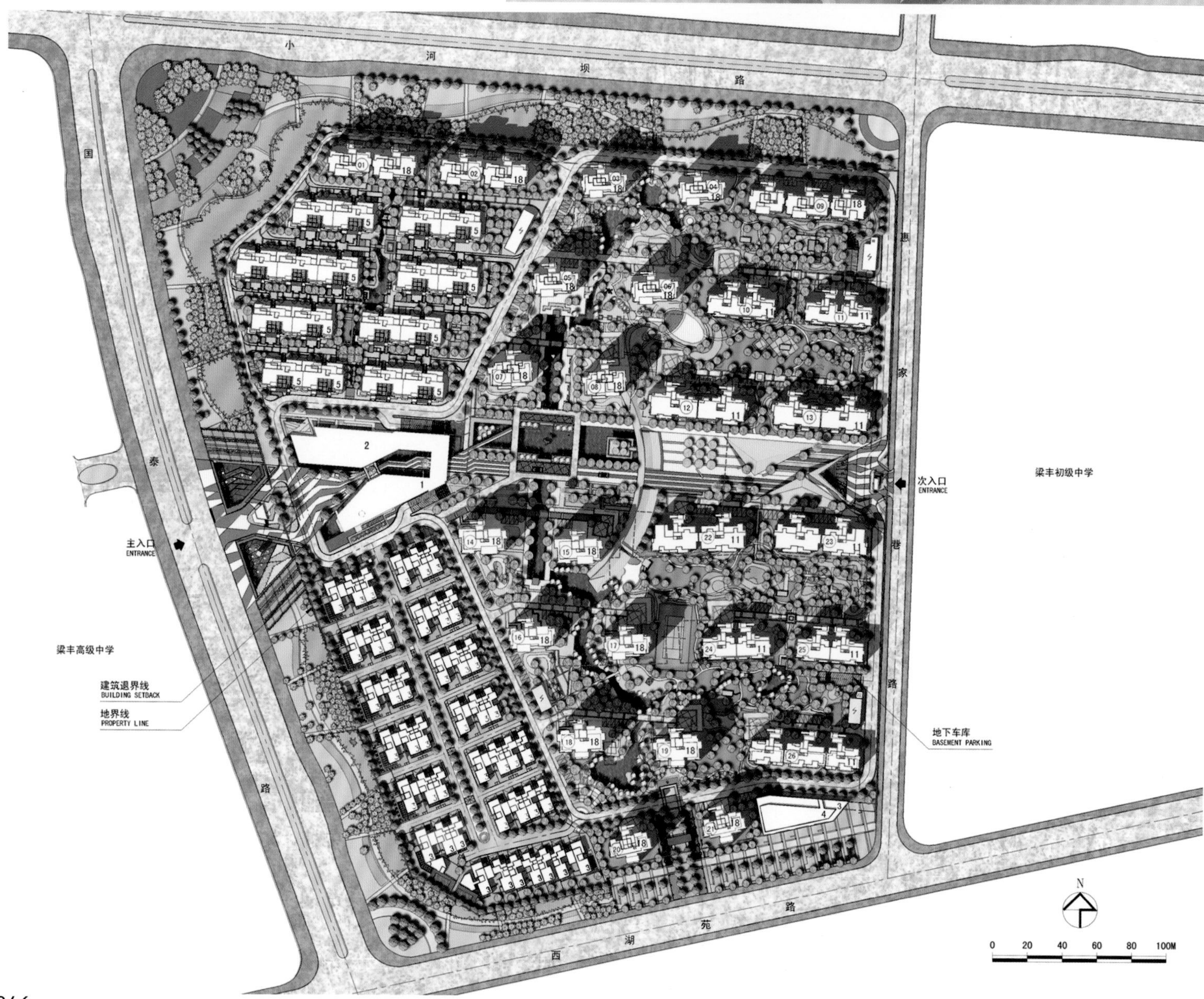

# 广州从化乐林花海

项目地点：广东省广州从化
开发商：广州市柏仑房地产开发有限公司
规划设计：广州市圆美环境艺术设计有限公
占地面积：54 677.3 $m^2$
总建筑面积：124 524.28 $m^2$
容积率：1.9
绿化率：32.7%

乐林花海利用园林的造景手法，营造一个充满音乐元素、艺术灵感，又兼具欧式文化特征，雅致、灵动、高品位的小区环境。

整个小区按规划分为A、B两区，分别为高层洋房和别墅区，中心以车行入口作划分。设计将车行入口延伸为一条景观大道，以形成一条气派壮观的入口大道，并成为构图的一条主轴。在其中心的水景延伸出另一条轴线，贯穿高层洋房中心花园，从而使构图更趋于稳定平衡。

采用主题化的设计，围绕音乐主题无论是平面线形还是立面造型上都做到与音乐气质相符。合理布置不同功能的场所，满足儿童、老人、成年人的游乐、休闲、集会等不同需求。以多层次的小乔木、灌木、地被组景为主，保证视觉的通透性。细节上追求欧式的典雅精致，体现不凡品位。

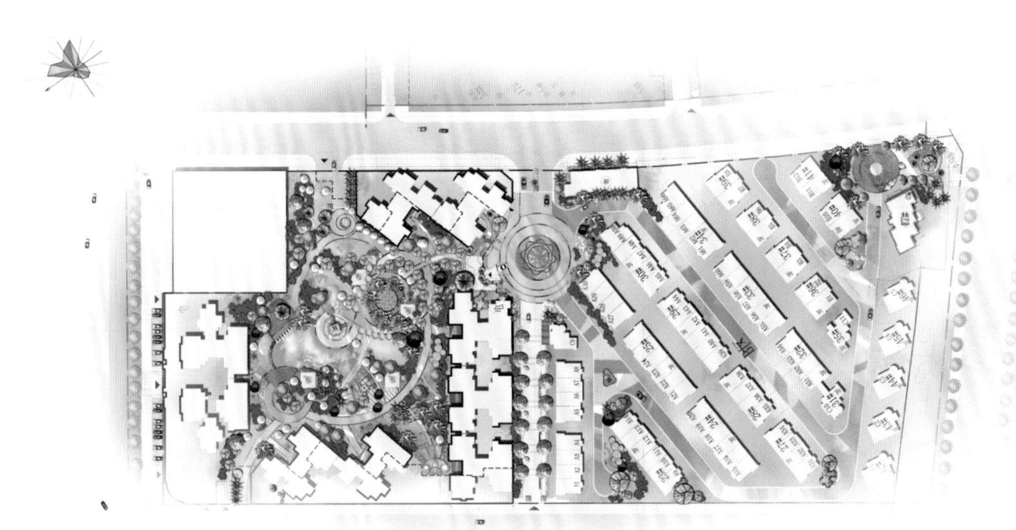

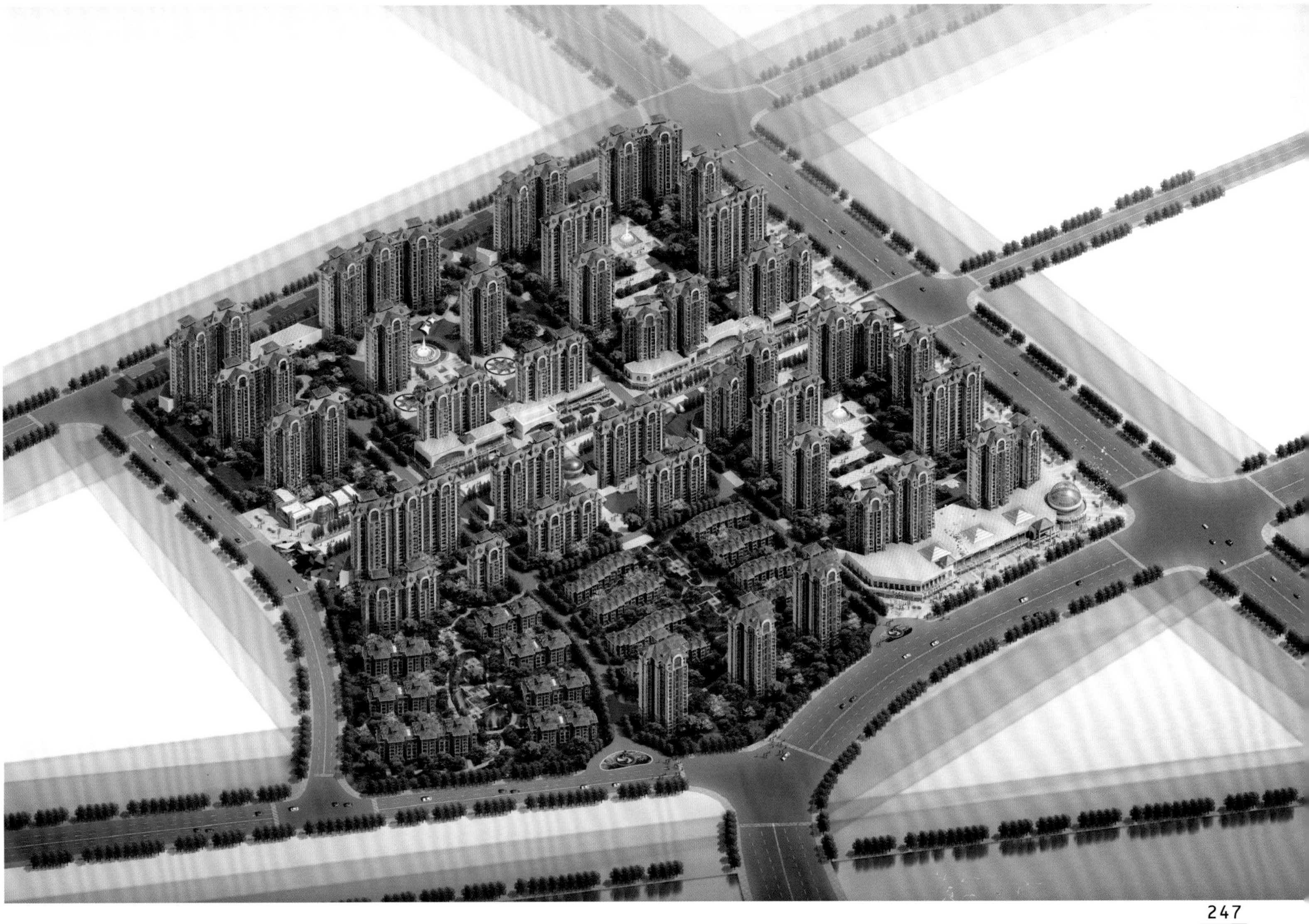

# 昆明王家桥片区

项目地点：云南省昆明市
开发商：昆明市政府
规划设计：美国FA设计集团
设计师：董涛、冯鹄
占地面积：11 410 000 m$^2$

王家桥位于昆明市普吉街道办事处，毗邻高新技术产业区及金鼎科技园，三面环山，有良好的生态基础与产业基础，是未来发展的重点区域，承接城市产业、现代服务业。规划在紧凑复合框架的基础上，整合城市空间，构成“三轴、两环、三片区”的空间格局，构成了功能明确又互相联系的有机整体。

三轴构建由中央公园向外围山体三个方向延伸的景观生态廊道。为王家桥片区的环境改造与建设打下了成功的基础。

两环是指新规划的环城绿化。这两个绿化带依托于环形交通干道，贯穿了整个新城的各个组团，为周边的白领、工人与居民提供了聚会休闲的场所。

三片区是指产业区形成循环经济产业集聚区；综合服务区是产业与居住共享现代综合服务业，形成地区的核心；居住区即片区西侧与南侧的生态宜居区，建设以生态居住为主体，以文化医疗、高校教育等为支持的复合型人文社区。

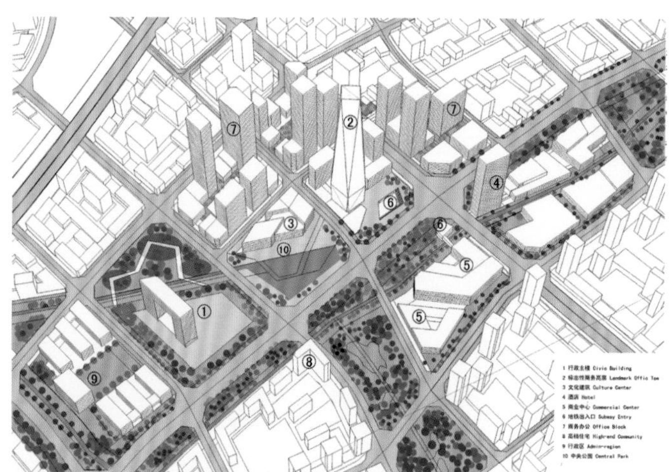


0 100m 200m 500m

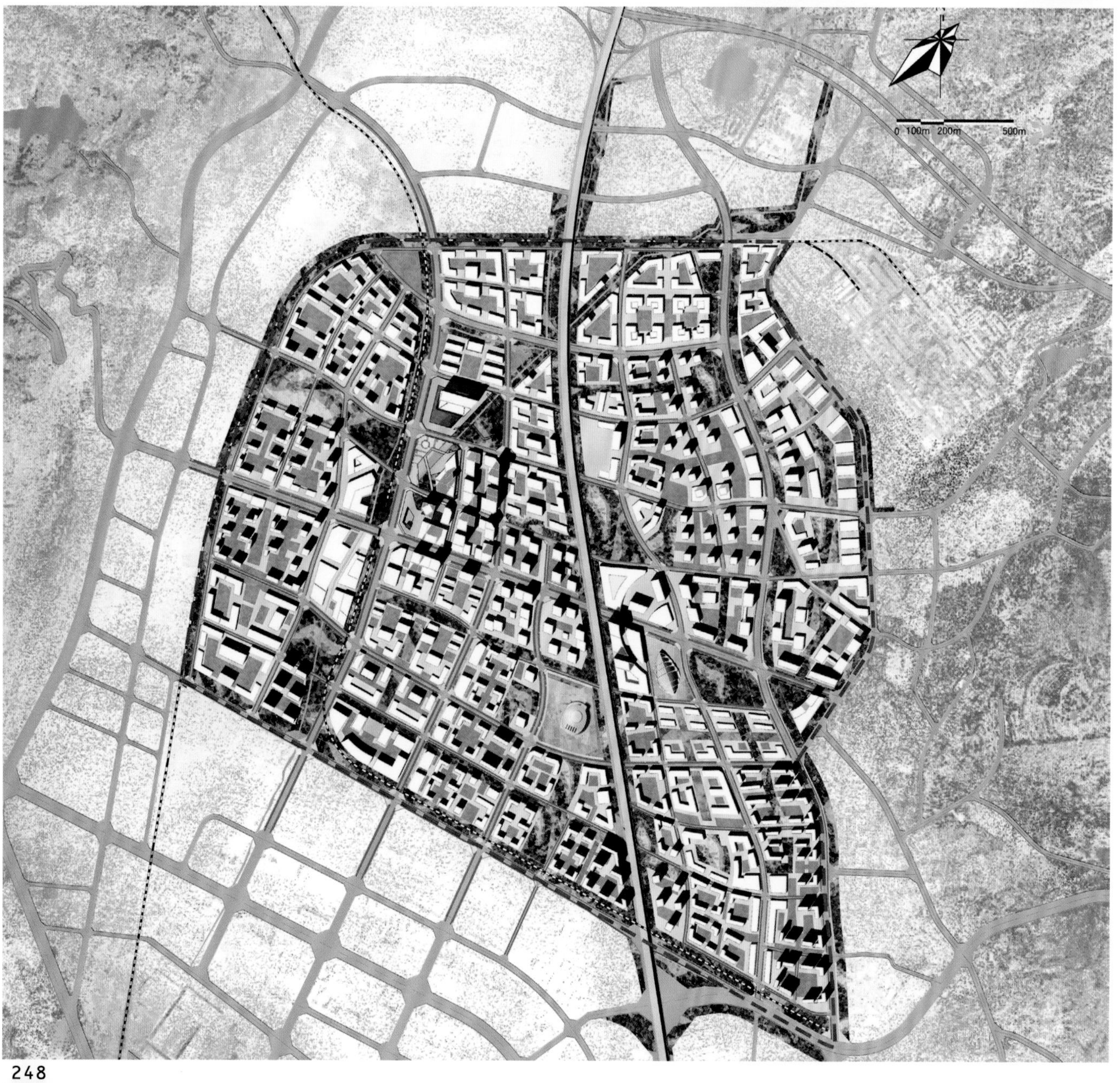

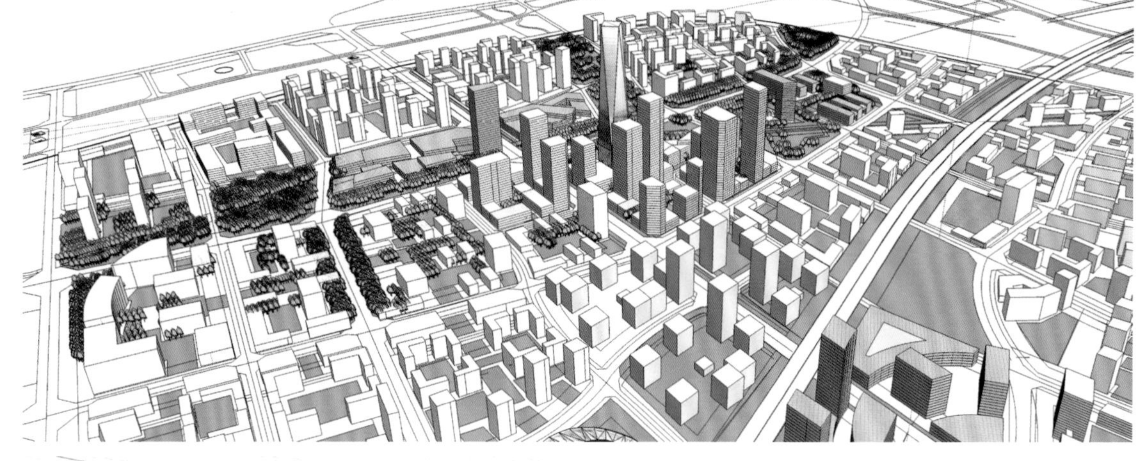

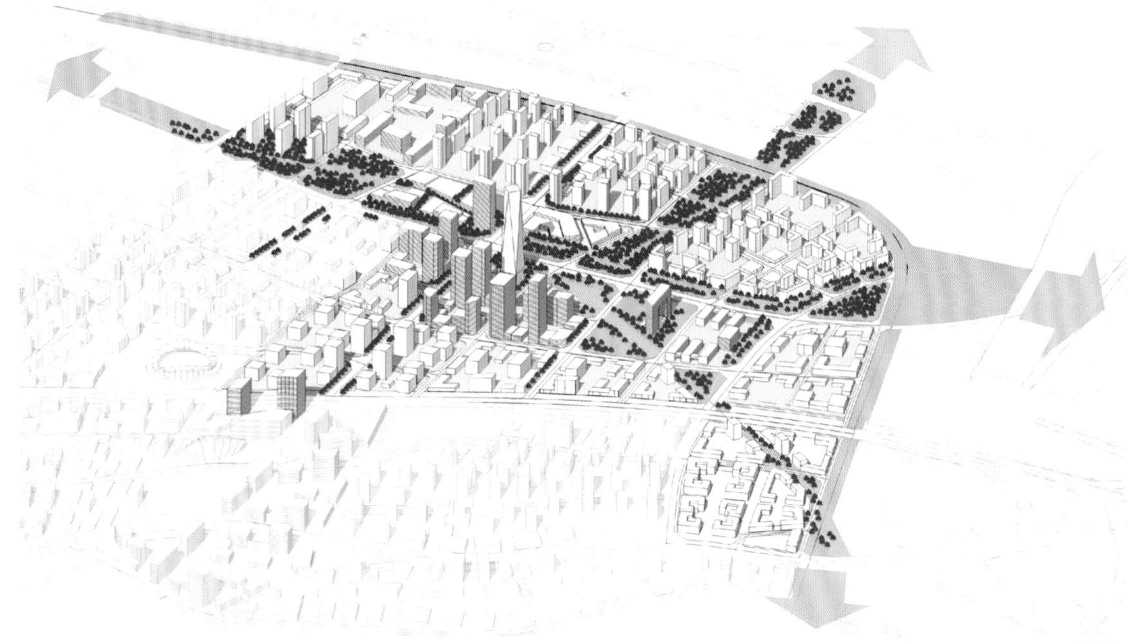

# 上海达安崇明御廷

项目地点：上海市
开发商：上海达安锦诚置业有限公司
占地面积：82 000 m²
总建筑面积：78 000 m²
容积率：0.95

项目位于上海市崇明县城桥新城，基地北临花鸟路，西临东引路，南临玉环路，东临鼓浪屿路。规划为多层及低层住宅组成的居住小区，配置少量社区服务用房。布局上将住宅划分为四种不同的产品类型：多层、联排、独幢和双拼。其中联排产品使用的是“90花园别墅”。

规划综合考虑了空间形态、交通组织和景观资源等多项因素，将几种住宅产品由西向东依次成组团排布。西侧临东引路为多层住宅，中间设置排屋，东侧临鼓浪屿路为独幢住宅，在鼓浪屿路上形成近低远高有层次的城市空间形态。各类型的住宅交通组织相对区分，主次有序。西侧多层住宅区的大面积集中绿化与东侧鼓浪屿边的30m绿及化带相互渗透呼应，为整个小区构成均衡有机的绿化体系。

# 嘉兴江南润园

项目地点：浙江省嘉兴市秀洲区
开发商：嘉兴市嘉地润园房地产开发有限公司
规划设计：上海中房建筑设计有限公司
建筑设计：上海中房建筑设计有限公司
嘉兴市嘉地置业有限公司
景观设计：杭州园林景观设计有限公司
占地面积：192 830 $m^2$
总建筑面积：105 930 $m^2$
容积率：0.4

建筑单体以江南庭院大宅为特色，取其精髓和意境，以现代的细腻线条和简约立面进行表达。传统园林的淡雅隽永气质与时尚居住空间的简约明快风格，完美地交融呈现。

# 江门海伦堡

项目地点：广东省江门市
建筑设计：广州瀚华筑设计有限公司
占地面积：85 000m$^2$
总建筑面积：200 000m$^2$

本项目在总体规划布局上，充分利用“北靠山，南面水”这一优势，遵从“南低北高”这一日照和通风要求，将住区分为西北面高层区和东南面别墅区两部分，之间以景观水系分隔和联系。

高层住宅以东南作为主朝向沿用地西侧、北侧布置，使住户能在尽享山景、水景的同时也拥有良好的日照、通风条件，使生活素质全面提高。东南片区为4层联排别墅，6~8户的拼接方式使其建筑形象不至于冗长沉闷，利用丰盛的植物在建筑之间缠绕和点缀，软化环境，营造亲切宜人的居住氛围。

在景观设计方面，生态水系结合园林绿化，形成景观主轴，在高层区和别墅区之间蜿蜒而过，成为整个住区的中心景观带。

# 佛山时代糖果

项目地点：广东省佛山市南海区里水镇
建筑设计：广州瀚华筑设计有限公司
占地面积：86 398 $m^2$
总建筑面积：240 245 $m^2$

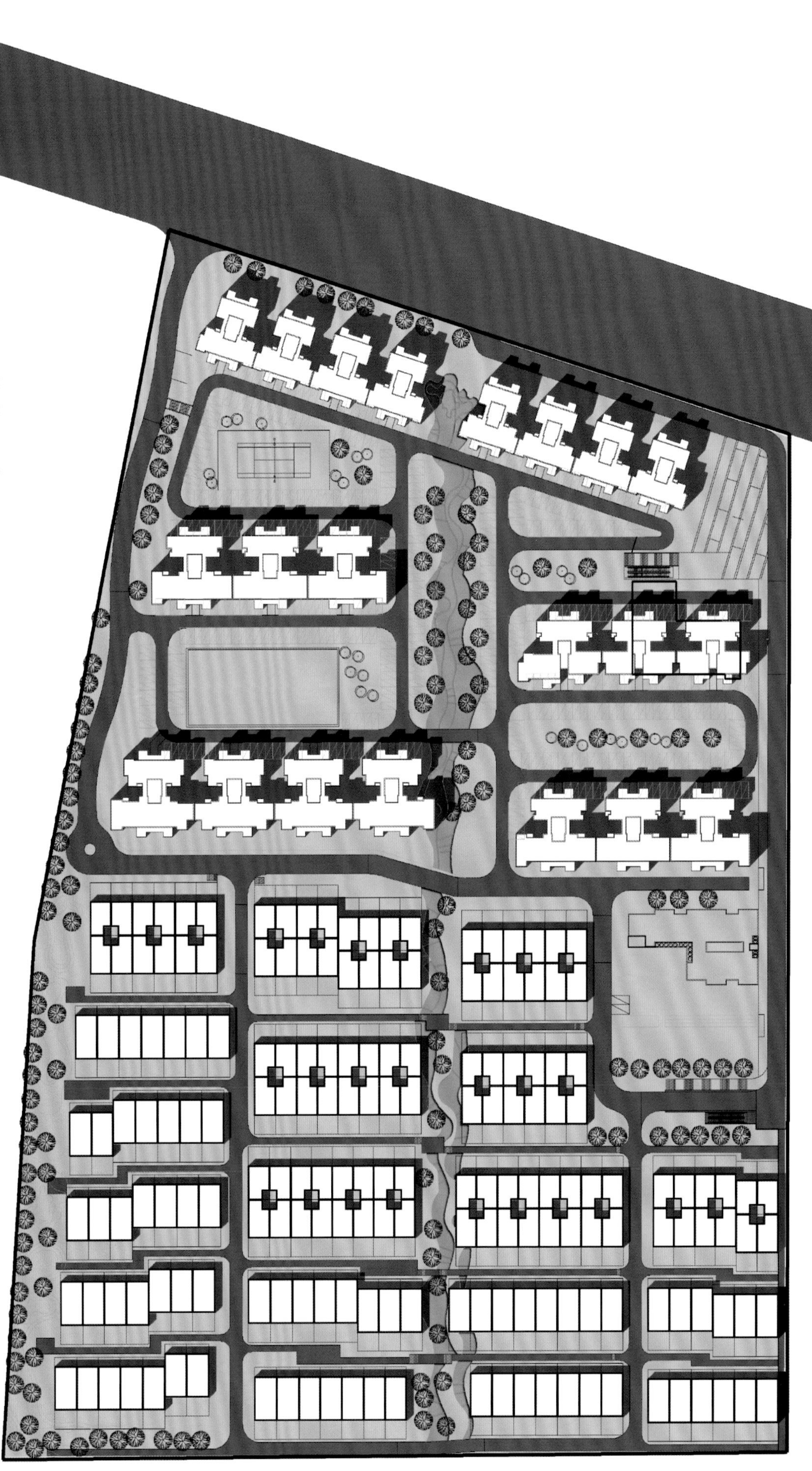

项目位于佛山市南海区里水镇住宅中心区，依山而建，景观优美，目标使用者为"高品位成熟白领"。绝大部分住宅布置为南北向，可避开道路噪音的干扰。北侧沿街首层设计为商业用房，在商业东北角处设置绿化广场，以吸引人流驻足，成为商业休闲场地和小区的主要出入口。小区绿化以开放式、多层次的中央庭院为主，地下车库设置开口天井，成为立体景观系统的一部分。

立面呈现现代主义风格，采用了架空层、凸窗台、落地窗及假阳台等形式，空调机位以百叶装饰，建筑造型立体感强、色彩明亮、时尚而雅致。

# 嘉兴东方都市

项目地点：浙江省嘉兴市
景观设计：浙江禾泽都林建筑与景观设计有限公司
占地面积：250 861 $m^2$
总建筑面积：432 557 $m^2$

东方都市项目位于嘉兴市科技城新区，与西面南湖区仅一路之隔。地块东西长约420 m，南北长约500 m，规划总占地面积为250 861 $m^2$，规划用地东至亚欧路，北至塘桥港，南至王三庙塘，西面为三环东路。南、北环水，地势平坦，地理优势显著，交通便利，环境景观优越。

东方都市北部以17～30层景观高层为主，南侧以水系为界营造低层豪华住宅，中心设置标志性商业兼小区物业社区用房功能，另在东南角单独设置9班幼儿园，配套商业沿东西两侧城市道路布置，与居住建筑完全脱离开，还原最适宜居住的住宅空间。南低北高，充分利用王三庙塘河、塘桥港河等自然景观元素，同时将小区整体布局与当地优美的自然环境相协调呼应，形成完全开放的东西及南北两条轴线广场，组团间提供连续的开放空间及超大绿色空间，营造出一个富有创意的亲近自然并适宜居住的精品住宅区。

项目在总体规划中突出景观的生态环境，在规划中强调基地对建筑布局的景观性，在设计中利用地块现状竖向变化，创造坡地起伏成景，建筑和地面构筑物错落有致。

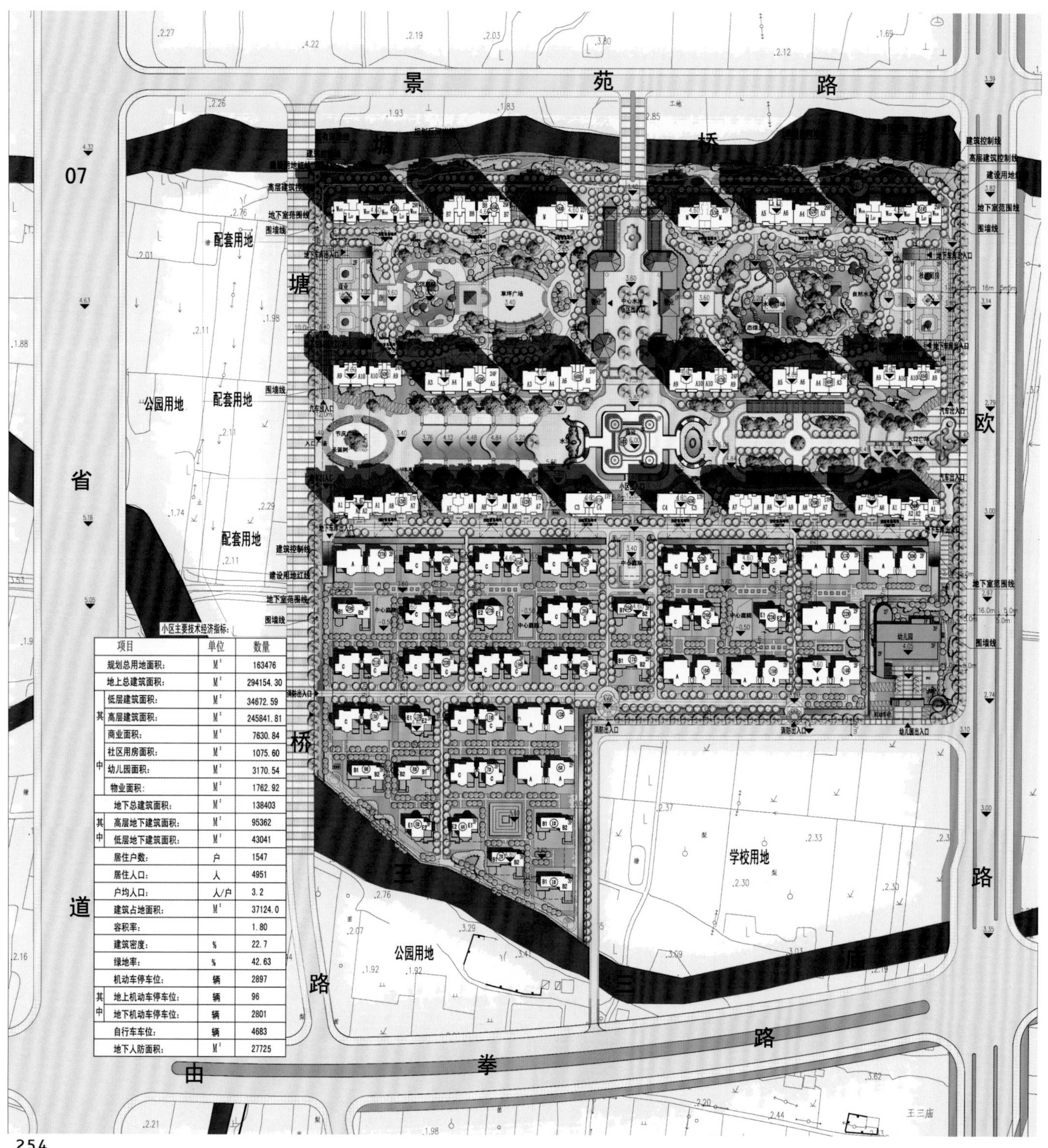


小区主要技术经济指标：

| 项目 | | 单位 | 数量 |
|---|---|---|---|
| | 规划总用地面积： | $M^2$ | 163476 |
| | 地上总建筑面积： | $M^2$ | 294154.30 |
| 其中 | 低层建筑面积： | $M^2$ | 34672.59 |
| | 高层建筑面积： | $M^2$ | 245841.81 |
| | 商业面积： | $M^2$ | 7630.84 |
| | 社区用房面积： | $M^2$ | 1075.60 |
| | 幼儿园面积： | $M^2$ | 3170.54 |
| | 物业面积： | $M^2$ | 1762.92 |
| | 地下总建筑面积： | $M^2$ | 138403 |
| 其中 | 高层地下建筑面积： | $M^2$ | 95362 |
| | 低层地下建筑面积： | $M^2$ | 43041 |
| | 居住户数： | 户 | 1547 |
| | 居住人口： | 人 | 4951 |
| | 户均人口： | 人/户 | 3.2 |
| | 建筑占地面积： | $M^2$ | 37124.0 |
| | 容积率： | | 1.80 |
| | 建筑密度： | % | 22.7 |
| | 绿地率： | % | 42.63 |
| | 机动车停车位： | 辆 | 2897 |
| 其中 | 地上机动车停车位： | 辆 | 96 |
| | 地下机动车停车位： | 辆 | 2801 |
| | 自行车车位： | 辆 | 4683 |
| | 地下人防面积： | $M^2$ | 27725 |

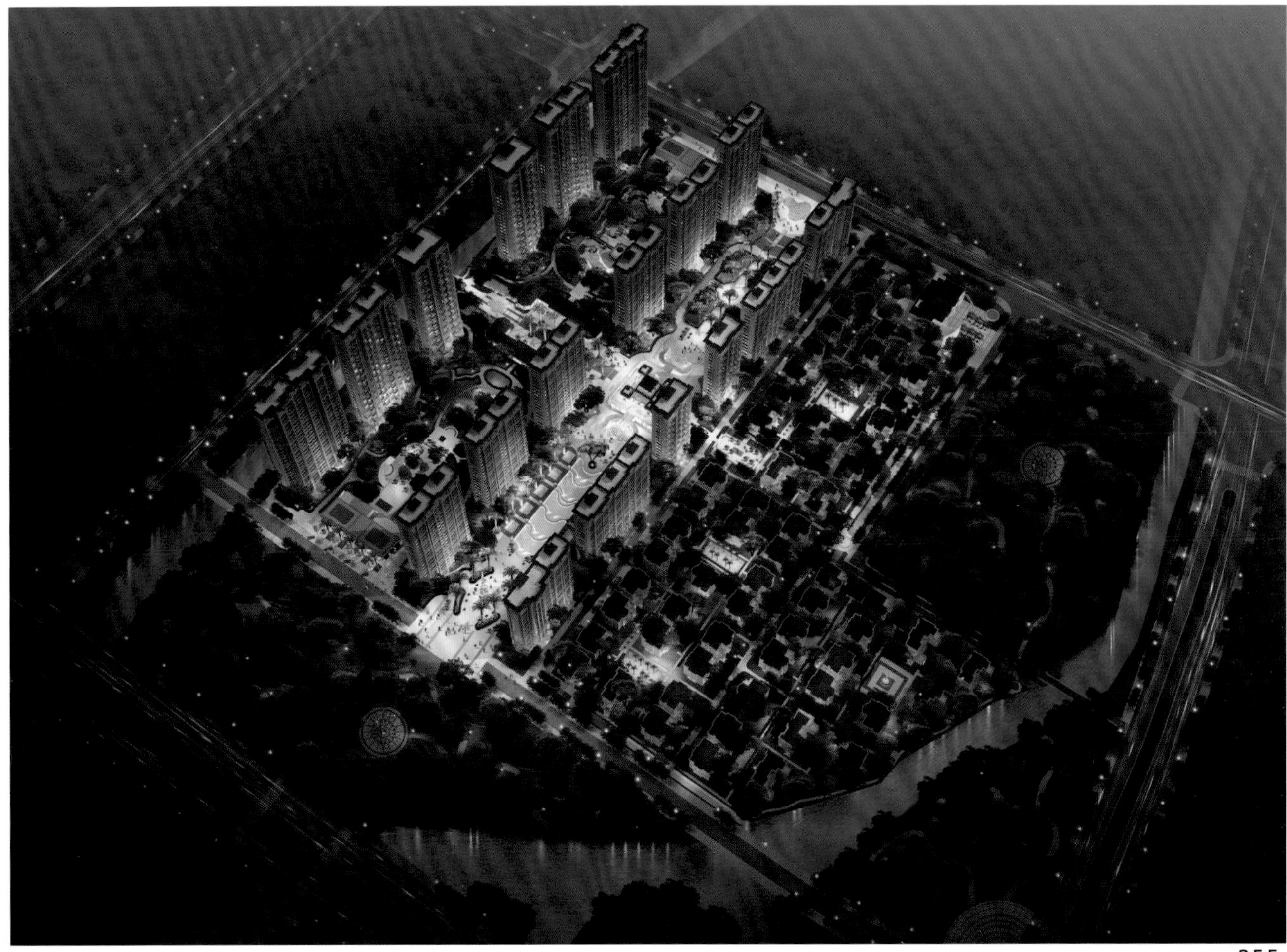

# 富阳富春和园

项目地点：浙江省富阳市
开发商：杭州绿城金久房地产开发有限公司
建筑设计：浙江绿城东方建筑设计有限公司
景观设计:澳大利亚DAHD景观设计有限公司
占地面积：153 341 $m^2$
总建筑面积：400 000 $m^2$

富春和园位于富阳市区金桥北路西侧、直通320国道、便捷通达杭州主城区，多条城市主干道交会处，是富阳高品质住宅的聚集区和富阳未来城市综合性发展中心。项目占地153 341 $m^2$，建筑面积约40万 $m^2$，作为绿城进驻富阳的亮相之作、敬献富阳精英人群的首个项目，富春和园将打造成富阳华贵人居精品大宅。

作为绿城进驻富阳的首个项目，绿城富春和园秉承绿城一贯的精品品质，以40万 $m^2$的建筑面积恢弘布局，融合绿城法式合院与第二代高层公寓的价值叠加，集萃绿城多年高端人居研究新品法式合院、第二代高层公寓、49席尊荣法式合院、18幢简约新古典高层公寓、1 500余户超大园区，配备约3 000 $m^2$超大会所，打造集合完备园区服务体系和独特园区氛围的经典社区。

# 杭州绿城千岛湖玫瑰园

项目地点：浙江省杭州市
开发商：养生堂浙江千岛湖房地产有限公司
建筑设计：浙江绿城建筑设计公司
占地面积：150 000 $m^2$
建筑面积：180 000 $m^2$

绿城千岛湖玫瑰园位于国家级风景名胜区千岛湖主城区，处于千岛湖镇开发路南侧，北依千岛湖畔，南临自来水厂，东、西与自然山体相依，西北与淳安体育馆和淳安中学相接，与农夫山泉生产基地为邻。基地距城市中心3 km，离高速公路口14.6 km，具有良好的周边条件和交通区位。项目基地具有优越的内外部景观资源，基地周围山体绿化丰富，北部为千岛湖环绕，水面开阔，滨水岸线丰富，形成多个水湾，为滨水景观的营造奠定了一定的基础。

根据基地周边景观条件和产品类型的不同特点，自然地将住宅产品划分为四个片区布置：中部、南部及东侧布置联排住宅片区，西侧地块布置高层住宅片区，北侧地块布置花园住宅片区。千岛湖玫瑰园规划建设12幢花园住宅、32幢排屋、7幢高层和2幢小高层，同时配套建设一座园区会所及幼儿园。

绿城千岛湖玫瑰园首次将绿城最新一代法式排屋与欧式花园住宅引入千岛湖自然山水之中。力求在典雅高贵的基调下，以古典的构图比例和丰富精致的细部营造出高品质的住宅建筑，形成整体协调又不失丰富变化的建筑群。在户型设计上充分满足人们对高质量高品位生活的需求，高层住宅主力户型面积为130~146 $m^2$，联排住宅主力户型300 $m^2$左右，花园住宅主力户型面积为680 $m^2$。

# 天津金地国际广场

项目地点：天津市
开发商：金地（集团）天津房地产开发有限公司
建筑设计：北京墨臣建筑设计事务所
占地面积：180 000 $m^2$
总建筑面积：520 000 $m^2$

天津金地国际广场位于市区东南半环快速路与外环之间，项目地处中心城区——滨海新区的城市发展主轴带上，北侧紧邻连接天津市区与滨海新区核心区的主干道——津塘路和地铁9号线——号桥站，同时规划地铁7号线也在项目东侧设站，南侧距海河约1.2 km，地理位置优越。总规划用地18万 $m^2$，总建筑面积为52万 $m^2$，容积率为2.61。

项目用地分为两类，A地块为商业金融用地；A1和B地块为居住用地。基地东至沙柳南路，南至规划娄山道，西至规划龙岗路，北至津塘公路。中间一条规划路龙涵道将项目分为南北两个地块。项目的商业区分布在A区内，与津滨轻轨和规划地铁7号线无缝接连，商业区地上总建筑面积为10万 $m^2$，以商业街和公寓两种业态为主。

整体设计理念为通过对商业人流的组织，在地块内形成别具特色的“城市会客厅”，为人们的购物休闲创造一种体验式的空间模式，商业街设计打破常规商业街的单一内街模式；整个住宅建筑设计在保留原生树的前提下，打破一般联排住宅排排坐的格局，通过户型设计形成若干个组院；组院与组院之间相互错动，形成丰富的空间节点，与此同时空间格局上也形成了符合中式居住精神的层层递进的序列空间；住宅区结合天津的建筑文化特色，提出了意式和古典两种风格以合院为单位交替布局的模式，行走其中宛如历史再现。

# 成都钱江凤凰城

项目地点：四川省成都市青白江区
开发商：成都青白江钱江银通置业有限公司
建筑设计：上海拓方建筑设计事务所
占地面积：180 000 m$^2$
总建筑面积：360 000 m$^2$

钱江凤凰城（青白江）作为钱江银通地产在青白江区开发的首个低密度住宅区，位于成都市青白江区华金大道西段，毗邻1 000万 m$^2$凤凰湖湿地公园，项目周边有大弯中学、大同小学、三甲医院等生活教育休闲配套。钱江凤凰城（青白江）定位为凤凰湖核心区内的别墅级亲地低密人文社区。一期全部为6层电梯洋房，一梯两户纯板式电梯独立入户，户户可观景，享南北通透，全力营造高端舒适的居住感受。

建筑风格采用地中海意大利托斯卡纳风格，巧妙运用高低错落的层面、凹凸有致的墙体、木构架、铁艺、百叶窗和阳台等建筑语言，通过天然材料来表现建筑的肌理，为住户营造出集休闲与艺术为一体的崭新的生活方式。钱江凤凰城（青白江）欧式生活的内涵已经成为提升人居生活品质的主要标志。

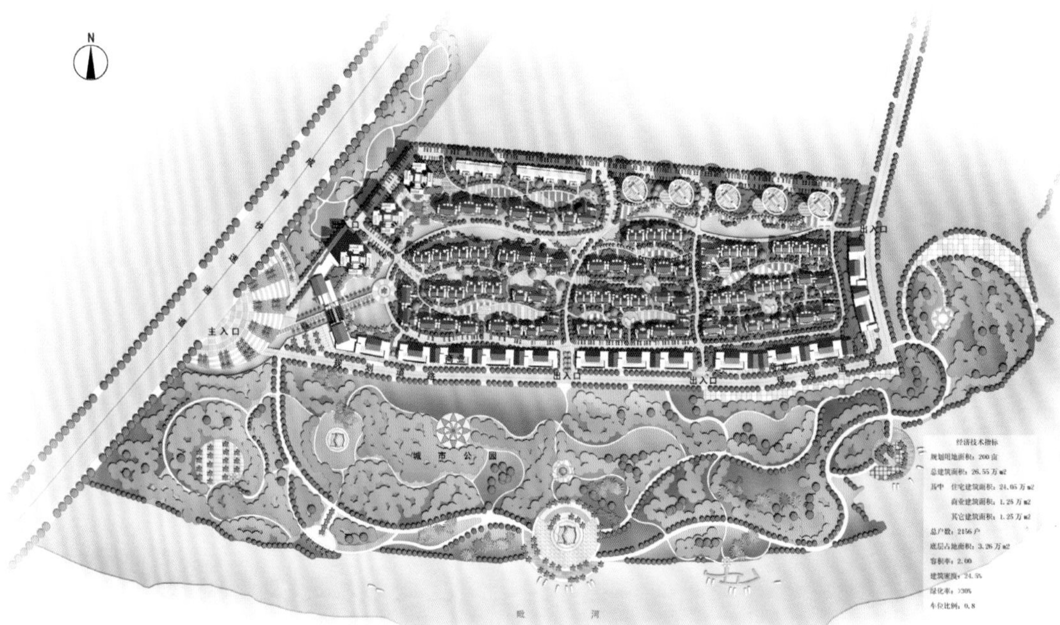

# 深圳佳兆业水岸新都

项目地点：广东省深圳市
开发商：佳兆业地产
建筑设计：深圳市同济人建筑设计有限公司
占地面积：211 762 m²
总建筑面积：307 580 m²

深圳佳兆业水岸新都位于深圳市龙岗区龙岗镇东北面与坪地接壤处，新生村北面，新城路与深惠路相接处。地块南边是已建成的水岸新都一期，地块外南隔新城路是水岸新都三期，东边隔坪西路是水岸新都二期。水岸新都四、五期与一期是独立地块，地块总用地面积128 662.98 m²，容积率1.54，拟建多层和高层住宅以及部分商业。

佳兆业水岸新都传承西班牙气质的水岸生活小镇风格，给人一种雍容华贵的贵族气质，一种拉丁民族的热情风格，一种浪漫温情的生活气息。西班牙作为地中海的重要组成部分，有着充足的阳光和迷人的水岸生活氛围。他的"阳光水岸"赋予了佳兆业水岸新都灵感，在整体规划中，设计师们在地块上设计了全龙岗最大的水系，引入了水岸概念，采用建筑沿周边布局，中央围合超大花园，利用水和建筑所形成的界面构成水与建筑自然融合的建筑组合形态。从而使人们拥有西班牙风情十足的水岸生活。

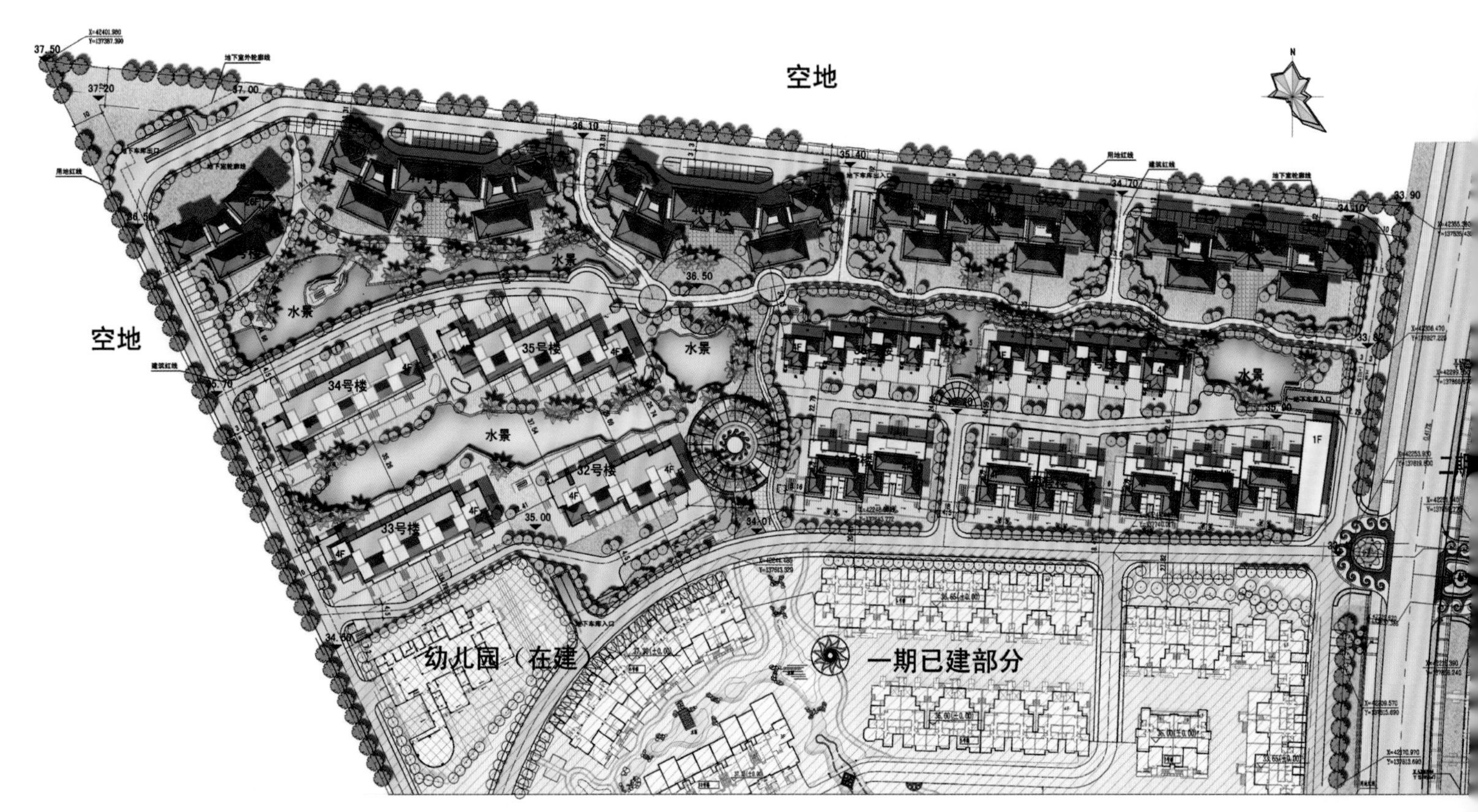

小区鸟瞰图

空地

空地

水景

34号楼

35号楼

32号楼

33号楼

幼儿园（在建）

一期已建部分

规划总平面图

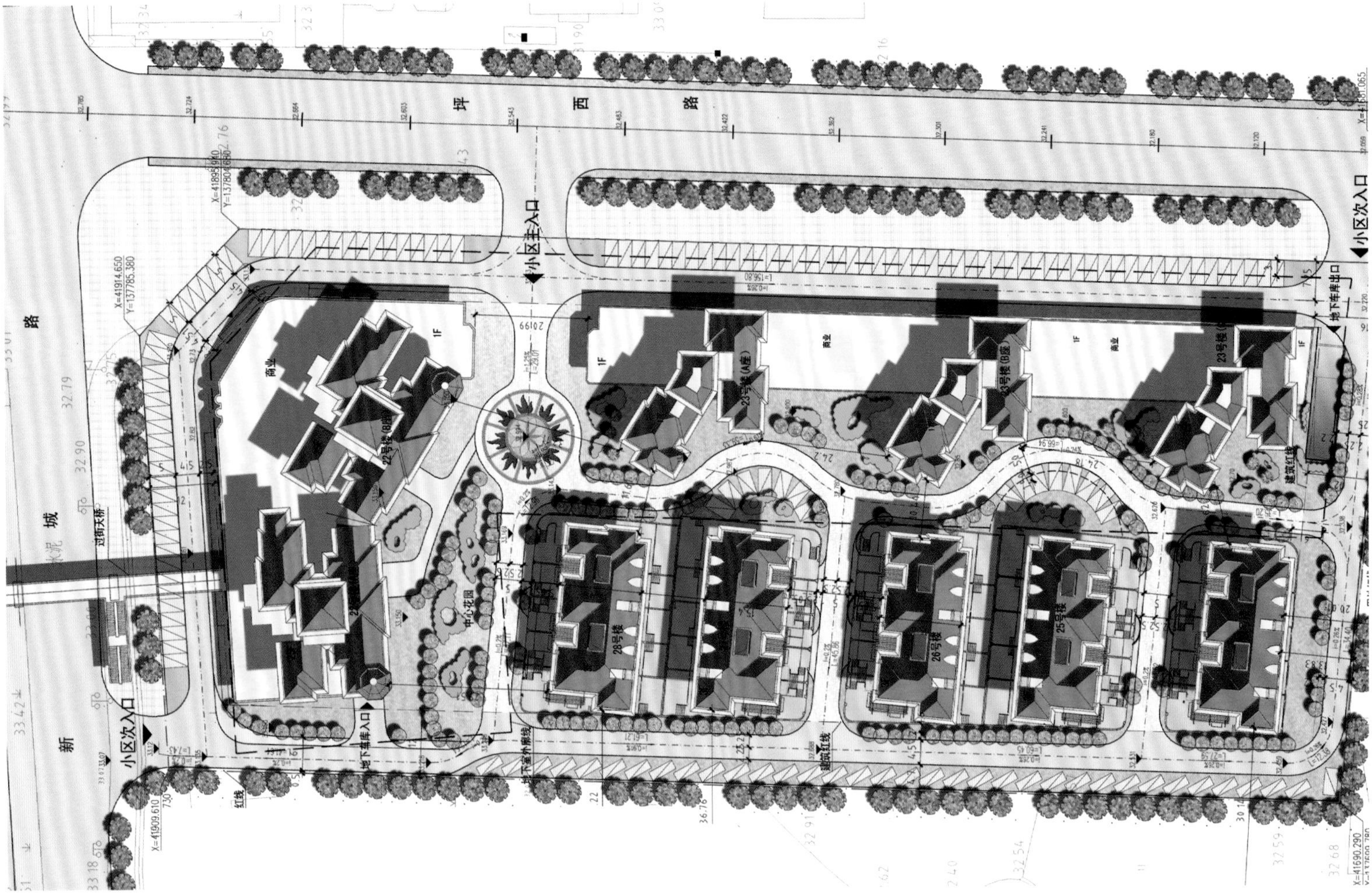
坪
西
路
新
城
路
小区主入口
小区次入口
小区次入口
地下车库出口
中心花园
商业

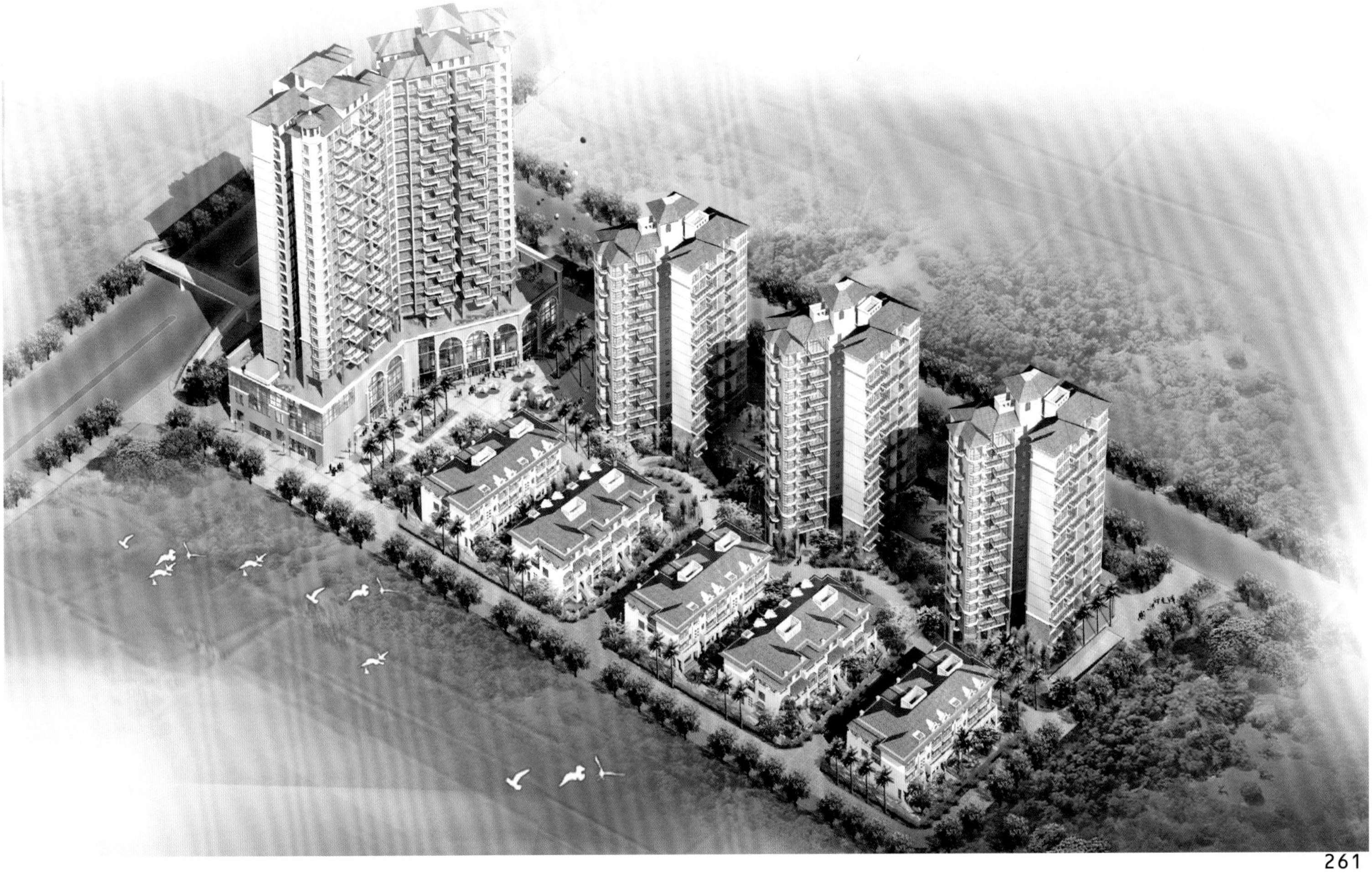

# 杭州望城

项目地点：浙江省杭州市
开发商：杭州鼎玉房地产开发有限公司
建筑设计：杭州城建设计研究院
占地面积：31 296 m$^2$
总建筑面积：62 592 m$^2$

望城位于杭州良渚核心区，紧邻地铁2号线，距良渚博物馆约1.5 km。周边交通网络成熟，紧靠104国道、古墩路延伸段和绕城高速良渚出口；出行便利，小区地理位置佳，紧邻周边的有良渚镇商业中心、良渚镇中心小学、良渚中学、华元十六街区20 000 m$^2$的休闲广场、红星美凯龙家居广场，生活便利，配套完善。总建筑面积62 592 m$^2$，由七幢排屋和八幢9~12层小高层超价值公寓构成。

望城建筑设计采用了厚重的欧陆风格与现代建筑的有机结合，简洁明快而不失大气。望城的户型特点为成熟、精致、实用，小高层户型70~140 m$^2$、80~90 m$^2$为项目的主力户型，城市别墅建筑面积为200 m$^2$~300 m$^2$，同时附赠阳光半地下室、户户自备车库入室、多层次景观露台、部分更带私家内院。

# 深圳大综艺中央悦城

项目地点：广东省深圳市龙岗区
开发商：深圳市大综艺房地产开发有限公司
建筑设计：美国博万建筑与城市规划设计有限公司
深圳市博万建筑设计事务所
占地面积：97 000 $m^2$
总建筑面积：271 600 $m^2$

大综艺中央悦城位于龙平西路与长兴路交会处，占地面积97 000 $m^2$，总建筑面积271 600 $m^2$，其中商业街2 777 $m^2$、幼儿园3 000 $m^2$、会所及社区服务1 700 $m^2$。规划为多层HOUSE、小高层以及高层，前后分三期开发。

大综艺中央悦城以精确、简洁的几何美学表达理性而深刻的奢华气质。直线与立方是运用最多的造型手段。建筑立面以简洁的几何构造，凹凸出丰富的空间感。层层退台，层层有私密，层层还天空于花园。加上不同材质搭配组合，光线敏感地进退其间，再现了现代建筑对自然、采光坚定而苛刻的追求。

# RESIDENTIAL COMPLEX
# 综合住宅

# Integration

综合　266-335

# 沈阳皇第龙邸

项目地点：辽宁省沈阳市
开发商：沈阳永丰房屋开发有限公司
建筑设计：加拿大宝佳国际建筑师有限公司
占地面积：623 336 m$^2$
总建筑面积：1 300 000 m$^2$

皇第龙邸位于沈阳沈北新区棋盘山国际风景区山林之中，坐落在仲官村旧址之上，占地面积623 336 m$^2$，环抱在1 334万m$^2$原生态山林中，项目总建筑面积为130万m$^2$，建筑类型主要以花园洋房、超高层空中花园住宅以及高层情景洋房为主。

园区的设计理念既综合了中国传统的天、地、人和谐统一的人文思想，又有西方传统的城邦、独立、功能复合式的山水家园。结合地块的天然地势，将项目分为东、西两区：东区以低密度为其主要规划特点，规划有联排别墅、叠拼别墅、独体别墅等，自然环境的充分私享和高标准的物业服务，给居住者以无比尊崇的生活体验；西区的规划特点则表现为，在充分考虑采光和视野的前提下，突破了传统的排楼、板楼形式，建筑立面色彩简洁明快，完全与周边自然生态环境相融合，突破沈阳山地建筑框框，首次在山地建起高层，由高到低形成了不同层次的景观视野。

# 上海中环国际公寓

项目地点：上海市
开发商：上海康德利房地产经营有限公司
规划/建筑设计：天华建筑设计有限公司
景观设计：上海五贝景观设计有限公司
　　　　　上海绿雅园林建设有限公司

中环国际公寓位于上海市宝山区场北路（近康宁路），是北上海中外环间占地80万 $m^2$ 的超大体量社区，其所在的共康板块是宝山离市区最近的区域，俨然成为了上海北部的一个高端的住宅板块。周边配套一应俱全，并享有大共康成熟板块配套。

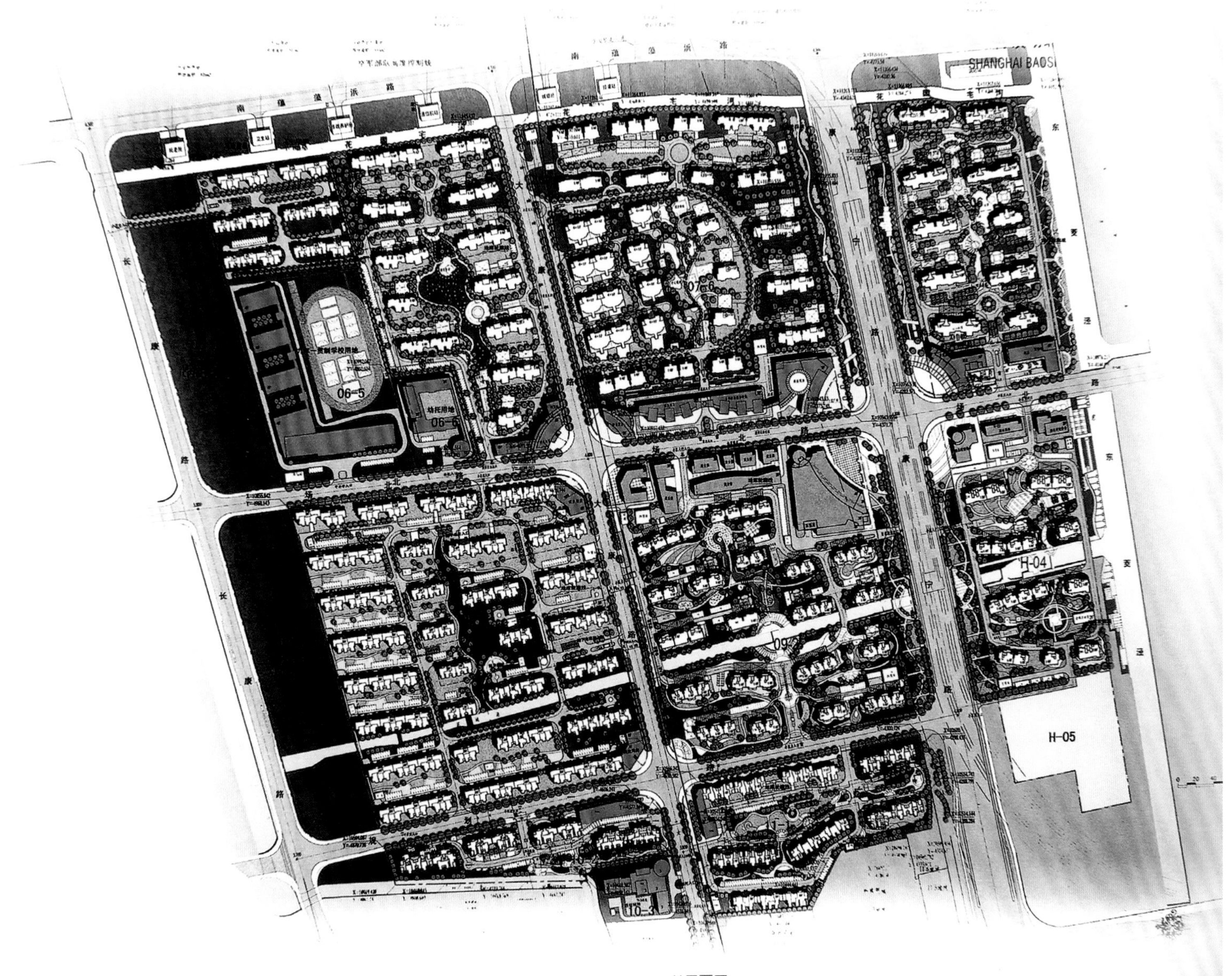

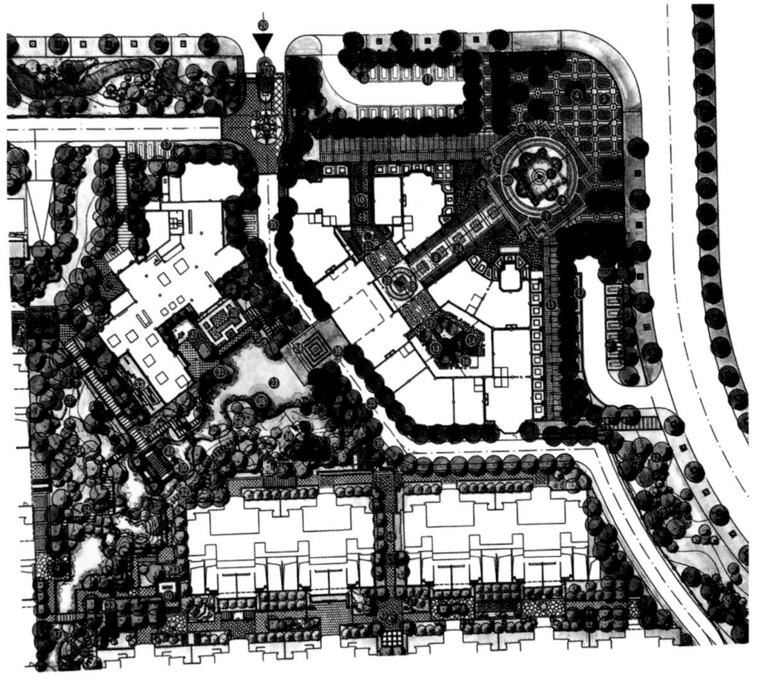

总平面图

# 武汉金地澜菲溪岸

项目地点：湖北省武汉市
开发商：武汉金地伟盛房地产开发有限公司
建筑设计：SB Architects 建筑师事务所
景观设计：加拿大笛东联合（DDON Associates）设计机构
占地面积：300 000 $m^2$
总建筑面积：580 000 $m^2$

金地澜菲溪岸位于江城大道与中环线交会处，隶属于武汉新区的核心区域 ——四新新区。规划总净用地面积约为30万 $m^2$，总建筑面积约58万 $m^2$，容积率为1.9，绿化率为31.5%，整个项目由创新的双拼别墅、联排别墅、叠拼别墅、花园洋房及高层等多种物业类型组合而成。 作为武汉首个纯意大利风格的高端项目，以原汁原味的意大利小镇为设计蓝本 ，将意大利的建筑元素植入每一个角落，抹灰墙面，红瓦屋顶，自然的石材与深沉温暖木材的组合，优雅的"铁艺门"、"罗马柱"，金地澜菲溪岸将纯正、优雅、时尚的意大利贵族生活格调演绎到极致。

小区景观以意大利威尼斯为创作背景，将外部的六湖连通总港水渠直接引入社区，与项目内水系进行了完美结合。整个规划以社区道路轴线为骨架，结合主题景点，通过水系的连通，将各分区组团有机联系，形成层次丰富、四季搭配的植被环境。落差达6 m的坡地立体景观长廊，绿荫葱葱，让一切自然的风景，丝丝融入。同时，在水道上，设置有威尼斯特色的刚多拉和码头，周边配以意大利式的小品灯、椅、伞等， 让整个园林空间更加生动有趣。

# 南京金地自在城

项目地点：江苏省南京市
开 发 商：金地集团
建筑设计：南京市民用建筑设计研究院有限公司
景观设计：柏景设计
占地面积：468 049 $m^2$
总建筑面积：1029 708 $m^2$

金地自在城位于南京市雨花台区板桥新城。东至板东路、南至湖景路、西至绿洲东路、北至江大路。距离南京市中心新街口21 km，距离河西新城奥体中心15 km。项目南近江宁，西临长江，处于南京沿江开发带之中，是南京至马鞍山的必经之地，同时板桥新城是南京市总体规划确定的新城之一，是南京的“南大门”，也是向南京市南部、安徽中部等地区辐射的重要节点，近靠86.7万 $m^2$石闸湖公园，总建筑面积约103万 $m^2$，是一个集居住、休闲、运动、教育、养生、商业为一体的大型综合型社区。

金地自在城融合了“新城市主义”与“新休闲主义”，作为“建于大湖之上的百万城邦”， 南京自在城充分尊重土地属性和自然肌理，通过流畅的线条，丰富的城市界面，创造了自在、休闲的新城市生活和开放的国际街区形态以及混搭相融的物业类型。南京自在城根植于人们对生活普适性的需求上，如人们对自由支配时间的追求、对宜人尺度的追求、对身心愉悦的追求、对多样性和创造性的追求等。

# 荷兰恩斯赫德Zuiderval城市规划

项目地点：荷兰恩斯赫德
规划设计：IDU（埃迪优）世界设计联盟

项目地块呈不规则形状，可依南北中轴线分为六个区域。各个分区相对独立，周围均布置绿化，并与相邻的区域形成隔离状态。住宅建筑错落有致地分布在区域地块内。

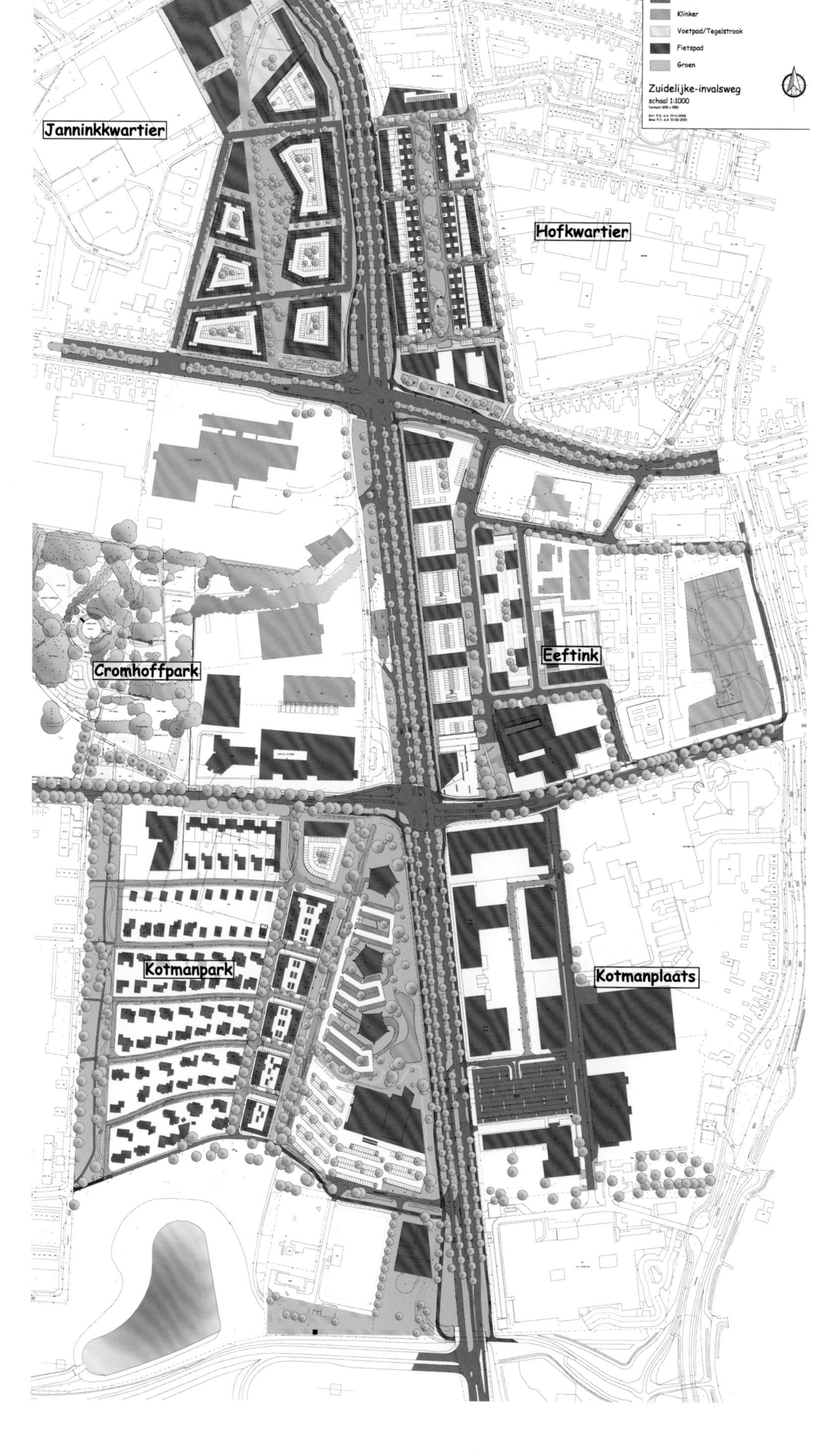



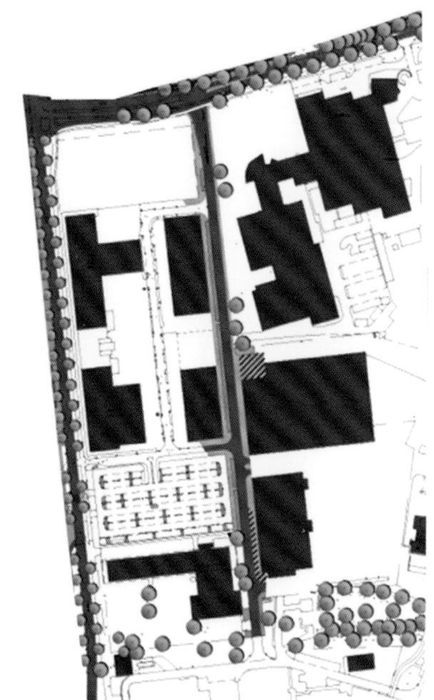

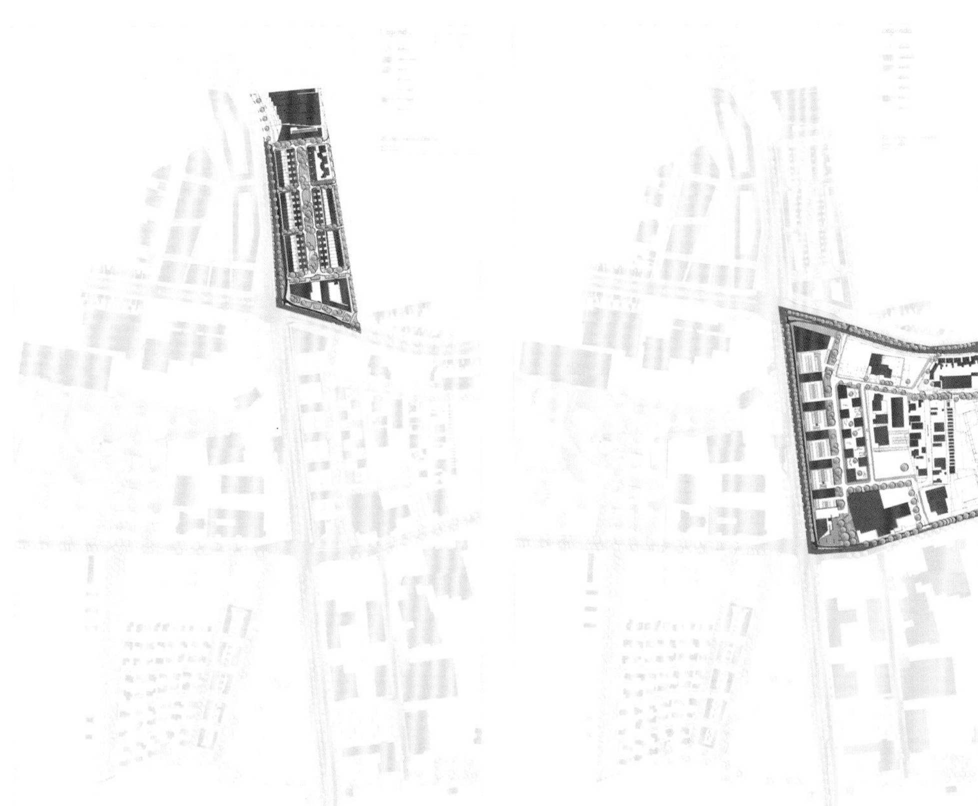

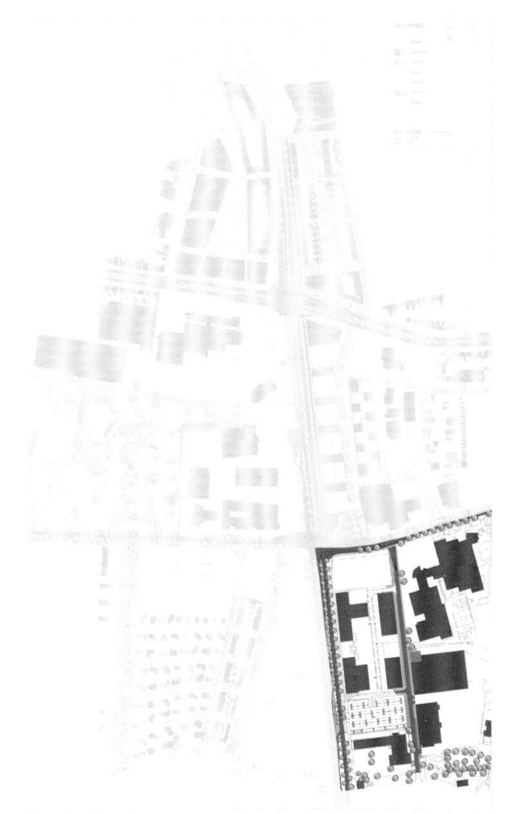

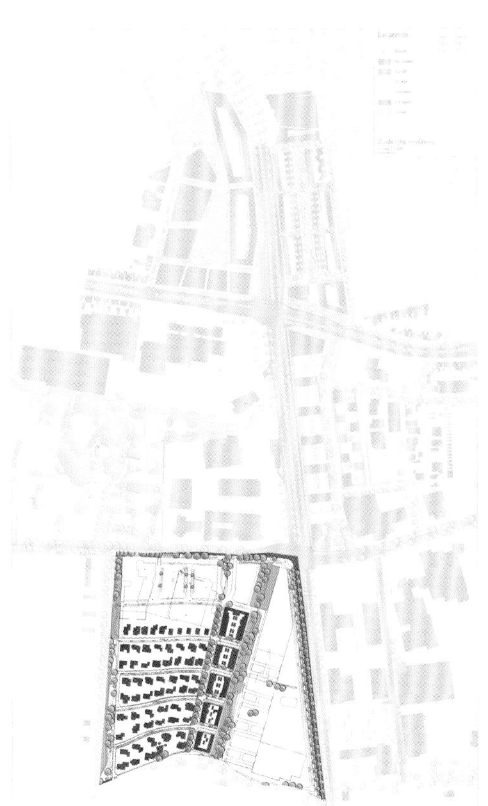

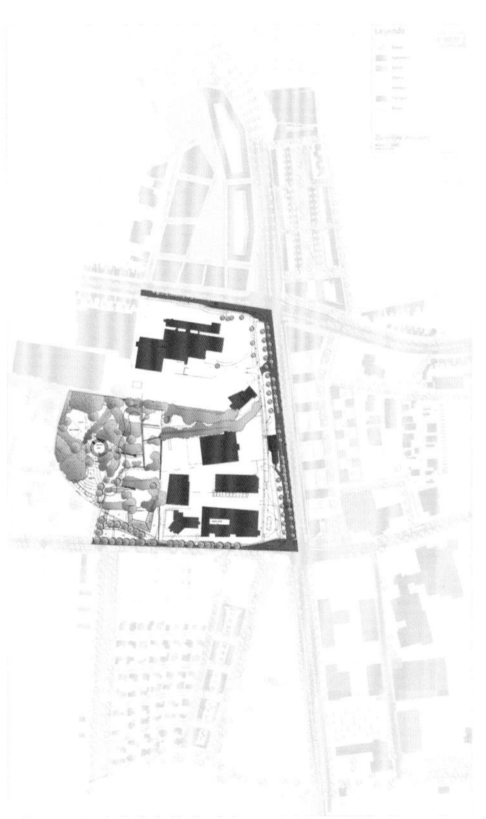

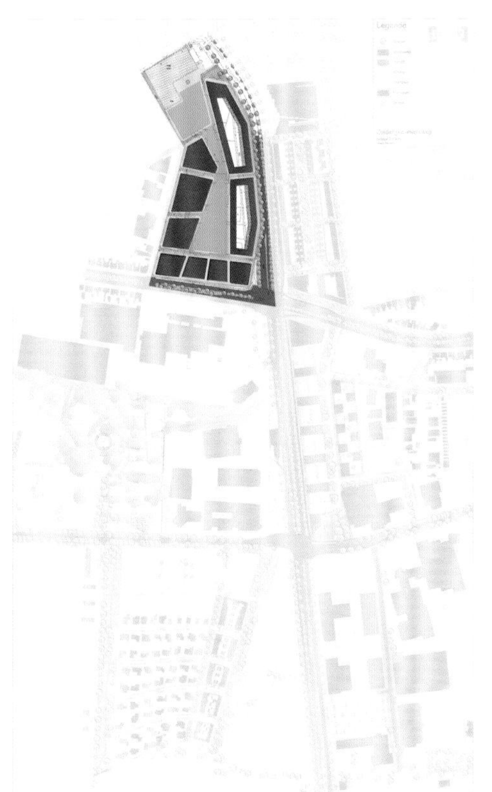

# 济宁北湖

项目地点：山东省济宁市
开发商：济宁市规划局
规划/建筑/景观设计：澳洲澳欣亚国际设计公司
占地面积：3 732 027 $m^2$
总建筑面积：580 160 $m^2$
绿化率：39.4%

项目根据北湖旅游度假区的总体布局以及相应的周边环境、各场所的空间模式和定性，进行具体的规划设计。规划着力打造具有良好生态环境的滨水景观，通过景观与城市、景观与人的互动来展现出济宁独特的城市形象。规划的景观环境不仅满足与附近地块的互动、互补，而且依托北湖旅游度假区的区位优势，辐射周边城市及更大区域。通过对济宁地方历史人文的挖掘，将历史文化融入景观规划设计中，形成现代的独具特色的滨水景观带。

通过研究，将新运河两岸景观带融入城市总体发展，结合城市功能统一进行分析，打造城市升级发展的能量引擎，项目具有三大层面规划定位："河"—— 打造北湖新城的魅力之河，营造"文化新城"的核心；"核"—— 打造北湖新城的动力之核，营造"活力新城"的核心；"和"—— 打造北湖新城的和谐之场，营造"和谐新城"的核心。

整个园区空间上注意收与放结合，开敞与封闭结合，公共与私密结合，并对各空间的尺度、形状、围合方式进行仔细推敲，以做到功能与形式、景观与环境的协调统一。

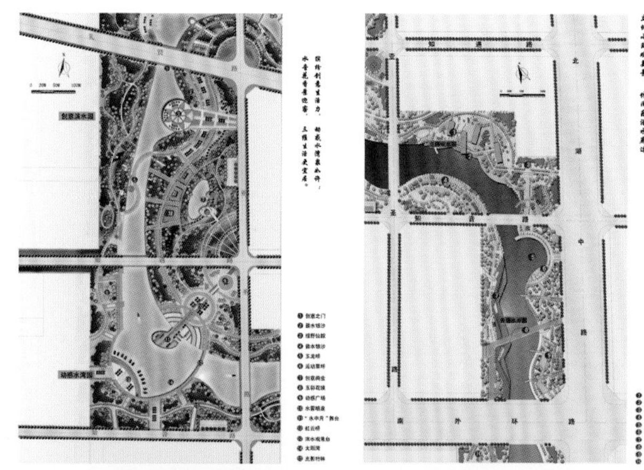

❶ 和谐之门 ❷ 迎宾树阵 ❸ 动感水轴 ❹ 和谐广场 ❺ 露天剧场 ❻ 林荫活动广场 ❼ 龙翔壁 ❽ 胜景台
❾ 大型水幕电影 ❿ 音乐喷泉 ⓫ 彩凤桥 ⓬ 生态步道 ⓭ 凤荷湾 ⓮ 水岸花市 ⓯ 凤凰展翅台 ⓰ 绿波叠浪
⓱ 天一塔 ⓲ 运河养生堂 ⓳ 四季花海 ⓴ 水上乐园 ㉑ 疏林草地 ㉒ 大境台 ㉓ 喷雾焰火 ㉔ 游船码头

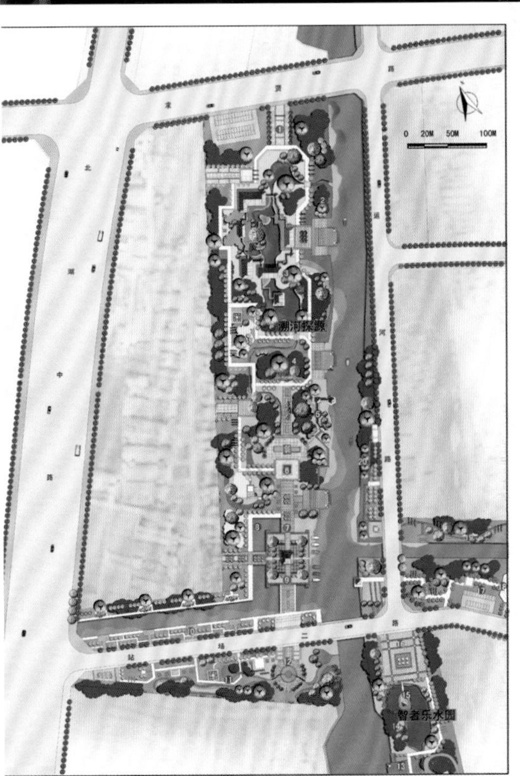

水苑闱影闻莺榭，南风轻送北来船；
康乾踏岸运河旁，文风雅会在左岸。

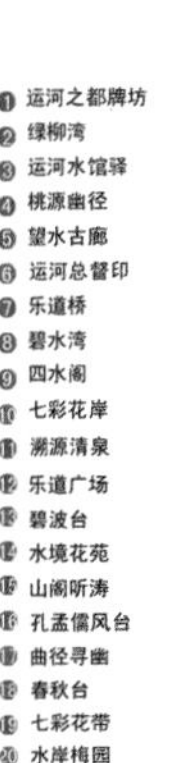
1 运河之都牌坊
2 绿柳湾
3 运河水馆驿
4 桃源幽径
5 望水古廊
6 运河总督印
7 乐道桥
8 碧水湾
9 四水阁
10 七彩花岸
11 溯源清泉
12 乐道广场
13 碧波台
14 水境花苑
15 山阁听涛
16 孔孟儒风台
17 曲径寻幽
18 春秋台
19 七彩花带
20 水岸梅园

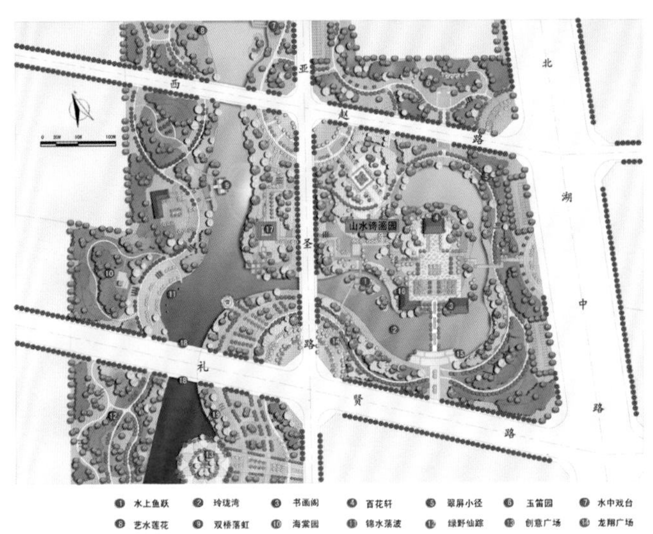
1 水上鱼跃
2 玲珑湾
3 书画阁
4 百花轩
5 翠屏小径
6 玉笛园
7 水中戏台
8 艺水莲花
9 双桥落虹
10 海棠园
11 锦水荡波
12 绿野仙踪
13 创意广场
14 龙翔广场
15 拜读台
16 琴棋阁
17 脚踏词地
18 创意水门
19 碧水银沙

# 山东微山新城

项目地点：山东省微山
规划/建筑/景观设计：澳洲澳欣亚国际设计公司

基地位于京沪经济轴中部，是淮海经济圈核心节点；现状平整，土地存量资源丰富，易于开发；邻近微山湖和京杭运河，水资源极为丰富，宜于景观营造；基地毗邻大型湿地，生态优势明显。

微山新城的开发基于生态保护的基础上，以发展行政办公、文化创意、商贸服务、体育会展、旅游休闲、生活居住六大功能为主，以教育培训、市场物流等为辅助功能，形成面向区域可持续发展的高品质、现代化、充满活力和文化魅力的滨湖生态新区。

方案对新城景观结构进行系统规划，塑造良好有致的景观风貌。对沿河建筑风貌、景观元素进行引导，从而对整体景观风貌进行有效控制。规划对新城的建筑立面、建筑风格、环境设施等方面均作出相应引导和控制，以形成围合有致的建筑空间和高低错落、开合有序的天际线，塑造简洁丰富的建筑形象，创造出微山崭新的特色形象。

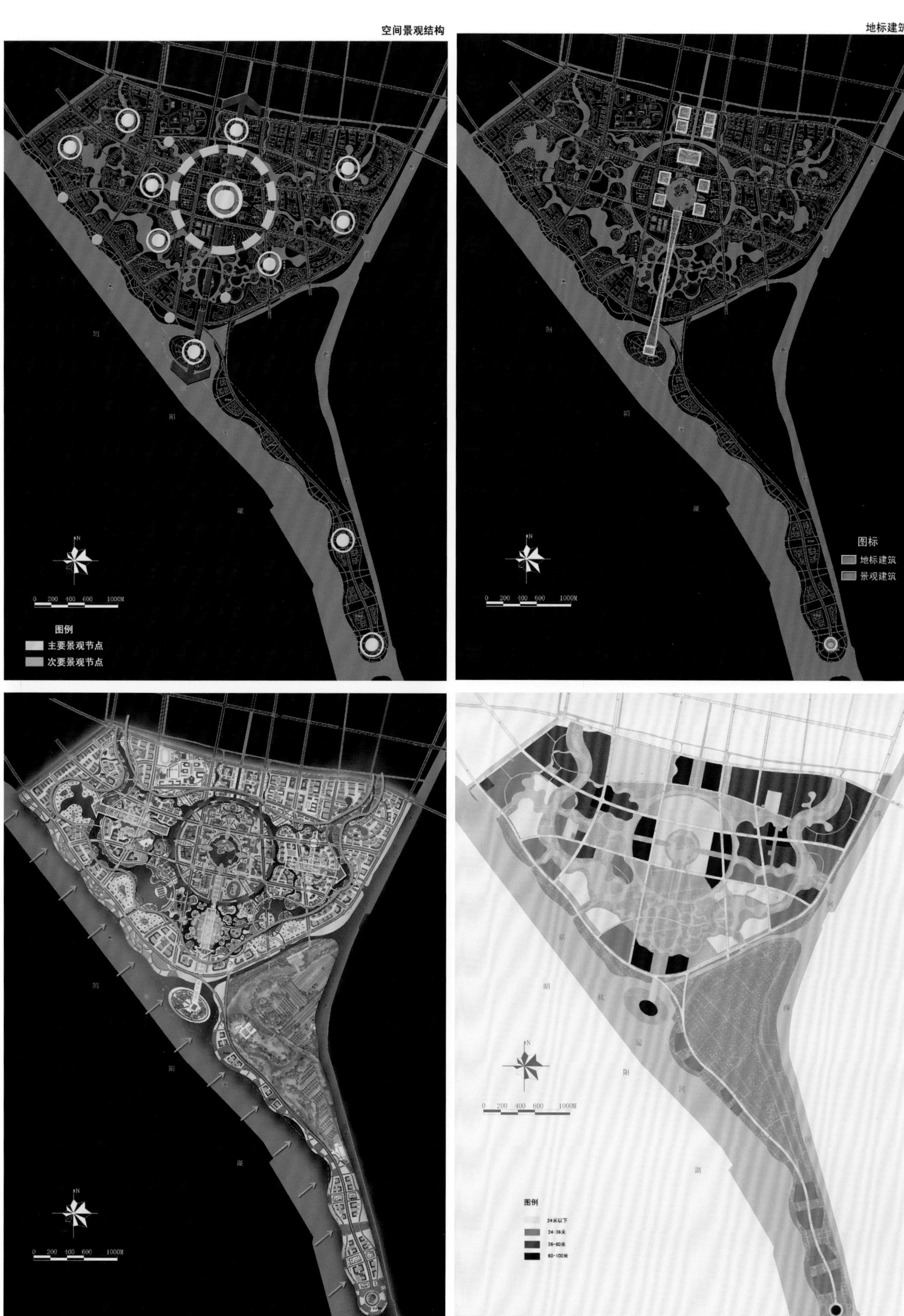
空间景观结构
地标建筑
0 200 400 600 1000M
图例
主要景观节点
次要景观节点
图标
地标建筑
景观建筑
图例
24米以下
24-36米
36-60米
60-100米

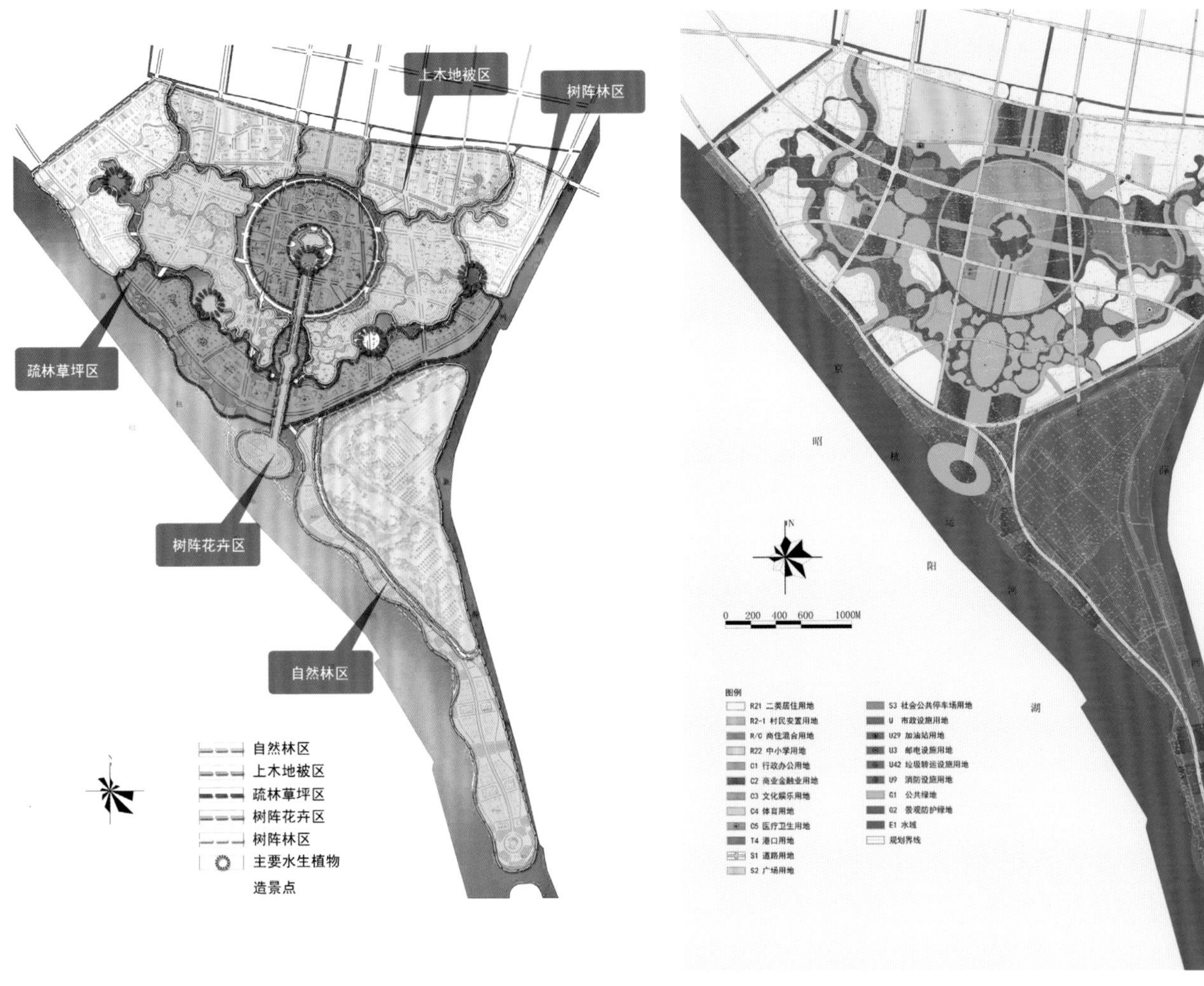
上木地被区
树阵林区
疏林草坪区
树阵花卉区
自然林区
自然林区
上木地被区
疏林草坪区
树阵花卉区
树阵林区
主要水生植物
造景点
0 200 400 600 1000M
图例
R21 二类居住用地
R2-1 村民安置用地
R/C 商住混合用地
R22 中小学用地
C1 行政办公用地
C2 商业金融业用地
C3 文化娱乐用地
C4 体育用地
C5 医疗卫生用地
T4 港口用地
S1 道路用地
S2 广场用地
S3 社会公共停车场用地
U 市政设施用地
U29 加油站用地
U3 邮电设施用地
U42 垃圾转运设施用地
U9 消防设施用地
G1 公共绿地
G2 景观防护绿地
E1 水域
规划界线

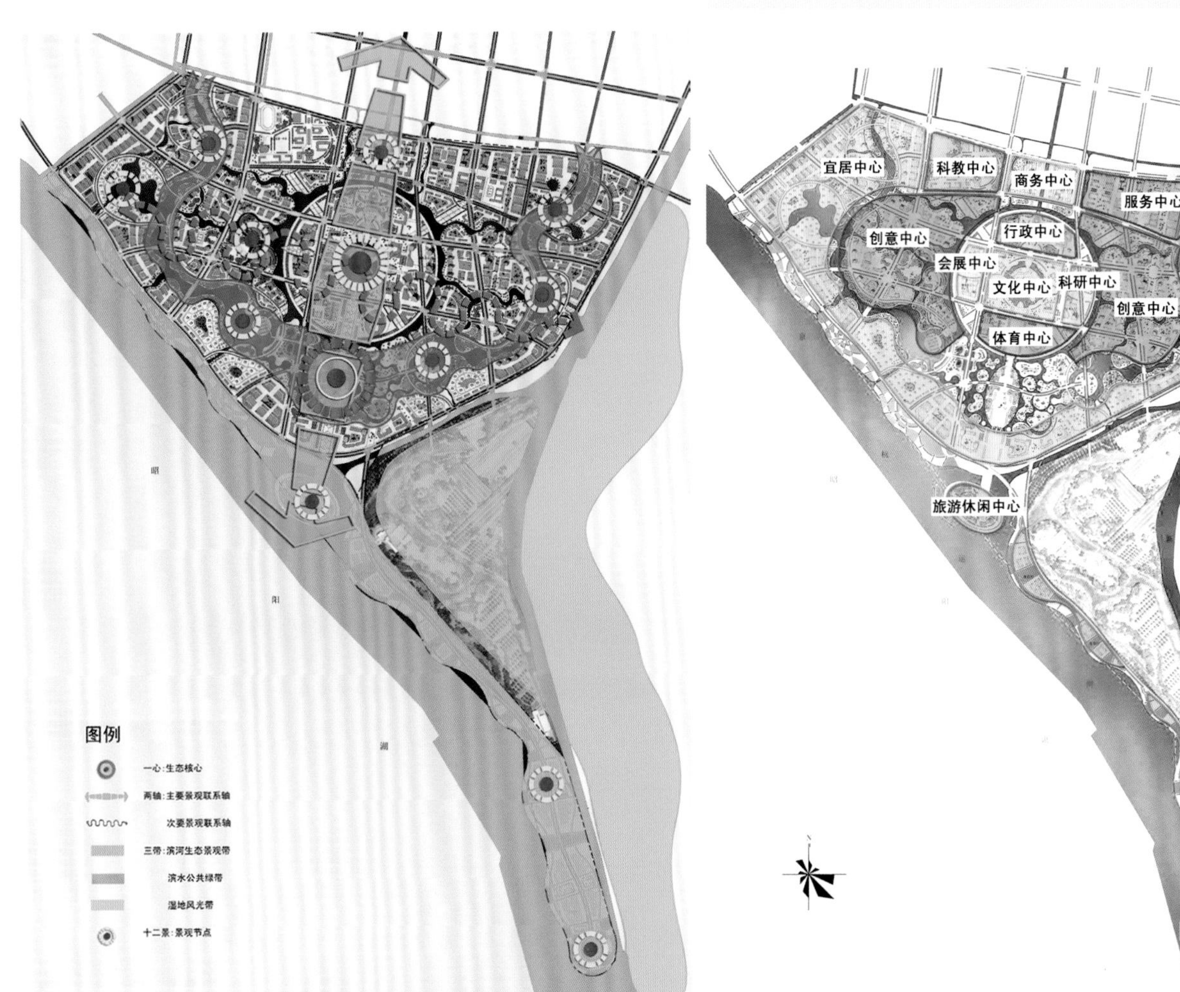
图例
一心:生态核心
两轴:主要景观联系轴
次要景观联系轴
三带:滨河生态景观带
滨水公共绿带
湿地风光带
十二景:景观节点
宜居中心
科教中心
商务中心
服务中心
创意中心
行政中心
会展中心
文化中心
科研中心
宜居中心
创意中心
体育中心
旅游休闲中心
旅游休闲中心

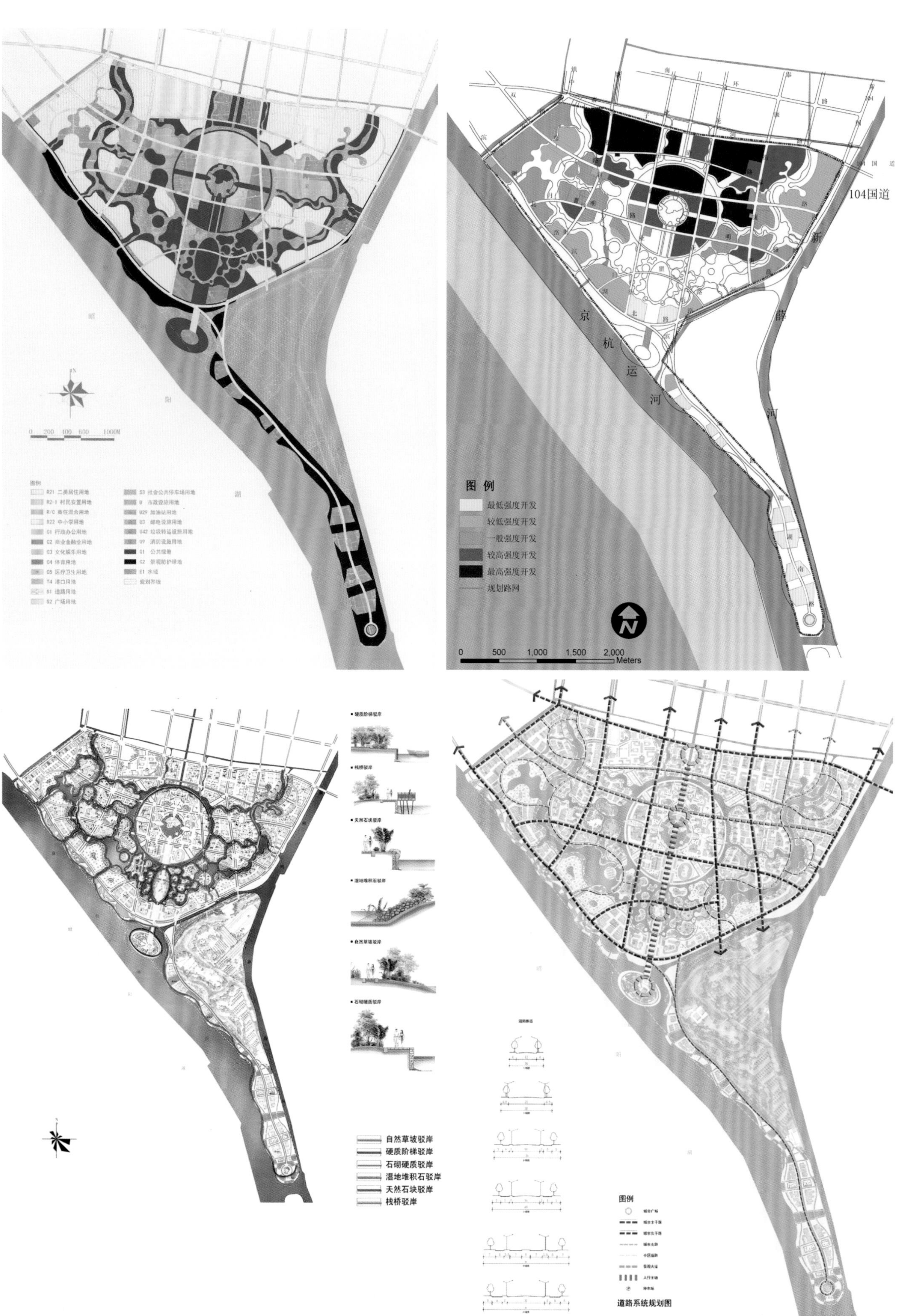
104国道
京
杭
运
河
图 例
最低强度开发
较低强度开发
一般强度开发
较高强度开发
最高强度开发
规划路网
0 500 1,000 1,500 2,000 Meters
自然草坡驳岸
硬质阶梯驳岸
石砌硬质驳岸
湿地堆积石驳岸
天然石块驳岸
栈桥驳岸
图例
道路系统规划图

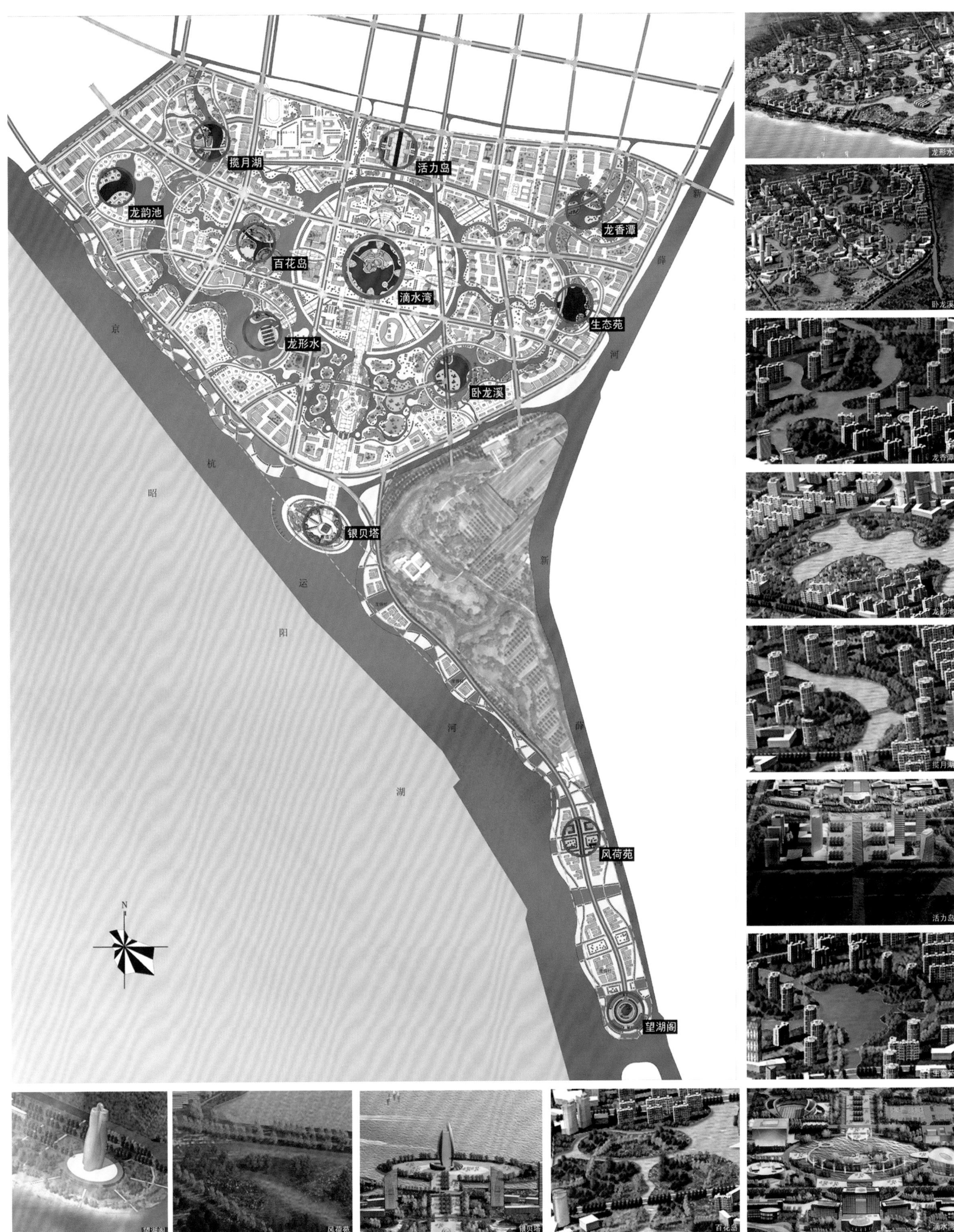

揽月湖
活力岛
龙韵池
龙香潭
百花岛
滴水湾
生态苑
龙形水
卧龙溪
银贝塔
风荷苑
望湖阁
京
杭
昭
运
阳
河
湖
新
薛
河
N
龙形水
卧龙溪
龙香潭
龙韵池
揽月湖
活力岛
生态苑
望湖阁
风荷苑
银贝塔
百花岛
滴水湾

# 深圳深房集团光明项目

项目地点：广东省深圳市光明新区
规划/建筑设计：深圳市大唐世纪建筑设计事务所
占地面积：90 737 $m^2$
总建筑面积：250 470 $m^2$
容积率：2.0
绿化率：39.02%

深房集团光明项目地处光明新区高新产业园区范围内，用地东侧靠近光明新区郊野森林公园，西侧紧邻高新园区综合服务配套区，北侧接牛山科技公园，南侧为高新区的住宅和产业用地。项目总用地面积90 737 $m^2$，地上总建筑面积181 470 $m^2$，由东西两个地块组成，之间被邦凯二路自然分隔。规划中的广深港客运专线光明城际建在项目周边2 km范围内，交通便利，地理位置优越，场地环境优美，适合开发为高档住宅小区。

总体布局上，项目紧邻牛山公园，其资源的稀缺性是设计的最重要外部条件。设计采用将别墅设置在公园路侧，高层住宅布置在其南面并形成一个整体的布局模式。通过在地块东、南、西面外围布置板式高层住宅，在地块中间布置点式住宅，在充分重视朝向的同时，最大程度地利用好公园景观，使高层住宅具有优越景观。

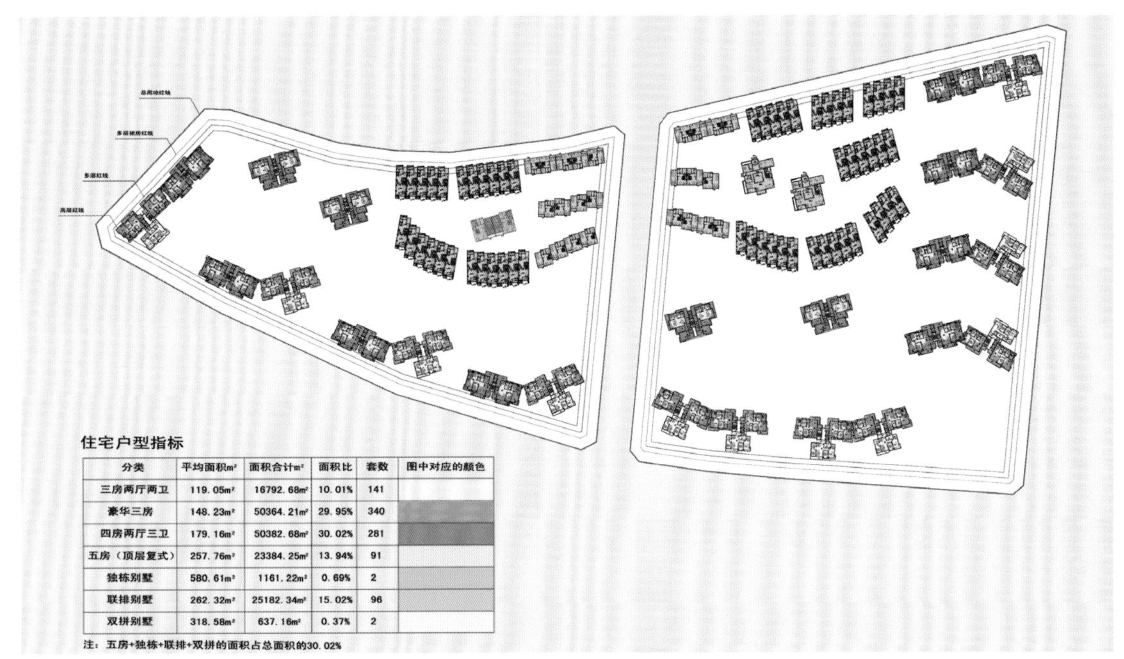


**住宅户型指标**

| 分类 | 平均面积m² | 面积合计m² | 面积比 | 套数 | 图中对应的颜色 |
|---|---|---|---|---|---|
| 三房两厅两卫 | 119.05m² | 16792.68m² | 10.01% | 141 | |
| 豪华三房 | 148.23m² | 50364.21m² | 29.95% | 340 | |
| 四房两厅三卫 | 179.16m² | 50382.68m² | 30.02% | 281 | |
| 五房（顶层复式） | 257.76m² | 23384.25m² | 13.94% | 91 | |
| 独栋别墅 | 580.61m² | 1161.22m² | 0.69% | 2 | |
| 联排别墅 | 262.32m² | 25182.34m² | 15.02% | 96 | |
| 双拼别墅 | 318.58m² | 637.16m² | 0.37% | 2 | |

注：五房+独栋+联排+双拼的面积占总面积的30.02%

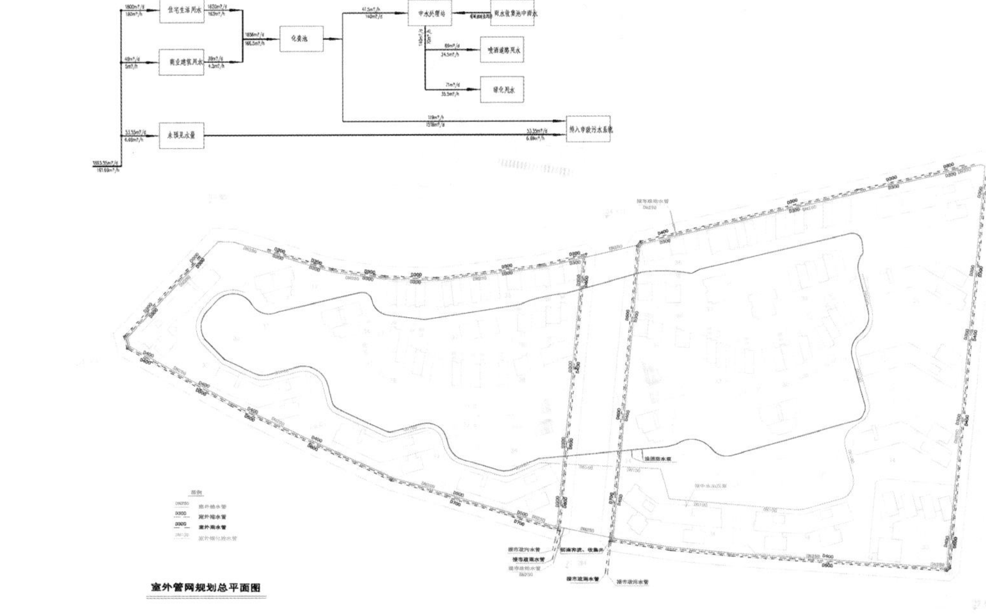


室外管网规划总平面图

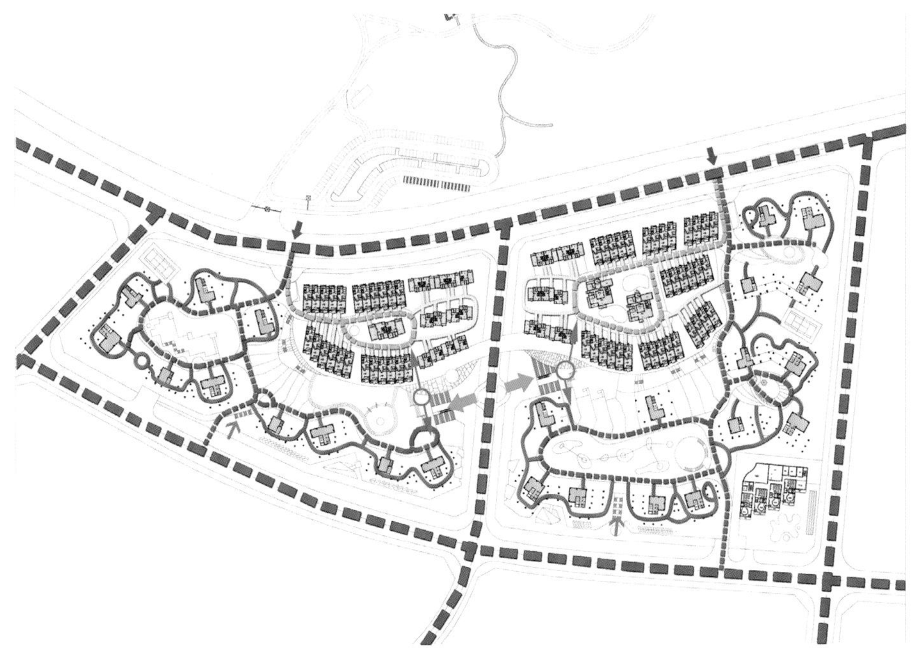

将小区主入口安排在中心规划路两侧，同时在南面、北面分别设有次要入口，方便出入。人流通过主入口引入，通过宽大台阶和自动扶梯的过渡到达入口平台，这时小区气派的内庭院景观将对观者形成强烈的视觉冲击。同时，人流在此分流。

高层和别墅区人流沿两边各自回家，互不干扰。别墅区可以通过北面次要入口单独出入，便于管理。

- 小区人行主入口
- 小区次入口
- 人行入口
- 城市干道
- 别墅区人行主干道
- 高层区人行主干道
- 别墅区人行宅间小路
- 高层区人行宅间小路
- 高层区与别墅区通过会所建立的交通联系

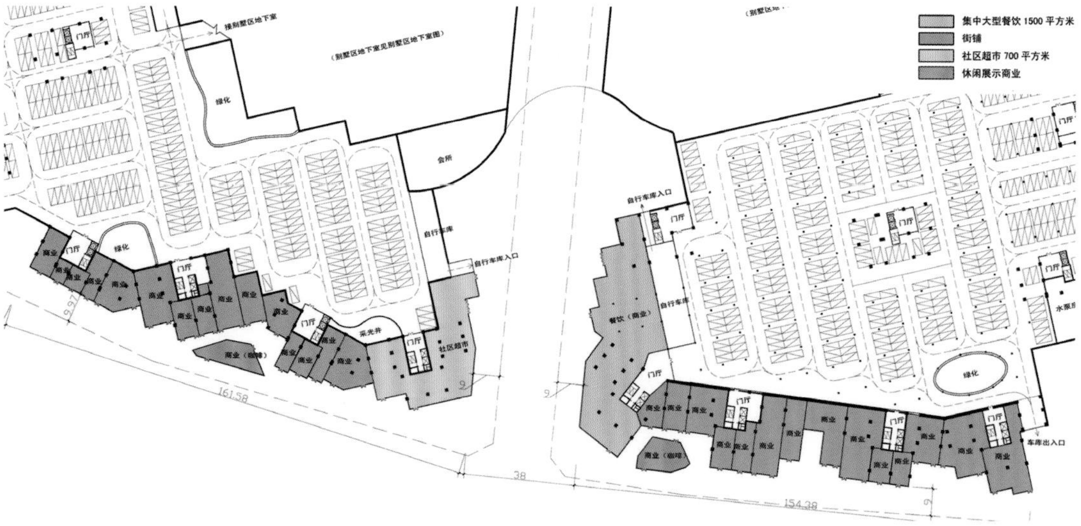

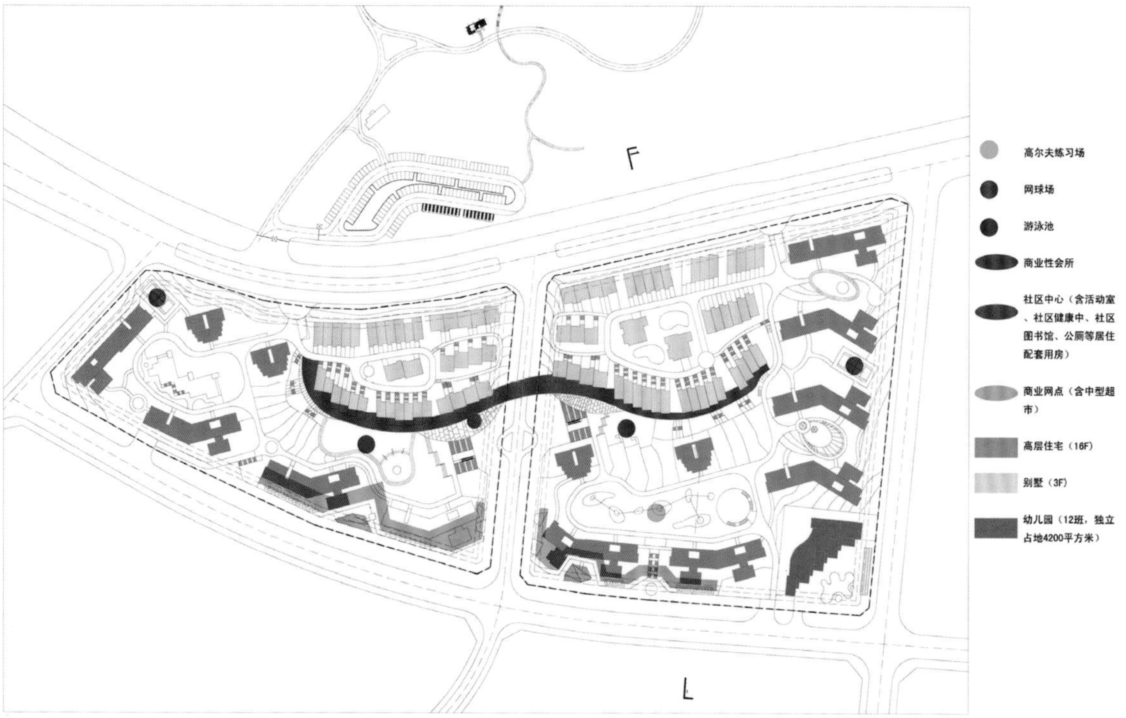

集中大型餐饮 1500 平方米
街铺
社区超市 700 平方米
休闲展示商业
会所
自行车库入口
社区超市
采光井
门厅
商业
绿化
车库出入口
161.58
154.38
38

F
L
高尔夫练习场
网球场
游泳池
商业性会所
社区中心（含活动室、社区健康中心、社区图书馆、公厕等居住配套用房）
商业网点（含中型超市）
高层住宅（16F）
别墅（3F）
幼儿园（12班，独立占地4200平方米）

生态车库示意图

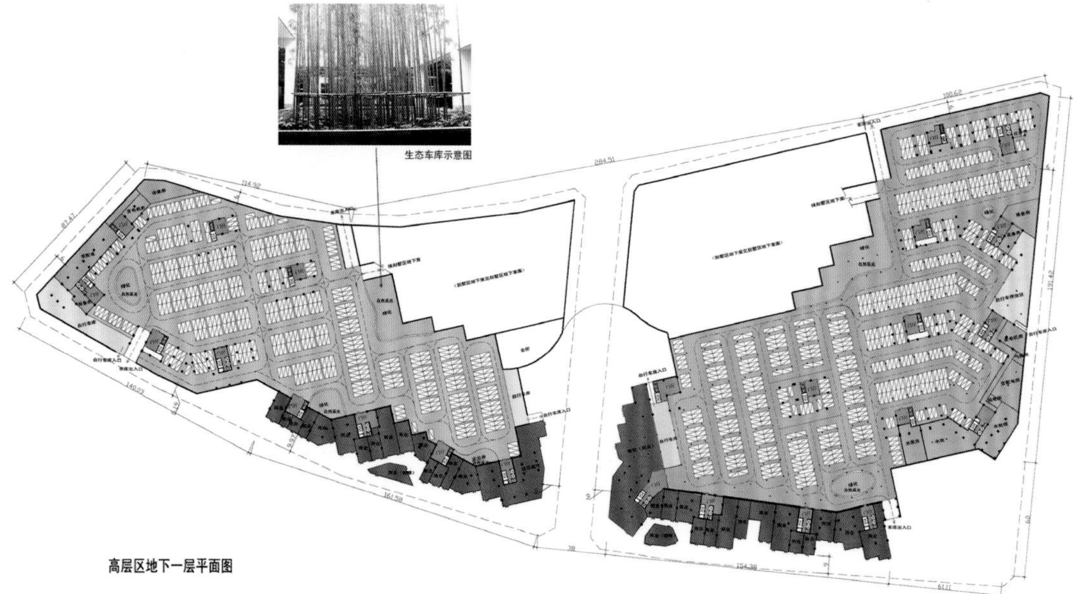

高层区地下一层平面图

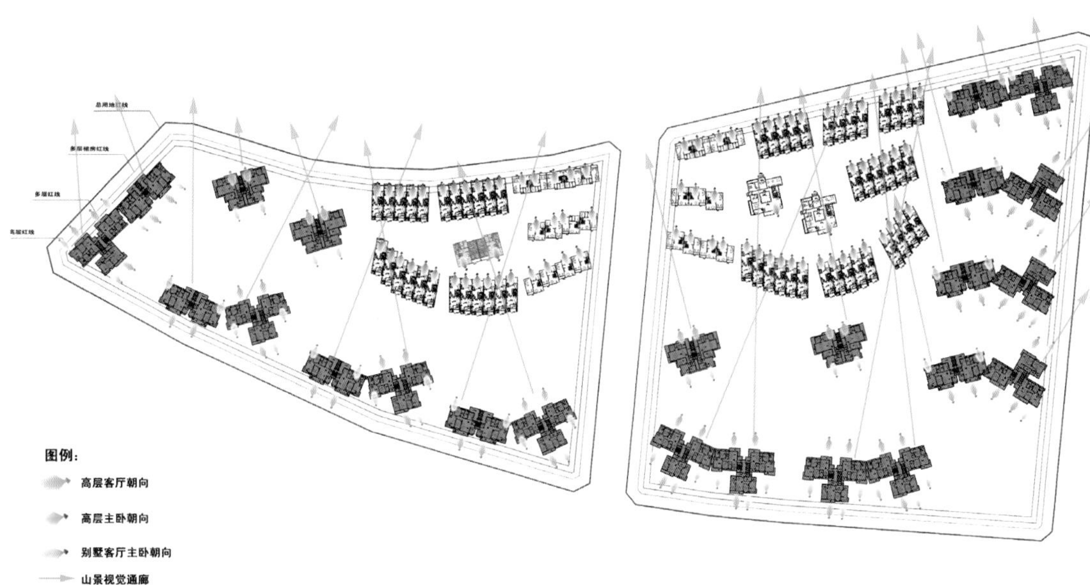
图例：
高层客厅朝向
高层主卧朝向
别墅客厅主卧朝向
山景视觉通廊

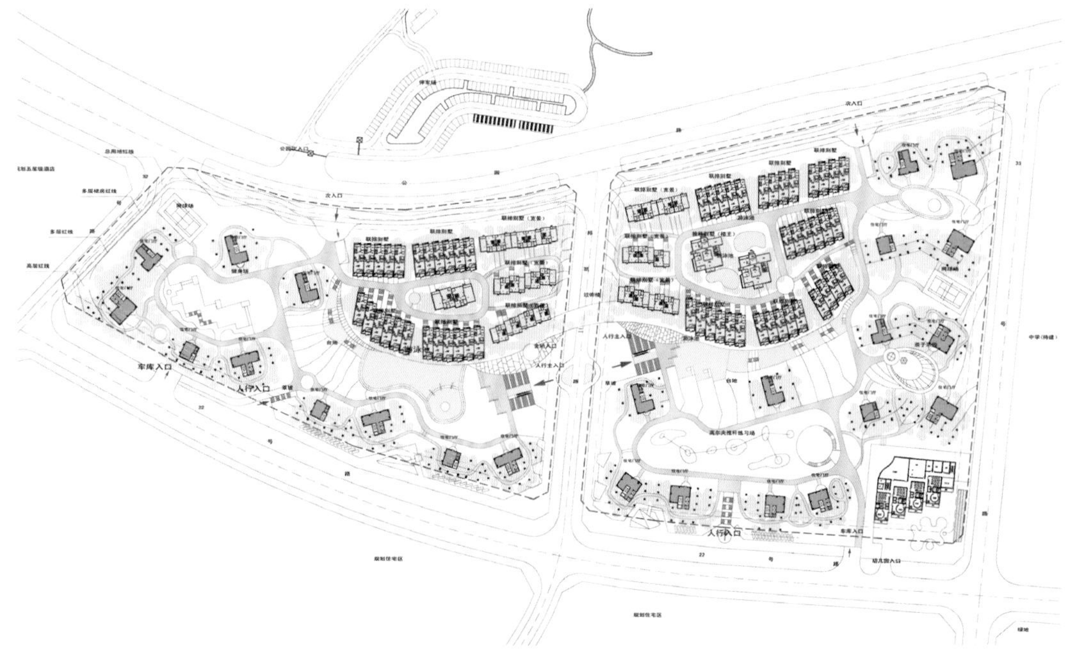
车库入口
人行入口

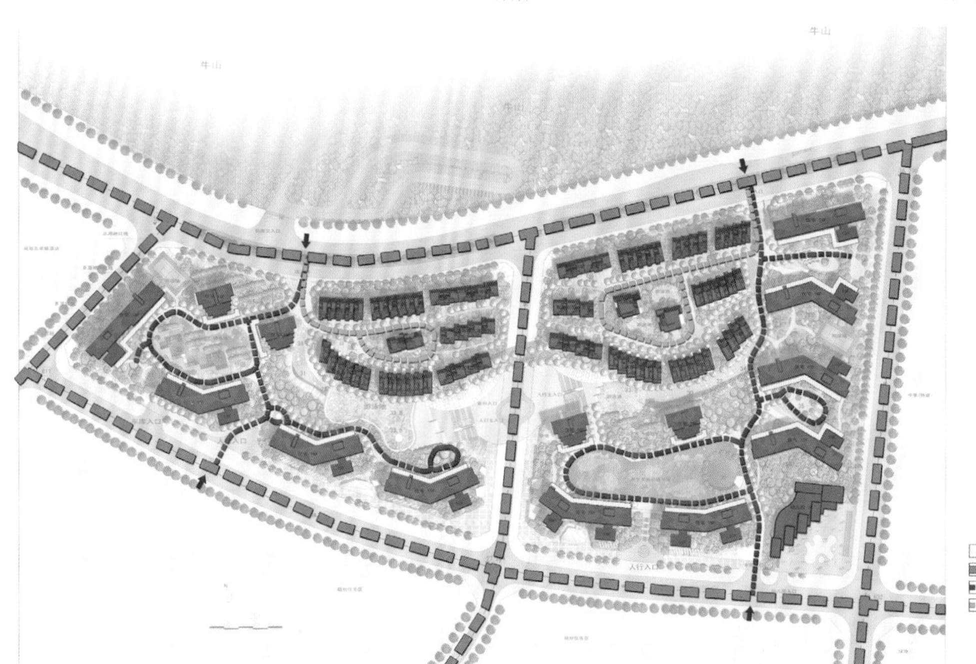
消防登高面
城市干道
高层区消防车道
别墅区消防车道
消防车出入口

# 曲靖颐康盛景

项目地址：云南省曲靖市
建筑设计：GN栖城国际
占地面积：　176 956 $m^2$
总建筑面积：706 451 $m^2$

颐康盛景项目位于云南省曲靖市，当地良好的气候环境造就了无与伦比的居住形态，住宅建筑与生态紧密结合，打造花园式的户外空间，层层交错，外形简洁大方，材质和色彩对比分明，利于垂直绿化的布置和维护，成就空中别墅的原生态生活。沿体育公园两侧打造生态商业区，侧重绿化与建筑的互动，建筑的色彩淡雅整洁，突显绿化的围绕，注重绿化的层次搭配及步行道与车行道的分隔，形成具有公园气质的休闲商业区。

项目的景观设计"以人为本"，设计源于生活。该设计主要从地块至高点商务中心出发，不断地向周边延伸，形成一个有重点有层次的整体社区。不仅展现现代新城的特色和内涵，而且独具匠心地对各个局部组团进行修饰，在统一中寻求变化，使局部的组团具有独特性，达到整个地块动静结合、商住结合的最佳状态。颐康盛景规划设计表现手法为业主营建再现了一个集住宅、商业、写字楼为一体的成熟片区和大规模综合性楼盘，并发展成为集功能与视觉于一体的文化社区。充分利用场地的交通枢纽优势及拥有大面积的休憩、活动空间的优势，通过对环境条件的改善、人文环境的设立以及绿化空间形式等多元素的交织和介入，实现绿色自然环境，构建出一个意趣生动、内容丰富的多角度、多层次的交往空间和休憩场所。

夜景鸟瞰图

日景鸟瞰图

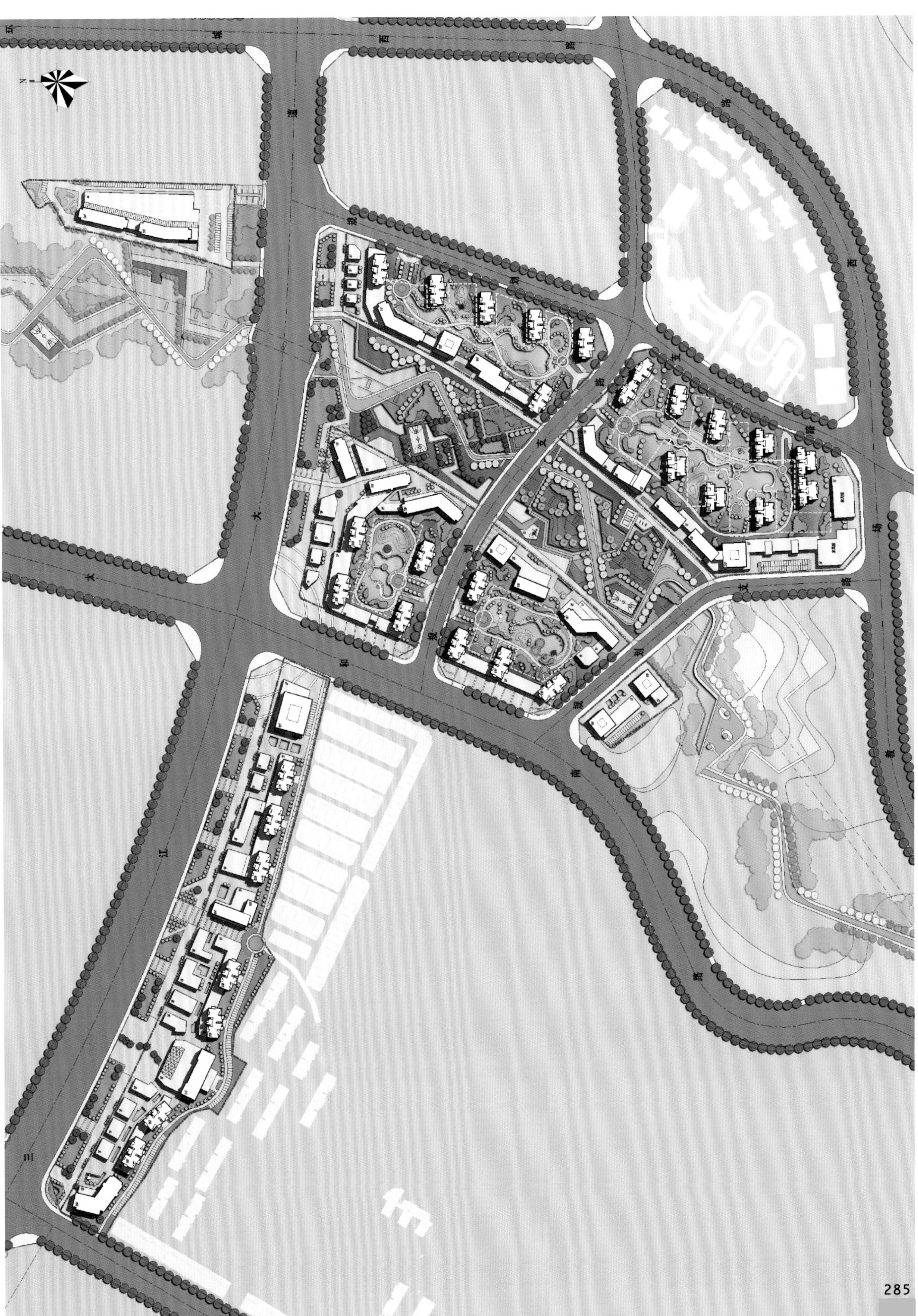

# 娄底经济技术开发区

项目地点：湖南省娄底
建筑设计：广州瀚华筑设计有限公司

娄底经济技术开发区开发规划面积42 km²，按照功能分区的原则分为“一廊、五区”，即工业走廊，金融商贸区、高效农业产业区、仓储物流区、文化教育产业区和旅游渡假区。

# 防城江两岸

项目地点：广西防城港市
开发商：防城江市规划局
规划/建筑/景观设计：美国FA设计集团
设计师：董涛、冯鹄
占地面积：19 000 000 m²

本项目位于防城港市中心区西北部防城江两岸，是集游憩休闲、商业居住为一体的综合型滨江区域。根据“水是城之灵，绿是城之魂，文是城之品，人是城之本”的设计要求，设计师提出营造宜居、宜游的人居环境、舒适便捷的城市商业购物和游憩休息环境以及特色鲜明的城市形象的规划目标。

规划中特色区域体现在“一心、一湾、一江、一区”。“一心”是文娱商务区。作为防城江旅游城市的集中体现区，塑造港口绿色商务区的现代形象。“一湾”即西湾，是防城港的生态核心，应协调好生态和城市的关系，建立山水城和谐发展的态势。“一江”是防城江，它是防城港的母亲河，应重视沿河风貌和空间布置，使之成为人文活动最为活跃的区域。“一区”为传统街区。战略中提出在保护滨水旧城整体风貌的前提下进行整治、更新与修缮。

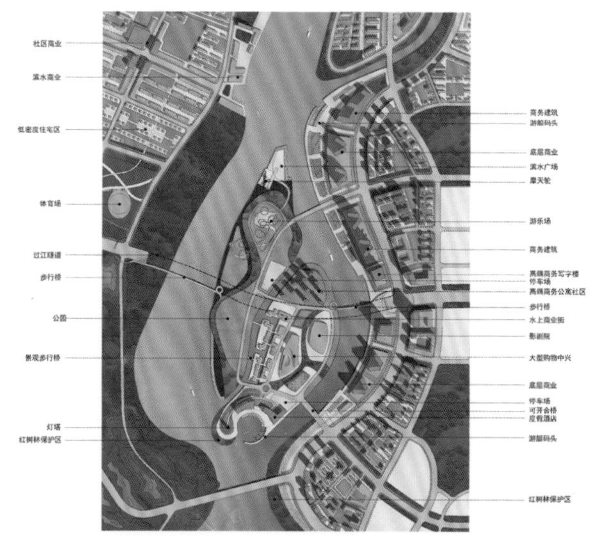

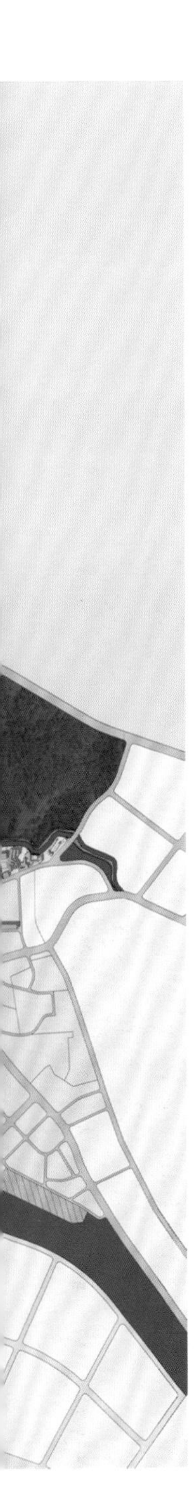

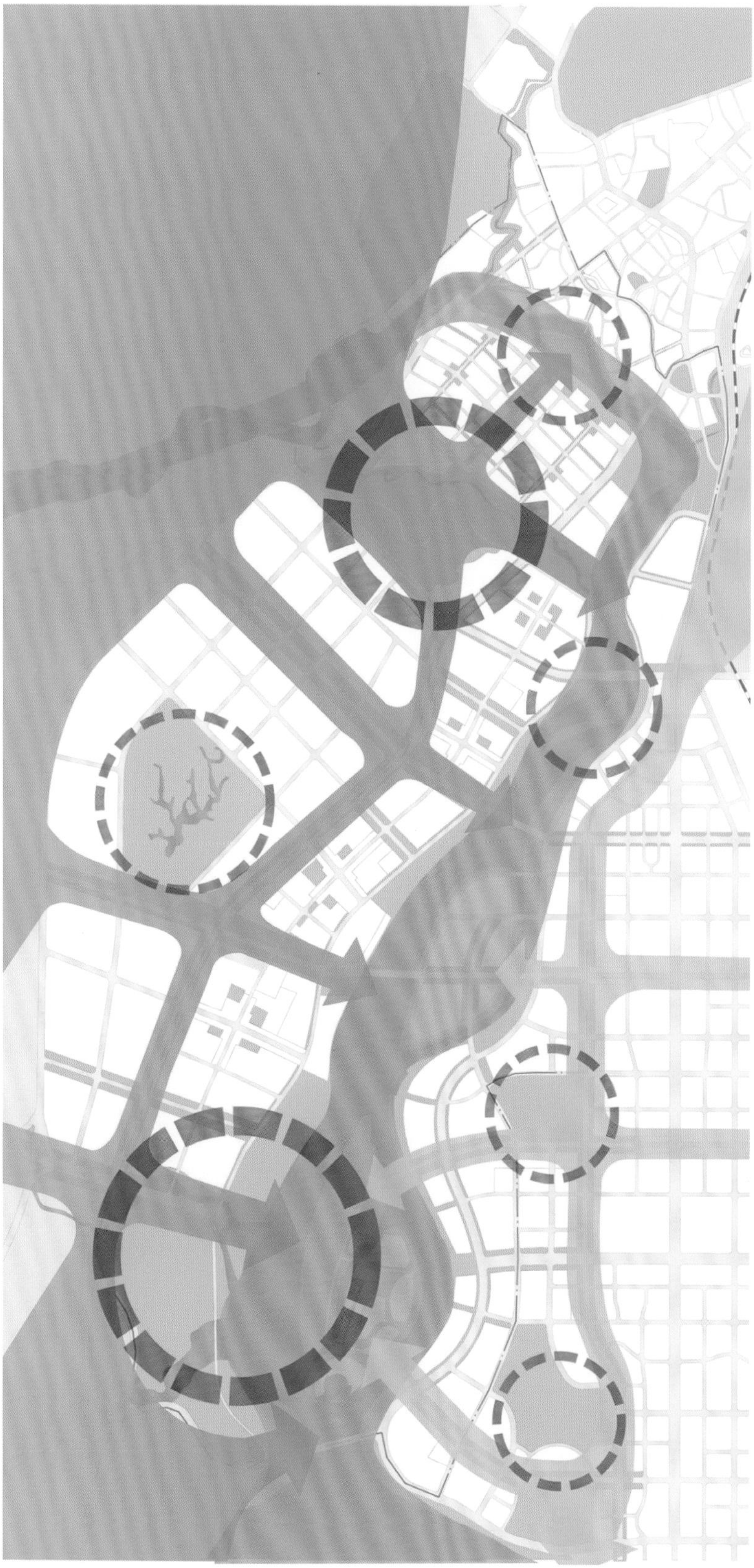

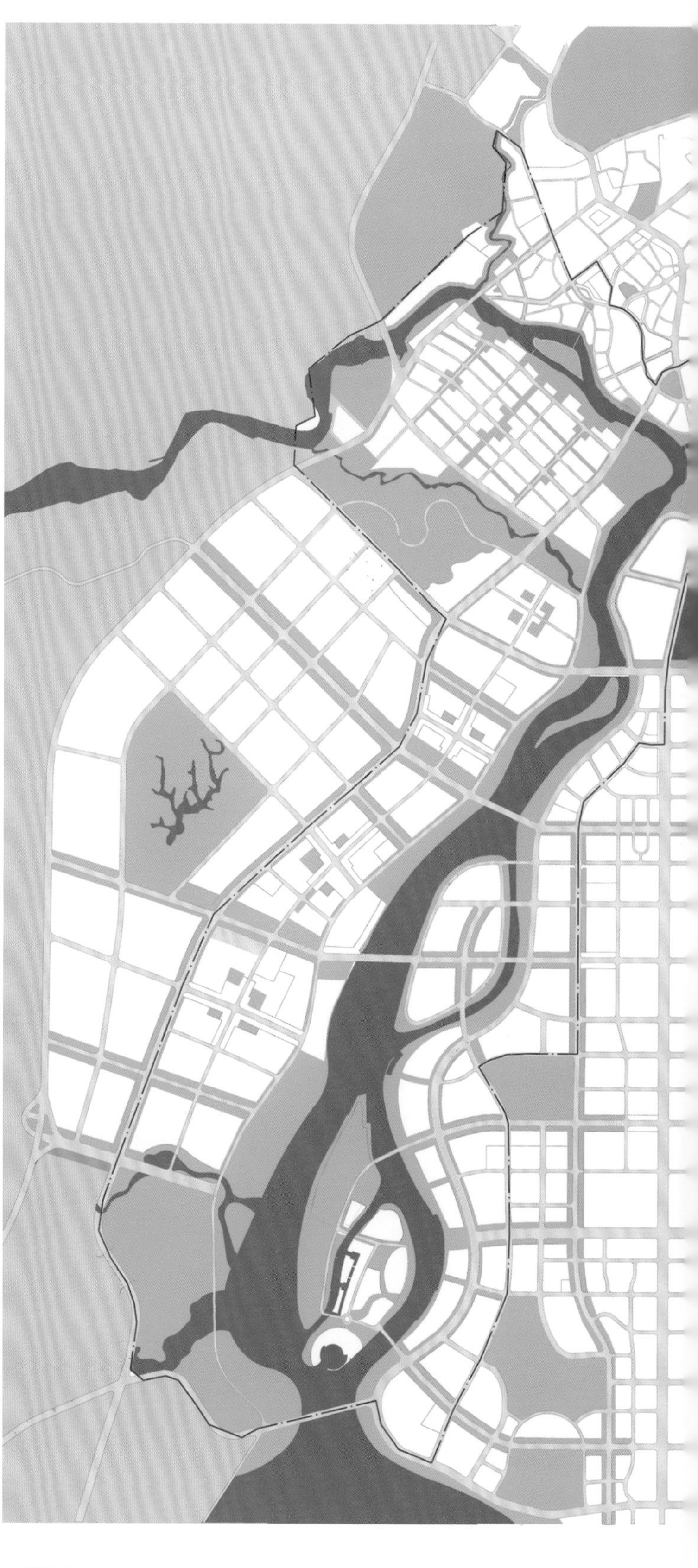

滨江生态涵养带

自然景观生态通廊

城市景观绿色通廊

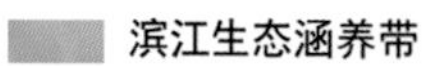

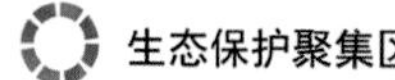
生态保护聚集区

伯南城市公园
介排岛城市公园
城市级2500米服务半径
片区级1000米服务半径
组团级500米服务半径

# 成都皇冠国际社区

项目地点：四川省成都市龙泉驿区
开发商：成都恒禾置地发展有限公司
建筑设计：深圳筑博工程设计有限公司
景观设计：新加坡雅克筑景设计（深圳）有限公司
占地面积：217 344 $m^2$
总建筑面积：473 100 $m^2$
容积率：2.16
绿化率：40%

皇冠国际社区占地面积共217 344 $m^2$，拟分三期开发，项目一期“帕提欧”是纯多层花园洋房。项目整体采用别墅品质，为业主打造高端的居住空间，营造最为纯正的西班牙庭院生活。

皇冠国际社区一期在建筑方面采用西班牙围合式庭院设计，整个小区由私家庭院、封闭组团内庭院、景观大社区庭院共同形成一个三级庭院。这种庭院结构不仅能够保证业主生活的私密性，同时类似于中国四合院式的组团庭院，唤起业主传统思想中的邻里情，使整个社区空间温情洋溢。

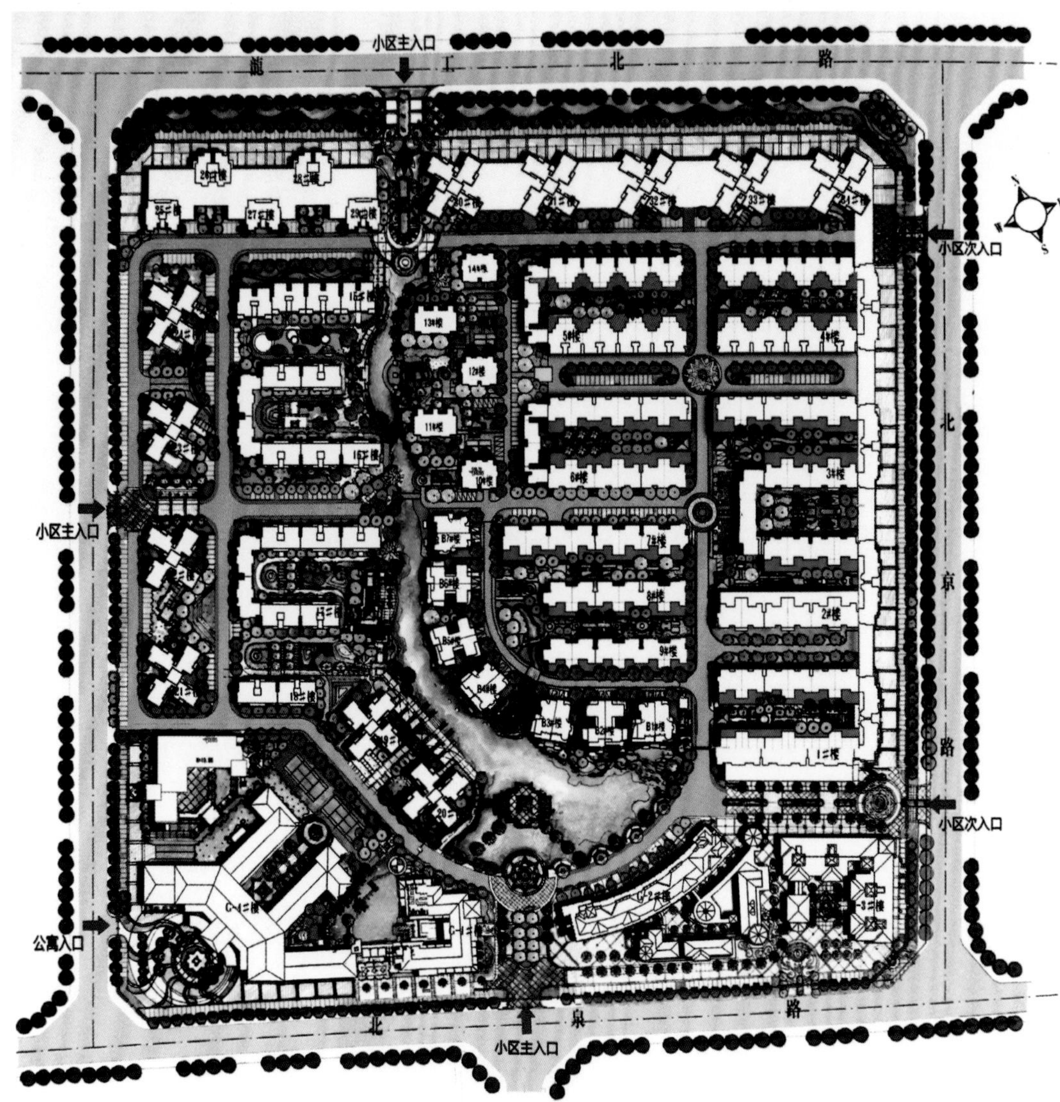

# 贵阳中铁·逸都国际

项目地点：贵州省贵阳市
开发商：中铁置业集团·贵阳中铁置业有限公司
规划设计：澳大利亚柏涛设计咨询有限公司
建筑设计：贵州省建筑设计研究院山地所
景观设计：加拿大笛东联合规划设计有限公司

中铁·逸都国际项目位于贵阳市金阳新区南部门户，是集居住、消费商业、文化教育、餐饮购物、休闲娱乐等多元业态为一体的国际化复合社区。项目北临石林路，对面是正在建设中的奥体中心和石林公园；东临城市形象中轴线——金阳大道，与金源世纪城隔一路相望；南接城市快速干线——北京西路，距离主城区仅5分钟车程，交通十分便利。

设计中结合项目“山地、谷地、台地”的地理特征，并通过“山、谷、水、林、花”五大元素的创造性应用，塑造出“山地小镇、滨水之城、台地花园”三个不同景观主题的分区。在提升总体品质的同时，也衍生出不同区域的风格特色。

在建筑空间上，结合四季温润如春的宜人气候，营造丰富多样的山地景观；通过建筑在平面或竖向上的创意组合，实现室外与室内的混搭设计，住户可在自家里组织前庭、后院、内廊、下沉庭院、地下室的复合院落和情趣空间。

总体规划鸟瞰图

交通分析图

总平面图

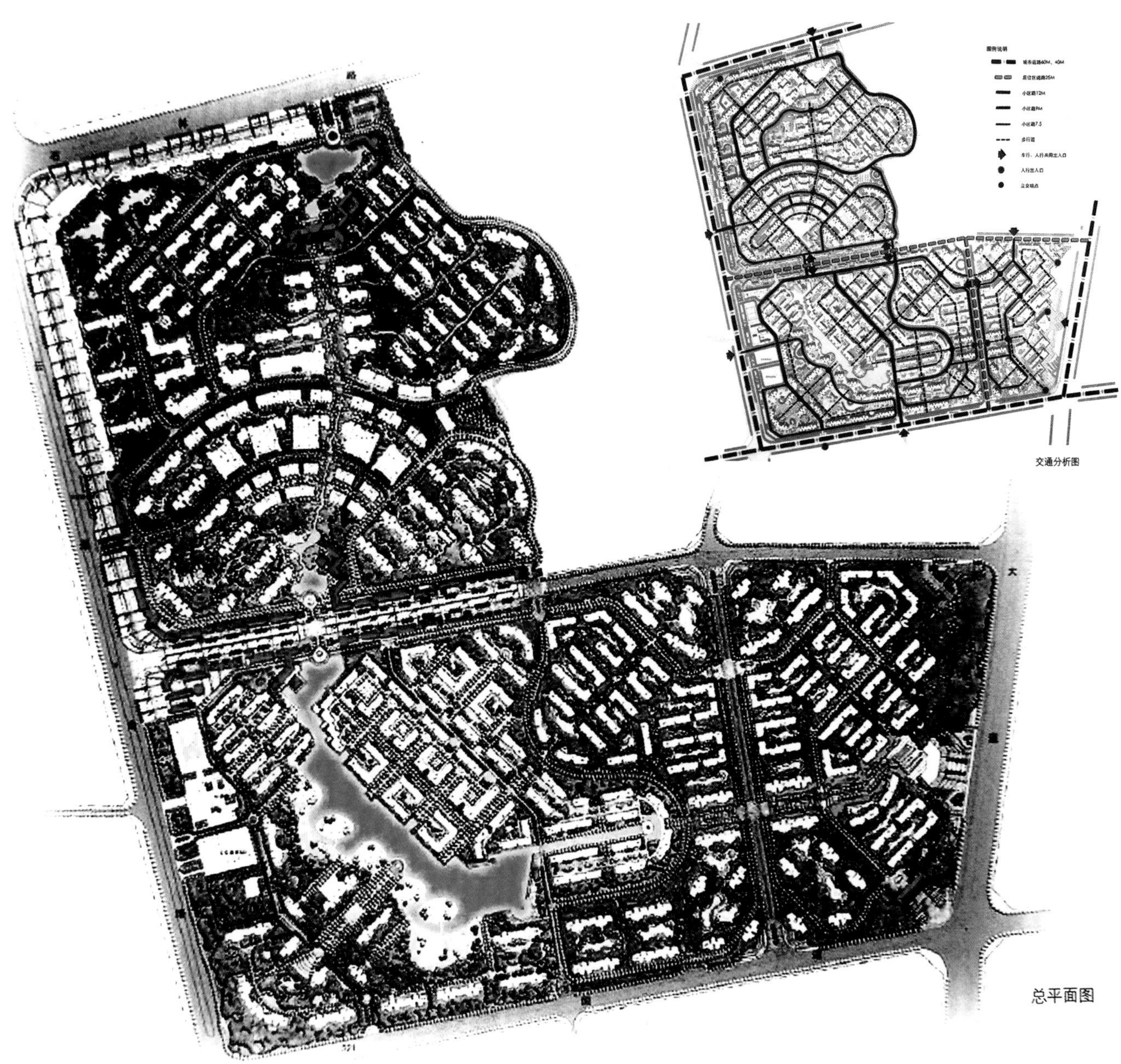

# 合肥中国铁建国际城

项目地点：安徽省合肥市
开发商：中铁房地产集团合肥置业有限公司
规划/建筑设计：华通设计顾问工程有限公司

中国铁建国际城位于合肥主城区——庐阳区城市森林版块，总占地面积53万 m²，地理位置优越，风景优美，自然环境得天独厚。

中国铁建国际城是200万 m²超大体量的主城区建筑集群，集星级酒店、国际商业街区、休闲街区、医疗保健、学校、住宅于一体。住宅产品丰富多样，涵盖一室、二室、三室、联排等，主力户型为80~130 m²，力求在繁华深处，营造都市人久违的心灵港湾。

经济技术指标:

一期

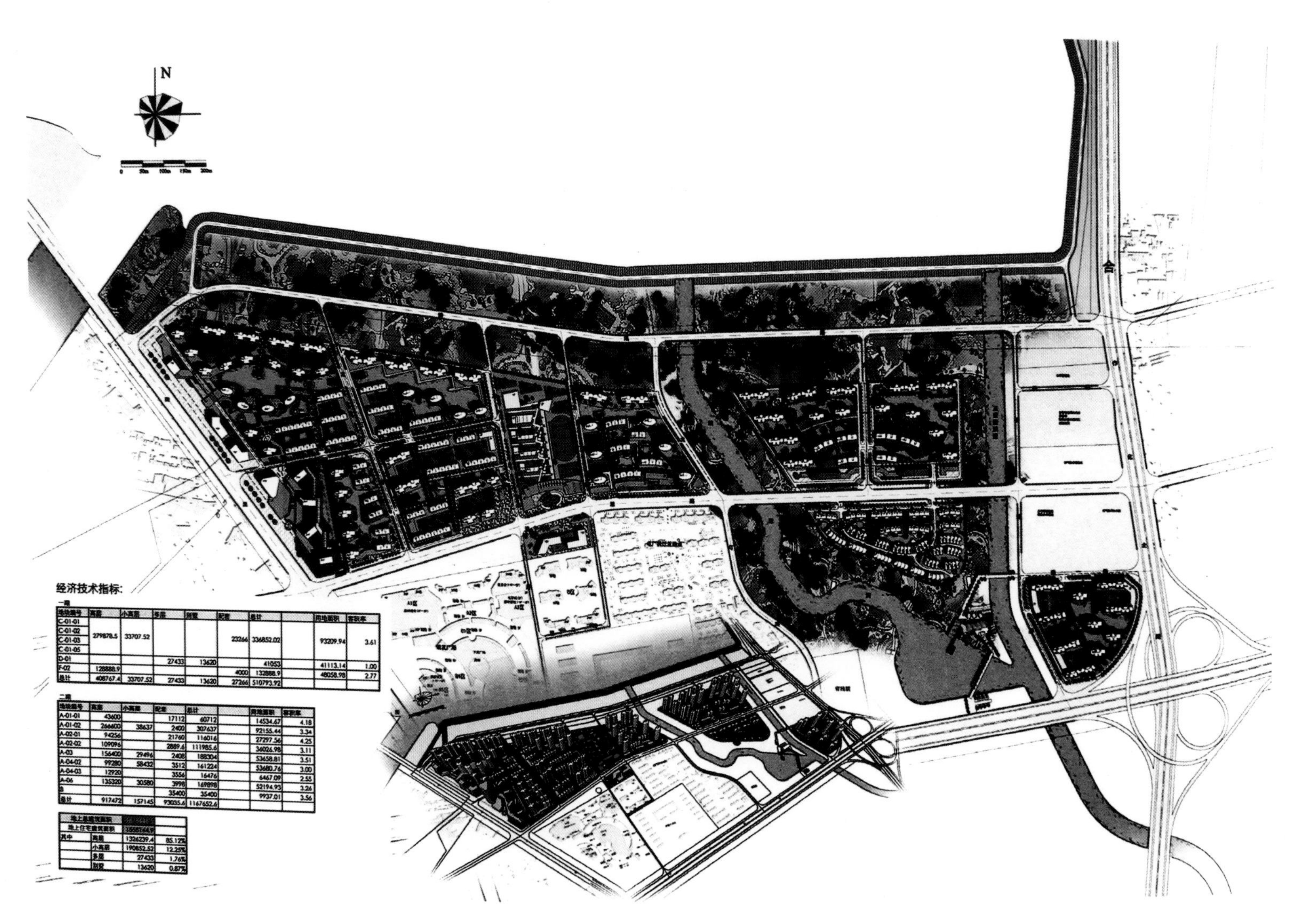

| 地块编号 | 高层 | 小高层 | 多层 | 别墅 | 配套 | 总计 | | 用地面积 | 容积率 |
|---|---|---|---|---|---|---|---|---|---|
| C-01-01<br>C-01-02<br>C-01-03<br>C-01-05 | 279878.5 | 33707.52 | | | 23266 | 336852.02 | | 93209.94 | 3.61 |
| D-01 | | | 27433 | 13620 | | 41053 | | 41113.14 | 1.00 |
| F-02 | 128888.9 | | | | 4000 | 132888.9 | | 48058.98 | 2.77 |
| 总计 | 408767.4 | 33707.52 | 27433 | 13620 | 27266 | 510793.92 | | | |

二期

| 地块编号 | 高层 | 小高层 | 配套 | 总计 | | 用地面积 | 容积率 |
|---|---|---|---|---|---|---|---|
| A-01-01 | 43600 | | 17112 | 60712 | | 14534.67 | 4.18 |
| A-01-02 | 266600 | 38637 | 2400 | 307637 | | 92155.44 | 3.34 |
| A-02-01 | 94256 | | 21760 | 116016 | | 27297.56 | 4.25 |
| A-02-02 | 109096 | | 2889.6 | 111985.6 | | 36026.98 | 3.11 |
| A-03 | 156400 | 29496 | 2408 | 188304 | | 53658.81 | 3.51 |
| A-04-02 | 99280 | 58432 | 3512 | 161224 | | 53680.76 | 3.00 |
| A-04-03 | 12920 | | 3556 | 16476 | | 6467.09 | 2.55 |
| A-06 | 135320 | 30580 | 3998 | 169898 | | 52194.93 | 3.26 |
| B | | | 35400 | 35400 | | 9937.01 | 3.56 |
| 总计 | 917472 | 157145 | 93035.6 | 1167652.6 | | | |

| 地上总建筑面积 | | [illegible] | |
|---|---|---|---|
| 地上住宅建筑面积 | | 1558144.9 | |
| 其中 | 高层 | 1326239.4 | 85.12% |
| | 小高层 | 190852.52 | 12.25% |
| | 多层 | 27433 | 1.76% |
| | 别墅 | 13620 | 0.87% |

总平面图

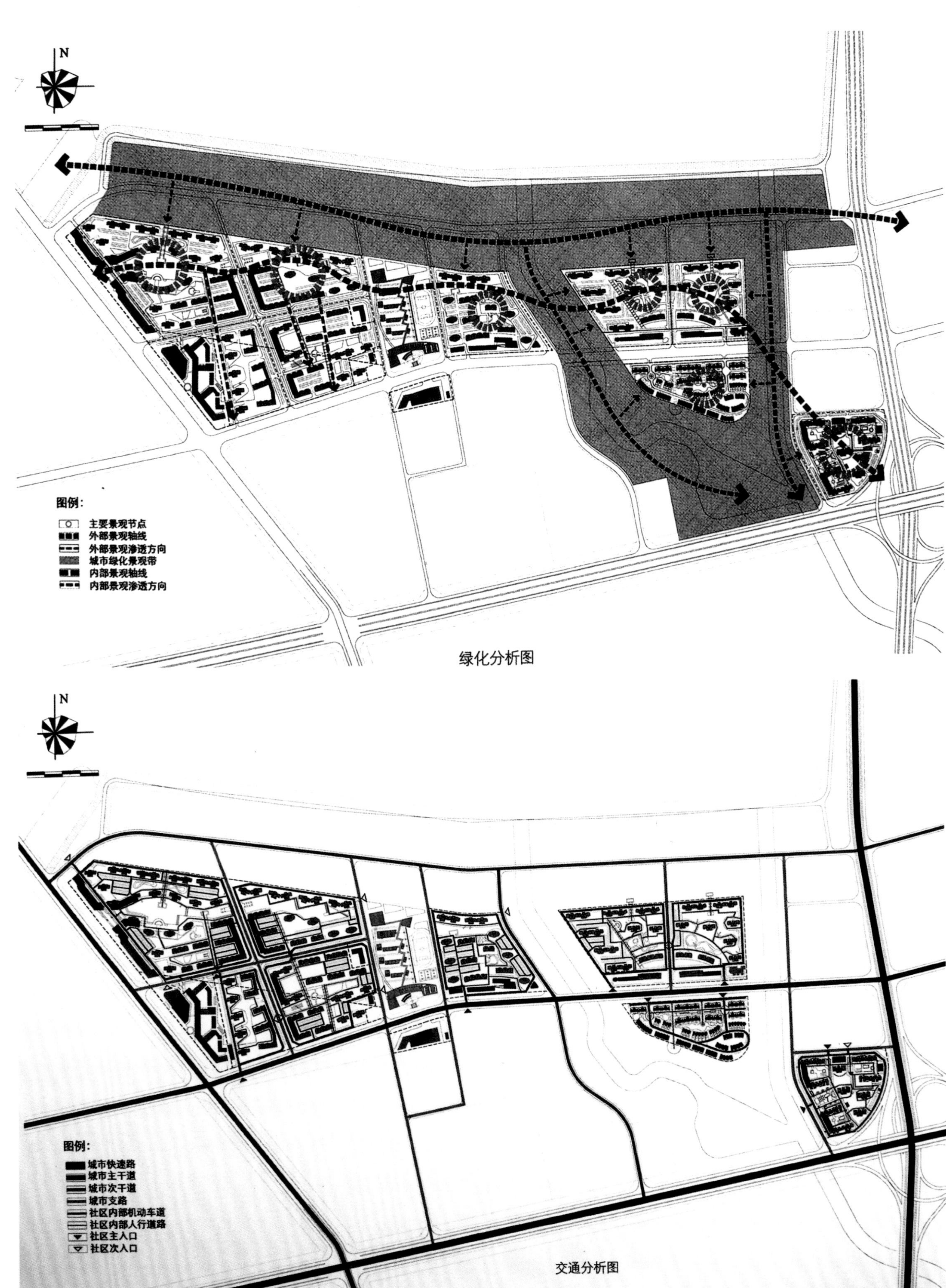
N
图例:
主要景观节点
外部景观轴线
外部景观渗透方向
城市绿化景观带
内部景观轴线
内部景观渗透方向
N
图例:
城市快速路
城市主干道
城市次干道
城市支路
社区内部机动车道
社区内部人行道路
社区主入口
社区次入口

绿化分析图

交通分析图

# 苏州小石城（一期）

项目地点：江苏省苏州市
开发商：招商地产
建筑设计：华森建筑与工程设计顾问有限公司
占地面积：21 591.6 $m^2$
总建筑面积：90 000 $m^2$

苏州小石城项目位于吴中胜境—— 小石湖生态区，紧邻国际教育园人文书香，西眺石湖风景区、国家森林公园，与300 000 $m^2$的小石湖公园无缝对接，是集别墅、多层、公寓、商业为一体的大型综合项目。

社区规划有全内置的大型生活社区、景观商业街、体育中心、生活馆及三所专业幼儿园、专业老年陪护中心等各类完善配套。苏州小石城一期产品以联排、叠加别墅为主，面积为185~334 $m^2$。

# 广州合景愉翠园

项目地点：广东省广州市白云区
开发商：广州市威佰置业发展有限公司
　　　　广州市沙河兆联经济发展有限公司
规划/建筑设计：广州市纬纶建筑设计顾问有限公司
占地面积：44 201 $m^2$
总建筑面积：126 795 $m^2$
容积率：2.48
绿化率：30%

项目规划用地位于广州市白云区云龙洞渔沙坦村春岗中地块，周边的交通便利，地势平整。总规划占地面积44 201 $m^2$。总建筑面积126 795 $m^2$。

项目定位为有特色的中高档都市休闲居住社区，其核心价值目标是"都市中的休闲生活"。总体规划构思以人为本，从居住需求入手，结合城市规划要求，平衡环境控制和地块建筑容量的关系，务求创造富有现代生活特色的宜居环境，成为该项目设计的重点。

为丰富建筑空间，形成生动的景观形象，结合总体规划，群体建筑在空间上西北高东南低，9幢高层住宅楼分三排行列式布置于地块西北侧，东南角16幢多层住宅楼分三组半围合铺开，多高层之间自然形成绿化主轴，使小区中心绿地与组团绿地形成一个相互渗透的有机整体。建筑空间疏密有致、轮廓线高低有序。

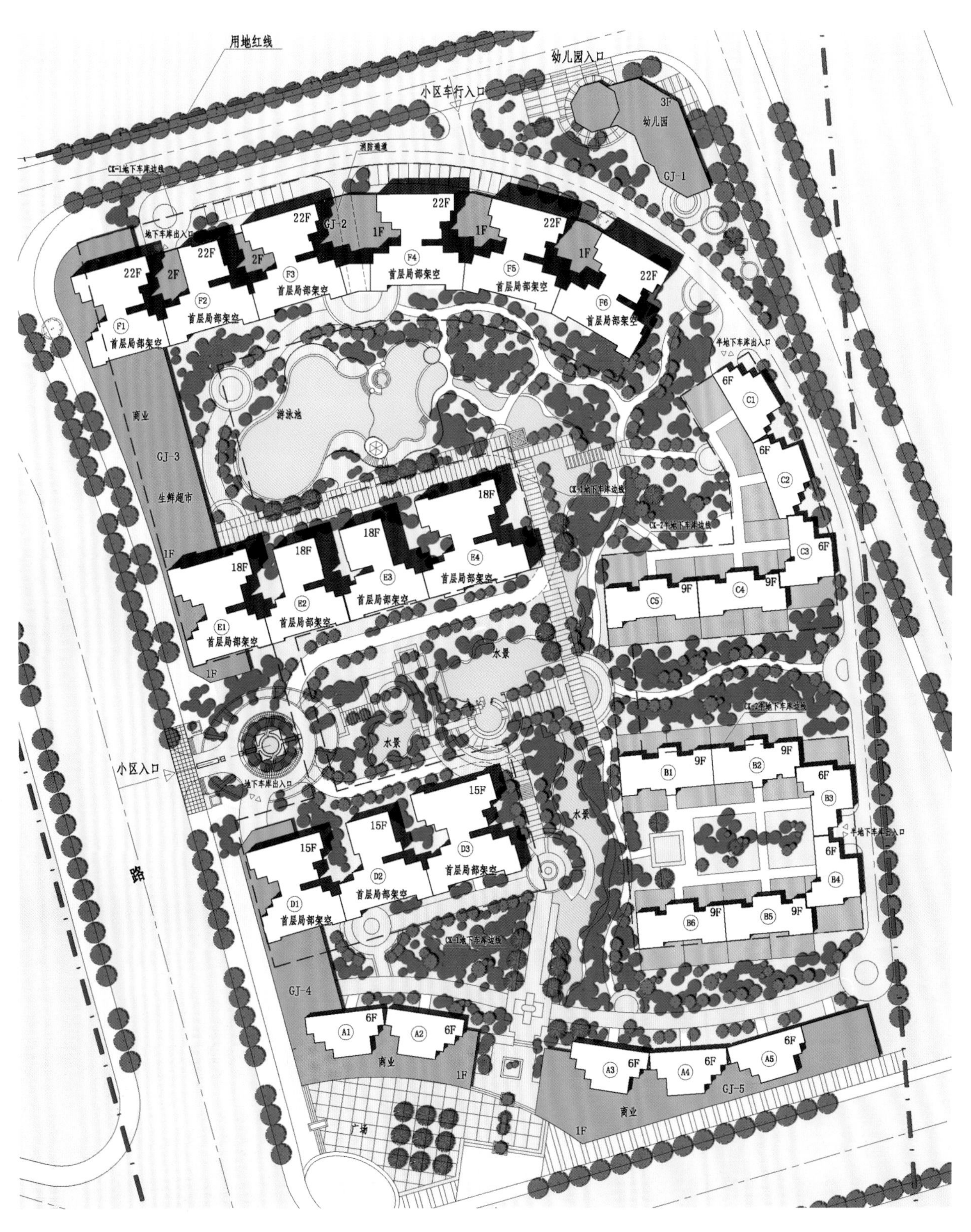

# 秦皇岛江盟首府

项目地点：河北省秦皇岛市
建筑设计：美国MCM国际集团

江盟首府由首钢江盟地产开发，项目位于秦皇岛市汤河沿岸，西港路与海洋路交会处，占地面积约55 531.77 m²，总建筑面积约180 870.08 m²。小区由11栋高层、3栋商业和1栋物业楼组成，内设幼儿园和高尔夫球场。

江盟首府充满质感的建筑风貌为港城增添了一道尊贵而雅致的天际线。敞阔的中央水景园林，楼栋间绿化密植，都透露出遮不住的自然与优越。精雕细琢而成的户型设计，大大超越目前市场所见，以绝对的想象满足永恒的尊享。多项高科技配置的植入，让房间会呼吸，让生活更惬意。

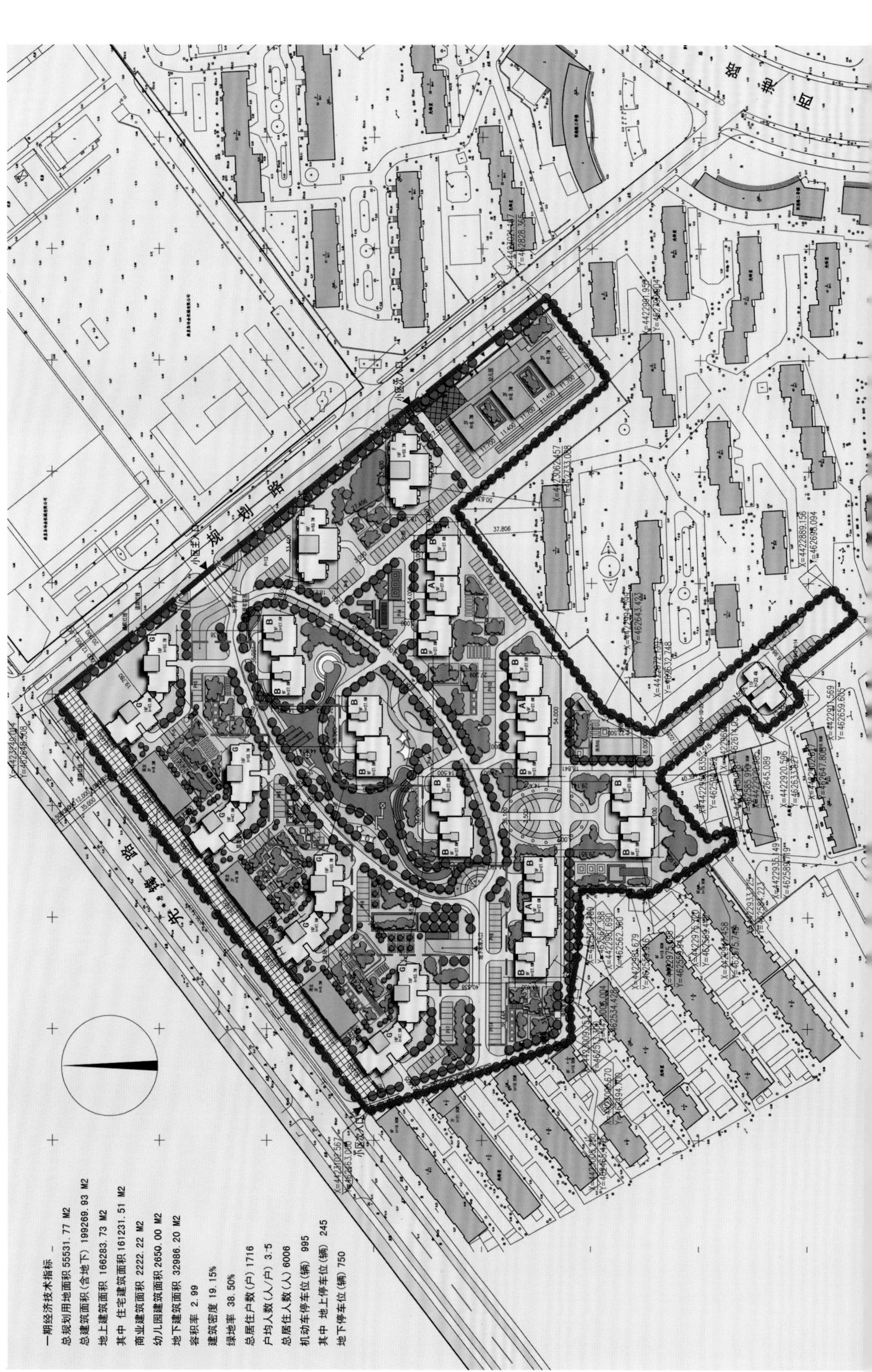

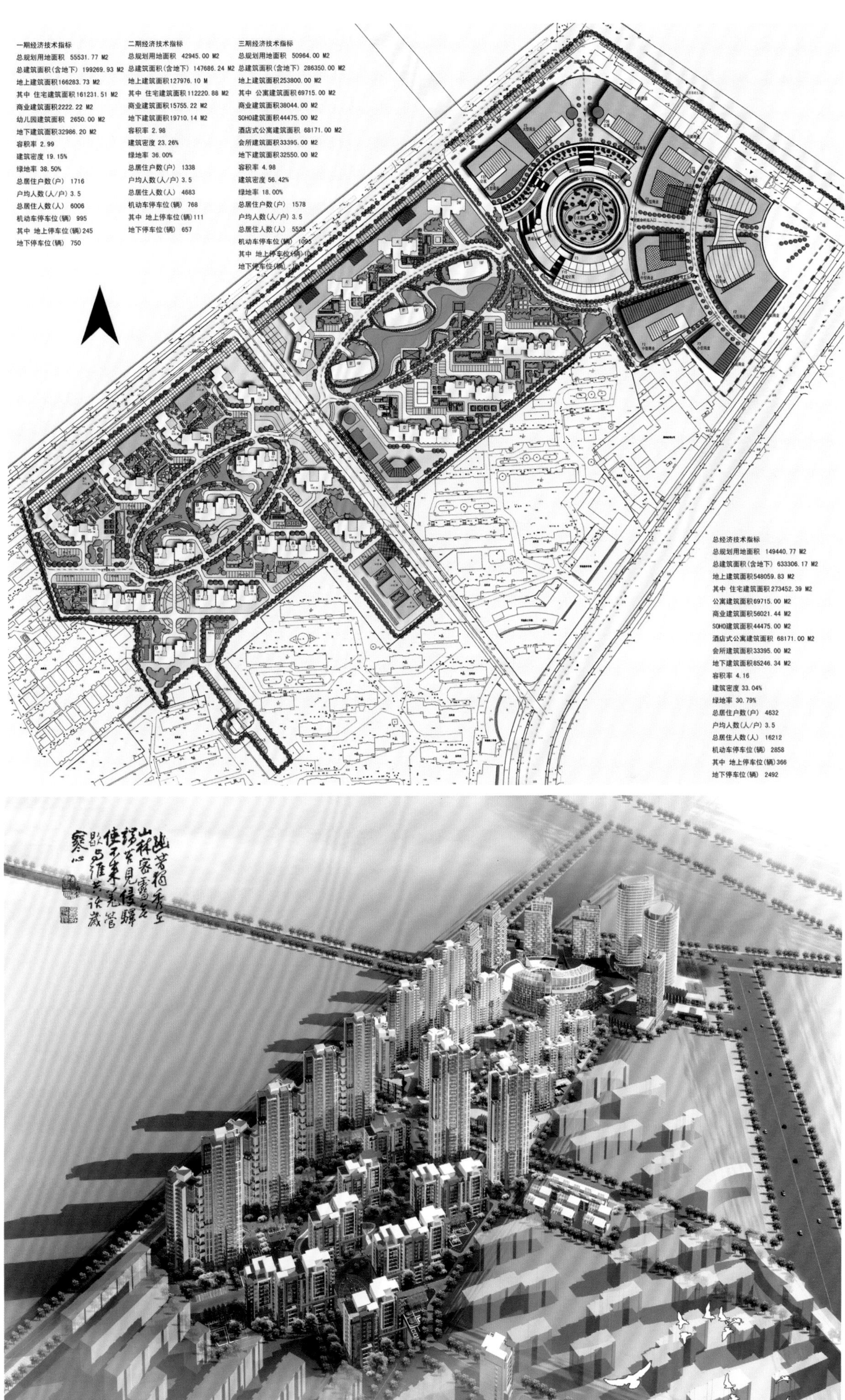
一期经济技术指标
总规划用地面积 55531.77 M2
总建筑面积(含地下) 199269.93 M2
地上建筑面积166283.73 M2
其中 住宅建筑面积161231.51 M2
商业建筑面积2222.22 M2
幼儿园建筑面积 2650.00 M2
地下建筑面积32986.20 M2
容积率 2.99
建筑密度 19.15%
绿地率 38.50%
总居住户数(户) 1716
户均人数(人/户) 3.5
总居住人数(人) 6006
机动车停车位(辆) 995
其中 地上停车位(辆)245
地下停车位(辆) 750
二期经济技术指标
总规划用地面积 42945.00 M2
总建筑面积(含地下) 147686.24 M2
地上建筑面积127976.10 M
其中 住宅建筑面积112220.88 M2
商业建筑面积15755.22 M2
地下建筑面积19710.14 M2
容积率 2.98
建筑密度 23.26%
绿地率 36.00%
总居住户数(户) 1338
户均人数(人/户) 3.5
总居住人数(人) 4683
机动车停车位(辆) 768
其中 地上停车位(辆)111
地下停车位(辆) 657
三期经济技术指标
总规划用地面积 50964.00 M2
总建筑面积(含地下) 286350.00 M2
地上建筑面积253800.00 M2
其中 公寓建筑面积69715.00 M2
商业建筑面积38044.00 M2
SOHO建筑面积44475.00 M2
酒店式公寓建筑面积 68171.00 M2
会所建筑面积33395.00 M2
地下建筑面积32550.00 M2
容积率 4.98
建筑密度 56.42%
绿地率 18.00%
总居住户数(户) 1578
户均人数(人/户) 3.5
总居住人数(人)
机动车停车位(辆) [illegible]
总经济技术指标
总规划用地面积 149440.77 M2
总建筑面积(含地下) 633306.17 M2
地上建筑面积548059.83 M2
其中 住宅建筑面积273452.39 M2
公寓建筑面积69715.00 M2
商业建筑面积56021.44 M2
SOHO建筑面积44475.00 M2
酒店式公寓建筑面积 68171.00 M2
会所建筑面积33395.00 M2
地下建筑面积85246.34 M2
容积率 4.16
建筑密度 33.04%
绿地率 30.79%
总居住户数(户) 4632
户均人数(人/户) 3.5
总居住人数(人) 16212
机动车停车位(辆) 2858
其中 地上停车位(辆)366
地下停车位(辆) 2492

# 东莞宏远江南第一城

项目地点：广东省东莞市南城区
开发商：广东宏远集团房地产开发公司
建筑设计：加拿大AEL建筑景观设计有限公司
占地面积：200 000 m²
总建筑面积：400 000 m²
容积率：1.8
绿化率：56%

项目是中式大宅，产品包括250 m²的联排别墅、200 m²的叠加别墅、110~150 m²的情景美墅、100 m²的宽景洋房等。邻近南城文化广场、金丰体育公园等城市配套设施，交通便利，市内多路公交车可达。

项目整体规划采取中国传统的围合式布局，园林是江南式风格，建筑错落有致，楼间距宽大，走在其中能感受到浓郁的江南风情。

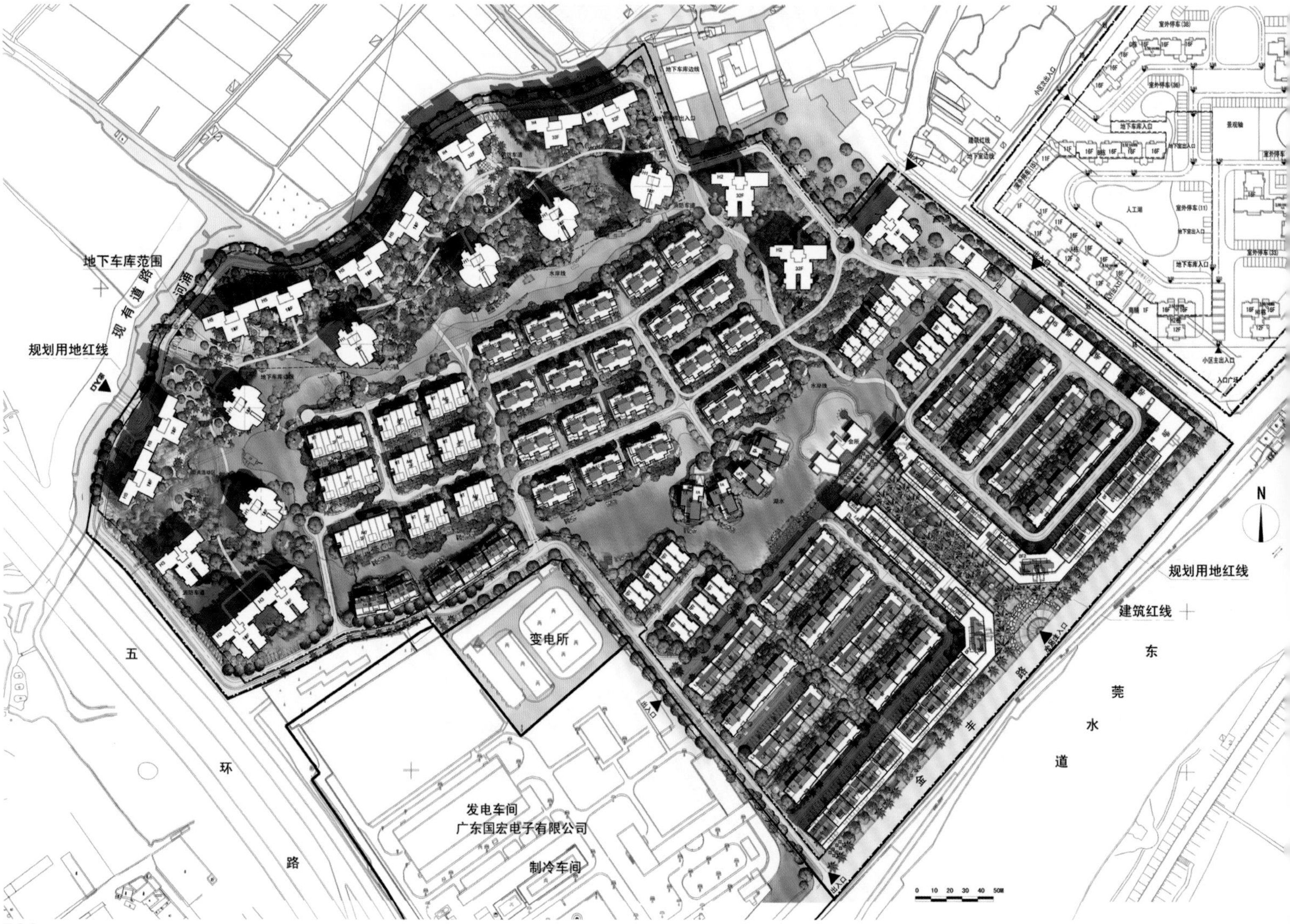

地下车库范围
现有道路
河涌
规划用地红线
五环路
变电所
发电车间
广东国宏电子有限公司
制冷车间
金丰路
规划用地红线
建筑红线
东莞水道
N

# 常州彩虹城

项目地点：江苏省常州市
开发商：常州钱江置业有限公司
占地面积：131 295 $m^2$
总建筑面积：342 207 $m^2$
容积率：2.22
绿化率：30%

用地分为两大区域，东部中央地带为Town House、别墅区，其外围布置高层区，对别墅区呈半环绕状，构成了大间距的围合中略带开放的平面格局，高层区与别墅区以生态绿化景观带隔开。

项目在整体布局上，完全从居住者的视觉、感觉和心理的角度出发，以人为本，社区绿化生态系统贯穿融汇至方寸间，使建筑与环境相得益彰，形成一个完美、和谐的整体。

小区主入口设置在永宁北路，另设车行出入口于北塘河路和东面规划路，地库入口设在入口附近，减少车流对行人的干扰，小区干道形成环线，同时避免高层区与别墅区的流线交叉。区内主要以步行为主，设有组织变化多样的曲线步行道。

小区公建配套面积指标一览表

| | 项目 | 千人指标（米²/千人） | | 本地块需配套指标（米²） | | 备注 |
|---|---|---|---|---|---|---|
| | | 建筑面积 | 用地面积 | 建筑面积 | 用地面积 | |
| 非营业性公建 | 中学 | 530 | 1500 | 3676 | 10403 | 地块外配套增建 |
| | 小学 | 445 | 1300 | 3086 | 9016 | |
| | 幼托 | | | 3150 | 5674 | 地块内 |
| | 防保站 | 15-20 | 20 | 139 | 139 | 结合会所设置 |
| | 文化中心 | 50-85 | 75-106 | 590 | 736 | |
| | 体育活动场地 | | 300 | | 2081 | 地块内 |
| | 社区服务中心 | 90-100 | 40-60 | 694 | 417 | 地块外配套增建 |
| | 居委会 | 90-100 | 50-65 | 694 | 451 | 结合会所设置 |
| | 物业管理 | 90-100 | 100-150 | 694 | 1041 | |
| | 公厕 | 6-10 | 9-13 | 70 | 91 | |
| | 给水加压站 | | | 6层以上建筑须设（不包括6层建筑），可结合人防地下室设置，根据具体情况设置指标 | | 地块内共一处 |
| | 燃气调压站 | 3.5X4.5米 | 6X7米 | 服务半径500米 | | 地块内共七处 |
| | 小区变 | 100 | 120 | 每3-4万m²住宅建筑面积设一处 | | |
| | 垃圾转运站 | | 1000 | 600 | 1000 | |
| | 街道办事处 | 22-32 | 12-18 | 222 | 125 | 地块外配套增建 |
| | 派出所 | 22-32 | 16-27 | 222 | 188 | |
| | 金融邮电 | 20-30 | 25-50 | 208 | 347 | |
| 营业性公建 | 商业 | 350 | 300 | 2428 | 2081 | 地块内 |
| | 农贸市场 | 90 | 100 | 625 | 694 | 地块外配套增建 |
| 人防设施 | [illegible] | | | | | |
| 停车泊位 | 1. 住宅车位按0.6位/户<br>2. 别墅车位按1位/户 | | | | | |
| 非机动车停车 | 住宅按2辆/户，设置于高层住宅每栋楼的地下室及1栋南、北面室外地面 | | | | | |

1. 本小区配套的非营业性公建必须为本小区居民服务，不得擅自更改其使用功能。
2. 小区外配套增建的公共服务设施若达不到最小配套规模，应承担相应的配套规定的建设任务。
3. 文化中心、社区服务中心的建设规模若超出本表中规定的指标，其超出部分可作为营业性公建。

主要技术经济指标：

| | | | | 数值 | | | | 数值 |
|---|---|---|---|---|---|---|---|---|
| 1. | 用地面积 | | | 131295M² | 8. | 绿地率 | | >30% |
| 2. | 总建筑面积 | | | 342207.9M² | 9. | 总户数 | | 2167户 |
| 3. | 地下建筑面积 | | | 50733M² | 10. | 机动车数 | | 1399辆 |
| 4. | 地上建筑面积（计容积率） | | | 291474.9M² | | 其中 | 住宅部分 | 1331辆 |
| | （1）住宅建筑面积 | | | 278290.9M² | | | 商业部分 | 68辆 |
| | 其中 | 别墅 | | 17000M² | 11. | 非机动车数 | | 5352辆 |
| | （2）公建建筑面积 | | | 13184M² | | 其中 | 住宅部分 | 4334辆 |
| 其中 | 其中 | 商业 | | 6504M² | | | 商业部分 | 1018辆 |
| | | 会所 | | 2860M² | 12. | 车位布置 | | |
| | | 幼儿园 | | 3150M² | | 其中 | 地下机动车位 | 1119辆 |
| | | 市政配套设施 | | 670M² | | | 地面机动车位 | 280辆 |
| 5. | 容积率 | | | 2.22 | | | 地下非机动车位 | 4302辆 |
| 6. | 建筑基底面积 | | | 22789M² | | | 地面非机动车位 | 1050辆 |
| 7. | 建筑密度 | | | 17.36% | 13. | 日照间距系数 | | 1:1.29 |

注：规划居住人数6935人（3.2人/户计）

用地平衡表

| 分类 | 面积 | 比例 |
|---|---|---|
| 总用地面积 | 131295M² | 100% |
| 道路用地面积 | 16149.3M² | 12.30% |
| 公共绿地面积 | 13864.8M² | 10.56% |
| 公建用地面积 | 16411.9M² | 12.50% |
| 住宅用地面积 | 84869.0M² | 64.64% |



1. 设计构思：
在整体布局上，完全从居住者的视觉、感觉和心理的角度出发，以人为本，社区绿化生态系统贯穿融汇至方寸间，使建筑与环境相得益彰，形成一个完美、和谐的整体。

2. 功能分区：
用地分为两大区域，东部中央地带为Townhouse，别墅区，其外围布置高层区，对别墅区呈半环绕状，构成了大间距的围合中略带开放的平面格局，高层区与别墅区以生态绿化景观带隔开。

3. 道路交通：
小区主入口设置了永宁北路，另设车行出入口于北塘河路和东面规划路，地库入口设在入口附近，减少车流对行人的干扰，小区干道形成环线，同时避免高层区与别墅区的流线交叉。区内以步行为主，组织变化多样的曲线步行道。

4. 绿化景观：
高层区与别墅区之间的生态绿化景观带，构建了亲水特征的景观水体，以及有层次的植物配置，为住户提供了一处近距离接触自然的场所；同时，中心景观区将高层与别墅自然的分隔开，避免相互干扰，使住户拥有良好的景观视野。

5. 地下室覆土深度须满足管线敷设要求，室外地坪标高不小于98年青岛高程3.6米。

总平面图

# 广州合景愉翠园

项目地点：广东省广州市白云区
开发商：广州市威佰置业发展有限公司
广州市沙河兆联经济发展有限公司
规划/建筑设计：广州市纬纶建筑设计顾问有限公司
占地面积：44 201 m²
总建筑面积：126 795 m²
容积率：2.48
绿化率：30%

项目规划用地位于广州市白云区云龙洞渔沙坦村春岗中地块，周边的交通便利，地势平整。总规划用地面积44 201m²。总建筑面积126 795m²。

项目定位为有特色的中高档都市休闲居住社区，其核心价值目标是"都市中的休闲生活"。总体规划构思以人为本，从居住需求入手，结合城市规划要求，平衡环境控制和地块建筑容量的关系，务求创造富有现代生活特色的宜居环境，成为该项目设计的重点。

为丰富建筑空间，形成生动的景观形象，结合总体规划，群体建筑在空间上西北高东南低，9幢高层住宅楼分三排行列式布置于地块西北侧，东南角16幢多层住宅楼分三组半围合铺开，多高层之间自然形成绿化主轴，使小区中心绿地与组团绿地形成一个相互渗透的有机整体。建筑空间疏密有致、轮廓线高低有序。

# 杭州碧桂园

项目地点：浙江省杭州市
开发商：杭州碧桂园房地产开发有限公司
占地面积：65 711 $m^2$
建筑面积：183 990 $m^2$

杭州碧桂园位于杭州市经济技术开发区下沙R21-C-03地块，属于大学城北部生态居住板块，东至规划长垦路，南至规划文安路，西至春澜路绿化，北至规划农垦路绿化。紧邻德胜快速路绕城高速下沙出口，距武林广场约30分钟车程，直达市中心便捷迅达；德胜高架延伸至下沙段即将动工，全高架快速路向东延伸至江东大桥，地铁1号线下沙延伸段也将近通车，立体交通四通八达，环境优美，配套完善。碧桂园定位为成功人士高品质的生活社区。

根据总体规划，项目由8幢高层洋房，28套双拼美墅组成。规划将建80~160 $m^2$的电梯洋房、230~570 $m^2$双拼美墅等高品质人居产品。此外，社区配套繁华商业街、豪华会所、室内外大型游泳池、超大室外儿童游乐设施、欧式风情园林，国家一级资质物业管理公司提供贴心服务。

效果图

# 大连中拥·蓝天下

项目地点：辽宁省大连市旅顺口区
景观设计：大连巅峰景观设计
占地面积：160 000 m²
总建筑面积：330 000 m²

该项目位于大连市旅顺口区模珠街，背山靠海，环境宜人，举目四望，青山连绵。设计立足于让旅顺口区居民最大限度地拥抱大自然的山山水水，力求创造出一个"真山、真水、真生活"的优美环境。

中拥·蓝天下占地面积为160 000 m²，总建筑面积为330 000 m²。项目占据老城区的成熟便利，毗邻大医、大连外国语学院，投资保值空间无限。

景观设计内容包括主题景观广场（琴、棋、书、画；梅、兰、竹、菊）、林荫铺地、护坡、景观墙、公园照明、浇灌绿化、亭、曲桥、茶吧、卫生间、景观小品、水景、园路、石阶等。

# 江门天鹅湾

项目地点：广东省江门市
开发商：江门市东华房地产开发有限公司
占地面积：388 731.7 m²
总建筑面积：713 390.45 m²
容积率：1.99
绿化率：39.76%

江门天鹅湾项目位于江门市，规划总用地面积为388 731.7 m²。项目规划立足于高起点、高品位、高标准，坚持以人为本，为江门打造一个高雅的人居环境，引领江门侨乡面向未来的居住方式。

规划项目共分四期开发。规划中将整个地块分为两大区：高尚低密住宅区和普通多高层住宅区。高尚低密住宅区位于地块的南部，包含双拼住宅、联排住宅和情景洋房，为先期开发部分；普通多高层住宅区位于地块北部，规划为9层与32层，为后期开发部分。

规划着重以土地的充分利用和创造小区环境氛围为出发点，结合已建成的江海花园及周边现状，通过小区内的环形主干道以及中心区所对应的轴线关系，将小区设置为“一轴、一环”的结构布局，“一轴”为南北向景观主轴与斜向环境景观主轴组成的“S”形轴线；“一环”为连接各组团的中心环路，突出中心区域的地理位置优势，通过由点到线再到面，逐层带动各个组团之间的联系和谐发展，整体提高其产品的档次。

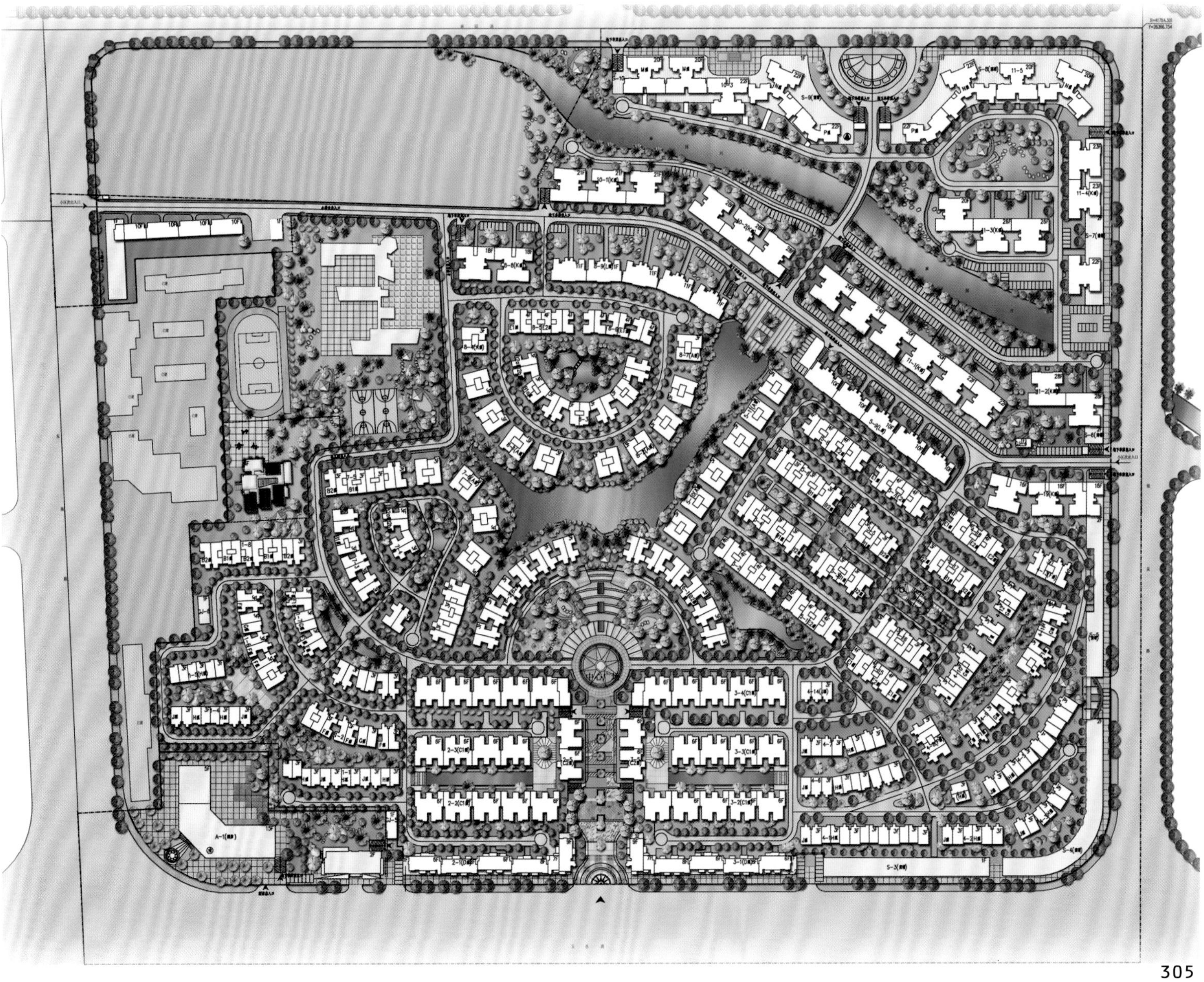

# 宁国凤凰城

项目地点：安徽省宁国市
景观设计：美国EDSK易顿国际设计集团有限公司

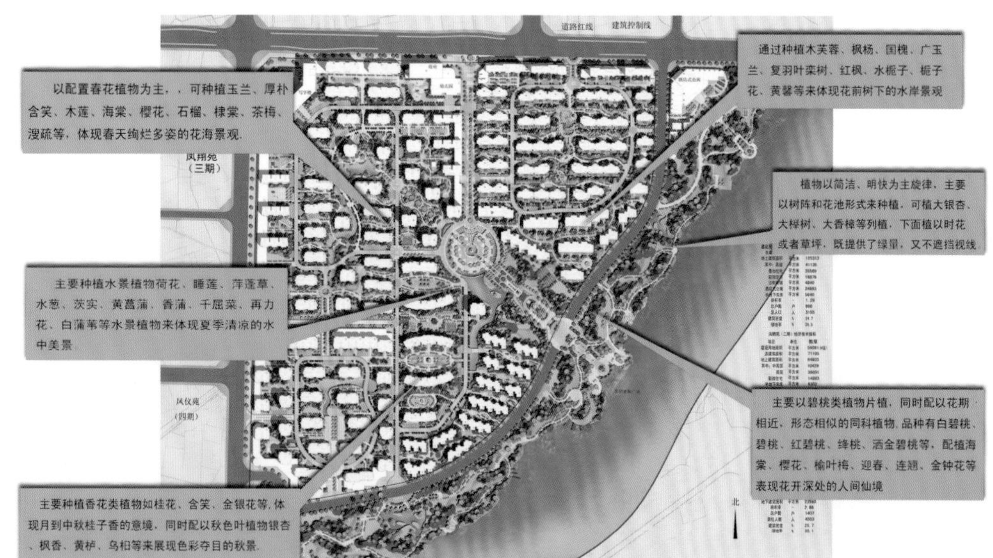


小区景观分为“星形半动态空间”、“日形动态空间”以及“月形静态空间”。“星形半动态空间”位于小区滨河东北段，作为城市滨河开放型公共绿地空间，是连接大型小区和城市主干道的绿色纽带。“日形动态空间”位于小区中心景观轴中段，是滨江公园的核心景观区，是小区内欧式风格的延续和渲染。“月形静态空间”位于小区滨河南段，属于湿地生态保护区的组成部分，是一个静态的休闲游览空间。

道路红线 建筑控制线
商业
幼儿园
写字楼
酒店式公寓
凤翔苑
（三期）
道路红线
建筑控制线
凤仪苑
（四期）
北

## 图例

- 凤翔苑
- 凤栖苑
- 凤鸣苑
- 滨河景观带
- 酒店式公寓区
- 核心景观区

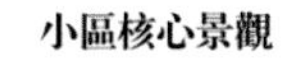

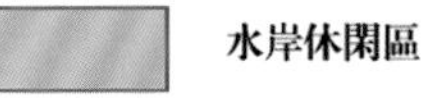

濱河景觀帶

高層休閑區

小區核心景觀

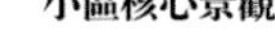
入口景觀

水岸休閑區

宅間休閑景觀

商業街景觀

道路红线 建筑控制线

凤翔苑（三期）

道路红线

建筑控制线

凤仪苑（四期）

寧國文化展示區

小區主題文化展示區

小區主題文化展示區

元竹濕地保護區

北

主景观轴线

次景观轴线

次要景观节点

主要景观节点

景观渗透线

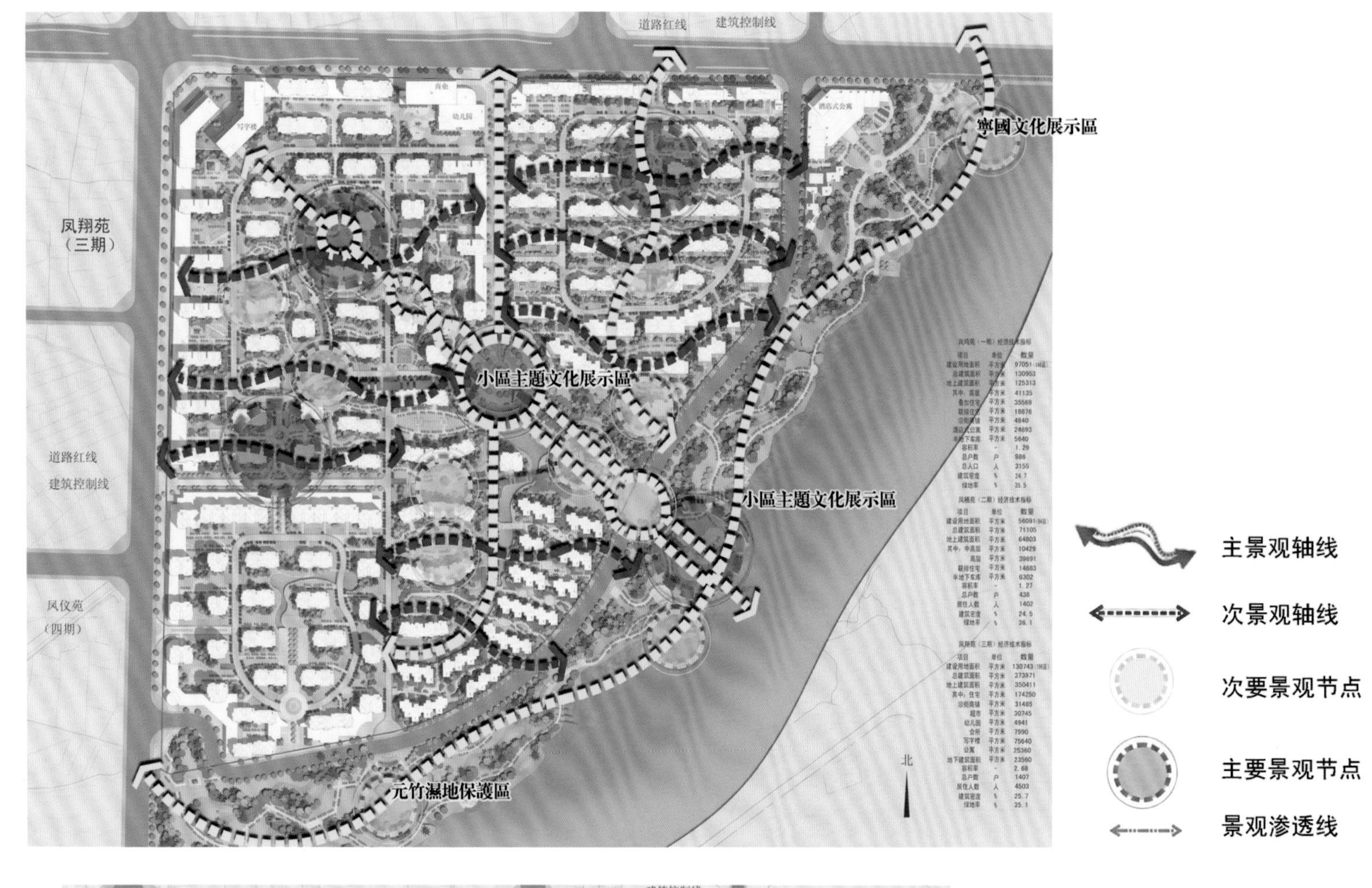


水景是高尚绿色住宅区必不可少的环境工程，为了在住宅建设中充分贯彻执行“节能、节水、节地、治污”的“八字方针”，加强住宅小区的生态环境建设，全面提高住宅小区节能、节水、治污总体水平，带动相关产业发展，实现社 会、经济、环境效益的统一。

一、小区水的来源：

本次小区规划的景观用水，利用雨水收集系统，集合市政自来水补充系统组成，达到科学地将水资源优化配置，节水、节能、达到最小投资、最省的后期管理费用的一个系统工程。

二、小区的水处理方式：

将小区内建筑物屋面和地面的雨水，通过管线，流入水系。通过水泵将低水位传输到高水位，通过跌水的景观处理方式，达到来回循环的目的。

三：垂直流景观湿地处理的技术

本小区水系规划采用“山水”地形，营造高低水面，在水循环生态处理中，采用垂直流景观湿地处理技术，它是一种生态工程方法，其基本原理是在一定的基质上种植特定的湿地植物，从而建立起一个人工湿地生态系统，当水通过系统时，其中的污染物质和营养物质被系统吸收或分解，使水质得到净化。该系统具有建造成本较低、运行成本很低、出水水质非常好、操作简单等优点，同时如果选择合适的湿地植物还具有美化环境的作用。因此特别适合对人工湖景观水的处理，或为这些水体提供清洁的水源补充。

（1）垂直流景观湿地系统的技术特点

水力自动化：全系统只有水泵是唯一动能，水泵开启，系统即可获得能量进行工作；

无压系统：全系统敞口无压进行，运行能耗低于常规压力系统；

曝气工艺：模仿自然界水体自净的客观规律，通过曝气，使池水鲜活化，增强池水的免疫力；

精滤工艺：通过五层复合反滤层精滤，充分去除水中有机和无机污染物；

禁止投药：全系统禁止投放任何混凝剂、助凝剂、除草剂等化学药剂，对水体不利影响；

不用换水：池水循环处理，每月补充少量蒸发水即可，池水水质持续良好；

生态自然平衡：污染物转化成藻类，藻类生态灭活成为植物营养，植物又是鱼饵；

无需看守：全系统水力自动化运作，无需专人职守；

运行成本低廉：运行费只有常规动力系统1/5－1/3。

照明路燈

景觀燈柱

園路燈

草坪燈

水中射燈

景观照明设施延长了人们活动的时间，使各式环境设施在晚上延续了白天的生命力，甚至因为不同的光线产生迥异于白天的意境。

# 成都翡翠城（二期）

项目地点：四川省成都市东湖片区中部
开发商：华润置地（成都）有限公司
占地面积：80 000 $m^2$
总建筑面积：145 647 $m^2$

翡翠城（二期）小区东侧为翡翠城四期待开发居住区，南侧为翡翠城三期待开发居住区，西侧为府河，北侧为华润大道，宽30m，正在修建中。府河水质已基本治理完毕，但府河下游（二环路以外）的治理工作尚未有效展开，府河西岸为高攀居住区及工厂，是规划中的居住区，华润大道北侧是建设中的翡翠城一期及保留工厂宿舍区。

项目定位为迎合市场主流的中高档住宅小区，并体现"自然、健康、生态、人性"等特征。住宅区以12~25层高层住宅及5~6层花园洋房为主，沿河布置少量联排别墅。通向滨江公园的两条景观主轴将小区清晰地分为三个组团。根据片区总体规划要求及周边城市形态特征，在小区西南边布置底层联排别墅及多层花园洋房，在小区东北边布置12~18层高层住宅，形成沿江面低并逐渐向远处升高的小区整体空间形态。

小区主入口设在北边临华润大道处，入口东侧布置二期主题会所。结合会所建筑设计，在小区入口形成步行商业广场。商业广场既是进入小区的序列空间，也是向南延伸的小区步行商业街的一部分。

# 杭州三墩北区块城市设计及地铁上盖综合体设计

项目地点：浙江省杭州市
规划设计：何显毅（中国）建筑工程师楼有限公司

三墩北区块位于杭州主城区西北部边缘，基地紧邻绕城公路内侧，东南至宣杭铁路，东北至白洋路，是为城市交通干线所围合的三角形地块，长期以来一直作为生态绿地进行控制。地块内分为北、中、南三个区域，北地块规划有中心地铁新月站。

设计结合自然，把湿地作为本区块的景观特色，保持水体通畅，保障水面面积，疏浚河道形成的挖方回填河流周边区域，由此派生出由河网分割而成的多个"生态浮岛"，从而形成由区内主要河流、水体、集中的植被等构成的片区景观生态系统核心以及不同强度的开发分区；形成北集中、中舒展、南有机的总体空间形态。北侧充分发挥地铁站点的辐射带动功能和集聚效益，在地铁出口步行10分钟范围内布置地铁上盖综合体，进行高强度开发，形成集商业、办公、休闲、娱乐、影视、文化等多种功能于一体的标志性区域，集中布置居住区级公共服务设施，在其两翼布置SOHO区，适当提高开发强度与人口密度，在提升容积率的同时建筑密度相对较低，集聚中心人气。中部与南部地块以生态湿地与河流水系为核心景观资源进行空间布局，并适当降低容积率和人口密度，构筑与自然相容的生态浮岛生活园。

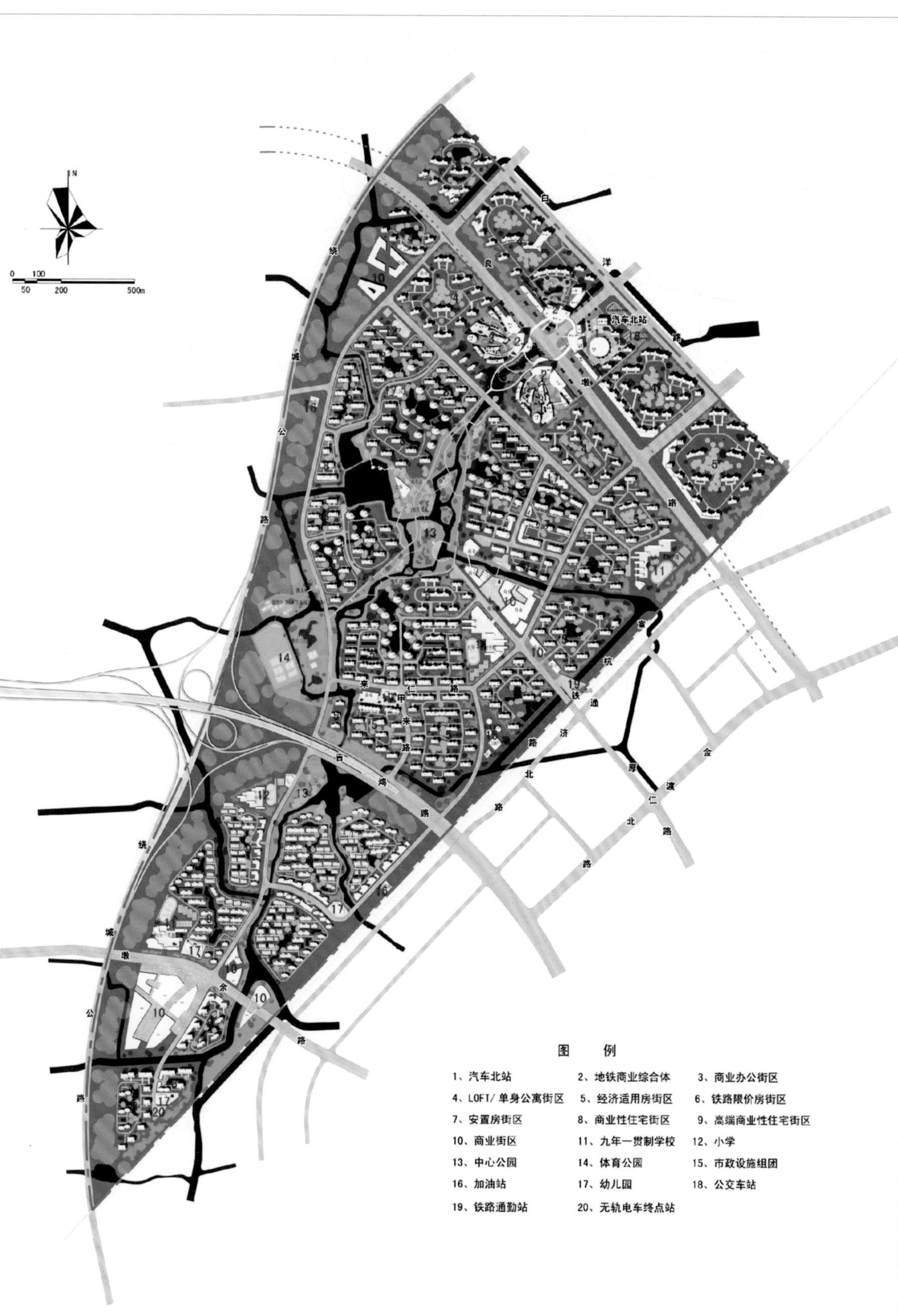

# 香河义林义乌居住岛

项目位置：河北省香河县
规划设计：加拿大宝佳国际建筑师有限公司
占地面积：1 975 700 $m^2$
总建筑面积：3 577 700 $m^2$
容积率：1.81

规划设计以“链岛”为构思，将地块细分为一个个形状各异、体量相当的居住岛（组团），力图增加项目的组团感，并形成社区的整体风格。居住组团之间水系纵横，阡陌相闻，留出的大片绿地和开放空间使社区充满了生活的情趣。“岛”，即居住组团，是社区的细胞，是生命的节点。岛与岛之间是居住区的交通和生命线，是社区活力的源泉。在香河南部形成了树型的生命结构，将社区的养分沿着生命线输送到各个生命细胞。

开放的绿地系统仿佛一个“链”，将众多“居住岛”串联起来，形成丰富的社区规划肌理。方案在汇文路东西两侧各留出了一片长度超过600 m巨大绿化带。两个绿化带与现有的水系和规划中的沿街绿化系统融为一体，让香河现有规划体系进一步发扬和深化，为构建绿色社区奠定基础。

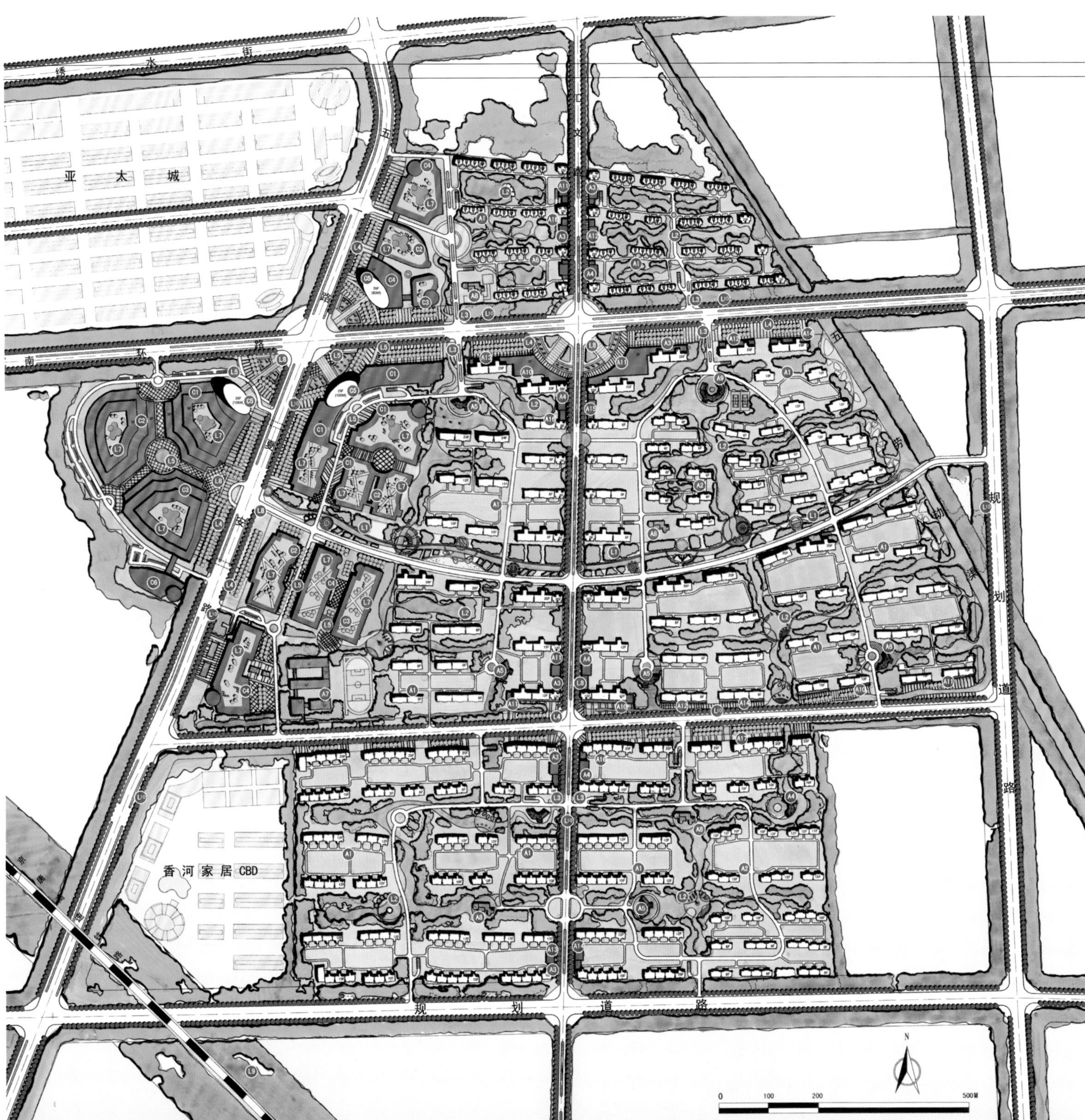


Architecture居住建筑部分

- A1 高层住宅 High-Rise
- A2 多层住宅 M-Residence
- A3 底层商业 Podium
- A4 社区服务中心 Community Center
- A5 健身会所 Fitness Center
- A6 老年公寓 Senior Housing
- A7 小学 Elementary School
- A8 幼儿园 Kindergarten
- A9 游泳馆 Swimmming Club
- A10 便民市场 Grocery
- A11 精品店 Retail
- A12 西餐厅 Dining
- A13 书店 Bookstore
- A14 邮电所 Post Office
- A15 储蓄所 ATM
- A16 居民委员会 HOA
- A17 公厕 Restroom

Commercial & Public商业与公共建筑部分

- C1 家具城综合体 Furniture Complex
  （家具、电器、室内设计、织物）
- C2 运动城综合体 Fitness Complex
  （运动器械、康体、服装、玩具）
- C3 百货城综合体 Dedartment Stores
  （百货、礼品、服装、精品、床上用品）
- C4 娱乐城 Recreation Complex
  （酒吧、娱乐、KTV、餐厅、影院、休闲书店、游戏厅）
- C5 SOHO
- C6 货物贮藏 Storage

Landscape 景观部分

- L1 城市中央绿地 Urban Greencore
- L2 城市滨水空间 Waterfront Promenade
- L3 社区入口 Neighborhood Entry
- L4 步行大道 Walkway
- L5 中央商街 Main St.
- L6 商业水景 Waterscape in Main St.
- L7 屋顶花园 Roof Garden
- L8 商业户外广场 Plaza
- L9 高铁隔离带 Noise Buffer
- L10 公交站点 Bus Station

# 万宁港北新城

项目地点：海南省万宁市
规划设计：加拿大宝佳国际建筑师有限公司
占地面积：19 900 000 m$^2$

项目所在的区域定位为“国家海岸新城”主题概念，项目以生态资源的保护和利用为出发点，发扬本土文化，发展产业。基于优美环境资源和新的开发模式，规划形成拥有独特景观和新型旅游产品的公共旅游观光胜地及高端滨海旅游度假区。通过打造万宁市港北新城，形成特有的水上景观体系，增加城市的景观资源，提升地块价值，同时为旅游产业的发展提供了条件。

通过市场与商业来带动万宁市港北新城的发展，其市场功能应该成为核心功能；在保护生态环境的前提下，合理利用海洋生态资源；沿东部海岸打造滨海公园、体育休闲公园、戏水山庄、休闲渔村、生态艺术度假村、海上商城等独特的度假区域，形成了“一线”旅游的完整体系；居住区公共服务设施完善，生态环境优越，交通便利，便于打造宜居之城。

# 西安灞桥小镇

项目地点：陕西省西安市
规划设计：北京中联环建文建筑设计有限公司
占地面积：147 333 m²

项目地块北面临水，为北侧高层提供了良好的景观。地块中部高层和小高层围合成环形的布局，并且保留原有的绿化地。低层建筑分别在地块内的其他地方，错落有致，且一定数量的建筑形成一个组团。社区内合理分布有运动场等设施，为居民提供健身、休闲的场所。

规划总平面 Total Plane

1. 未来之星广场
2. 灞河龙腾广场
3. 灞河历史码头
4. 摩天轮商贸区
5. 上市公司企业总部
6. 灞河历史古镇观光区
7. 文化会展中心
8. 滨水soho国际公
9. 城市通廊
10. 滨水商业带
11. 观光摩天轮
12. 古船博物馆
13. 世纪之窗大道
14. 风情居住区
15. 欧陆风情居住区
16. 地中海风情居住区
17. 中学
18. 滨水生态绿岛
19. 历史遗迹旅游区
20. 外滩大型商场
21. 外滩高层居住区
22. 金泰广场
23. 低密度住宅区
24. 湖心岛观光休闲区
25. 特色文化商贸带
26. 江南小镇
27. 威尼斯小镇
28. 小学
29. 高科技生态住宅示范区
30. 中华古建住宅区
31. 绿化带
32. 湿地生态岛
33. 沃尔玛大型商场
34. 垂钓区
35. 原生态珍贵动植物观赏区
36. 灞河古港口体验区
37. 水上运动区
38. 中心公园休闲区
39. 维也纳时代广场
40. 锦绣天地广场
41. 五星级酒店
42. 公园商业街
43. 滨水大道
44. 休闲商业街
45. 城市之门

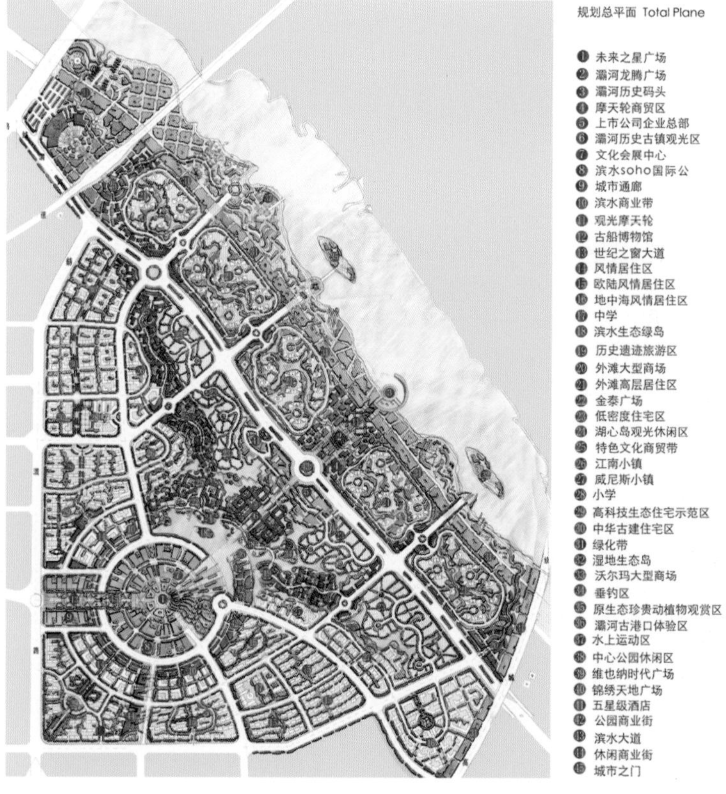

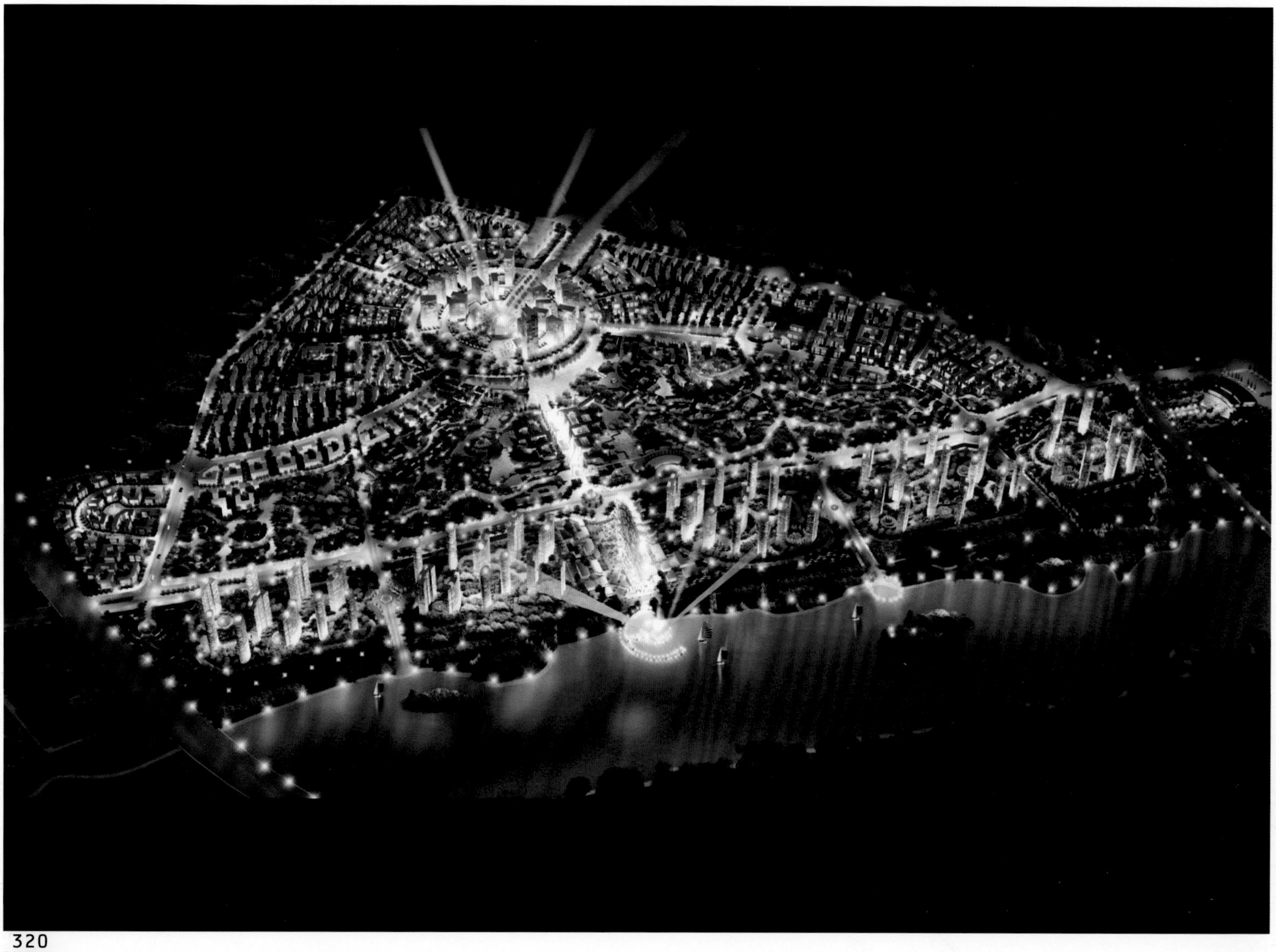

# 深圳御峰园大型生态住宅社区

项目地点：广东省深圳市龙岗区平湖街东北部
开发商：深圳和记黄埔有限公司
建筑设计：陈世民建筑设计事务所有限公司
景观设计：贝尔高林国际（香港）有限公司
占地面积：233 696 $m^2$
总建筑面积：312 478 $m^2$

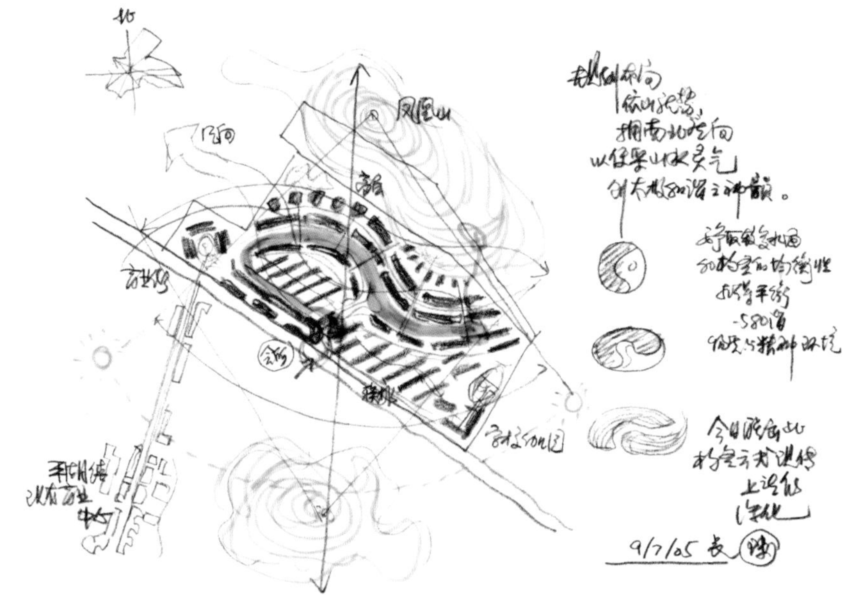


御峰园位于深圳市龙岗区平湖街道办东北部，北靠凤凰山，南临凤凰大道。东西长约700 m，南北宽约300 m。用地南侧平坦，北侧为山坡地带，总用地面积233 696 $m^2$。

项目以住宅开发为主，另有部分商业和一座24班小学，一所12班幼儿园，社区居委会，社区健康中心及文化活动中心等配套设施。

项目定位为平湖第一大生态型住宅小区。在规划设计上利用太极阴阳平衡的原理，水面设计以太极线条为轴心，将项目与毗邻的凤凰山连为一体，力求创新，改变传统住宅小区的规划形态。项目充分利用自然环境，打造具有时尚的“山水”居住文化的亲近自然、舒适宁静、生态型的山水和谐社区。

# 宁德霞浦住宅

项目地点：福建省宁德市
规划设计：上海桑叶建筑设计咨询有限公司
占地面积：89 160 $m^2$
总建筑面积：194 435 $m^2$
容积率：2.18
绿化率：35%

规划以人为本，以融合自然、文化、经济、科技、安全为中心原则，以整体社会效益、经济效益与环境效益三者统一为基准点，着意刻画优美生态环境，旨在营造步移景异的空间生态社区，为居民塑造自然优美、舒适便捷、卫生安全的怡然栖息之地。

项目将住宅、停车、社区的生活服务设施作适当的集成。在满足人与社会交往的同时有效降低了建筑密度，让绿化环境成为居住空间真正的主题；考虑不同层次及经济承受等要素的影响，从而进行合理的分区和布局。

规划结构“多点渗透”。为了能够把良好的环境渗透到每家每户，各组团内的建筑，以内聚方式布置，建筑之间是组团集中绿地，绿化可以逐层渗透到居住区内部。步行路穿过小区内部，顺应小区内河流的延伸，穿过各个组团，形成很好的休闲及活动环境。小区内部利用道路及绿地作自然分割，自然形成大小不同的各个组团。同时也加强了各个区域的空间渗透。

空间布局内虚外实、内曲外直。入口空间的层次和序列，引导序列和高潮增加进深感，有精致的小区，又有扩大的开放空间。整体空间是以自由形中心绿化带逐渐蜿蜒到组团的绿化之中，再向下逐渐过渡到庭院空间，形成一个层次分明的空间体系。

## 绿化系统分析

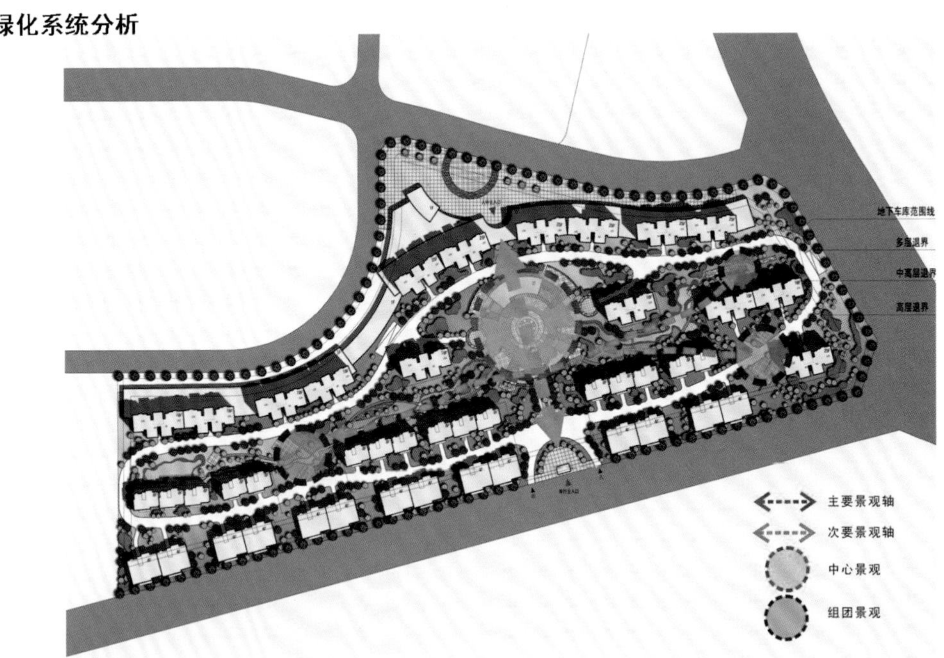


## 交通分析

## 日照分析

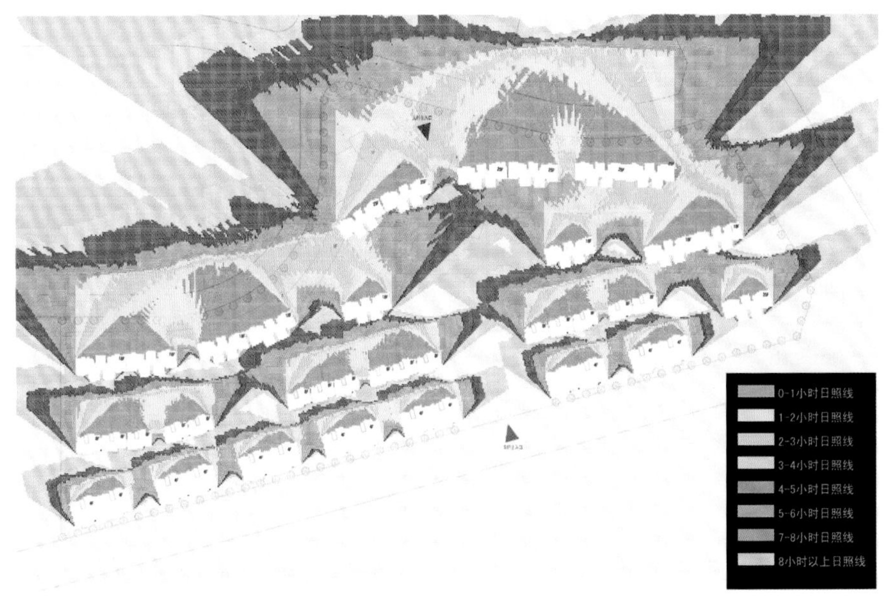

# 蚌埠张公山地块

项目地点：安徽省蚌埠市
开发商：蚌埠市禹会区人民政府
规划设计：上海新外建工程设计与顾问有限公司
占地面积：316 887 $m^2$
总建筑面积：760 140.9 $m^2$
容积率：2.4
绿化率：38.6%

蚌埠张公山地块原为一个庞大的棚户区，也是蚌埠市第一代居民区，后被规划为一个集历史、人文、时尚、生态为一体的大型绿色休闲场所。

整个景观设计主要分为四个区域，分别是历史传承区、文化感知区、生活风尚区、生态体验区，它们层层相扣，处处相连，却又划分明确。

文化感知区是整个规划项目中最为核心的区域，北至涂山路，南到东海大道，自然景观得天独厚。中部的望淮塔是整个设计方案中的视觉焦点。为了延续望淮塔最高点的空间关系，同时设计了若干条视觉通廊，以强化望淮塔在城市中的视觉可达性。

生活风尚区以居住和商业为主，沿河设计有高品质的商业休闲街、高层商务酒店等。同时还有钓鱼台遗址公园，公园北侧将有一个覆土建筑，稍南侧的龙塔则寓意蚌埠的繁荣昌盛。

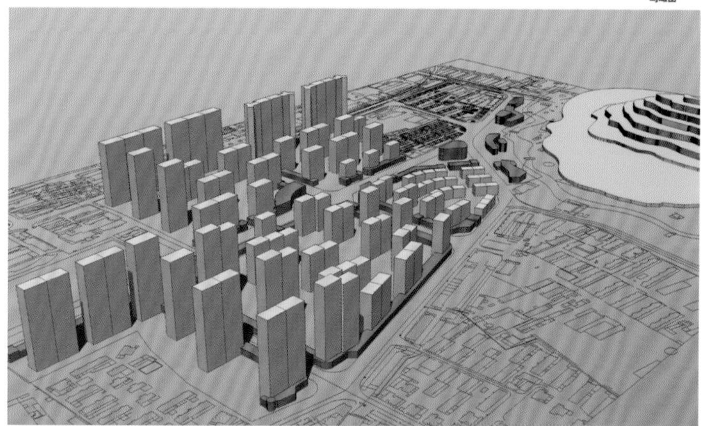

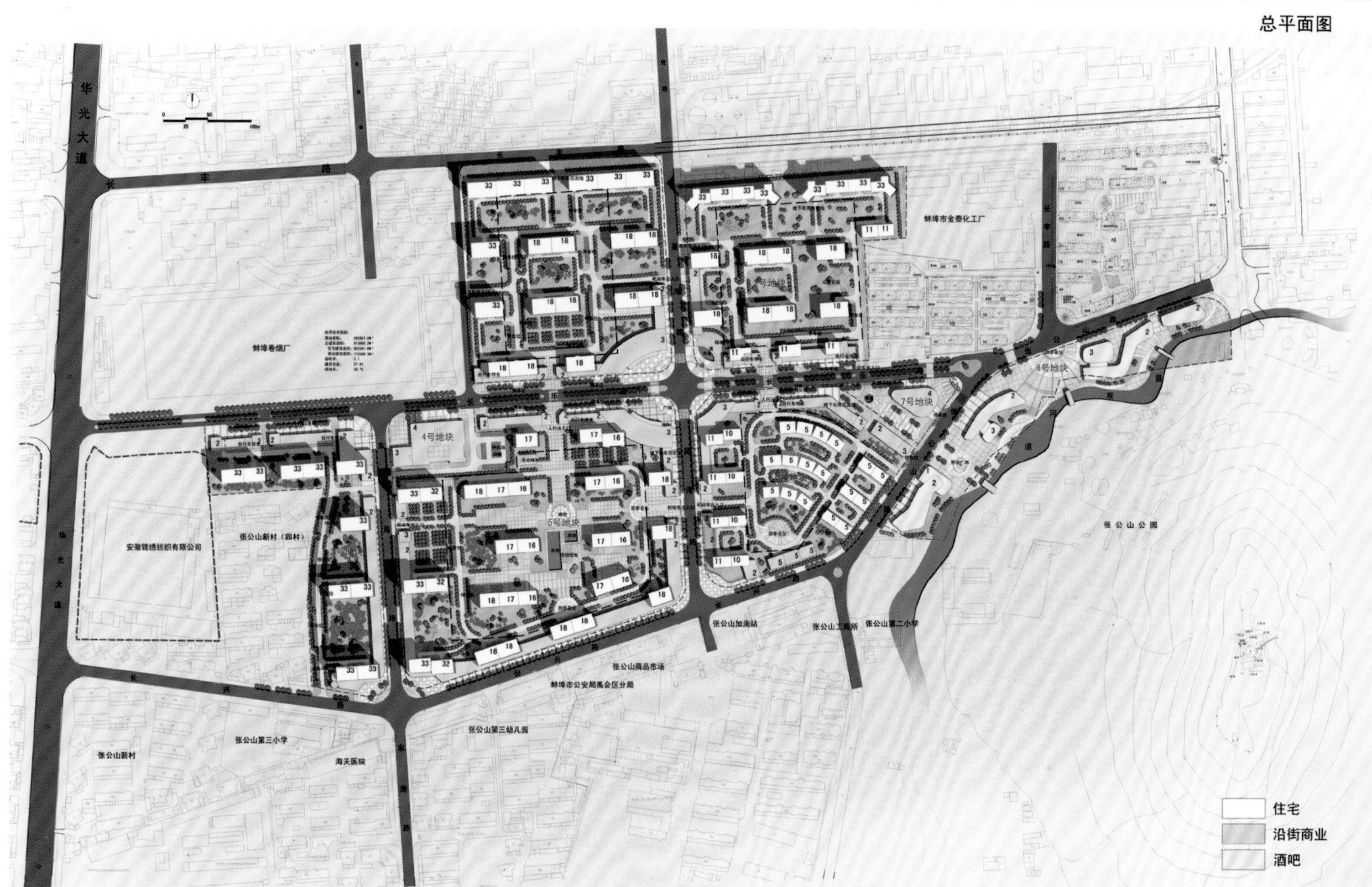

建筑肌理图

鸟瞰图

总平面图

住宅
沿街商业
酒吧

公共交通服务设施

华光大道

垃圾收集点

垃圾中转站

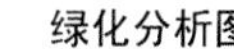

巴士站点

公共厕所

绿化分析图

华光大道

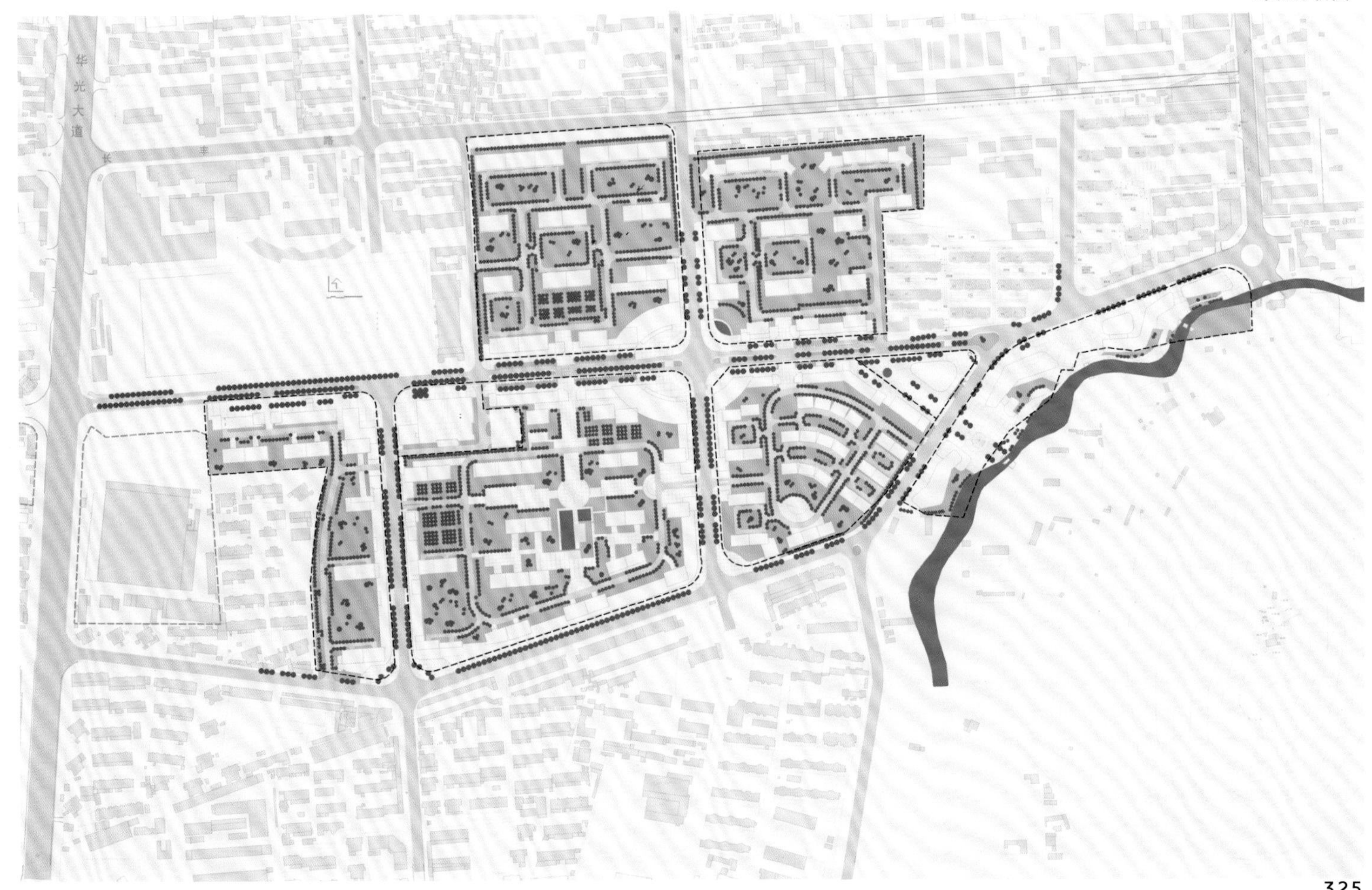

# 天津锦绣香江

项目地点：天津市宝坻区
开发商：香江集团
建筑设计：C&P（喜邦）国际建筑设计公司
占地面积：1 523 000 m²
总建筑面积：3 273 314 m²
容积率：1.8
绿化率：45%

锦绣香江位于天津宝坻知识森林岛的西南端，规划占地面积1 523 000 m²，南临350 m宽的青龙湾，东望1 000 m宽的潮白河，地下蕴藏了丰富的温泉资源。项目周边交通便捷，到达北京及天津市区均在一小时车程范围内。

总体规划将“因地制宜，以人为本”的设计理念贯穿到设计中，做到人车分流和动静分明，使社区闹中取静。社区配有完善的休闲娱乐设施，突出了锦绣香江的休闲特色。空间形态设计则利用建筑的灵活布局，创造出丰富的空间层次，大尺度的共享水景空间 - 尺度宜人的庭院空间 - 住户的私人花园 - 私密的居住空间，形成了由动到静的生活空间形态。

小区的景观规划融入现代生活理念，环境设计从均好性入手，引入“生态居住”的概念。从户型基础出发，户户花园的创新设计保证了每户均拥有自身的小环境，同时又与大环境相结合，极力打造新形态的生态住宅群。

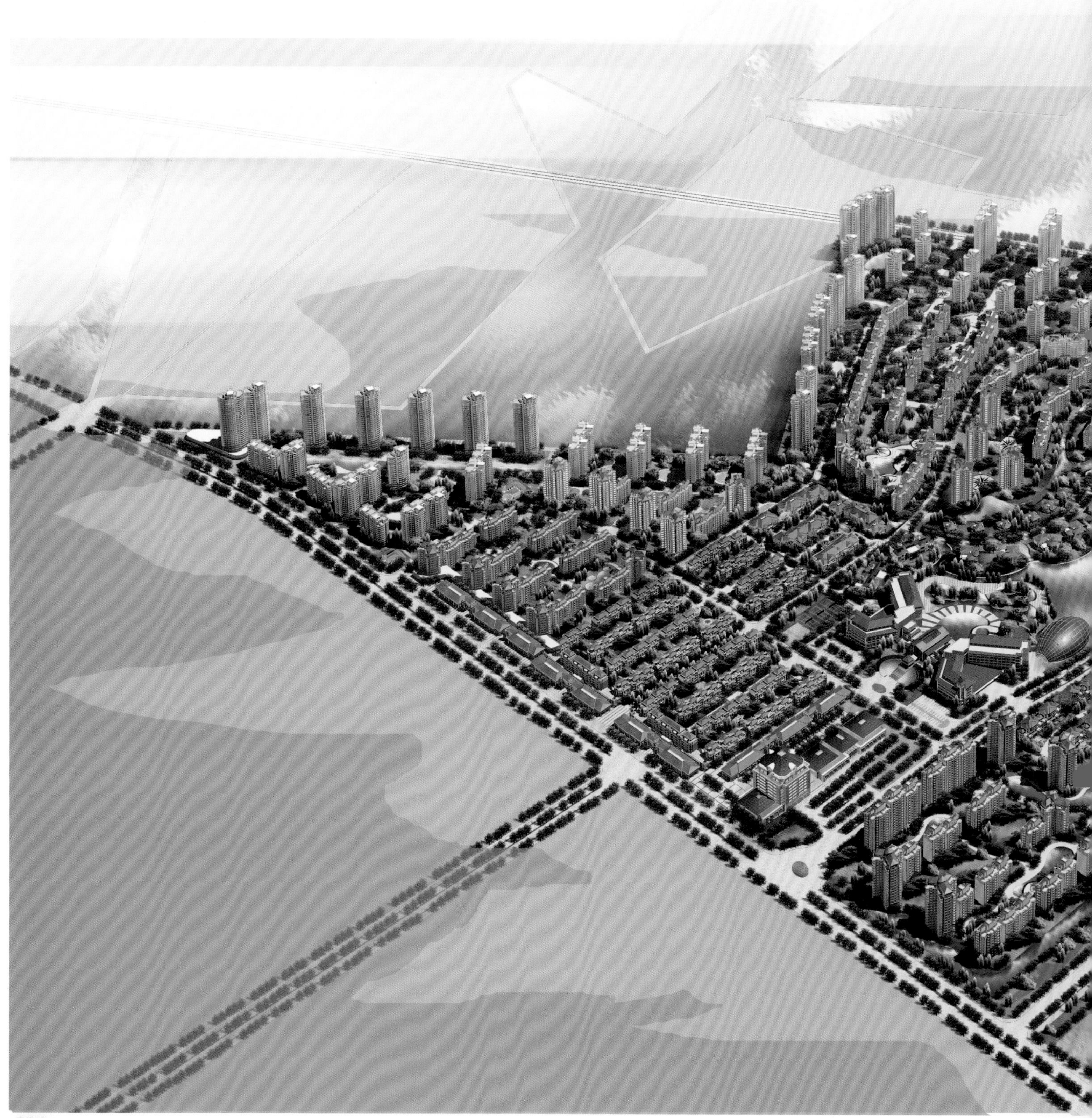

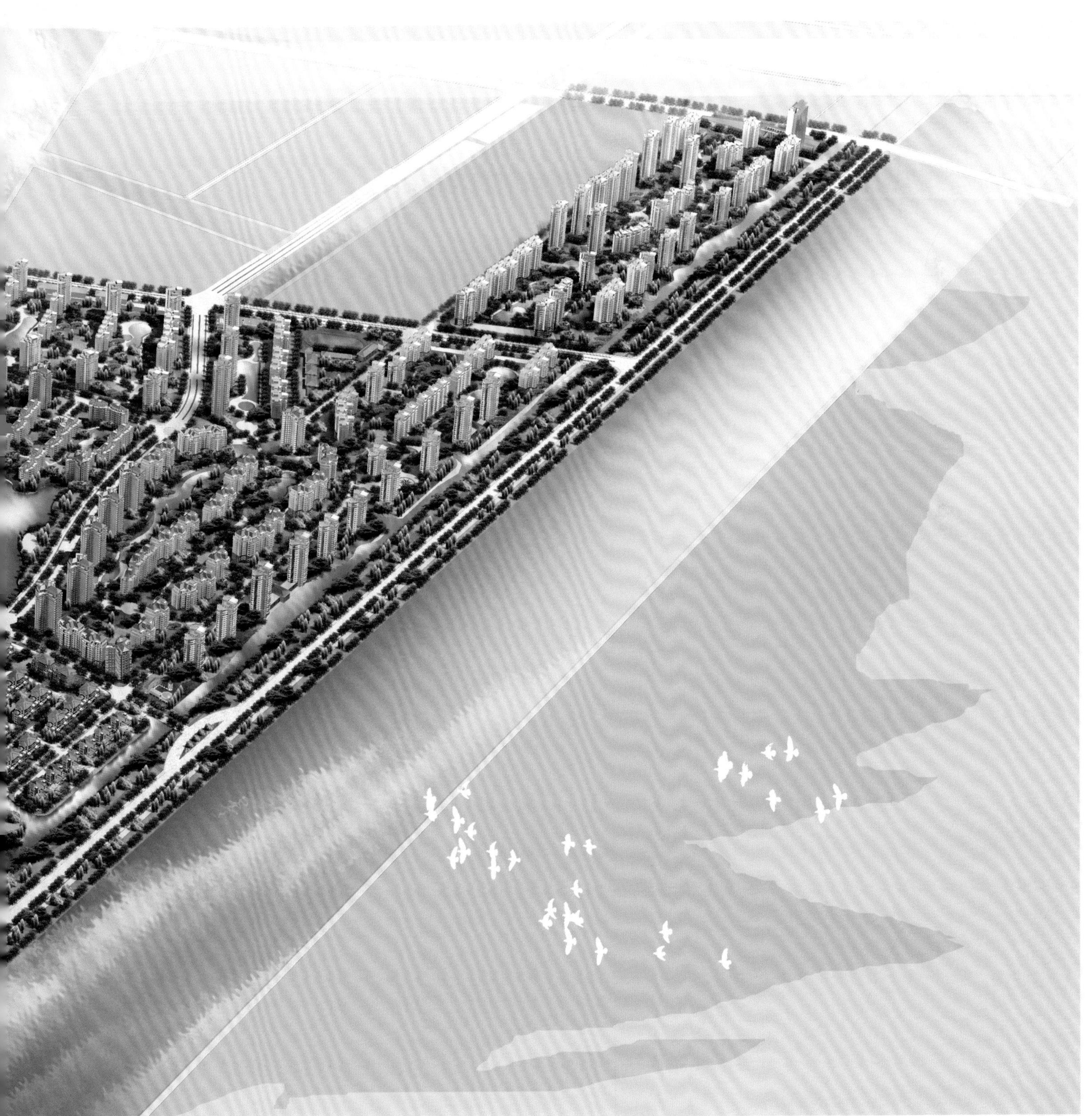

# 无锡绿地波士顿公寓

项目地点：江苏省无锡市
开发商：绿地集团
总建筑面积：25 943 m²

方案设计立足于无锡市的远景规划，从更长远的时间跨度和更宽广的地域跨度切入建筑设计，力求体现现代住宅规划场所状态的最大化、环境融合的最大化以及时效上的最大化。方案利用建筑的高低错落和道路轴线，使几个景观中心实现视觉贯通，创造出高质量的城市空间。

胡长路
高速公路
惠山大道
白屈港
南环路
0 100 200 300M

# 东莞中惠珺庭

项目地点：广东省东莞市黄江区
开发商：中惠熙元地产集团
建筑设计：深圳清华苑建筑设计有限公司
占地面积：80 000 m²
总建筑面积：200 000 m²
容积率：2.4
绿化率：45%

中惠珺庭是东莞东部唯一的高品质低密度社区。项目位于黄江镇中心城区北部板湖村环城路与北环路交界处，地处片区最成熟高尚的中心位置，紧邻区域唯一的五星级酒店——太子酒店，周边多家四星级酒店，距黄江城区中心商务圈及镇政府所在地均在2 km以内，大型生活配套齐全，交通便捷。

项目户型设计创新，方正实用，并采用入户花园、凸窗、露台等多种手法增加住宅空间。项目自身配套超市、商业街和幼儿园。其商业部分沿用地西面设置两层沿街商业，分别于东南两面设置一层沿街商业，并于人流集中的西南角设置一集中商业。两层商业连通设计，保证商业面的连续，使商业价值最大化。幼儿园于小区东北角设置独立用地，按12班规模设计。

# 嘉兴英伦都市

项目地点：浙江省嘉兴市
开发商：浙江佳源房地产集团有限公司
建筑设计：浙江禾泽都林建筑与景观设计有限公司
占地面积：133 340 m$^2$
总建筑面积：300 000 m$^2$

英伦都市位于嘉兴市南湖新区，该新区将是嘉兴未来的政治中心、文化中心、商贸中心和科技创业中心。项目占地面积约30万 m$^2$，西临新07省道 ，东临亚欧路，北临凌公塘路，南临水系，更与美丽的凌公塘主题公园相邻，交通便捷，环境优美，配套齐全。

英伦都市将打造成一个约13.3万 m$^2$的豪华社区，规划低层豪宅、高层豪宅和高端物业，为近千个家庭带来奢华的豪宅生活。项目周边华侨幼儿园、北师大南湖附属学校、嘉兴一中、上海同济大学浙江学院、市妇幼保健院、嘉兴汽车商贸园、欧尚超市、巴黎都市商业中心、国际网球中心等配套环绕四周，实现10分钟步行商业圈。

英伦都市由巴黎都市团队精心打造，项目延续巴黎都市"品质是硬道理"的开发理念，以"演绎品质生活，缔造城市光荣"为开发目标，在巴黎都市品牌的基础上，再次升级，不断提升，将其打造成嘉兴最顶级、最精致、最奢华、最有文化、最有格调的品质楼盘。

# 减灾园厂区住宅

项目地点：四川省

整个减灾园厂区的住宅部分主要集中在厂区的东北部，主要的建筑类型为小高层和高层，项目的东面为一条城市的主要河道，整个减灾厂区依河而建，逐渐向西南方向扩展。在项目的中心还有一个大型的足球场和部分体育场地，厂区主要分布在住宅区的西面和北面部分，并配置有相关的配套设施，如停车场以及便利的小商店等。

减灾园厂区住宅建筑的形式给人一种现代简约的感觉，建筑主要提倡的是一种适合居住的理念，各建筑之间有良好的组团和公共空间，各组团内的小花园以及绿地部分将整个住宅区有机地联系了起来，同时住宅中心广场靠近河道旁边，给人一种亲水的感觉，更加体现了住宅区良好的区位环境。在空间距离上，住宅区也考虑到住宅和上班厂区的关系，因此尽可能地将建筑置于厂区的中心位置，满足居住和工作的需求。

# 绍兴金地自在城

项目地点：浙江省绍兴市
开发商：金地集团
绍兴市金地申兴房地产发展有限公司
占地面积：450 840 m²
总建筑面积：1 500 000 m²

金地自在城优踞绍兴坂湖RBD核心，依畔107万 m²大小坂湖，延续金地集团成熟造城手法，集合世界8大湾区精华，以150万 m²的超大建筑面积，构建5大住宅组团、14万 m²湖滨商业集群自在新天地和2万 m²邻里中心。项目总体规划8~10年建成，届时将形成一个功能复合、形态丰富的国际化高尚生活区。金地自在城营造的磅礴无比的城市边界和丰富多彩的休闲生活场景，是绍兴面向国际的独特标志，将成为柯桥乃至整个绍兴区域内最具国际化和生活气息的社区，成为绍兴的商业名片与城市客厅。

金地自在城首期建筑面积约30万 m²，以天赋的一线湖岸与湾流水景为规划串接要素，高层住宅与原创叠墅均最大程度地分享湖畔景观，并将呈现23年金地精细化营造的最新成果：湖岸问鼎巨作270度湖景豪宅、金地原创叠墅和湾区精英高端寓所，带给绍兴前所未有的全新空间形态。